牛肉の
フードシステム

欧米と日本の比較分析

新山陽子

日本経済評論社

目　次

はしがき

第1章　フードシステム研究の対象と方法 …………………………… 1
　　　　―構造論的接近―

第1節　はじめに ……………………………………………………………… 1
第2節　フードシステムの定義と特質 …………………………………… 2
　　　1.　定義と構成　2
　　　2.　品目別フードシステムの外形の諸類型と構成主体　6
　　　3.　フードシステムに占める処理・加工の位置　8
　　　4.　フードシステムをめぐる特質　9
第3節　フードシステムの構造分析の枠組み ………………………… 11
　　　1.　これまでの構造論的な全体像把握　11
　　　2.　フードシステムの全体像把握の試み　14
　　　3.　5つの副構造と基礎条件　17
　　　4.　フードシステムの構造変化の方向：5つの副構造の対応関係　20
第4節　既存の研究領域にみる対象把握と分析方法の特徴 ………… 25
　　　1.　連鎖構造の把握と流通構造論　25
　　　2.　競争構造分析と産業組織論　26
　　　3.　企業間結合構造の把握とインテグレーション論　27
第5節　むすび ……………………………………………………………… 28

第2章　牛肉フードシステムの日・米・欧比較 …………………… 33

第1節　はじめに …………………………………………………………… 33

第2節　牛肉のフードシステムの構造変動と基礎条件 …………34
　　　1．牛肉のフードシステムの基礎条件の変化　34
　　　2．フードシステムの構造変動　36
　第3節　競争構造の変化と企業行動 ……………………………39
　　　1．と畜プラントの巨大化と規模の経済性　39
　　　2．パッカーの集中度の上昇　41
　　　3．パッカーの企業構造と企業結合構造の特徴　42
　　　4．家畜生産段階と小売段階の集中度　43
　第4節　連鎖構造にみる垂直的調整と企業行動の変化 …………45
　　　1．取引と価格形成システム　45
　　　2．競争依存システムと垂直的連携システム　48
　第5節　むすび ……………………………………………………51

第3章　競争的寡占下の牛肉フードシステム（アメリカ）………53
　第1節　はじめに …………………………………………………53
　第2節　パッカーの巨大化・集中化とフードシステムの構造変化 …54
　　　1．牛肉流通革命にいたる変化の概要　54
　　　2．巨大パッカー寡占の形成と供給経路の短縮　55
　第3節　フードシステムの外形と経済主体の位置 ………………59
　　　1．巨大パッカーを軸にした供給システム　59
　　　2．ニッチマーケットと中小業者　62
　第4節　肉牛生産の地域集中とフィードロットの大型化 ………63
　第5節　パッカーの集中とと畜プラントの巨大化 ………………67
　　　1．3大パッカーによる寡占体制の形成　67
　　　2．と畜プラントの巨大化と経済性　69
　第6節　巨大パッカーの企業構造と企業結合構造 ………………73
　　　1．外部資本による巨大パッカーの買収：コングロマリット化　74
　　　2．企業買収による企業成長の維持　80

3．意思決定と事業統合行動　82
　第7節　パッカーの集中と垂直的調整システム……………………89
　　　1．公正な取引行為と競争的市場確保のための規制　89
　　　2．肉牛および牛肉の取引形態：垂直統合，契約，スポット　91
　　　3．集中と業務統合化による価格形成システムの変化　98
　第8節　牛肉消費の動向と規格・格付，検査………………………106
　　　1．牛肉消費の動向　106
　　　2．牛肉の規格と格付　107
　　　3．食肉検査とサーティフィケーション　110
　第9節　む　す　び………………………………………………………112

第4章　3つのセクターが錯綜する牛肉フードシステム（日本）……117
　第1節　は じ め に………………………………………………………117
　第2節　供給と消費の構造………………………………………………117
　　　1．輸入拡大と供給構成の変化　117
　　　2．肉牛生産段階の構造　120
　　　3．牛肉の消費構造　123
　第3節　公共政策による牛肉流通構造の近代化………………………125
　第4節　牛肉フードシステムの外形……………………………………132
　第5節　フードシステム中央部の競争構造……………………………135
　　　1．総合的特徴　135
　　　2．と畜解体の産業的構造　136
　　　3．部分肉製造・卸の産業構造と主体の対抗関係　138
　　　4．輸入牛肉の仕入れ行動　143
　第6節　牛肉の取引と価格形成システム：垂直的調整…………………145
　　　1．和牛肉の取引形態と価格形成システム　146
　　　2．乳用種牛肉の価格形成システムの変化　149
　第7節　む　す　び………………………………………………………151

第5章　産地食肉センターの企業構造と企業行動 …………………157

　第1節　はじめに ……………………………………………………157
　第2節　独立企業化のプロセス……………………………………158
　　1. 単なると畜場から営業的食肉処理施設へ　158
　　2. と畜解体作業の直営化と雇用関係の発生　162
　　3. 施設の近代化・大型化と初期投資の増大　163
　第3節　資本の公的性格と企業構造 ………………………………166
　　1. 企業形態の抽出　166
　　2. 公私混合企業と公企業論　169
　第4節　経営目標と経営管理・行動の制約 ………………………171
　　1. 公私混合企業のとしての経営目標の特徴　172
　　2. 公私混合企業としての経営管理・行動の特徴　173
　第5節　公私混合企業（買取加工販売）の企業構造と行動：南九州畜産
　　　　　興業 ………………………………………………………176
　　1. 事業の歴史と出資構成　176
　　2. 事業内容と業務形態　178
　　3. 集荷と販売および価格形成　180
　　4. 集荷量の確保とインテグレーション　182
　第6節　協同組合企業（委託加工）の企業構造と行動：鹿児島くみあい
　　　　　食肉 ………………………………………………………183
　　1. 出資構成と設立背景　183
　　2. 施設設備と建築費　184
　　3. 事業内容と業務形態　185
　　4. 財務難による増資とインテグレーション　186
　　5. 鹿児島経済連の集荷・販売状況　189
　第7節　食肉センターの集荷競争：鹿児島県下の状態 ……………190
　第8節　むすび：食肉センターの企業構造と業務形態の問題点 ……192

第6章　フードシステムにおける垂直的調整 …………………197
　　　　　―取引形態と価格形成システム―

　第1節　垂直的調整システムの全体像 …………………………197
　第2節　垂直統合・契約・スポット取引 ………………………200
　　　1.　定　　義　200
　　　2.　統合と契約の有利性・不利性　205
　　　3.　アメリカと日本の状態　210
　第3節　価格形成システム ………………………………………214
　　　1.　価格形成システムのとらえ方　214
　　　2.　価格形成システムの主要類型の定義　216
　第4節　複合的価格形成システム変化の方向 …………………223
　　　1.　卸売市場基準の複合システム：日本　226
　　　2.　価格設定型複合システムへの移行：アメリカ　228
　　　3.　管理的システムへの移行による問題　229

第7章　市場統合下の牛肉フードシステム（EU） ……………235

　第1節　は じ め に ………………………………………………235
　第2節　牛肉フードシステムの構成要素 ………………………236
　第3節　フードシステムの構造の多様性を生む要因 …………238
　　　1.　食肉消費習慣の地域的特性　238
　　　2.　自然条件と家畜生産システムの地域差　239
　　　3.　生産・消費の多様性からうまれるEU域内の牛肉貿易　240
　第4節　牛肉フードシステムの構造変化の要因 ………………242
　　　1.　EU域内の牛肉需給バランスの変化　242
　　　2.　共通農業政策と家畜生産構造の固定化　243
　　　3.　市場統合施策のと畜・製品流通部門への影響　245
　　　4.　川下と川中の競争構造の変化：集中度の上昇　247

　　　　5. 牛肉スキャンダルとフードシステムの垂直調整　248

　第5節　主要国のフードシステムの外形変化 …………………………250

　　　　1. 伝統的な流通経路からの変化　250
　　　　2. 生産者出荷段階　252
　　　　3. と畜解体と卸売段階　252
　　　　4. 卸売段階のフレッシュミートの商品形態　253
　　　　5. 消費の地域性と小売の特性　254
　　　　6. 取引形態と価格形成システム　257

　第6節　む　す　び ………………………………………………………258

第8章　と畜産業の構造再編とパッカーの形成（EU）………………261

　第1節　は じ め に ………………………………………………………261

　第2節　EU市場統合にともなう食肉共通施策の波紋 ………………261

　　　　1. と畜プラントの衛生基準の統一：ECフレッシュミート指令の
　　　　　 改正　261
　　　　2. フレッシュミート改正指令への対応の困難さ　263

　第3節　と畜産業の構造問題とその要因 ………………………………264

　　　　1. 2つの構造問題　265
　　　　2. 構造問題に影響を与える要因　268

　第4節　と畜産業の所有構造変化と規模・集中度の上昇 ……………270

　　　　1. と畜場の民営化の進展　270
　　　　2. と畜プラントの規模と集中度　271
　　　　3. 各国のと畜プラントの認可状況　274

　第5節　構造再編の必要なイギリスのと畜産業 ………………………276

　　　　1. 大企業の肉畜と畜からの撤退　276
　　　　2. と畜プラントの規模とフレッシュミート指令への対応可能性　278
　　　　3. と畜企業の事業の総合化　280

　第6節　企業グループ化の進むフランスと畜産業 ……………………282

1.　民間と畜企業のグループ化の進展　282
　　　2.　と畜プラントの規模とフレッシュミート指令改正への対応可能性　284
　第7節　企業グループ化の進むドイツと畜産業 …………………………286
　　　1.　と畜プラントの2重構造　286
　　　2.　協同組合系企業グループのシェアの拡大　287
　　　3.　国内法制化の遅れるフレッシュミート指令への対応　288
　　　4.　と畜企業の事業総合化：2大協同組合系企業グループ　291
　第8節　垂直的統合が完成したオランダの子牛肉 ………………………298
　　　1.　酪農副産物の利用産業としての子牛肉セクター　298
　　　2.　垂直的統合の展開　299
　　　3.　垂直的統合の背景：乳製品需給と共通農業政策の転換　300
　　　4.　企業結合構造　301
　第9節　むすび ………………………………………………………………303

第9章　農場から食卓までの安全性・品質保証システム ………………309
　　　　―フードシステムの垂直的連携による市場戦略―

　第1節　はじめに ……………………………………………………………309
　第2節　狂牛病の影響と多様なプログラムの展開 ………………………310
　　　1.　連続する食肉スキャンダルと牛肉消費の減少　310
　　　2.　安全性，衛生，動物愛護に関する規制　314
　　　3.　多様なプログラムの展開　315
　第3節　品質概念と品質管理の変化 ………………………………………317
　　　1.　消費者の要求と製品の品質概念の変化　317
　　　2.　品質管理手法の変化　319
　　　3.　商標と認証　320
　　　4.　垂直的連携による品質管理：組織と管理システム　321
　　　5.　市場におけるプログラムの意義：差別化と非関税障壁　322

第4節　EU理事会による良質牛肉の販売促進政策 …………………323
　　第5節　ドイツのCMA「検査印プログラム」…………………………326
　　　　1.　狂牛病・薬物残留問題を背景とするプログラムの発祥　326
　　　　2.　プログラムの仕組み　328
　　　　3.　プログラムにおける基準　330
　　第6節　品質保証のための垂直的連携の姿 ……………………………336
　　　　1.　出自証明とCMA検査印の普及状態　336
　　　　2.　検査印と商標の結合による垂直的連携　339
　　第7節　バイエルン州政府によるQHBプログラム ……………………343
　　　　1.　プログラムの目的と仕組み　343
　　　　2.　品質・検査規定　345
　　　　3.　利用状況　346
　　第8節　む　す　び ………………………………………………………347

第10章　食料システムの転換と品質政策の確立 ……………………………355
　　　　　―コンヴァンシオン理論のアプローチを借りて―

　　第1節　は じ め に ………………………………………………………355
　　第2節　日本農業のおかれている状態について：前提的認識 ………356
　　第3節　市場危機への対応にみるEUの戦略：品質政策の登場 ……358
　　　　1.　戦略の背景となる貿易ルールの調整と食品市場の劇的変化　358
　　　　2.　ポスト市場介入政策として登場した品質政策とその体系　361
　　第4節　市場の状態を変える品質の規定 ………………………………363
　　　　1.　安全性・衛生に関する規制による品質の標準化　363
　　　　2.　多様な品質の立法による保護　364
　　　　3.　販売促進アプローチの管理手法　369
　　第5節　品質のコンヴァンシオンとコーディネーション様式の多様性：
　　　　　　品質政策を支える理論的枠組み ……………………………372
　　　　1.　品質の社会的確立の重要性　373

2. コンヴァンシオンと正当化秩序　374
　　3. 多様なコーディネーションの接合による「信頼の秩序」形成　376
　第6節　むすび：まとめと日本への示唆 …………………………………380

引用文献　388
あとがき　398

第1章　フードシステム研究の対象と方法
―構造論的接近―

第1節　はじめに

　食料農水産物が生産され多様な食品となって消費者の手にわたるまでには，調整・処理，加工，流通，飲食サービスなどの多段階の過程を経ており，その過程は多様な産業主体ににないれている．従来は，この過程は食料品の流通過程としてとらえられてきた．しかし，調整・処理，加工，飲食業の産業規模が著しく膨張しており，単なる狭義の流通過程では把握しきれなくなったのが今日の状態である．異質な種類の産業が多段階の連鎖を形成して商品の生産と供給を行っているのは，食料品に特有の産業組織であるといえる．

　この生産者から消費者にわたり連関する多様な産業の構造（構成主体とその相互関係）をトータルに把握し，そこにおける問題とこれからのあり方を論じることが必要となっている．しかも，この生産者から消費者までの産業の連関は，食料品の品目によって大きく異なり，また同じ品目でも国によって大きく異なる．その差異は何によって生じるか，産業の連関構造を規定する要因も明らかにされねばらない．本章の目的は，こうした多種類の産業の連鎖からなるフードシステムの分析枠組みを提示することにある．

　最終消費者である国民の立場からみても，第1次生産者である農水産業の側からみても，膨張した食品産業群を中心にフードシステムの動向を把握することはきわめて大切な課題となっている．また，フードシステムを構成するさまざまな食品産業群の経済主体にも考えるべき重要な課題が負わされて

いる.

　さまざまな商品のなかでも,食料品は人間の口に入り,直接に生命と健康にかかわるものである.また,どのような食べ物をどのように食するかは,地味ではあるが最も日常的な生活行為であるだけに,国や民族の文化の土台をなしているといえる.フードシステムを構成する経済主体は,経済事業として単に売れるものを商品として供給するにとどまらず,その商品は,生命と健康に影響を与え,またそれがいかようなものであれ,意識・無意識を問わず,文化の変容に相当強くかかわっているのである.フードシステムが多段階で多くの産業の手を経るようになったため,各産業段階の個々の経済主体にとっては,寄与が間接的であったり部分的であったりするので,直接の責任が認識されにくいが,それだけに,全体を視野に入れた強い自覚が必要だといえる.

第2節　フードシステムの定義と特質

1.　定義と構成
(1) 定義と構成

　まず,フードシステムの領域ないし構成要素をどのようにとらえればよいか.関連する用語として,食品産業,農業関連産業などがある.

　食料農水産物が生産され,消費者にわたるまでの食料・食品(以下これを食料品と総称する)の流れがフードシステムとされる[1].この流れは川にたとえられることが多く,農水産業(川上)から始まり,農水産物卸売業,食料品製造業,食品卸売業(川中)→食料品小売業,外食産業(川下)を経て,最終消費者(海ないし大きさの限られた胃袋としての湖)に流れ込むまでの領域とされる.

　このうち,川中と川下を構成する産業が,総称して食品産業と呼ばれる.食品産業に関する産業分類上の区分は,「日本標準産業分類」基準にしたがうとつぎのようになっている.

①食品工業：食料品製造業，飲料・飼料・たばこ製造業

②食品流通業：農畜産物・水産物卸売業，食料・飲料卸売業，飲食料品小売業

③飲食店（外食産業）[2]：食堂・レストラン，そば・うどん店，すし店，喫茶店，その他一般飲食店

　先のような理解にたてば，この産業分類上の食品工業のうち，飼料製造業はフードシステムの構成要素から除かねばならない．他方，農業を中心に，これをとりまく川上の飼料製造業，農業機械製造業のような農業への資材供給産業や，川下の農産物の処理・加工，流通を行う食品産業などを１つのまとまりとしてとらえたとき，これを農業関連産業（アグリビジネス）とよぶことができる．

　フードシステムを構成する各産業の大きさを，産業活動の結果からとらえると，図1-1のようになる．最終消費者の消費支出を100としたとき，食品工業の付加価値額は1990年には24.3となり，外食産業の付加価値額は19.6,卸・小売業の流通経費は合計26.3である．これら国内食品産業の付加価値額と経費をあわせると70.2にのぼる．他方，国内農水産業の供給額は，80年の26.9から，90年には21.1へと低下し，全体のおよそ２割を占めるにすぎないものとなった．輸入農水産物を含めても農水産業の供給額は24.3にとどまる．このようにフードシステムにおいて食品産業の占める比重はきわめて大きくなっており，消費者の立場からみても農業生産者の側からみても，その動向を把握することはきわめて大切な課題となっている．

　さらに，今日見逃せなくなってきているのが，フードシステムにおける消費者の位置の高まりである．消費者をフードシステムの構成主体として明示的にあつかう必要がでてきている[3]．

　以上から，フードシステムとは，食料品の生産・供給，消費の流れにそった，それらをめぐる諸要素と諸産業の相互依存的な関係の連鎖としてとらえることが適当である[4]．その流れは，情報の流れやリサイクルを考慮に入れたときには川上から川下への一方向的なものではなく，循環的なものととら

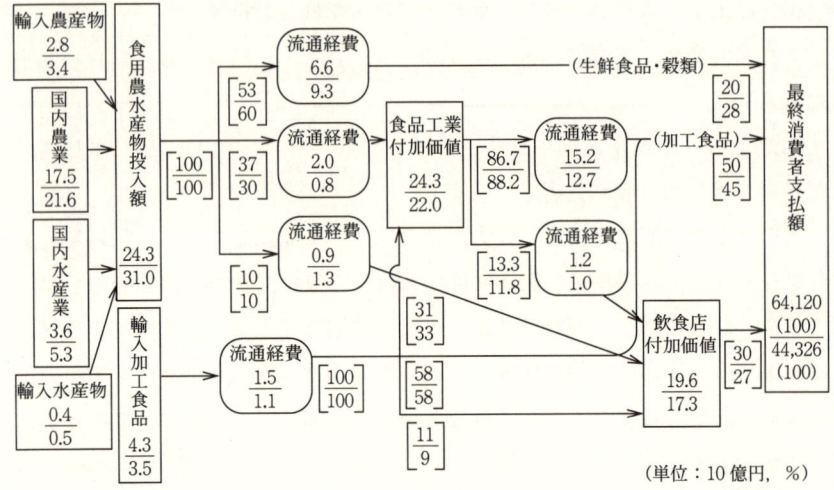

(単位：10億円，％)

出所：財団法人食品産業センター「食品産業統計年報」をもとに作成．原資料は「産業連関表」．
注：1) 数値はすべて上段が1990年，下段が1980年．□と□の枠内の数値は，最終消費者支払額を100としたときの各段階の投入額，付加価値，経費の比率．[ ]内の数値は流通，購入経路の比率．
2) 食料品には煙草を含まない．
3) 精穀および畜部門は食品工業から除外し，当該部門の産出額は農業からの直接産出扱いとされている．
4) 付加価値等には包装資材費，光熱水道料等が含まれ，流通経費は商業マージン，運賃である．

図1-1 フードシステムにおける食料品の流れと各段階のシェア

えられる．また，この流れのうち食料品が消費者の手に届くまでを，フードシステムの供給サイドとよぶことができる．ヨーロッパでよく用いられるサプライチェーンやプロダクションチェーンはこの部分をさす．

フードシステムの基本的な構成主体は，食料農水産物を生産する農水産業，食料農水産物の処理・加工を行う食品製造業，食料品の流通をになう農水産物卸売業・食品卸売業・食料品小売業，食事提供を行う外食産業，そして消費者からなる．また，情報やリサイクルを考慮に入れると，情報業者，容器や包装材料の供給業者，食料品やその周辺材料の処理業者を含めることが必要であり，考慮する局面によって関係する主体は拡大する．

本書では，フードシステムをこのようにとらえたい．ただし本書では，食

料品を直接あつかわない業者については，市場情報会社を分析対象に入れるにとどまっている．

(2) 食品産業の企業規模

フードシステムの主要部分を占めるようになった食品産業であるが，その企業規模は業種によって異なり，きわめて幅が大きいことに特徴がある．業種別に企業規模指標をまとめたものが表1-1である．

事業所規模（従業員規模）は，食料品に関しては，食料品製造業，卸売業，飲食店，小売業の順に小さくなっている．しかし，いずれもそれぞれの業種全体の平均規模に近いので，食料品が特殊なわけではなく，各業種全体の特徴を反映しているといえる．企業集中度は，食料品製造業平均が$CR_3=47.8$（CRはconcenration ratioの略で，CR_3は上位3社累積集中度をあらわす）であるのに対して，小売業，飲食店の集中度は低く，卸売業はさらに分散している．

このように食料品製造業が，食品産業のなかでは相対的に事業規模が大き

表1-1　食品産業の企業規模諸指標

	事業所数	1事業所当たり事業員数	1事業所当たり出荷販売額	1人当たり販売額	累積集中度
		人	百万円	百万円	
製造業合計（1997）	612,830	17.1	532	31	$CR_3=53.7$
食料品	57,014	20.2	428	21	47.8
飲料・飼料・たばこ	7,927	15.7	1,387	88	63.6
卸売業合計（1997）	391,574	10.6	1,225	115	$CR_8=0.6$
農畜産物・水産物	39,952	10.2	1,286	124	＊13＝5.8
食料・飲料	47,485	10.9	977	89	＊7＝1.8
小売業合計（1997）	1,419,696	5.1	104	20	$CR_8=6.5$
飲食料品	526,460	5.3	81	15	
総合スーパー	1,888	160.0	5,273	32	
飲食店合計（1992）	474,048	5.1	27	5	$CR_8=11.1$

注：食品産業センター「平成11年版食品産業統計年報」，原資料は「工業統計表」「商業統計表」．累積集中度は，製造業については「平成3年版公正取引委員会年次報告」，数値は1988年の産業別加重平均．卸売業，小売業，飲食店は前掲『年報』掲載の売上高順位別会社の売上高累計（日経新聞社，食品新聞社調べ）を，商業統計の産業別年間販売額で除したもの（数値は卸売業，小売業が1990年，飲食店が1991年）．農畜産物・水産物卸売業，食料・飲料卸売業の＊13，＊7は，従業員数500人以上の商店数がそれぞれ13，7あり，この累積売上高を総売上高で除したもの（商業統計結果，数値は1988年）．

く集中度が高いが，内訳をみると，品目によって企業規模も企業集中度も多様性に富んでいる．従業員規模では，平均300人を超えるたばこ，ビール製造業から，平均10人に満たないパン製造業，製茶業まで幅がある．企業集中度についてみると，インスタントコーヒー，ビール，化学調味料等のように数企業のみからなる少数寡占があり，また，極高位集中に分類[5]される$CR_8=70$以上であるような品目が多数存在する（公正取引委員会資料にもとづく54品目のうち42品目[6]）．その一方で，非集中（$CR_8<20$）の清酒，低位集中（$40>CR_8>20$）の清涼飲料のような品目も少なくない．

(3) フードシステムにおける主体としての消費者の登場

消費者は食品の受動的な受け手でないのはもちろんのこと，単に食品の選択行動を通して食品の製造・供給段階に影響を与えたり，あるいは，食品産業や農業生産者が消費者のニーズを把握し自らの供給する食品の品質を調整するというプロセスを通して食品の製造・供給に影響を与える存在であるにとどまらなくなってきている．

消費者および消費者団体が食料品の品質や供給のあり方に対する積極的な意見提示者となりつつあり，また，食品廃棄やリサイクル問題などにみるように，消費者の食料品消費のあり方がフードシステムのかかえる問題に深く関与していることが認識されるようになってきた．フードシステムの一員として主体的，自覚的な行動が求められるようになっている．

2. 品目別フードシステムの外形の諸類型と構成主体

食料品の品目別にフードシステムをとらえるとその構成主体は品目によって大きく異なる．しかし，生鮮食料品以外の品目では構成主体が明示的に把握されていないものが多く，その解明は今後の課題であろうが，さしあたって，流通経路からフードシステムの外形をとらえたものが図1-2である．

フードシステムの構成主体が質的に異なるのは川中の部分であり，川下はほとんどの品目において小売業と外食産業を経由するとみてよい．ただし，外食産業との結びつきの強・弱など，その度合いには違いがある．

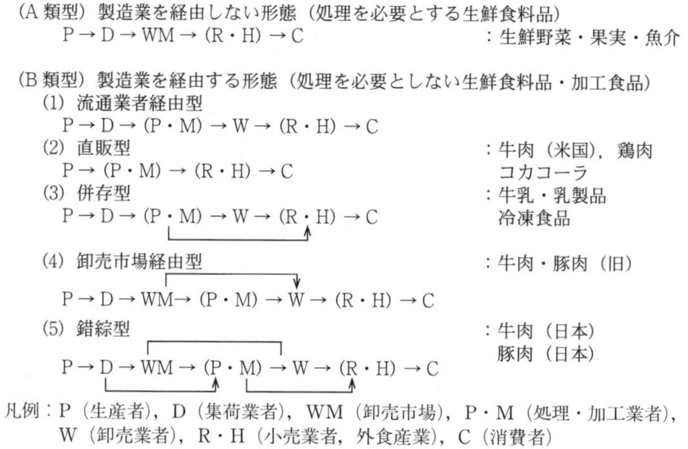

(A類型) 製造業を経由しない形態（処理を必要とする生鮮食料品）
　　　　P→D→WM→(R・H)→C　　　　　　　　　　　：生鮮野菜・果実・魚介

(B類型) 製造業を経由する形態（処理を必要としない生鮮食料品・加工食品）
　(1) 流通業者経由型
　　　　P→D→(P・M)→W→(R・H)→C
　(2) 直販型
　　　　P→(P・M)→(R・H)→C　　　　　　　　　　　：牛肉（米国），鶏肉
　　　　　　　　　　　　　　　　　　　　　　　　　　コカコーラ
　(3) 併存型
　　　　P→D→(P・M)→W→(R・H)→C　　　　　　　：牛乳・乳製品
　　　　　　　　　　　　　　　　　　　　　　　　　　冷凍食品
　(4) 卸売市場経由型
　　　　P→D→WM→(P・M)→W→(R・H)→C　　　　：牛肉・豚肉（旧）
　(5) 錯綜型
　　　　P→D→WM→(P・M)→W→(R・H)→C　　　　：牛肉（日本）
　　　　　　　　　　　　　　　　　　　　　　　　　　豚肉（日本）

凡例：P（生産者），D（集荷業者），WM（卸売市場），P・M（処理・加工業者），
W（卸売業者），R・H（小売業者，外食産業），C（消費者）

図1-2　流通経路構造からみたフードシステムの外形

　川中の構成主体の違いは，まず大きくは，流通業者のみを経由するもの（A類型）と，製造業者を経由するもの（B類型）とに分けることができる．A類型をとるのは，処理を必要としない生鮮野菜，生鮮果実，生鮮魚介である．加工食品は当然B類型であるが，生鮮食料品でも畜産物はいずれも処理過程を必要とし，処理工場をもつ処理業者を経由する．加工，処理は付加価値を生む点で同一であり，それにかかわる業者を製造業者として総括できる．処理・加工工程すなわち製造業者を経由するか否かによって，フードシステムの構造変化とそこにおいてかかえる問題が大きく異なるので，まずこのことに着目すべきである．

　A類型の典型的な外形は，日本では，図1-2のように，集分荷の中継点として卸売市場を経由する型である．しかし，諸外国においては必ずしもそうではない．

　B類型では，図1-2に示した5つの典型的な外形がえがける．流通業者経由型，直販型，併存型，卸売市場経由型，錯綜型である．これらの集荷業者，卸売業者，卸売市場などの流通業者ないし流通機関の経由の有無やその度合いは，農水産業，製造業，外食産業，消費者それぞれの企業ないし主体の規

模・分散状況，取扱い商品種類数，商品の標準化の程度などの商品特性に規定される．

また，生鮮食料品の流通段階，処理段階には私企業だけでなく協同組合，公企業・公共団体が参入している場合が多いのも特徴である．

3. フードシステムに占める処理・加工の位置

一般には，食料品は生鮮食料品と加工食品に区分されることが多いが，フードシステムの特質をとらえるうえでは，すでに上記でふれたように，生鮮食料品をさらに，野菜や果実，鮮魚などの「処理を必要としない生鮮食料品」と，各種畜産物などのように「処理を必要とする生鮮食料品」との区別に着目することが必要であると考える．

ここでいう「処理」は，穀類の精穀，肉畜のと畜・解体，部分肉・精肉製造，食鳥のと鳥，中ぬき，解体，鶏卵の洗卵，生乳の加熱殺菌など，消費に供するうえで不可欠な生鮮食料品の外形の転換をさす．これらは，産業分類上は，と畜場（サービス業）をのぞき製造業に含まれる．「加工」は，小麦粉から菓子，豚肉からハムを製造するなどのように，加熱，調合，調味により，使用価値レベルで食料品の質を異質のものに転換してしまうことに限定する．もちろん加工品にも，なまもの，乾物があり，その製品特性は大きく異なる．これらについてはさらに適切な区分を検討することが必要であろう．

「処理を必要としない生鮮食料品」は，収穫されたり水揚げされたままの姿で消費者にとどくので，フードシステムの中央部分に必要とされる基本機能は流通機能であり，システムを構成するのはもっぱら流通業者である．

「加工食品」は，農産物市場で原料を仕入れるところからはじまり，製造工程を経て，製品販売がなされる．フードシステム中央部分の機能としては，原材料流通，製品製造，製品流通が必要であり，構成主体は原材料流通業者，製品製造業者，製品流通業者である．しかし，主領域は製品製造であり，製品製造業者である．

これにたいして，「処理を必要とする生鮮食料品」については，これまで

の日本の研究では，供給過程において流通機能のみが必要とされる「処理を必要としない生鮮食料品」と同じあつかいで論じられ，区別が必ずしも明瞭には意識されてこなかったのではないだろうか．「処理を必要とする生鮮食料品」のフードシステムの中央部分の重要な機能は，各種の処理機能であり，現在ではシステム中央部分の主要な構成主体は処理業者である．「処理を必要としない生鮮食料品」においても鮮度維持のために予令・保冷処置が行われるが，「処理を必要とする生鮮食料品」の処理機能は，加工品の製造工程と同一の工場的工程を必要とするものであり，これ自体がひとつの独立した産業をなす類のものである．

このように，処理・加工工程の有無に着目してフードシステムをとらえたとき，フードシステムの機能や技術的プロセス，構成主体，したがって外形は大きく異なるのである．「処理を必要としない生鮮食料品」のフードシステムは，いままでの生鮮食料品流通論の延長上に論ずることができそうである．しかし，「加工食品」と「処理を必要とする生鮮食料品」のフードシステムの研究では，処理・製造機能を果たす処理・製造業者の産業としての状態を中心とし，そのうえに流通機能および流通業者の状態をあわせて議論することが必要である．このように，フードシステムといっても，どのような食料品をとりあげるかによって問題の所在が大きく異なることに注意しなくてはならない．食料農水産物の第1次生産（者），処理（業者），加工（業者），流通（業者），飲食サービス（業者），それぞれの領域毎に問題が論じられることが必要なのは論をまたないが，フードシステムとして問題をとらえることの意義は，食料品によって異なるこれら相互のかかわり方に注目することにあるといえる．

4. フードシステムをめぐる特質

フードシステムをめぐる特質として以下のような点があげられる．

1. 全体としてみたとき，農水産業と消費者の間に位置する食品製造（処理・加工）業と外食産業，大規模小売業の比重が増大している．

2. 多段階の異質の産業の連鎖によって成り立っている．1つの品目に関して，生産者から消費者にとどくまでに，製造，卸・小売，飲食サービスなどの性格の異なる複数の業種が関係している．
 3. 食料品の品目種類がきわめて多く，品目によってフードシステムを構成する産業主体が異なる．
 4. 業種および品目によって，企業数，企業の規模構成がきわめて異なる．多数の零細企業からなるものから，少数の大企業のみからなるものまで．
 5. フードシステムを構成する企業の企業形態は，私企業だけでなく，公企業，協同組合企業，公私混合企業にひろがる．生鮮食料品および加工原料農産物の生産，処理，流通において，協同組合および公企業，公私混合企業の位置が大きい．
 6. 加工度の高い品目を中心に，企業の事業の多角化，多角的企業結合，活動および資本の多国籍化が進んでいる．
 7. 食料品の商品特性にはつぎのような特徴がある．①商品は加工度によって3つに大区分できる．A.処理を必要としない生鮮食料品，B.処理を必要とする生鮮食料品，C.加工食品．②商品が腐敗性をもつ（加工度の低いものほど腐敗性が高い）．③商品の品質標準化の度合いが低い（加工度の低いものほど低い）．
 8. 品目により，処理・加工，流通技術が大きく異なる．
 9. 品目により，第1次生産段階の供給の状態，各段階の需要の状態が大きく異なる．
 10. 人の生命・健康にかかわるものとして，食料品の安定供給，安全・衛生の確保という公共の福祉のもとにおかれる．
 11. 上記により公共政策の介入の度合が高い（とりわけ，生鮮食料品および加工原料農産物の生産，処理，流通において）．

　フードシステムの構造分析には，2つの課題がある．(1)巨視的視点での食品関連産業構成の特徴と変化の方向，その規定要因の把握，(2)品目別にみた，システムの構造，構成主体とその相互関係，その変化の方向，品目間

の差異，それらの規定要因の把握，である．

　食料品は，上にまとめたように，品目によって商品特性や需給の状態が異なり，関連する業種の種類，各段階の競争構造，企業の形態などがきわめて異なる，すなわちシステムの違いが大きいため，主たる構造分析の課題は第2のほうにおかれるべきであろう．

第3節　フードシステムの構造分析の枠組み

　以上のような特質をもつフードシステムの全体像を把握するには，どのような接近方法が必要であるか．本書では，品目別分析のためのアプローチについて考えたい．分析可能なように対象をとらえなおすことと，これを概念化することとを試み，さしあたってこれをもって本書の提示するアプローチとしたい．

1. これまでの構造論的な全体像把握

　食料経済学ないし食品産業論において，すでに「フードチェーン」の全体像の認識が意図されてきた[7]．

　そこにおいて重視されているのは，「水平的局面」と「垂直的局面」の交錯ということである．かつ，水平的局面については産業組織論にもとづく競争構造の解明があるので，垂直的局面の研究が主題であるとされる．とりわけ，産業を構成する主体の行動とその相互関係，構造変化のプロセス（およびそこに影響を与える経済環境と変化の契機となる主体の行動）の把握が重視される．

　このような課題設定にもとづく分析を，構造論的分析とよぶことができる．

　ここで「構造論」について，若干の考え方を示しておきたい．すべての事物は，単なる「点」ではなく，ある「空間的ひろがり」をもち，このひろがりは相互に関係する複数の要素の存在によってもたらされているといえる．事物のひろがりのこのような実体を構造とよんでさしつかえないであろう．

したがって，ある対象が，いかなる要素（主体を含め）から成り立ち，またそれらの要素がいかなる関係をとり結んでいるか，を明らかにすることをもって構造論的分析とすることができる．また，これらの諸要素，諸関係には主要なものと副次的なもの，表象的なものと本質的なものがあり，このような次元を明らかにすることは分析の重要な課題である．そして，この限りでは分析上の手法を特定するものではない．現象の観測，理論の構築，理論の実証，理論構築にあっては概念的検討，論理記述モデル的検討，図形・数理モデル的検討，観測と実証にあっては現象の論理記述的把握，統計的把握，計量的把握など多様な方法をとり得るし，かつこれら相互の結合が大切であろう．

　続いて先の全体像の認識にもどれば，その分析方法として主体間の「関係」そのものを把握することが大切であるとし，主体間のコンフリクト（構造的緊張）に着目することが提起されている．

　こうした，「関係」それ自体を直接把握することを重視する認識方法は，組織論において構造論的認識にたつ「緊張モデル」ないし「矛盾モデル」，あるいは巨視的分析においては資本主義の変容過程分析におけるレギュラシオン（「調整」）理論に典型的にみられる[8]．この両者の組織観，システム観においては，均衡が常態ではなく，また組織やシステムのあり方は特定の主体の計画的コントロールに従うものでもない．相対立する諸契機あるいは諸主体によって生じる矛盾，緊張が常態であり，その解決や調整のために，諸契機・諸主体の互いの作用をとおして組織やシステムの変化が生じるとみる点で共通である．このような認識方法は，フードシステムの全体像把握の方法を考察するうえできわめて興味深い．どのような形でくみとるかはもう少し時間をかけて考えたい．

　とりわけフードシステムを対象にする場合に難しいのは，緊張が多極的に生じることである．それは，フードシステムはいくつもの産業段階を含み，それぞれの段階の産業を構成する生産者や企業どうしの間，また前後の産業段階間での生産者および企業の間というように，緊張が生まれる構造が相対

的に独立してフードシステムの内部に多極的に存在するからである．したがって，それぞれの構造とそこにおける緊張，それらの構造間の緊張，そして全体としてみたときの主たる緊張関係と副次的な緊張関係の存在，という構図が浮かぶ．しかしこのように構造を分割し，緊張を多極的にとらえることは，上記のような理論の本意とするところであるかどうかが問題である．しかし，こうした認識の延長上に検討を進めることが大切なのは確かである．

他方，特定段階の産業を分析する手法を提供してきたのが産業組織論であるが，この枠組みをフードシステム全体の分析に拡張しようとしたものとしてアメリカの Marion and NC 117 Comittee (1986) の試みをあげることができる（黒木，1996)[9]．産業組織論のフレームワークを用いて，サブセクター（個別品目のフードシステム）の「基礎条件」および「構造」→「行動」→「成果」という分析枠組みが提示されていることに注目をしたい[10]．とくに垂直的組織，価格発見システム，および垂直的統合，契約，協同を内容とする調整メカニズムとその成果の解明に重点がおかれ，本書が垂直的関係をとらえるときの視点と共通するところが多い．

しかしこの分析の問題点は水平的な構造と行動が明示的にとりあげられておらず，その結果水平的な構造と垂直的な構造との関係が意識されていないことである．分析の課題には産業の構造的性格の解明があげられ，フレームワーク図にも指標が示されてはいる．フードシステムの構造変動は，水平的な構造における変化と垂直的な構造におけるそれとが相互依存関係をもちながら進むと考えられる．したがって，水平的局面の変化を明示的にとりあげずには，垂直的な局面の変化の意味や背景を適切に理解することはできない．それは奇しくも，NC 117 が主要サブセクターとしてとりあげたアメリカの牛肉において，その後の1990年代以降に典型的に検証されることになる．劇的な変化は牛肉パッカーの水平的な競争構造において生じ，それが取引形態をはじめとする垂直的関係にいかなる影響を与えるかが大きな問題となっているのである（本書第3章や第6章でそれを検討する）．

なお，構造論的視点から連関性をもつ産業群にアプローチしようとすると

き，「産業構造論」[11]の認識を無視することはできない．しかし，いわゆる「産業構造論」は，国民経済的次元でみた産業構成の変化とその規定要因の分析に眼目があり，フードシステムを形成する産業群にみられる直接的な相互対応関係をとおした連関性の分析には適さない．

2. フードシステムの全体像把握の枠組み

フードシステムの全体像に関する品目別分析の視点からの構造解明の中心は，フードシステムがどのような産業および企業主体によって構成され，それら諸主体がいかなる関係を取り結んでいるかにある．また，この構造の変化の方向および変化のメカニズムを明らかにすることである．さらに，問題点を示し，システムの改善の方向を提示することができれば望ましい．

【フードシステムの副構造】
1. 「連鎖構造」………川上から川下への関連産業の連鎖の様式
　　【構成産業主体，取引の態様（取引形態，リスクシェア・価格形成システム）】
2. 「競争構造」………特定段階の産業の内部構造
　　【集中，製品差別化，参入障壁，企業結合】
3. 「企業結合構造」……企業間の結合関係とそれから生じる行動
　　【結合形態：水平的，垂直的，コングロマリット】
　　【結合種類：合併・買収，系列化，契約（食品産業内外，国内外にわたり）】
4. 「企業構造・企業行動」…企業の内部構造とそれに対応する企業行動
　　【企業形態：私企業，公企業，協同組合企業，公私混合企業】
　　【企業構造：所有と支配，規模，事業部門】
　　【企業行動：製品政策，価格政策（とくに価格設定行動），販路政策，販売促進政策（とくに広告・宣伝），研究・開発政策，成長政策，設備投資，共謀・協調，合併・買収・契約】
5. 「消費構造と消費者の状態」
　　【消費の量と質，消費者行動】

【基礎条件】
(a) 商品特性（処理・加工の必要性，腐敗性，品質標準化の程度）
(b) 制度，習慣，ルール，文化
(c) 公共政策（法令，政策）と政策主体としての公権力
(d) 社会的技術条件（処理・加工・輸送・保管技術の変化）
(e) 社会的市場条件（労働・土地・資本市場条件など）
(f) 他国のフードシステムとの競争関係，国際的貿易ルール

図1-3　フードシステムの5つの副構造と基礎条件

第1章　フードシステム研究の対象と方法　　　　15

　しかし，複雑な構造をもつフードシステムの全体を一度に解明しうる概念と方法を提起することは困難であるので，ここでは次善的な接近方法として，解明の対象とすべき全体構造をいくつかの副構造に分割する．それぞれの副構造を解明し，かつ副構造相互の関係を明らかにすることによって，全体構造にせまるという方法をとりたい．

　解明すべきフードシステムの構造的諸側面は，図1-3に示したように考えられる．(1)川上から川下への関連産業の連鎖の様式であるところの「連鎖構造」（垂直的構造），(2)連鎖のある段階の産業の内部の構造であるところ

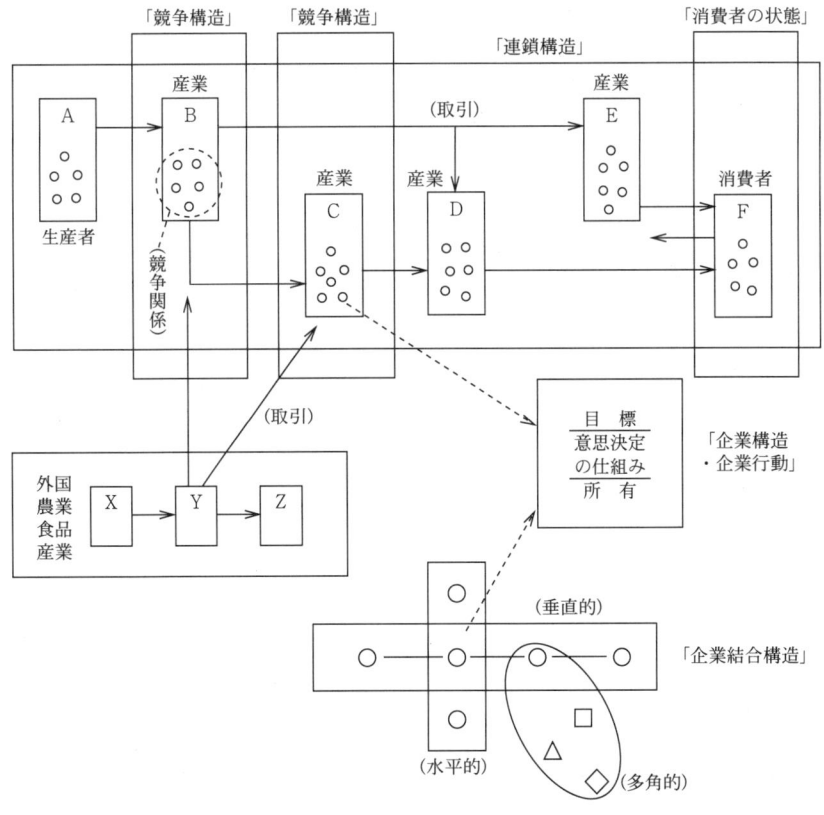

図1-4　フードシステムの5つの副構造の配置

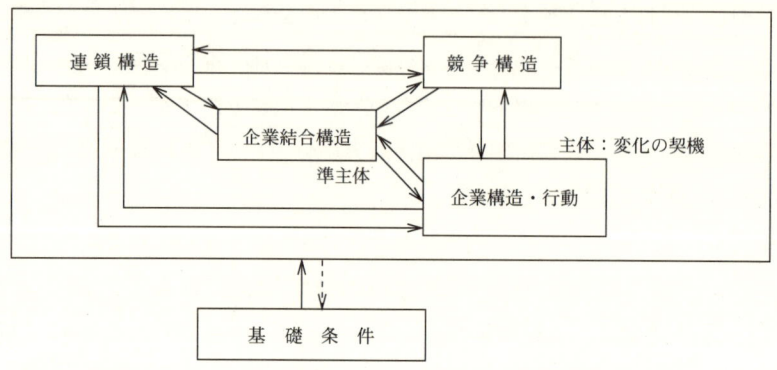

図1-5 フードシステムの4つの副構造と基礎条件の相互関係

の「競争構造」(水平的構造), (3)企業どうしの結合関係であるところの「企業結合構造」, (4)産業を構成する基礎単位であるところの個別企業の「企業構造・企業行動」, (5)「消費構造と消費者の状態」の5つである. これらの位置関係は図1-4のようにあらわされる[12].

そして, 5つの副構造の相互作用関係を示したものが図1-5である. 5つの副構造のうち, 続いてのべるように, (3)〜(5)の「企業」,「結合された企業集団」,「消費者」が, フードシステムにおける意思主体である. これらの意思主体の行動と, 形成された5つの副構造の相互作用によってフードシステムの構造変化が生じるととらえられる. しかし, これらの変化は完全に内生的に生じるわけではなく, フードシステム外部の社会的条件やフードシステムを基礎づける諸条件にも規定されている. そこでこれをフードシステムの構造を規定する「基礎条件」とよんでおきたい.

以上の5つの副構造と基礎条件を解明したとき, フードシステム全体の構造とその変化のメカニズムの解明にいたることができると考える.

なお, 本書のこの枠組みにはフードシステムの有効性を評価する成果指標が組み込まれていない. 実証性のある有効な指標の提示が難しいからであり, さしあたっては, NC 117のそれなど(補図-1)を参照されたい.

3. 5つの副構造と基礎条件

続いて，5つの副構造と基礎条件について説明する．

「連鎖構造」は，食料品供給の流れの順にとらえたシステムの構成主体と，その相互の取引の態様としてとらえることができる．取引の態様とは，契約を含む市場でのさまざまな取引形態，リスクシェアや価格形成のシステムをさす[13]．そこにおける支配や協調，連携の状態が重要であり，フードシステムの成果に影響を与える．なお，取引形態と価格形成システムに関する分析枠組みは，第6章において提示しているので，そちらを参照されたい．

「競争構造」は，特定段階の産業を構成する同種の企業の集団の相互関係の構造である．この場合の産業は，産業組織論において定義される概念（同一製品＝密接な代替材を供給する集団）でとらえることができる．複数の処理段階を経る場合には，食肉を例にとると，肉牛の生産者，肉牛を購入して枝肉を製造・供給すると畜業，枝肉を購入して部分肉を製造・供給する部分肉製造業，小売業，業務需要者がそれぞれ産業を成し，肉牛市場，枝肉市場，部分肉市場が形成される．しかし，この処理行程が統合され，と畜と部分肉製造が一貫して行われるようになると，枝肉市場は消滅し，市場における商品は肉牛と部分肉のみ，産業は食肉処理産業（パッカー）のみになる．競争構造は，プラントや企業の集中の状態，参入障壁の有無，製品差別化の状態によってとらえられ[14]，そこにおける競争制限的状態の有無（すなわち有効な競争状態にあるかどうか）が，フードシステムの成果に影響を与える要因として重要である．

企業は，フードシステムおよびその特定の段階の産業における意思主体である．しかし，単なる質点ではなく，固有の内部構造をもっている．すなわち，資本をはじめとする生産諸要素の所有関係が企業の基礎構造をなし，これに規定された企業目標と意思決定・経営管理の仕組みをもつものとしてとらえられる．ある社会経済的環境のなかで，企業目標にそった意思決定がなされ，その結果としてあらわれるさまざまな経営行動によって企業内外に働きかけている．たとえば，製品市場に働きかけるマーケティング行動はその

最たるものである．これらを「企業構造・企業行動」としてとらえる．諸企業間のこのような経営行動の相互作用の結果，固有の競争構造，企業結合構造，ひいては連鎖構造が形成されると考えることができる．

　企業構造の重要な要素は，所有と支配，規模，事業部門構成などであり，企業行動のそれには，製品政策，価格政策（とくに価格設定行動），販路政策，販売促進政策（とくに広告・宣伝），研究・開発政策，成長政策，設備投資，共謀・協定，合併・買収・契約などをあげることができる[15]．なお，所有においてとらえられる企業形態の主要な類型として私企業，公企業，協同組合企業，公私混合企業があるが，それぞれはその所有の性格によって企業行動やそれに対して受ける規制が異なる．この点に注意することは，これらの企業形態が併存して活動するフードシステムにおいては重要である．

　また，企業は単独で存在するばかりでなく，複数の企業間で結合関係を結ぶことが多くなっている．「企業結合構造」は，合併・買収，系列化，契約などのさまざまな強さの企業どうしの結合種類と，水平的，垂直的，多角的などの結合形態とからとらえられる．そして，結合された複数の企業は，結合によってある程度の共通の意思をもちうるので，結合された企業のまとまりを，フードシステムにおける準主体と考えることができる．ただし，個別企業の結合関係である「企業結合構造」を，産業集団の相互関係である「連鎖構造」に置き換えることはできない．なお，このような企業結合はそれ自体がある競争関係をうみだすので競争構造の一要素にもなる．またすでにみたように，企業が合併・買収を選択することは企業成長戦略のひとつであり，企業構造・企業行動の一側面であり，企業結合はその結果として生まれる構造である．副構造の内容にはこのように重なりあう部分があるが，分析の重点の在処を定め，まずそれぞれを相対的に独自の構造として解明すべきだと考える．

　5つの副構造の最後の「消費構造と消費者の状態」は，次元としては，フードシステムのある段階の水平的構造，そして，それを構成する個別経済主体の構造・行動とをあわせたものに該当する．しかし消費構造と消費者を，

産業の内部構造，産業を構成する主体である企業と同じようにあつかって，競争構造，企業構造・行動によってとらえるのはふさわしくないので，独立させて第5の副構造とした[16]．

では，「消費構造と消費者の状態」の内容とフードシステムにおける位置はどのようにとらえられるか．消費の絶対量とその変化は市場の大きさを決めるので，競争構造に大きな影響を与える．消費の質は，供給される商品の品質への要請となる．また，消費の主体である消費者の行動は，消費の量と質を決める．これらによって消費構造および消費者行動がフードシステムの供給サイドに影響を与えることは知られている．このような影響はこれまでは必ずしも能動的なものではなかった．しかし，近年はそこにとどまらずに，消費者や消費者団体が，商品の状態や企業の行動に対してクレームをつけたり，意見をのべたりすることによって，フードシステムにおける能動的主体としての性格が強まり，フードシステムの供給サイドの生産者や企業との間に垂直的な相互作用関係をもつようになった．さらに，食料品の包装材料や食料品そのもののリサイクルが社会的に重要な問題となりはじめたが，明らかにこの側面においては，消費者は「最終消費主体」ではなく，フードシステムの物質循環の一翼をになうようになったといえる．

「基礎条件」はつぎのようなものからなり，以上5つの副構造を規定する[17]．フードシステムを基礎づける主な条件として，(a)商品特性（処理・加工の必要性，腐敗性，品質標準化の度合など），(b)企業や消費者の意思決定・行動を基礎づける制度，慣習，ルール，文化，(c)同じく企業や消費者の意思決定・行動を規制したり促進したりする公共政策（法令，政策）とその政策主体としての国家ないし公権力，があげられる．また，フードシステムの外部条件であるところの，(d)社会的技術条件（処理・加工・輸送・保管に関わる社会的技術レベル），(e)社会的市場条件（労働，土地，資本などの社会的市場条件など）がある．また，(f)他国のフードシステムとの競争関係や国際的な貿易ルールも，重要性を増してきた外部条件としてあげられる．基礎条件と副構造との規定関係は一方向的ではなく，フードシステム

の構成主体の行動が基礎条件に作用することも考慮しなくてはならない．企業や消費者団体の発言が政策に影響を与えるのはその例である．

4. フードシステムの構造変化の方向：5つの副構造の対応関係

5つの副構造の変化には強い対応関係があり，変化には方向性がある．ここでは「連鎖構造」をフードシステム構成主体の連鎖に着目してとらえ，また，「競争構造」を各産業段階の企業の集中度に着目してとらえたとき，この2つの構造がどのように変化し，対応するか，そしてそこに「企業構造・企業行動」と「企業結合構造」がどのように被さるか，をみておきたい．そして，共通の変化の方向を基礎づけている「基礎条件」として，商品特性と社会的技術条件を考慮する．

まず，構成主体の連鎖の変化に関する概念図は，図1-6のようにえがける．また，構成主体の連鎖の変化と集中度の変化の方向を，その両者の対応関係とともに示したのが図1-7である．

フードシステム構成主体の連鎖の状態は2つの要因で決まる．第1は，商品の流通を媒介する流通業者（すなわち集荷・分荷機能）の必要性である．第2は，流通の過程での処理・加工（すなわち処理・加工業者）の必要性である．

結論を先取りすれば，第1の流通業者の媒介度からみたとき，連鎖は短縮に向かう．そして，その過程は同時に，競争構造の変化（流通業，処理業または加工業の企業規模の大型化と集中度の高まり）に対応する．他方，第2の処理・加工の必要度からみたとき，連鎖は膨らむ方向へ進んでいる．

以下これを説明する．

第1の流通業者の媒介度は，川上（生産者）と川下（小売業・外食産業），および川中（処理・加工業）の，各段階の競争構造（それぞれの産業段階における企業の数および規模と分散状態）と，そして商品特性（商品種類の多少や商品の標準化の度合）とに規定される．その変化の過程は，およそつぎのようにとらえられる．

(A) 食料品の種類別にみたフードシステム構成主体の違い
　イ．処理を必要としない生鮮食料品（青果物，生鮮魚介類）

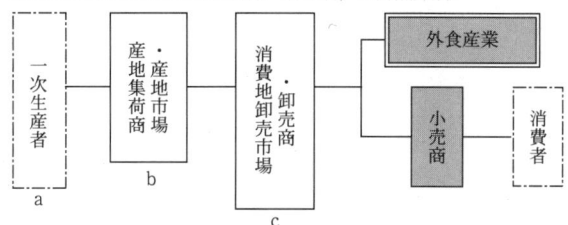

　ロ．処理を必要とする生鮮食料品（畜産物など）

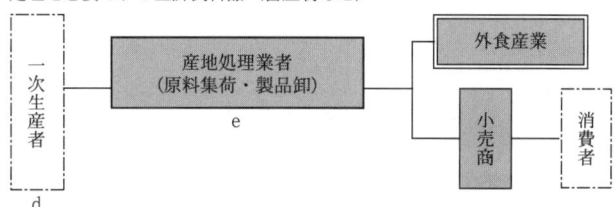

　ハ．加工食品

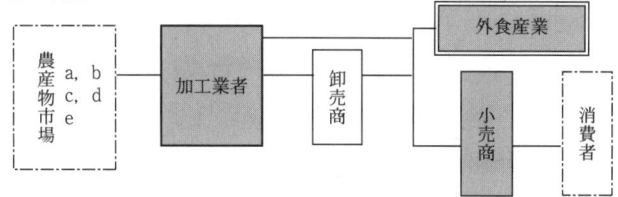

(B) 旧来の需給零細分散状態のもとでの生鮮食料品の流通経路

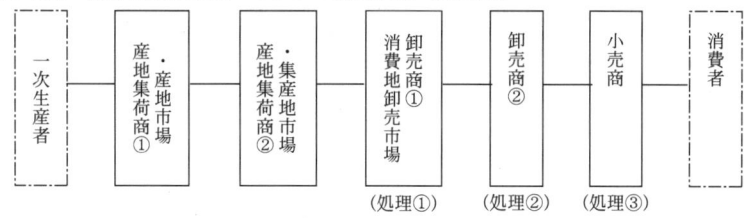

注：フードシステムの変化の方向は，(B) から (A) へ.
　　▨は，膨張する新たな主体.
　　──枠は流通業者，▬▬枠は製造業者，══枠はサービス業者.
　　実際の状態はより複雑で，小品目毎に違いがある.

図1-6　食料品種類別にみたフードシステム構成主体の違いと変化

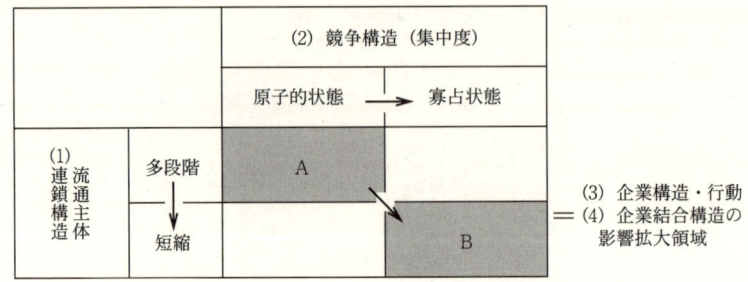

図 1-7　競争構造と連鎖構造の変化の方向

(1) 各段階の産業における企業の規模が小さく分散した状態（原子的競争構造）のもとでは，多段階の集分荷点，したがって，多段階の流通業者の介在を必要とする．さらに，取扱い商品種類が多い場合，商品の標準化の度合いが低い場合には，なおさらそうである．

図 1-6 の (B) がこの状態をあらわしている．処理を必要としない生鮮食料品では，集荷と分荷に，処理を必要とする生鮮食料品と加工食品では，原料集荷と製品販売のそれぞれの段階に流通業者が介在する．また，この生鮮食料品の集分荷の中継点および原料集荷段階で，産地市場や消費地卸売市場が設置されることが多い．

(2) 企業の規模が大きくなり，取扱い品目が専門化し，商品の標準化の度合いが高まるにつれて，集分荷の段階＝流通業者の介在の必要が減少する．

(3) 企業の規模が著しく大きくなり少数に集中したとき，流通業者を介在しない直販型になる．ただし，商品種類が多いときには，品揃えの必要のために代理店のような形で独立流通業者の機能が残り，製造業者にとっては販売経路政策が重要性を増す[18]．前者は，畜産物などの処理を必要とする生鮮食料品にみられる，図 1-6(A) ロの状態であり，後者は，加工食品にみられる，同図 (A) ハの状態である．

青果物などの処理を必要としない生鮮食料品においても，川上の産地と川下の小売の大型化によって産地，消費地での中継ぎ段階は減少するが，商品種類が多いので，集分荷の中継点としての卸売市場の位置は依然として大き

く残る．図1-6(A)イの状態である．

　つぎに，第2の処理・加工の必要度からみると，それはさらに2つの要因に規定されている．(a)食肉などの畜産物や穀類は処理を加えなければ消費者の家庭で利用できないというような，物的商品特性にもとづく側面と，(b)外食産業の発展や冷凍食品，調理済み食品の増大のように，需要の状態の変化によって，供給過程での加工度が変わってゆく側面とである．

　(a)の，処理を必要とする食料品の物的商品特性そのものには根本的な変化はない．しかし，ある食料品の品目をとってみた場合，その品目の需要の絶対量が少ない時代には，その処理過程は流通過程に付随し，処理は多段階の流通業者に分割されて兼営される機能であるが，需要が増大するにつれて，処理過程の規模が拡大し，処理業がまとまった固有の産業を構成するようになる．したがって，処理過程に関与する構成主体の連鎖は短縮することになる．図1-6の(B)から，(A)のロへの変化である．たとえば，本書であつかう肉畜・牛肉の処理過程とそれに関わる構成主体の連鎖の変化は，その典型である．

　他方，(b)の側面，食料品の加工度を規定する需要の状態は，社会状況や文化のあり方によって変化する．そして，加工度は増す方向にあり，多数の加工業者の連鎖への関与が進む．

　このような処理と加工の過程を品目別にみたときには，品目毎の状態は，その品目の原材料の標準化の度合と処理・加工技術の進展度合に規定される．共通には，原材料の標準化と技術が高まる方向に進み，それが規模の経済を発現させ，企業の規模が拡大し，処理・加工産業の競争構造において集中度が高まる方向に進む．この変化の方向を変形させたり妨げたりする要因は，たとえばパンなどにみれらる出来立て手づくりへの強い志向や，伝統的な技術と製法でつくられた製品への強い志向などの，消費の状態である[19]．

　以上を総合すると，競争構造の原子的状態は，連鎖構造における流通業者および処理関連業者の多段階性と対応し，競争構造における集中度の高まり（寡占化）は，連鎖構造における流通および処理にかかわる業者の連鎖の短

縮をもたらす．変化の方向は，競争構造における集中度が高まり，流通および処理にかかわる業者の連鎖は短縮する方向へ向かっている．図1-7のセルのAからBの方向への変化である．しかしもう一方では，食品加工業，外食産業の発展が新たな連鎖の膨らみをもたらしている．連鎖は，こうして一方での短縮傾向と他方での膨張傾向を同時に生んでいる．

　また，セルBへの移行，すなわち，集中度が高まり，流通と処理の連鎖が短縮した状態になると，上位少数企業の企業行動や結合された企業集団の行動が競争関係や連鎖における垂直的な関係において決定的な影響をもつようになり，競争構造および連鎖構造にたいして企業構造・行動，企業結合構造のあたえる影響が拡大する．したがって，セルBでは，これら4つの副構造の相互関係の分析が不可欠になる．なかでも近年，食品産業分野にも，企業結合構造におけるコングロマリットの形成とその多国籍化によって，産業分野と国を超えた主体・行動が生まれており，それが特定の品目の連鎖構造やある段階の産業の競争構造にどのような影響をおよぼすかが重要な分析課題になっている．

　以上に示したようなフードシステムの構造変化は，畜産物などの処理を必要とする生鮮食料品と加工食品においてとくに典型的にみられる（欧米では処理を必要としない生鮮食料品にもその傾向があわられている）．しかし，国によって，その度合や具体的な構造は相当異なる．それは，現在の段階の，フードシステム両端の原料農産物の生産の状態と消費構造および消費者の状態，さらには，それを基礎づける制度や習慣，ルール，文化，あるいはまた法令・政策などの公共政策などの基礎条件の違いをもって説明することができる．さらに，歴史上の前段階のそれぞれの構造の相違という歴史経路依存性も重要な要因である．

　このようななかでとりわけ重要なのは，構造が転換するときの分析であろう．この転換時点では，企業行動・戦略が変わり，公共政策が重視する価格形成システム（すなわち連鎖構造における垂直的な関係とその成果）が大きく変化する．そして，新たな構造の下で水平的・垂直的な関係を調整するい

かなるシステムを準備すべきかが,政策上重要な課題となる.セルAからセルBへの構造の転換とセルBの構造の下においては,産業の連鎖状態と,競争構造における集中度の高まり,そのなかでの企業構造・企業行動,企業結合構造の影響を同時にあつかうことが必要になる.そのためには,これまでの分析方法の成果を吸収しながら,さらにフードシステムの構造的諸側面の相互関係を解明し,全体像を把握しうる新しい方法の開拓が求められる.

第4節　既存の研究領域にみる対象把握と分析方法の特徴[20]

1. 連鎖構造の把握と流通構造論

　流通論では,商品の物流および商取引の流れとその担い手,したがって産業としては商業(流通業者)を取り上げ,その機能を論じる.このなかで,流通業者および物流の中継点をなす流通施設の連鎖を,流通経路構造ないし流通機構として分析する.

　しかし,一般製造業分野では,商業論から,企業の経営管理の一領域ないし企業行動の一環として位置づけられるマーケティング論へ展開し,巨視的に流通の構造を把握する流通経路構造の分析はほとんどみられなくなったといってよい.

　流通経路構造に関する論及は農林水産物においてさかんである[21].農林水産物に関しては,すでにみたように,生産者を中心に競争構造が原子的状態にあるため,何段階かの物流の中継点(集分荷)が必要であり,専門流通業者,専門流通施設＝卸売市場が存在し,これらの連鎖としてとらえられる流通経路構造の把握が流通論の独自の対象領域となるからである.

　しかし,流通構造論の主たる分析対象は,卸売業者,小売業者および卸売市場などの流通業者,流通施設であり,流通経路構造の一部を占める処理・加工業,外食産業と,その競争構造,企業構造・企業行動が対象にされない傾向が強い[22].この場合には,流通経路構造の変化の契機となる処理・加工業,外食産業における構造変化をみのがすことになり,流通経路構造の変化

過程がつかみにくいといえる．

　この分野では，流通主体の種類とその性格および機能，流通機関の種類（卸売市場，産地市場，集散地市場等）とその制度的内容，取引の仕組みに関する分析が進んでいる．フードシステムの連鎖構造の分析あたっては，処理・加工業，外食産業を適切に位置づけたうえで流通経路構造把握の方法と成果を吸収することとともに，各段階の産業相互の関係を把握するうえで，とくに取引の仕組みに関する分析方法と成果を吸収することが大切であろう．

2. 競争構造分析と産業組織論

　ある産業を構成する企業の集団としての関係をとりあつかったのは産業組織論である．産業間比較，産業の内部構造分析の両面をもつ．

　周知のように，同一製品（密接な代替財）の供給者の集団を「産業」，同一製品の売り手と買い手の集団を「市場」と定義し，「市場構造」＝市場の（競争）構造，「市場行動」＝市場における代表的企業の行動，「市場成果」を鍵概念としかつ分析課題とする．

　ここでは，産業と産業の関係は，特定の市場における売り手と買い手としてのみとりあげられ，川上～川下の産業の連鎖の関係は対象外におかれる．しかも，売り手と買い手についても，取引を通して直接的に対応する関係が論じられるのではなく，双方それぞれの競争構造の状態が独立に把握されるにとどまる．この限りで市場は抽象的なものとして認識されており，具体的過程としての取引の仕組みをとりあげる流通論とは異なる．

　流通構造論にみられる産業の連鎖が対象外におかれ，水平的な競争構造のみが論じられるのは，一般製造業においては産業発展過程で流通機能が製造企業に吸収されてきたこと，あわせて製造産業を構成する企業の集団は小規模多数業者（原子的状態）から大規模少数業者（寡占的）に変化し競争構造の分析が課題になったことによるといえる．

　しかし，近年，市場における不確実性および限定された合理性，機会主義的行動の認識にたって，新制度派的な企業の理論の成果が導入され，売り手

と買い手の関係は，市場を介した取引を選択するか，垂直的統合により取引を企業内部に取り込むか，という形で論じられるようにはなっている[23]．

また，このような形で企業結合構造のうち垂直的統合が分析の対象に含まれるようになってきているが，企業レベルの選択行動の範囲で取り上げられるにとどまることが多く，統合された企業の集団の全体像とその行動の把握は対象外におかれているとの批判がなされてきた[24]．さらに，このような企業の選択行動を規定する要因として，同じく制度派的企業理論から企業の内部構造分析もまた取り込まれるようになった[25]．

産業組織論は，競争構造分析に貢献してきた．分析の特色として，市場構造の類型，市場成果（利潤など）はその相互対応関係とともに多様な産業を横並びにして比較分析されることが多く，特定の産業を分析する場合には，寡占企業を対象とし，おもにその市場行動が論じられる（産出レベル・製品差別化度合の変更や価格設定行動，独占類似行動（カルテルの形成），垂直的統合，情報制限等）．最終的にはこれらが社会的福利に照らしていかなる市場成果をもたらしているか，これにたいしていかなる公共政策がとられるべきかが関心事となる．

3. 企業間結合構造の把握とインテグレーション論

企業間結合は，一般産業分野，農業分野ともに強い関心がもたれている．従来は，経営学の企業形態論において，企業間の結合種類（水平，垂直，多角的結合）と結合形態（合併，系列化，契約）の様式の整理が行われ，企業成長理論を援用してその要因（規模の経済，範囲の経済）が論じられ，経済学の企業論の分野では日本経済の現状にそくして企業集団の分析が行われてきた[26]．近年は，これらを取り入れ，先にのべたように新制度派の企業理論および産業組織論において，取引コストを鍵概念および要因として，市場関係から非市場的関係への変化（内部組織化および中間組織の形成）が論じられてきている．

日本の農業においては畜産を中心に議論が展開し，垂直的結合関係が分析

の中心になった．周知のように，飼料原料輸入を行う総合商社の飼料販売先の安定的確保への志向を契機に，飼料メーカー──畜産物生産者──処理業者・加工メーカー──小売店が，資本の系列化や原料および生産物をめぐる取引契約の固定化などを通して結合されたものであり，結合関係は農外産業，農業関連産業，農業生産の広い領域にわたる．

「畜産インテグレーション」の歴史的形成過程，形成要因，全体機構にわたって，論理記述的に分析されたことが特徴であり，このような分析方法の結果，むしろ産業の連鎖構造のトータルな把握に最も接近している[27]．生産段階においては，経営の内部構造がいかなる変化をこうむるかも明らかにされ，現象を総合的によく説明している．フードシステムの構造的諸側面の分析と構造間の相互関係の把握に対して示唆を得るところが大きい．これをどのような論理としてくみ取るかの検討が必要であろう．ただし，企業結合構造と連鎖構造は，異なる次元の構造であり，連鎖が完全に企業結合関係から成り立つ場合を除き，企業結合構造の分析で連鎖構造の把握に替えることはできない．

第5節 む す び

本章では，多様な産業の連鎖からなるフードシステムの全体像を把握するために，構造論的な視点から接近を試みた．全体を5つの副構造に分割し，各々の構造の解明とその相互関係の把握によって全体像に迫ろうとする方法を提示し，あわせて構造変化の要因と副構造相互の関係について，一定の見解を示した．しかし，これらは構造論的認識にあたっての入口にしかすぎない．幾分かの概括的な検討を行った関連諸分野からの理論の吸収と，提示したフードシステムの構造論的認識の概念と方法の深化のためにそれらをいかに再構築するかという点で，今後に残された課題は大きい．

注

1) フードチェーン（高橋，1991）と同義と考えられる．
2) 外食産業に関しては，外食産業総合調査研究センターにより，給食主体（営業給食：飲食店・特殊タイプ飲食・宿泊施設，集団給食），料飲主体（喫茶店・ビヤホール等，料亭・バー等）という分類がなされており，外食産業の動向分析にはこのデータが利用されることが多い．詳しい分類は，同センター統計資料参照．
3) 本章の初出文献（新山，1994）では，消費者をフードシステムの内部に明示的にはとり入れていない．
4) Marion and NC 117 Committee (1986) は，品目別のフードシステムをサブセクターとしてとらえ，サブセクターを，「あるひとつの農産物の生産，加工，流通に含まれる組織，資源，法律，制度の相互依存的な配列」と定義する．そして，サブセクター分析の本質は，ひとつのシステムとして垂直的な複合体の全体像（the total vertical complex）に焦点をあてることであるとのべる．NC 117 は，North Central Regional Reseach Project 117 の略称である．黒木（1996）が詳しいので参照されたい．
5) 植草益（1982）に従う．
6) 食品産業センター（1992）により算出．その他の数値は同（1998）．食品産業各業種の集中度の比較に関しては，時子山・荏開津（1995），時子山（1999）が詳しい．
7) 代表的なものとして，高橋（1994）．
8) 「緊張モデル」「矛盾モデル」は，高橋（1973）に引用されているように，ゴールドナー（1963）およびその解説の塩原（1963），レギュラシオン理論は，ここではその創始といわれるアグリエッタ（1989，原著1976）を念頭においている．

  「矛盾モデル」においては，組織には両立不可能な相対立する諸契機が内在し，その矛盾の解決のために組織変化がおこるとみる．レギュラシオン理論においては，資本主義の生産諸システムは，相対立する主体間の関係そのものであり，したがって緊張が蓄積される中心であり，かつ緊張の調整により生み出され，変容するものとして理解される．
9) 本章の初出論文（新山，1994）執筆時には，黒木（1996）はもとより，Marion and NC 117 Comittee (1986) をカバーできなかったので，本文のこの段落は本書執筆時に補筆したものである．
10) フレームワークとそれぞれの指標は，補図-1のように示されている．なお，ここでは，生産段階と消費段階はフードシステムには含まれず，その基礎条件の位置におかれている．
11) ここでは篠原（1966）や宮沢（1971）などを念頭においている．ただし，どちらも「産業体制」論という形で，企業の形態，ビヘイビア，企業の相互関係

基礎条件

- 生産の傾向・地理上の分布
- 消費の性格
  - 成長と衰退
  - 需要の価格，所得，交差弾力性
- 生産とマーケティングサイクルの時間的性格
- 不確実性の種類と程度
- 貿易・世界市場
- 法律，政府の政策

企業の決定環境

- 代替案
- 誘因
- コントロールと影響

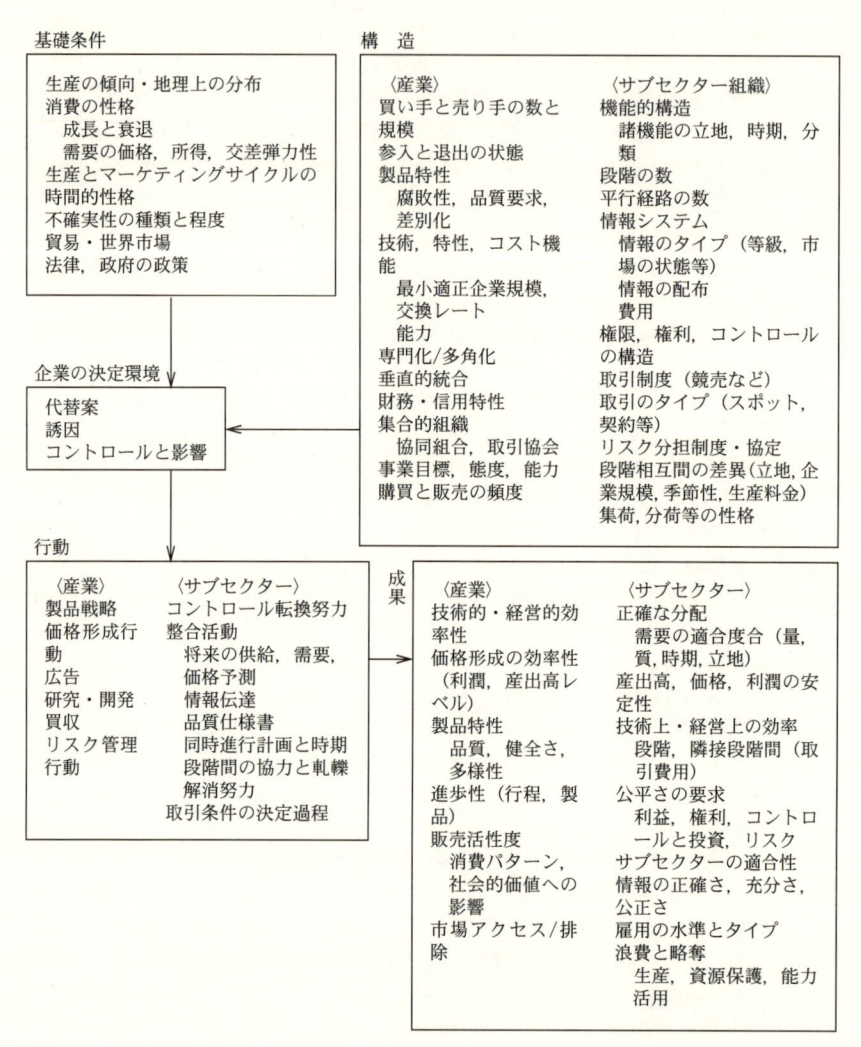

構造

〈産業〉
- 買い手と売り手の数と規模
- 参入と退出の状態
- 製品特性
  - 腐敗性，品質要求，差別化
- 技術，特性，コスト機能
  - 最小適正企業規模，交換レート
  - 能力
- 専門化/多角化
- 垂直的統合
- 財務・信用特性
- 集合的組織
  - 協同組合，取引協会
- 事業目標，態度，能力
- 購買と販売の頻度

〈サブセクター組織〉
- 機能的構造
  - 諸機能の立地，時期，分類
- 段階の数
- 平行経路の数
- 情報システム
  - 情報のタイプ（等級，市場の状態等）
  - 情報の配布
  - 費用
- 権限，権利，コントロールの構造
- 取引制度（競売など）
- 取引のタイプ（スポット，契約等）
- リスク分担制度・協定
- 段階相互間の差異（立地，企業規模，季節性，生産料金）
- 集荷，分荷等の性格

行動

〈産業〉
- 製品戦略
- 価格形成行動
- 広告
- 研究・開発
- 買収
- リスク管理行動

〈サブセクター〉
- コントロール転換努力
- 整合活動
  - 将来の供給，需要，価格予測
  - 情報伝達
  - 品質仕様書
  - 同時進行計画と時期
  - 段階間の協力と軋轢解消努力
  - 取引条件の決定過程

成果

〈産業〉
- 技術的・経営的効率性
- 価格形成の効率性（利潤，産出高レベル）
- 製品特性
  - 品質，健全さ，多様性
- 進歩性（行程，製品）
- 販売活性度
  - 消費パターン，社会的価値への影響
- 市場アクセス/排除

〈サブセクター〉
- 正確な分配
  - 需要の適合度合（量，質，時期，立地）
- 産出高，価格，利潤の安定性
- 技術上・経営上の効率
  - 段階，隣接段階（取引費用）
- 公平さの要求
  - 利益，権利，コントロールと投資，リスク
- サブセクターの適合性
- 情報の正確さ，充分さ，公正さ
- 雇用の水準とタイプ
- 浪費と略奪
  - 生産，資源保護，能力活用

出所：Marion and NC 117 Committee (1986) pp. 54-55, Figure II-1 を転載．黒木英二「アメリカにおけるフードシステム研究の方向と課題」（『広島県立大学紀要』第7巻第2号，図-2 を参照した．

補図-1 NC 117 によるサブセクター構造，行動，成果の様式

からみた1950-60年代の日本の産業構造問題が，産業政策のあり方をめぐって論じられている．これは，本章で示した競争構造，企業結合構造で把握しようとする内容に近い．
12) なお，本章の初出文献で提示した(1)～(4)の4つの副構造とその相互関係によるフードシステムの構造把握の枠組みにもとづいて，とくに主体間の関係把握を発展させたのが清原（1997）であり，あわせて参照されたい．また，同じく本書の初出文献で提示した4つの副構造と基礎条件にもとづいて，品目別フードシステムの分析を行ったものに，皆川（1997）と中川（2000）がある．本章の枠組みがよく活かされているので参照いただければ幸いである．
13) NC 117が示した先の補図-1の「サブセクター組織の構造」のうちの，「段階の数」は，本書の「流れの順にとらえた構成主体」に近く，「取引制度」・「取引のタイプ」，「リスク分担」「権限，権利，コントロールの性格」は，「取引の態様（取引形態，リスクシェア・価格形成のシステム）」と「そこにおける支配，協調，連携の状態」とほぼ一致する．
14) 競争構造の指標ないし規定要因については，ベイン（1981）はよく知られているように，売り手の集中度，買い手の集中度，製品差別化の程度，参入障壁をあげている．Carlton and Perloff（1990）は，売り手と買い手の数，参入障壁，製品差別化，垂直的統合，多角化をあげている．
15) ベイン（1981），植草（1982），Carlton and Perloff（1990）を参考にした．ベイン（1981）は，売り手企業の市場対応政策として，製品政策，価格政策，販売促進政策，そして市場で競合する売り手企業の政策が相互に作用しあい，適応しあい，協調されていく過程において，主として価格に対する暗黙および公然の共謀・協定や相互依存性，侵略的・排他的策略のメカニズムが働くことをあげている．Carlton and Perloff（1990）は，広告，調査と成長，価格設定行動，設備投資，法的対抗力，共謀，合併と契約をあげている．
16) 本章の初出文献では(1)～(4)までの副構造を提示している．
17) Carlton and Perloff（1990），藤谷（1989），吉田（1978）などの，産業組織および市場構造を規定する基礎条件を参照している．Carlton and Perloff（1990）は，消費者需要と生産を基礎条件とし，公共政策をそれ以外の規定要因としている．藤谷（1989）は需要と供給の状態，商品特性を重視し，吉田（1978）は流通制度・慣習，商品的性格を重視している．

　これらにおいては共通して「需要と供給の状態」は重要な基礎条件とされる．それは，分析対象が産業組織および市場構造であるので，「需要と供給の状態」は対象の内部ではなく両端に位置するためである．フードシステムにおいては，原料農産物の生産から食料品の消費までがすべて内部要素となるため，基礎条件からはずされる．本書にいう「企業や消費者の意思決定・行動を基礎づける制度，慣習，ルール，文化」は，吉田がかねてより指摘してきたところであるが，近年，新しい制度派経済学において，消費者や企業などの経済主体の行動

を基礎づけるものとして，また市場の機能を支えるものとして，重視されるようになっている（ホジソン，1997）．商品特性における「処理・加工の必要性」は，本書において加え，とくに重視している要因である．

18) たとえば即席めん産業の販路戦略をとりあげた中島（1995）を参照．
19) たとえば製パン業をとりあげた楠（1995）や本書第7～8章のヨーロッパの牛肉の処理，小売形態の例を参照．
20) 本書でとりあげた文献以外に，競争構造と連鎖構造の分析に関する最近の成果を新山（1996b）にまとめているのであわせて参照いただければ幸いである．
21) 代表的なものとして，吉田（1978），藤谷（1989）．最近では，青果物について佐藤（1998），堀田（2000）があり，川下について田村（1998）がある．
22) 吉田（1978）のように，流通過程において処理過程が不可欠な畜産物の流通をあつかう場合に，処理場・処理業者に大きな注意が払われてきたが，それをのぞいて，一般にこのようにいえる（畜産物流通論のこのような展開には畜産物インテグレーション論との相互作用もみのがせない）．とりわけ一般流通論において対象が流通業者に限定される傾向が強い．市場の垂直的構造（取引の垂直的連鎖）を重視して市場構造論を展開しようとしている近年の成果（たとえば丸山，1992）においても，卸売業，小売業しか取り上げられず，製造業との関係への考慮はみられない．ただし，流通構造を規定する基礎条件の一つに含めて外食産業などの需要動向をとらえることはみられる（藤谷，1989）．
23) Carlton and Perloff（1990），クラーク（1990）など．
24) 宮崎義一（1985）．ただし，植草（1982）では，市場構造にかかわる製品差別化のひとつとして流通系列化が，その他要因として下請け制がとりあげられ，また，市場行動の一側面として，宮崎義一，奥村宏等の成果をとりいれる形で，企業集団の全体構造とその行動に関する分析が行われている．クラーク（1990）でもコングロマリット型多様化がとりあげられている．が，Carlton and Perloff（1990）ではあつかわれていない．青木（1992）は，産業組織分析に下請グループと企業グループをとりあげている．
25) 今井・伊丹・小池（1982），青木・伊丹（1985），青木（1992）など．
26) 企業形態論は，占部（1983），企業集団論は，宮崎義一（1972），（1976），奥村（1990），（1994）など．
27) その代表的なものとして，吉田（1975），吉田（1982a）をあげることができる．

第2章　牛肉フードシステムの日・米・欧比較

第1節　はじめに

　本章では，牛肉をめぐるフードシステムの構造とその変化について，日本，アメリカ，EU諸国を比較しながら要約的な検討を行う．
　食肉が生産され消費者の手に届くまでには，生きた家畜である牛や豚をと畜し，枝肉へ解体し，部分肉，さらに小売用のテーブル・ミートへの処理の過程を不可欠とする．この過程は製造業にも匹敵し，と畜解体・処理部門が1つの大きな産業を形づくっている．これが，青果物などの他の生鮮農産物の供給過程とは異なるところであり，またフードシステムの特質をもたらしているところでもある．
　実際に，と畜解体の過程は食肉のフードシステムの中心に位置し，と畜解体過程が誰によってどのようになされているかによってフードシステムの形も大きく異なる．そのあり方は，家畜生産段階，小売段階および最終消費需要のあり方との相互作用のなかで決まり，また変化が生じるが，そこには，国に固有の歴史的・制度的文化的要因によって差がみられる部分と，経済および技術の発展にともなって国を越えて共通する部分とがある．結論の一部を先取りすれば，変化の方向は，と畜解体処理業者（以下，パッカーとよぶ）の台頭と中間流通業者の縮小，そして家畜生産者（および生産者協同組合），パッカー，スーパーマーケット・外食業者がフードシステムを構成する主要な主体になる方向への進展ととらえられる．いかなる要因のもとに，そして

いかにこの過程が進行し，またそこにどのような問題が生じているかを検討することが必要であろう．

なお，複雑な構造をもつ食肉のフードシステムを把握し，国間の比較を行うために，本章では，第1章で提示したフードシステムの5つの副構造と基礎条件に着目しながら分析を進めたい．

以下，まず第2節で，フードシステムの基礎条件を検討し，構造変動の概要を示す．ついで，第3節で各段階の競争構造を分析し，それをふまえて，第4節で連鎖構造を垂直的な主体間の関係に着目して検討する．企業結合構造は第3節で簡単にとりあげるが，企業構造・企業行動についてはまとめては論じられないので，第3節，第4節のなかで主要なことにふれるにとどめることとしたい．

また，本章で用いるデータは，とくにことわらない限り，筆者の各国調査時の収集資料と聞き取り調査結果にもとづくものである（本書各章参照）．

第2節 牛肉のフードシステムの構造変動と基礎条件

1. 牛肉のフードシステムの基礎条件の変化

牛肉のフードシステムに影響を与えている大きな要因として，ここでは以下の3点をとりあげておきたい．

第1には，食肉需要の停滞ないし減少であり，1980年代末頃から食肉市場に構造的な厳しさをもたらしている．とりわけ，牛肉需要については日本ではいまだ増加しつつあるが，アメリカやヨーロッパでは急激に減少している．アメリカでは1975年の94.5ポンドをピークに1989年には68.9ポンドと1960年代はじめ頃の水準にもどった（小売重量ベース）．イギリスでは1980-93年の間に5.4kg減少し15.5kgへ，フランスでは1980-91年の間に1.8kg減少し24.6kgとなっている（枝肉ベース，イギリスは子牛肉を含む）．

この背景にあるのは，まず底流として脂質のとりすぎによる健康問題への

懸念があり，牛肉を代表とする赤肉（red meat）が敬遠され，鶏肉などの白肉（white meat）へ消費が転換している．また，ヨーロッパでは食肉の安全・衛生への疑惑問題がそれに追い打ちをかけている．成長ホルモン使用疑惑に加え，1980年代末の発生以来のイギリスの狂牛病問題の影響が大きい．とりわけ，1996年春のイギリス政府による人間への感染可能性の発表にいたってヨーロッパの消費者はパニックにおちいった．最大時ドイツで7割，イギリス，フランスで約4割の消費減を生じて，その後も10～30％の減少で推移している．完全な回復はのぞめず，今後の消費は今世紀はじめの水準にもどるだろうとみられている[1]．ヨーロッパではさらに，動物愛護運動の高まり，若者にとくに顕著な菜食主義の増大も影響要因として見落とせない．

　第2は，世界的な貿易自由化のながれであり，市場圏の広がりがもたらされた．それは，一方では食肉産業の国際競争を生み，他方においては，国境を越えた流通をスムーズにするために，食肉の製造と流通にかかわる規制を統一化する動きを生んでいる．現在のところ，食肉の製造点であるとと畜解体プラントにおける衛生基準の統一が焦点になっている．アメリカでは，アメリカ向け輸出について，輸出国のと畜プラントの処理方法がアメリカの検査制度にそうよう要求している．ヨーロッパでは，EU市場統合後，と畜プラントの衛生基準統一を求めるEU理事会指令により，原則として統一基準を満たすEU認可プラントでなければ営業を許されなくなっている．これらは，と畜産業の大幅な構造再編をもたらす要因である．

　第3に，これから将来にかけてますます大きな問題となりそうなのが，食肉に関連する新しい衛生・安全問題の発生であり，消費者からの品質水準確保の要求はいっそう強まるものと考えられる．成長ホルモンや抗生物質などの使用疑惑はかねてから消費者に安全性への懸念を呼んできたところである．そのうえに，先にのべた狂牛病問題やさらにはO157などの病原性大腸菌など，あらたな微生物起源の原因物質による大量感染が社会問題となっている．現在問題となっている微生物起源の原因物質は家畜の体内に存在するものであり，完全な排除やコントロールが難しいといわれるだけに，これへの対応

は今後ますます食肉供給の全過程をとおして大きな課題となることは確実である．

以上3点の基礎条件を検討してきたが，それ以外にも，家畜生産やと畜解体プラントの立地に関わる環境問題，と畜解体や保管，流通にかかわる技術進歩など重要な条件があるが，これらについては十分な検討材料をもたないので，機会を改めて取り上げることとしたい．

2. フードシステムの構造変動

(1) 食肉処理過程の変化と構造変動

生鮮農産物のなかでも食肉は大がかりな処理過程を必要とすることが特質であるとのべたが，食肉のフードシステムの構造変動をもっとも明瞭にとらえられるのは，この処理過程の変化を通してみたときである．処理過程の変化は，基本的に，枝肉（と畜解体），部分肉，精肉への処理点が，順次，産地へ立地移動する流れとしてとらえられ，これにともなって企業の事業構造とフードシステムの連鎖構造が変貌を遂げ，これらの変化が共通のパターンをえがくからである．

また，この処理過程の変化の背景には，需要の状態と産地の状態の変化，処理技術の変化がある．そして，処理過程の変化に経済主体の変化がともなうのであるが，国の制度的条件の違いなどによって，そこにはかなりのずれがみとめられる．

処理過程は，図式的に整理すると，つぎの3段階で変化している．

(第1段階) 家畜の産地から生体のまま消費地に輸送され，消費地においてと畜解体され，部分肉から精肉へと処理された段階

(第2段階) 産地または集散地においてと畜解体がなされ，枝肉で消費地へ輸送され，消費地において部分肉・精肉に処理されるようになる段階

(第3段階) 産地にと畜プラントが立地し，ここで部分肉製造までなされ，部分肉で消費地に輸送される段階

第1段階を担ったのが，食肉問屋とそこに系列化された家畜商，精肉商であった．第2段階への移行は，大量消費と産地の大型化を背景とする．このときアメリカでは集散地にと畜解体業者（パッカー）が成立した．しかし，ヨーロッパと日本では，法にもとづきと畜場の公営を原則としていたので，民営化政策後にもその影響が残り，パッカーの成立はつぎの段階にずれ込む．第3段階は，スーパーマーケットの大型化を背景とし，これに対応する食肉の効率的な大量供給を必要として進んだといえる．パッカーの業務の総合化（と畜解体，部分肉製造，卸売）が進む．

これにつづいて，現在，産地プラントでリテイルカットミート（精肉）まで製造されはじめているが，これが一般的な処理形態となって，第4段階を画すことになるかどうかはまだわからない．

(2) と畜場の民営化，パッカー（総合的業者）の成長と集中度の上昇

アメリカでは，第2段階への移行はきわめて早く進み，第3段階が1960-70年代にかけて進んだ．牛肉流通革命といわれる，プライマルカット肉のチルド真空パックを段ボールの箱詰めで供給する体制が整い，パッカーの業務の総合化が完成された．1980年代半ば以降この新しいタイプのパッカーのプラントの大型化と企業の集中度の著しい上昇が進んでいる．

ヨーロッパでは，パッカーが形成されはじめるのは，1980年代に入ってと畜場の民営化が始まってからであり，90年代は業務の総合化の過程にある．

日本でも，流通形態でみるかぎり上記のパターンを進んでいるが，経済主体の変化の過程が大きく異なる．第2段階に入るのは，1960年代に政府の政策により産地にと畜プラント（産地食肉センター）が設立されはじめてからである．1980年には部分肉流通が半分を占め，現在では，と畜プラントでのコンシューマーパックの製造も行われている．しかし，豚肉ではと畜プラントをもつ民間のパッカーが形成されているが，牛肉ではと畜プラントの私企業による民営化は一部を除き進んでいない．牛肉では，総合的機能をもつパッカーが典型的な存在としては形成されていないのである．

(3) 流通業者の縮小とスーパーマーケットの台頭

以上と裏腹に，家畜商や専門卸売業者（食肉問屋），精肉商などの伝統的流通業者が地位を低下させ，伝統的流通経路が縮小している．

その特徴は，中間流通業者（家畜商，専門卸売業者）が衰退したことである．食肉の専門卸売業者の機能は，パッカーの直接的な卸売機能にとって替わられているし，家畜集荷機能はパッカーのかかえるバイヤーが担っている．なお，ヨーロッパ（とくにドイツ，フランスなど）や日本では，生産者協同組合が家畜の出荷機能を統合している．また，部分的には，家畜商がパッカーの委託集荷業者となって生き延びている．

もう1つの特徴は，小売段階においては，精肉商がスーパーマーケットにその地位を奪われてきたことである．ただし，この部分には国によって方向性の違いともいえそうな差異がある．

(4) と畜プラントの企業形態とフードシステム外形の差異

以上の共通する構造変動のなかで，日本についてみた場合，フードシステムの中央部分のと畜解体段階の構造に，アメリカおよびヨーロッパと大きく異なるところがある．

アメリカ・ヨーロッパでは，上記の共通階梯を進んでいる．アメリカがとりわけ典型的であり，フードシステムの構成主体は，家畜生産者―パッカー―小売業者（スーパーマーケット）・業務需要者という，3～4つの主体にほぼ単純化されている．ヨーロッパでは，まだ部分的に伝統的流通経路が残り，後にみるように零細なパッカーや委託と畜を行う公共営のと畜場も多い．また，小売段階では，食肉専門小売店が相当のシェアをもつ．このような違いはあるが，中間流通業者の縮小という点では，構造変動の方向性は共通しているとみられる．

これに対して日本では，流通経路構造については，公共団体，生産者団体の運営する産地家畜市場，産地食肉センター，と畜場，食肉卸売市場が流通の要に位置しており，そこへ系統農協，大小の食肉加工メーカー，食肉卸売業者，小売業者，外食業者が会合し，錯綜したルートが作られている．

大きな違いは，と畜解体が，産地食肉センター，一般と畜場，食肉卸売市場併設と畜場において行われ（ほぼ同等の比率で），これが公私混合企業，生産者団体，公共団体，によって運営されていることである．そのためと畜は，依然として受託業務（サービス業に分類される）として行われている．また，枝肉取引を行う卸売市場のシェアも牛肉では依然として大きい（約3割）．その結果，私企業の私経済的行動によって，と畜解体を骨格に，業務の総合化が進められている欧米の動きとは異質な状態にある．と畜解体および処理の機能，卸売機能は様々な主体に分割されて担われている．大小の食肉加工メーカー，食肉卸売業者，そして系統農協が，それぞれ上記3種類のと畜施設にと畜解体（さらに部分肉製造）機能を委託し，自らは主として部分肉・精肉製造，卸売を行っている．

(5) 垂直的関係の変化とシステムリーダー

競争構造における変化（パッカーとスーパーマーケットの集中度の上昇）は，連鎖構造（各段階の主体間の取引形態と価格形成システム）に変化を生じさせている．食肉のフードシステムにおけるパッカーとスーパーマーケットの支配力については分析が難しい問題であるが，この取引形態と価格形成システムのあり方に支配力が反映されているとみることができる．このことについては，第4節でとりあげる．

(6) これからのフードシステムの課題

以上の構造変動のなかで，食肉のフードシステム全体の課題となっているのは，品質・衛生管理，国際競争への対応である．これらをめぐり，ヨーロッパを先頭にして新しい垂直的調整システムが出現している．これについても第4節でとりあげる．

第3節　競争構造の変化と企業行動

1. と畜プラントの巨大化と規模の経済性

と畜プラントは技術革新により，顕著な規模の経済を実現している．その

技術革新の骨格は，オンレール方式（と畜直後に天井を走るレールにつり下げられたフックにと体を懸垂し，枝肉への解体作業から冷蔵庫での冷却，部分肉への解体までの全過程を，懸垂状態のままレール上を移動させ，流れ作業で行う方式）の導入であった．今日ではさらに，自動皮剥機や自動背割り機などの自動処理機械の導入もすすみ始めている．

　と畜プラントの規模の経済性がもっとも顕著に現れているのはアメリカである．パッカーへの聞き取りによれば，1プラントの最適規模が，1日当たりと畜頭数で4,000～5,000頭（年間100万頭前後）とされる．また，年間と畜頭数50万頭以上の巨大プラントの総と畜総数に占める比率が，1989年には52.8％となっている．このアメリカの規模に比べるとヨーロッパは格段に小さくなるが，それでもプラントのと畜規模は上昇している．イギリスでは，年間と畜規模5万頭以上のと畜場のと畜シェアが18.8％，フランスでは，2万トン（約5.5万頭）以上が35.6％となっている（92/93年）．これに対して日本では，最大の処理能力をもつ東京都中央卸売市場食肉市場併設と畜場が1日当たり356頭であり（1995年の年間処理実績約8万8千頭），産地食肉センターは大型プラントでも100頭規模が多い．最大の十勝畜産公社のプラントで210頭である．

　アメリカで巨大プラントが多いのは，産地が中央平原から中西部に立地し，大消費地が東海岸と西海岸に立地する経済地理構造から，広域流通を前提としていること，また集荷圏の広がりに対する交通立地上の制約が小さいことが，技術革新の成果を最大限発揮する究極的な規模の経済性をもたらしているためと考えられる．ヨーロッパでは，産地，消費地ともに全域的に分布する経済地理構造にあり，最寄り産地から最寄り消費地への供給が効率的であるような，集分荷圏のまとまりをつくっており，これによってと畜プラントの規模の上限が規定されていると考えられる．

　日本の事情には，さらに固有のものがある．と畜プラントは，すでにのべたように，産地食肉センターも食肉卸売市場も一般と畜場も公営，半公営であり，と畜料金が知事の認可制であるとともに，集荷圏が互いに重ならない

第2章　牛肉フードシステムの日・米・欧比較　　　41

ように調整され（食肉卸売市場は分荷圏），それが県域を超えることは原則としてない．このように各プラントは，一種の地域独占的性格をもつ一方，集荷圏もしくは分荷圏に制約がある．

さらに，アメリカやヨーロッパでは，以上のような規模の経済性追求の経済的背景には，と畜プラントのマージンの低さがある．プラントを経営する民間パッカーにとって死活問題になっているためである．たとえばイギリスでは，食肉機関による見積もり粗利益が，豚22.0，羊14.7に対して肉牛6.4となっている（詳しくは第8章）．さらにはと畜作業員の確保が徐々に困難になっていることもあげられる．これに対して日本では，上記の企業形態にもとづく要因から，プラントの規模の経済性の追求に強いインセンティブが作用しないと同時に，その追求には制約がある状態におかれているといえる．

2. パッカーの集中度の上昇

つぎに企業レベルの集中度であるが，これもアメリカが群を抜き，極高位集中の状態にある．パッカーの上位4社のと畜シェアが，1980年の35.7%から1989年には69.5%に上昇し，1995年には約80%に達している．これらのパッカーは，上記の巨大プラントを10カ所以上所有している．ヨーロッパでは企業別集中度は系統的に公表されていないので，経年変化はわからないが，イギリス$CR_5=28$，フランス$CR_3=30$，ドイツではCR_3が40〜50と推定されている．オランダでは1995年に国の政策により1社へ合併された．これに対して，日本ではと畜段階についてみると，上述と同じ理由で，と畜プラントの営業主体が県を超えて組織されることはなく，そこから1つの営業主体の所有するプラント数は多くても2〜3程度に限定される（北海道は，全道6公社，10プラントの合併計画が新聞報道された）．

アメリカ，ヨーロッパともに，このような企業集中度上昇の要因となったのは，前述のと畜プラントの巨大化の場合と同様に，スーパーマーケットのバーゲニングパワーへの対抗，と畜の低マージンへの対応であるとみられる．さらに固有の要因として，アメリカでは肉牛飼養頭数減少に伴う，原料集荷

競争がある．ヨーロッパでは，第2節で述べたEU発足に伴いEU委員会が指令したと畜場の衛生基準統一への対応という制度的要因，そして域内競争力の強化がある．すなわち，衛生基準を満たすにはと畜設備の改善を必要とするため，資本力の乏しい企業では対応できない．たとえばイギリスでは，閉鎖が予想されるかもしくは将来の見通し不明のと畜場が，と畜場の42.3%（と畜シェアで15%）を占める．多くの国において，EU市場統合への対応を目途としたと畜産業の構造再編のみ通しは明るくなく，ヨーロッパ食肉業界の大きな課題となっている．衛生基準をクリアしたオランダなどではついで競争力の強化へ向けて対応を進めており，合併政策はその端的なあらわれである．

他方ヨーロッパでは，集中度の上昇の阻害要因とみられるものも存在する．1つは，家畜生産段階の経営の零細性であり，原料集荷の非効率性につながると考えられる．肥育専業経営が成立してないヨーロッパの特質でもある．しかし，それ以上に大きな要因になりそうなのが，狂牛病ショックによる牛肉需要減少問題である．まさに，EU指令への対応のためにと畜プラントの設備投資を行った矢先にこのショックがおそったので，構造再編にブレーキをかけかねない事態となっている．1996年初冬のドイツでの聞き取り調査によれば，上位企業に巨額の赤字が発生し，倒産企業もでた状態にある．

3. パッカーの企業構造と企業結合構造の特徴

巨大プラントの買収および企業合併による水平的統合で巨大企業が誕生したアメリカであるが，1980年代の全米を席巻したM&Aの嵐を牛肉パッカーも例外なく被り，牛肉産業外のあるいは農外の多国籍コングロマリットによって，上位パッカーの買収が進んだ．食品会社のコナグラ（ConAgra），石油資本のオキシデンタル（Occidental Petroleum），穀物メジャーのカーギル（CARGILL）が上位3パッカーの親会社となった．牛肉フードシステムへのこれら多国籍コングロマッリト企業の影響が問題となろう．しかし，これら多国籍コングロマリット企業の，牛肉パッカーの買収目的と営業上の意

思決定の仕組みは多様である．影響はこの意思決定の仕組みを通してとらえられねばならず，したがって影響は一様ではないものと考えられる．牛肉事業への進出を目的としたのがカーギルとコナグラである．しかし，牛肉事業方針も親会社が決定し，意思決定における強い集権制がとられているカーギル，分権制を敷くコナグラという，違いがある．オキシデンタルは，所有支配にとどまっている．

ヨーロッパにおいては，牛肉部門への多国籍コングロマリットの進出はまだほとんど進んでいない．狂牛病ショックがこれに追い打ちをかけるか，逆に狂牛病ショックによる民族資本の弱体化が進出に道を開くか，現在のところそのどちらの動きも定かではない．国境を越えた EU 全域への企業グループの展開がみられるのは，オランダ企業を中心とする子牛肉部門である．牛肉部門の企業結合の特徴は，ドイツ，フランスのように協同組合系企業のシェアが大きいことである（ドイツ上位3社，フランスは上位2社）．ドイツのノルドフライシュ社は，ヨーロッパの食品企業全体の上位ランクを占める．イギリスでは多数プラントをもち企業規模の大きい PLC（株式公募会社）が牛肉部門から撤退し，2～3カ所のプラントしかもたない小企業グループが中心となっている．

日本でも牛肉事業においては，系統農協が業務を総合化し，機能的にはパッカー的性格をもっている．主要出資者として県経済連合会，単位農協レベルで産地食肉センターの運営にかかわり，全農畜産センターが部分肉の卸業務を行っている．食肉加工メーカーや大手食肉卸売業者は，牛の直営と畜機能をもたないところが多いが，部分肉の製造・卸において，系統農協と競争関係にある．また，一般と畜場を利用する地方卸売業者が部分肉製造機能をもっている．部分肉製造・卸においては，ナショナルメーカーとローカルメーカーとの2重構造になっているとみられる．

4. 家畜生産段階と小売段階の集中度

家畜生産段階においては，やはりアメリカにおいてフィードロット（肥育

業者）の巨大化が進み，一部地域では寡占化の傾向がみられるといわれる．上位10業者は総収容頭数10〜20万頭にのぼる施設をもっている．しかし，パッカーに比べて集中度ははるかに低く，$CR_{10}=2.1$，$CR_{30}=3.8$（1995年収容可能頭数/総飼養頭数，『畜産の情報』1995年10月のデータをもとに算定）である．

　日本については，と畜段階とは異なり家畜生産段階においては，むしろヨーロッパよりやや肥育生産者の大規模化が進んでいる．肉牛総飼養頭数の26.3%，総事業体数の2.1%を農家以外の農業事業体が占めており，その平均肉牛飼養頭数は378.2頭である．農家の平均飼養頭数は肉用種48.0頭，乳用種56.2頭であり，100頭以上飼養農家の戸数（頭数）シェアは肉用種10.2（7.4）%，乳用種22.3（79.6）%である（1995年センサス）．

　ヨーロッパでは，乳用種および乳肉両用種の利用が多く，農家は乳肉複合経営であり，専業的肥育経家はイタリアなどをのぞきまだ少ない．肉牛の平均飼養頭数は，ドイツ46.3頭，フランス57.8頭，イギリス83.8頭，オランダ79.6頭，である．100頭以上飼養農家は，戸数（頭数）シェアでそれぞれ，9.4（43.4）%，18.4（47.6）%，29.8（71.3）%，27.7（62.8）%である（EUROSTAT, BML (215), 1993）．

　小売段階では，共通してスーパーマーケットの牛肉販売シェアが高い．アメリカについてはデータがないが，フランス70%，オランダ60%，イギリス42.1%，ドイツ20%，である．また，ナショナルチェーンのシェアが大きく，red meat取り扱いにおけるスーパーマーケットの集中度も高い（フランス$CR_5=50$，イギリス$CR_4=41$）．ただし，ドイツ，イタリア，またフランスではパリ市内においては，食肉専門小売店が相当のシェアを残している（ドイツ37%）．聞き取り調査結果によると，これは鮮度を中心とする牛肉の品質へのこだわりの強い消費者行動によって説明されることが多い．とくにシェアの高いドイツでは，食肉専門小売店は，自家製ハム，ソーセージの販売，自家製総菜の販売，ケイタリングなどによって，消費者の便宜をはかり，信頼をつなぎとめる差別化行動をとって，生き残りをはかろうとし，

ある程度の効果を上げているといえる．

第4節 連鎖構造にみる垂直的調整と企業行動の変化

1. 取引と価格形成システム

　連鎖構造のなかでの垂直的な主体間の関係は，取引関係の中心をなす取引方法と価格形成システムのあり方にみいだすことができる．それは，各段階の競争構造の状態と密接に関係する．取引は，一般論としては，大きく内部組織化（垂直統合）と市場取引に分けられ，市場の成長鈍化，集中度の上昇は垂直統合を進める要因とされている．しかし，現在のところ鶏肉や豚肉とは異なり，牛肉においては，家畜生産者とパッカーの間の垂直統合は極一部に留まり，市場取引が大勢を占める．したがって，垂直的関係の中心は市場取引における取引方法と価格形成システムとその変化である．

　生鮮農産物の市場に一般的な売り手，買い手ともに原子的な競争構造の下では，卸売段階に集合的取引の場を必要とし，そこにおいて集分荷と，需給会合価格の発見・提示がなされる．そのために，集合取引を行う場として産地市場（家畜市場）や卸売市場が設置されることが多く，またせりや入札による価格形成方法がとられることも少なくない．そこで決まる価格が公表されて，家畜市場や卸売市場の外での個別相対取引における価格交渉の基準価格となる．あるいは，食肉をはじめとする畜産物においては，卸売市場がない場合には，何らかの機関による市場価格情報の提供とこれを基準にした価格交渉によって価格を決定するシステムをとるのがふつうである．

　枝肉流通・原子的競争構造のもとでは，枝肉の市場価格（日本では卸売市場取引価格，アメリカではUSDA：アメリカ農務省などの市場情報による公表価格）が，肉牛生体，部分肉を含めて取引の基準価格を与える．

　ところが，この価格形成のシステムが徐々に変化してきている．その変化の要因は，①売り手，買い手の競争構造の変化，とりわけ連鎖の中心に位置するパッカーの集中度の上昇，寡占的競争構造への転換，そして，②取り

引きされる商品形態の変化，すなわち枝肉から部分肉への変化，に求められる．

　変化の方向は，家畜市場や卸売市場などの集合取引から個別相対取引への流れであり，また，パッカー（製品製造者）による価格設定と相対交渉にもとづく価格決定への転換である．すなわち，上にのべた，需要と供給の総体がバランスする需給会合価格の発見とその公表による建値（基準価格）の形成，建値にもとづく価格交渉という，需給会合価格基準の価格形成システムから，需給会合価格価格基準に依存しない企業ベースの価格設定と価格交渉による価格形成システムへの変化である．

　この典型例を，連鎖の短縮と，短縮されたフードシステムにおける取引である肥育生産者，パッカー，小売業者の集中度が上昇しているアメリカにみいだすことができる．

　アメリカでは，フードシステムにおける取引は，肥育生産者—パッカー，パッカー—小売業者の2段階の直接取引に短縮されていることはすでにみた．

　家畜生産者—パッカーの間の取引は，生体および枝肉ベースのスポット・コントラクト（直取引）が原則である．価格交渉は，パッカーの提示する価格（パッカーによって算定要素や算定方式が異なる）にもとづいて行われる．

　パッカー—小売業者の間では，フォーミュラ（計算式）もしくはネゴシエイションにより，値決めがなされ，その基準や指標としてUSDAの市場価格情報が用いられていた．ところが，枝肉取引が消滅し，枝肉市場価格情報が廃止されたのを契機に，上位パッカーは自社建値（ベーシス・プライス）および自社提示価格（プライスリスト）を用いるようになった．建値はコスト積み上げ（肉牛生体価格＋と畜解体費）で算定され，食肉業界に「プライシング・ショック」と呼ばれるほどの衝撃をもたらした．これは，寡占企業に固有のフルコストに近い価格設定方式である．

　また，高位集中においては，価格協調の危険が増すが，現在のところ肉牛生体においても部分肉の取引においてもその事実はみられず競争状態にあるととらえられている．このことは，パッカーとフィードロットおよびスーパ

ーマーケットとの市場における力関係が均衡した状態にあることを示唆する．しかし，自社建値の公表にふみきったパッカーについては，その市場支配力が，フィードロットよりも，またスーパーマーケットに対してもやや上回っていることを意味するのではないかと考えられる．

　日本では，肉牛の取引は，家畜市場を除いて，枝肉で行われる．卸売市場の取引シェアが約3割を占め，主要市場で形成される枝肉価格が，市場外での肉牛生産者と食肉加工メーカーや食肉卸売業者との個別相対取引の基準価格となっている．しかし，牛肉の取引は，枝肉より部分肉で行われる比率が増え，部分肉取引はほとんどが個別相対で行われる．部分肉取引は，フルセットの場合，算定式によって価格設定がなされ，枝肉の市場価格を基礎にし，コスト（部分肉解体費用）が加算されるが，部分肉パーツの提示価格には，部分肉市場価格情報が参考にされることはなく，コストを加味したフルセット価格から導出されている．

　日本では，近年の政策の関心事は，牛肉取引市場における部分肉の市場建値の形成と，それが相対取引に利用されるようにすることによって，価格形成の公正を確保することにおかれているが，上記の日本の現状からみても，部分肉製造業者の価格設定の基軸には製造原価がおかれており，そこから離れることはないものと考えられる．将来を暗示するアメリカの動向からみると，それはなおさら明瞭であり，部分肉市場価格情報は，公共政策の立場から価格動向の重要な参考資料にはなるが，取引当事者には取引価格の事後的検証機能しかもたなくなるので，取引全体を市場建値の下におくことを目指すのは蓋然性のある方策ではなさそうである．

　パッカーと小売業者との市場支配力をみるもう1つの素材として，スペック（製品仕様書）の作成方法に着目することができる．これについては，アメリカとヨーロッパが対照的である．

　アメリカでは，斉一化されたボクスドビーフ取引が普及しているという前提もあるが，スペックはすべてパッカー側の製品政策にもとづいて作成される．小売業者・業務需用者は，パッカーの製品番号にもとづいて発注する状

態にある．

　これに対してヨーロッパでは，パッカー—小売業者の間で取引される商品形態は多様であり，カーカスおよびクォター（1/4体），プライマルカットミート，リテイルカットミートが併存している．プライマルカットミートにも，ボックスドビーフとペレット（通い容器）詰めとがある．そして，アメリカとは異なり，プライマルカットのスペックは，小売業者のオーダーによる．リテイルカットにいたれば，カット，容器，包装方法の仕様に加えて，値段シール，スーパーの企業ブランドシールの貼付までして出荷される．このような購入者ごとの仕様に応じると，1つのラインの途中でカッティングを変えねばならず，非効率であるのはいうまでもない．

　こうしてみた場合，アメリカのケースはやはりパッカーの側の市場支配力を，ヨーロッパのケースはスーパーマーケット側の市場支配力の強さを示唆しているといえるのではないだろうか．

2. 競争依存システムと垂直的連携システム

　以上では，各取引段階ごとに，取引の方法と価格形成のシステムをとおして垂直的な主体間の関係をみてきた．ここでは，それをふまえてフードシステムの全体について主体間の垂直的な関係をトータルにとらえてみたい．

　その際，食肉のフードシステムの成果をどのようにとらえるか，という問題がある．フードシステム関係者には，供給品の品質向上とマージンの適正化に関心と目標がおかれているとみられるので，さしあったてこの2つを成果指標ととらえておきたい．

(1) 集中度上昇下での競争依存システム

　アメリカ型のフードシステムは，すでにみたとおり，システム各段階の産業内部における激しい競争と，前後の段階の産業間には市場を媒介にしてマージンを取り合う激しい取引関係が形成されている．競争と市場を通じて，個々の企業の市場対応行動により供給製品の品質向上，マージンの適正化がめざされている，と整理できそうである．フリー，非コントロールがその基

調になっているように考えられる．公共政策が介入する場面は限定されている．

その1つが，過度の独占力が行使されるのを防ぐための連邦政府の反トラスト法にもとづく監視である．監視の歴史は古く，1920年代にはパッカーの共謀行為がみとめられ，市場取引に対する法規制が行われた経緯がある．今日も当時以上の，高度寡占状態にあることが，パッカーの価格支配に対する生産者団体からの不安を常に生む材料となっている．頻繁に調査が行われ，近年ではUSDAが1992年度に調査を行った．違法行為を示す証拠はないとの結論が出されているが，反トラスト法にもとづく違法行為に対する監視の強化が提言されている．

もう1つは，食品安全検査局の実施する食肉検査制度である．O157汚染による食中毒の発生（1993年，ハンバーガーパテによる）を契機に，規則が改正され，1996年度からと畜解体プラントへのHACCPの導入が義務づけられた．ただし，HACCPは企業の自己責任による監視システムであり，検査局が介入するのは，同システムの効果を調べるために一般大腸菌とサルモネラ菌の検出基準と検査方法を定めたことに限定される．

なお，市場を通じての取引関係を基本とするアメリカではあるが，USDA調査により近年「パッカー・コントロール牛」の増加が指摘されている．パッカーコントロール牛とは，①と畜を行う2週間以上前に買い上げ契約をした牛（上位4社で16.5%に），②自社のフィードロットや委託肥育牛を指す（同3.9%に）（『畜産の情報』95年8月トピックス）．これらの増加は寡占化の影響ととらえられているが，①は先渡し取引と呼ばれる現物取引の形態であり，通常，垂直的な結合関係とされるのは，②および長期固定契約の取引であることから考えると，きわめて厳しい基準で監視されているといえそうである．

(2) 食肉の品質・衛生管理のための垂直的連携システム

他方，ヨーロッパでは，狂牛病問題が大きな契機となり，1980年代末頃から垂直的にトータルクオリティコントロールを実施していこうとする牛肉

産業界の市場戦略がみられる．ただし，それは取引関係の系列化を前提とするものではない．また，公的機関によって義務づけられたものでもなく，民間ベースの市場戦略としての取り組みである．各国食肉機関，あるいは国によっては州政府やパッカーが，家畜生産段階から小売段階までの一貫した基準（品質基準，衛生・安全性基準）を提示し，それに認証を与えることによって，垂直的な品質コントロールを行おうとするものである．枠組みには，国際品質管理規格のISO 9000シリーズが参考にされている．

　段階ごとの基準は，家畜生産段階での安全性，肉牛の品質向上のための畜種・生産システムの改善，と畜処理段階の衛生状態，品質向上のための処理技術の改善などにわたる．そして，管理責任の中心におかれているのが多くの場合パッカーである．

　これは，製品の質を確保するための取り組みであるが，同時に各段階のデータのトレイサビリティ（追跡可能性）の確保がめざされている．消費者の製品に対する信頼を確保することが目的である．

　工業製品のTQCは，企業の製造工程内ないしは系列関係にある下請け制の下で行われる，1つの意思主体によるコントロールである．ところが牛肉で目指されているのは，系列性をもたない多段階の意思主体が，最終需用者への供給製品の品質向上に向けて，相互にいかに調整・協同しあうことができるかの試みだといえる．

　1996年の狂牛病騒ぎはこのような品質管理と消費者への品質保証をいっそう切実なものとし，ドイツ，オランダを筆頭にHACCPの考え方を加えた新しい基準への転換が進んでいる．また，公的介入としては，1997年3月制定のEU理事会規則により，牛の耳標とパスポートによる個体識別が義務づけられ，農家からと畜場までの個体情報がデータベース化され，小売牛肉表示に用いられることになった．

第5節 む　す　び

　本章では，牛肉のフードシステムの構造変化を日米欧の比較により総合的に検討した．

　構造変化の核心は，フードシステムの中心に位置するパッカー（と畜解体業者）にある．端的にいえば，パッカーの業務の総合化（と畜解体，処理，卸売）と集中度の上昇である．それにともなって，流通業者の地位が縮小し，規模を拡大しつつある家畜生産者とパッカー，そして集中度を上昇させたスーパーマーケット（および外食業者）がフードシステムの構成主体となった．

　そして，この3者においては，パッカーとスーパーマーケットの市場支配力が均衡しており，取引と価格形成のシステムから，アメリカではパッカーが，ヨーロッパではスーパーマーケットが優位にあることをみた．

　また，本章ではこのようなフードシステム変化の要因として，①牛肉需要の低迷という最終消費市場の状態，②貿易自由化という制度的条件に起因する，国際競争，と畜プラントの基準の統一，③微生物を原因とする感染症の発生と食肉の衛生管理問題，などの基礎条件をとりあげた．

　さらに，フードシステム全体としてみたとき，その成果（供給品の品質向上，各段階のマージンの適正化）に向かって，競争依存システムと垂直的連携システムがとられていることをみた．垂直的連携システムというあたらしいシステムが形成された背景も，上記の①〜③である[2]．とりわけ③に対しては，競争依存システムにおいても，公共政策の介入がなされた．

　現在のところ，日本については，と畜解体を中心にフードシステムの構造が他の国とはやや異なり，その今後の行方とともに，フードシステムの全体として競争依存と垂直的連携のどちらに親和性があるか，それらを明らかにするまでには至らなかった．日本ではまた，微生物対応の衛生管理についても取り組みがされはじめたところである．

注

1) 狂牛病の影響による消費の変化について詳しくは，増田（1999）を参照のこと．
2) この垂直的連携（調整）という考え方は，近年アメリカ，ヨーロッパの研究者にもよく用いられるようになっている．たとえば，シェルツ・ダフト（1996），アレール・ボワイエ（1997）である．その背景には，やはり食品の安全性を含む品質管理がある．

第3章　競争的寡占下の牛肉フードシステム（アメリカ）

第1節　はじめに

　アメリカの牛肉をめぐるフードシステムにおいては，フードシステム中央で集荷・と畜・解体・卸売という総合機能をもつパッカーが極高位集中の競争構造を形成しているが，川上の肥育業者の寡占化も進みつつあり，川下のスーパーマーケットの集中度も高い．そして，この三者が直接取引を行う，シンプルな連鎖構造が形成されている．このフードシステム中央部の牛肉パッカーについて，他の業種と比べたとき，上位企業の集中度が食肉・食鶏産業，各種製造業のなかでも異例に高く，その一方で，垂直的なインテグレーションの比重が食肉・食鶏産業のなかではきわめて低く推移してきた．
　水平方向においてはパッカーの暗黙の共謀による肉牛肥育業者に対する肥育牛の買入価格の操作の可能性が，また垂直方向においてはパッカーと肥育業者との結合関係の有無やその性格および比率が，産業界においても研究者の間でも頻繁に問題はなる．しかし，結局のところ，水平方向，垂直方向の両面において激しい競争状態にあるとみることができる．
　また，アメリカにおいては，O157などの微生物起源の食品中毒へ対応するためにと畜プラントへのHACCPの導入が進められているが，現在のところEU諸国とは異なり，そのような安全性・品質問題への対応が牛肉のフードシステム全体の構造に影響を与えるような状態にはない．今後，安全性・品質問題への対応が垂直的な結合関係を促進する可能性をみる研究者が

あるが, 現在の牛肉のフードシステムにおける中心的論点は, 極高位集中下での競争の状態におかれているとみることができる.

本章の分析は, 以上のような問題について, 筆者らによる1991年3月のアメリカ現地調査結果[1]を中心にし, それ以後の変化については, USDA (アメリカ農務省)・ERS (Economic Research Service) およびGIPSA (Grain Inspection, Packers and Stockyards Administration) 報告書, 業界雑誌, さらに研究者らによる近年の研究報告書[2]をもとに, その後の状態を追跡してとりまとめたものである.

第2節 パッカーの巨大化・集中化とフードシステムの構造変化

アメリカの牛肉フードシステムの構造変化をはじめに概観的に整理し, 現在のフードシステムの外形把握につなぎたい. 構造変化の要は, 川中のと畜解体産業すなわちパッカーの構造変化である. ここではその要の変化を通して全体の変化をとらえたい.

今日のフードシステムの構造把握にあたるものは, これまでは流通構造分析にみいだされる. アメリカの牛肉流通構造については, 吉田 (1982b) による1980年前後の調査をもとにした分析がある. 本章では, 80年代まではその成果をもとにごく簡単にふれるにとどめ, その後の1980年以降から現在までの変化をとらえることにしたい.

1. 牛肉流通革命にいたる変化の概要

アメリカの牛肉流通構造は, 1800年代の西部開拓によって牛の飼養がはじまって以来, 大変明瞭な構造変化を経てきた. 1980年代までの変化を, 吉田 (1982b) により, まず簡単にみておこう.

牛肉供給の第1段階は, カウボーイが鉄道ターミナルまで牛を追って行くキャトルドライブ (cattle drive) を経て, 生体で東部消費地まで鉄道輸送し, 東部消費地の肉屋によってと畜され販売されていた.

1880年代には，家畜集荷市場として鉄道周辺にターミナルマーケット (terminal markets) が立地して家畜取引が行われ，ターミナルマーケット周辺にと畜処理場 (slaughter plants：以下「と畜プラント」とよぶ) が立地し，消費地への枝肉輸送が開始された．20世紀にはいると，このようなと畜プラントをもつ大手パッカー (packers) の寡占的な競争構造が形成され，問題となる．1920年に上位5社のシェアが49.0％に達した．

その後，1960年代から1970年代末までは，ボクスドビーフ (boxed beef)[3] とよばれる箱詰部分肉流通の一般化と流通経路の短縮に象徴される流通革命が著しく進んだ．それまでの流通の基点であったターミナル・マーケットの家畜取引シェアの低下とターミナルマーケット周辺にと畜プラントをもつ大手パッカーのと畜シェアが低下し，それに替わって，新興パッカーによって，産地周辺にと畜解体 (slaughtering) から部分肉製造 (fabrication) までをあわせて行う大規模総合プラントの設置が進み，1次カット (primal cuts)，2次カット (sub primal cuts) のボクスドビーフが，消費地の大規模スーパーへ向けて直接出荷されるようになった (以上，吉田，1982b)．

その背景には，冷蔵技術，冷蔵輸送技術の開発，トラック輸送の普及と，大規模スーパーマーケットの普及にみられる小売構造の変化があった．

1977年には，パッカーの購買する肉牛の80％以上が生産者から直接購買 (direct purchasing) され，また全米牛肉流通量の60％以上がボクスドビーフ形態で流通するようになっていた (McCoy and Savhan, 1988)．

2. 巨大パッカー寡占の形成と供給経路の短縮

1980年から現在までの20年間は，フレッシュミートの製造・流通システムに関しては，牛肉流通革命期以降の傾向がいっそう進行した過程としてとらえられる．

それに対して1980年代の際だった変化は，パッカーの競争構造と企業結合構造およびと畜プラントの規模の著しい再編成にある．その最大の特徴は，80年代に巨大パッカーの上位4社のシェアが著しく上昇したことにある．

表3-1に示したように，1980年の35.7%から，1989年には70.4%となっている．

集中度の上昇をもたらした直接の要因は，①と畜プラントの再編（投入畜種と産出製品の専門化，プラントの淘汰）と規模の著しい巨大化，そして，②と畜プラントの買収によるパッカーの企業規模の著しい拡大であった．

第1の要因のと畜プラントの再編の背後には，集荷競争と市場の縮小があった．1970年末頃から肉牛生産頭数が減少・停滞しはじめ（表3-1を参照），集荷競争が激化した．と畜プラントの利益率の低さもあった．90年代以降は，牛肉消費の低迷による市場の縮小も生じている．こうした問題に対応するために，効率的なプラントにと畜を集中すると畜プラントの再編が行われるとともに，と畜畜種と製品の専門化が進められ，プラント規模が巨大化し規模の経済が追求された．また，と畜・解体，ボクスドビーフ製造，その卸売の3つの業務を総合化することによって，中間マージンの圧縮と総合的利益の追求が進められることとなった，と考えられる．

その結果，1980年代末以降，と畜プラントの最適規模とされるのは，実に1日当たりと畜頭数4,000～5,000頭（年間と畜頭数にすると100万頭前後からそれ以上）の巨大な規模となった．大規模プラントというときには，年間と畜頭数50万頭以上，または労働者400人以上のプラントをさす．

同時に，1980年代のアメリカを襲ったM&Aの嵐が食肉産業にもおよび，第2の要因となる，多国籍企業ないしコングロマリット企業による巨大パッカーの買収が激しく進んだ．これによって，コングロマリット企業は食肉の技術や商標を確保しつつ一気に牛肉産業に進出し，巨大パッカーはコングロマリット企業の傘下にはいることになった．

このような形で，1980年代末から90年代のはじめには，現在の上位巨大パッカーの競争構造と企業結合構造の基本とプラントの構造がほぼ定まっている．90年代にはいってもプラントの買収，パッカーや食肉関連企業の買収によって巨大パッカーの企業規模はますます大きくなっているが，80年代末以降，上位3社は固定し，またその累積シェアはほぼ同じ水準で推移し

表 3-1 肉用牛飼養頭数，と畜頭数と上位4企業のと畜シェアの推移

項目 年次	飼養頭数 cattle and calves	と畜頭数 cattle	上位4企業のと畜シェア steers and heifers[1)]
	千頭	千頭	%
1920年	—	—	49.0
1925	63,373	14,704	—
1930	61,003	12,056	48.5
1940	68,309	14,958	43.1
1950	77,963	18,614	36.4
1960	96,236	26,029	23.5
1965	109,000	33,171	23.0
1970	112,369	35,356	21.3
1975	132,028	41,464	25.3
1980	111,192	34,116	35.7
1981	114,321	35,265	39.6
1982	115,604	36,158	41.4
1983	115,199	36,974	46.6
1984	113,700	37,892	49.5
1985	109,749	36,593	50.3
1986	105,468	37,568	55.1
1987	102,000	35,890	67.1
1988	99,622	35,324	69.7
1989	99,180	34,104	70.4
1990	95,816	33,439	71.6
1991	96,393	32,885	74.5
1992	97,556	33,069	77.8
1993	99,176	33,504	80.7
1994	100,988	33,376	81.7
1995	102,755	35,817	80.8
1996	103,487	36,760	78.8
1997	101,460	36,490	79.5

注：1920年～1970年までの数値はcattleのと畜頭数に占める上位企業のシェア．また，1920年のみはトップ5のシェア（そのうちの2企業が1923年に合併し，それ以降はトップ4のシェアをとっている）．

出所：飼養頭数，と畜頭数と，1975～89年の上位4企業のと畜シェアはAMI, *Meet Facts*, 1990, 1970年以前の上位4企業のと畜シェアはMcCoy J.H. and M.E. Sarhan, *Livestock and Meat Marketing*, third edition, Van Nostrand Reinhold Company, 1988による．1990年以降の飼養頭数とと畜頭数は食肉通信社『2000数字でみる食肉産業』（原資料はUSDA）．上位4企業と畜シェアは，GIPSA, *Packers and Stockyards Statistical Report 1997 Reporting Year*. June 1999.

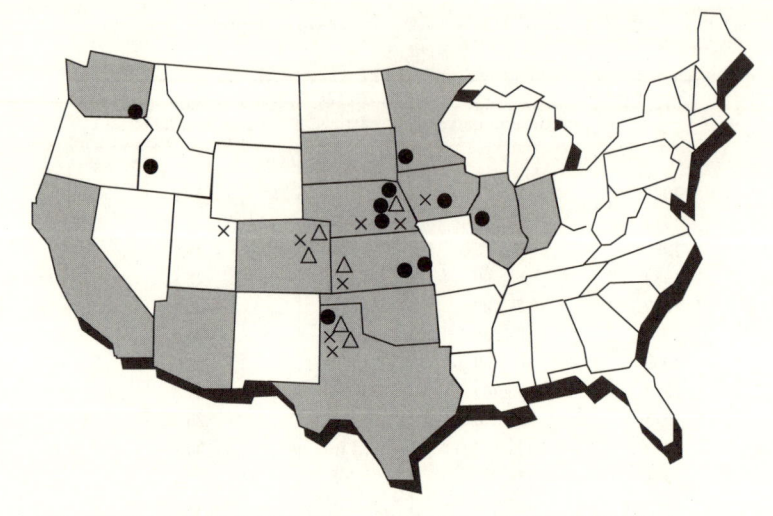

凡例：▢ 肥育牛販売上位13州（累積シェア87.3%），● IBPの牛肉プラント，
△ エクセルの牛肉プラント，× コナグラの牛肉プラント．
注：IBP，エクセル，コナグラについては，本章第6節参照．
出所：肥育牛販売上位13州はNCA（National Cattelmen's Association）資料，
3大パッカーのビーフプラントの位置は，*meat processing*, June 1990.

図3-1 アメリカの肥育牛飼養地帯と3大パッカーのプラントの立地

ており，競争構造の基本は変わっていない．

　フレッシュミートの製造・流通システムにおいては，1980年代を通して，こうした巨大プラントを多数かかえる巨大パッカーの流通網が全米および，80年代末には，牛肉流通は国内のほぼ全域にわたって巨大パッカーに掌握されることとなった．

　また，と畜プラントの巨大化は，川上で肉牛肥育を行うフィードロット（feedlots）の規模の巨大化をともない，巨大フィードロットのネットワークのなかに巨大プラントが建設され効率的に肉牛を集荷するシステムが整えられた（図3-1）．川下においては，全国チェーンをもつスーパーマーケットの巨大化が著しいが，これについては十分なデータがない．

　以上の結果，連鎖の構造において，パッカーによる肉牛生産者からの肉牛生体の直接購入，パッカーから小売業者（retailers）・業務需要者（H.R.I＝

hotel, restaurant, institution) へのボクスドビーフの直接販売がほぼ完全な普及をみた．つまり生鮮牛肉に関しては，肉牛生産者とパッカー，パッカーと小売業者・業務需要者の間に基本的に媒介者がなくなり，短縮された取引と流通の経路が普遍化した．

　生産者からの生体直接購入の比率は，パッカーのトップ10についてみると93.2％に達した（AMI, 1990）．肉牛の公的市場であるオークション・ターミナルマーケットの経由比率は13.8％（1995年）に低下している．ボクスドビーフの出荷は，労働者400人以上の大規模プラントでは92年に出荷額の70％に達した（MacDonald, 2000. source：U.S. Census Bureau）．そのため，と畜・解体と部分肉製造を独立してそれぞれ専門的に行う業者が少なくなり，カーカス取引は特別な商品（後述）を除いて行われなくなった．USDAの市場価格情報において，ついに1990年にカーカスの項目が廃止されたのはその現れである．それは，牛肉の価格形成システムをも大きく変えた．

第3節　フードシステムの外形と経済主体の位置

　牛肉供給にかかわる経済主体とその主体間の取引および流通の経路は，すなわちフードシステムの連鎖構造をあらわす．USDAやAMI（American Meat Institute），パッカー，パーベイヤー，レストランなどでの聴き取りの結果にもとづいて，現状を整理するとおよそつぎのように示すことができる．

1. 巨大パッカーを軸にした供給システム

　フードシステムの外形は図3-2に示したようになる．フレッシュミートをあつかうフードシステムの主たる構成者は，すでにみてきたように「フィードロット」（肉牛肥育生産者），「パッカー」（と畜解体・部分肉製造・卸売業者），「小売業者」および「H.R.I.」（ホテル，レストラン，公共施設・軍隊などの業務需要者）である．主たる供給経路は図中に太線で示したものである．オークション・ターミナルマーケットのシェアは低下し，フィードロッ

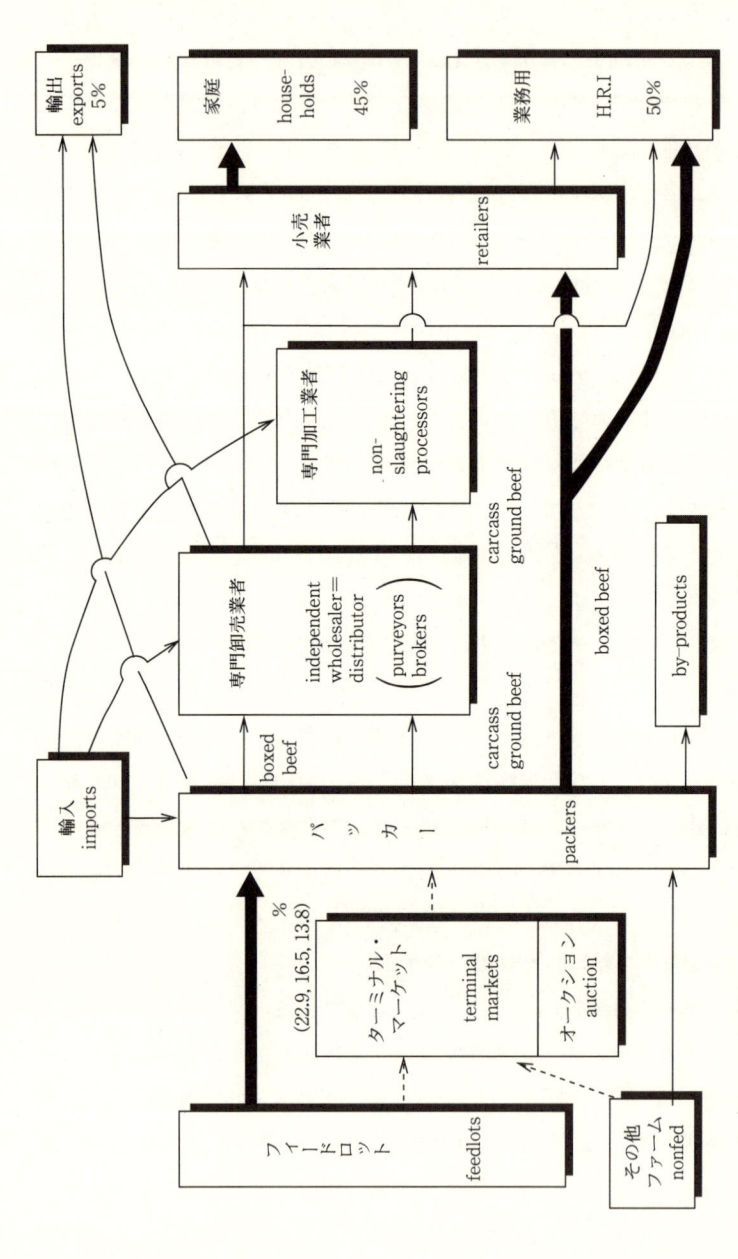

注：矢印の種類は流通量を示す．➡ はとくに流通量が大，--▷ はとくに流通量が少ない経路．
ターミナルマーケットの数字は，左から1980年，1990年，1995年の肉牛全体に占めるシェアである．
出所：調査結果をもとに作成．

図3-2 アメリカにおける生鮮牛肉のフードシステムの外形

トで肥育された肉牛が，フィードロットからパッカーに直接購入され，パッカーにおいてと畜・解体され，ボクスドビーフに製造される．ボクスドビーフは，と畜プラントから直接に，あるいは集配センターを経由して，スーパーマーケットを主体とする小売業者および業務需要者に直接販売される経路である．この主たる部分が，巨大パッカーを要にして担われている．

ただし，供給経路は，肉牛の畜種と牛肉の品質に対応して異なっている．図中の太い流通経路にのってボクスドビーフで販売されるのはテーブルカット用に仕向けられる高品質牛肉である．すなわち，フィードロットで肥育された去勢（steer）および未経産雌（heifer）の月齢3年以内の牛で，カーカスの肉質規格（quality grads）でプライム（prime）とチョイス（choice），歩留まり規格（yield grads）で1，2，3に格付けされた牛肉である．

なお，このボクスドビーフの販売先は，小売業者，業務需要者が主体であるが，それ以外の販売先として，「卸売業者（distributor）」があげられる．3大パッカーのうちのあるパッカーでは，卸売業者への販売比率はボクスドビーフの7～8％ということであった．この卸売業者の実体は，新興の食品会社などが「ブローカー（brokers）」としてボクスドビーフ流通の中継ぎをするだけの場合もあるが，「パーベイヤー（purveyors）」と呼ばれる，高級牛肉を扱う熟練技術をもつ業者が，ステーキなどのポーションコントロールカットやドライエイジング（dry ageing）などの特有の熟成を行い，付加価値をつけてレストランなどへ納入する部分が多いようである．

これに対して，規格にはずれる牛肉（肉質規格でプライム，チョイスでも，歩留まり規格が4，5になる大きすぎる牛肉）や低級牛肉（肉質規格でチョイス以下の牛肉――これはロール式の格付捺印がおされないので，no rollと呼ばれる――や，格付けされていない――ungrading――牛肉，ないし搾乳牛，子取り用雌牛，種雄牛の老廃牛）は，それ専門の別のプラントでと畜され，枝肉のままで，ブローカーを経由して，グラウンドビーフや，缶詰，ソーセージ等を製造する専門の中小規模の「加工業者（processors）」に販売される．

なお，最近は，低脂肪を求める傾向から，肉質規格のチョイスより下位のセレクト（select）まで選別され，ボクスドビーフで供給されるようになってきている．また，高品質肉を部分肉へ加工する過程で生じるくず肉がグラウンドビーフにされてハム・ソーセージ製造業者に供給される他，副生物（by-products）が専門業者に販売される．先にものべたように，と畜プラントでは食肉加工品の製造や副生物製品の調整は行われない．

2. ニッチマーケットと中小業者

以上のような形で巨大パッカーによる太い供給経路が全米を覆っており，「中小パッカー」やかつての流通の担い手であった「問屋」(brokers, jobbers, purveyors 等であり，これらは"independent wholesaler"としてまとめられる）や，と畜をせず枝肉を購入して加工を行う「加工専門業者（non-slaughtering processors）」は，巨大パッカーによる流通（市場）の隙間をぬって，地域性や製品の専門性など特性を活かした，いわゆる「ニッチ・マーケット」(niche market)でのみ存立している．

それぞれについてみると，中小パッカーは，西海岸や東海岸など，主産地から離れ，巨大パッカーの集荷網から洩れるような地域に立地し，老廃牛等の専門取り扱い，日系人向けや日本への輸出向けなど特殊な需要への対応によって存立している．パーベイヤーは先にみたように，熟練技術を活かして熟成牛肉やポーションコントロールカットミートの供給で固定客をもっている．加工専門業者は，低品質牛肉からグラウンドビーフなどを製造することで成り立っている．

これらの市場の業者はすでに淘汰されており，今後の拡大可能性はないが現在の基盤は維持可能だとみられている．しかし，ポーションコントロールカットに関しては，巨大パッカーが既存業者を買収したり工場・部門を新設するなどして，部分的ではあるが供給にのりだしてきており，競合が予想されないわけではない．

第4節　肉牛生産の地域集中とフィードロットの大型化

　肉牛生産の実態については，1991年の調査では対象外であった．そこで，一部ヒアリング結果をまじえ，主として統計データで知りうる範囲で，フードシステムの連鎖構造や経済主体間の関係にもっともかかわりのある，子牛生産経営や肥育経営の立地と経営規模別シェアの集中度などに限定してみておくこととする[4]．

　まずはじめに，アメリカの肉牛飼育システムであるが，それはおよそ次のようにとらえられる．

　関係機関での聴き取りによれば，肉用牛経営を子牛生産経営（cow-calf operations），素牛育成経営（stoker operations），肥育経営（feeding operations: feedlots）に分けることができる[5]．現在は，(1)子牛生産経営において子牛を650ポンド程度まで育成し，子牛生産経営から肥育経営に直接売り渡す場合と，(2)子牛生産経営から離乳後の400ポンド程度の子牛を素牛育成経営に販売し，素牛育成経営において400ポンドから650ポンド程度に育成して，肥育経営に販売する場合とがある．肥育経営では，1,100ポンド程度（15-17カ月齢）になるまで肥育されて，パッカーに販売される．さらに，以上のシステムに加えて，近年では，農家フィードロットを中心に子牛生産から肥育までの一貫生産を行う，繁殖・肥育一貫経営タイプが増加しているようである．なお，飼養する品種としては，肉質のよいブラックアンガスに人気が集中し，プレミアムがついている．

　子牛生産経営は，1989年現在で約95万戸，総飼養頭数3,400万頭，1戸当たり平均飼養頭数35.8頭（National Cattlemen's Association＝NCA資料）である．母牛の飼養頭数100頭以下の経営が9割以上を占め，つぎにみるフィードロットに比べると飼育規模が小さい．しかし，総経営数の2.7％（2万7,000戸）にすぎない母牛200頭以上の経営が総飼養頭数の3割強を飼養している．

また，1987年と1990年を比較すると，この期間に母牛総飼養頭数は，23.9%の減少をしている．このなかで，上位13州はおおむね低い減少率でとどまっているが，パシフィック地域のカリフォルニア州や家族経営の多い東南部のフロリダ，テネシー，ケンタッキー州の減少率が大きい．

母牛飼養の地域分布は，サウス・セントラルの諸州と，ノース・セントラルの諸州に多い．表3-2に示したように，1998年には上位10州への飼養頭数の集中度は，総飼養頭数に占めるシェアで56.9%となっている．そのうち上位3州（テキサス，ミズーリ，オクラホマ）が28.1%を占め，その比率は10年前とほぼ変わらない．それはつぎにみるフィードロットの地域集中度より低い．

つぎに，フィドーロットは，1989年に4万7,000戸，総飼養頭数2,295万頭，1戸当たりの平均飼養頭数は488.3頭である．経営数は大きく減少しており，表3-3に示したように，1980年代の前半の減少率が大きい．1フィードロット当たり飼養規模はこの時期に大きく増大した．89年に1,000頭以上の経営は，経営総数の3.5%（1,640戸）にすぎないが，ここに肥育牛の83.6%（1,919万頭）が飼養されている．さらに経営総数のわずか0.4%（187経営）にすぎない1万6,000頭以上の大規模経営が，肥育牛の5割強を飼養するに

表3-2　肉用繁殖牛と肥育牛の上位10州（1998年）

順位	州	飼養中の肉用繁殖牛	順位	州	飼養中の肥育牛
1	Texas	16.4 (%)	1	Texas	21.0 (%)
2	Missouri	5.9	2	Kansas	17.4
3	Oklahoma	5.8	3	Nebraska	16.9
4	Nebraska	5.7	4	Colorado	8.4
5	South Dakota	4.6	5	Iowa	7.3
6	Montana	4.6	6	Oklahoma	3.2
7	Kansas	4.3	7	California	3.9
8	Kentucky	3.4	8	South Dakota	2.3
9	Tennessee	3.2	9	Idaho	2.2
10	Florida	3.0	10	Minnesota	2.0
	United States	33,683(1,000頭)		United States	13,618(1,000頭)

出所：USDA資料をもとに作成．

いたっている（以上 NCA 資料．原資料は USDA, 1984-1988)．

MacDonald（2000）によれば，飼養規模が1,000頭以下の経営は「農家フィードロット」に区分され，それ以上の規模の経営が「コマーシャルフィードロット」に区分される．「農家フィードロット」は，平均的に年2～3回，1回に200頭程度を販売するくらいであり，肉牛の飼養は多角的な農場事業の一部であるような経営であるとされている．1992年のUSDA調査によれば，それがフィードロットの89％，販売家畜の14％の比率を占めていた．パッカーへの販売は，飼料をすべて購入し，雇用労働者に依存するような大規模なコマーシャルフィードロットが優越するよ

表 3-3 フィードロット数と1フィードロット当たり販売頭数の推移

年	フィードロット数（戸）	販売頭数（千頭）	1戸当たり販売頭数（頭）
1970	121,292	21,810	180
1971	112,848	22,311	198
1972	104,213	23,877	229
1973	97,225	22,618	233
1974	93,377	20,898	224
1975	91,600	18,276	200
1976	89,676	21,867	244
1977	89,115	22,541	253
1978	86,972	24,321	280
1979	83,828	22,599	270
1980	78,071	21,306	273
1981	70,892	21,219	299
1982	66,757	21,799	219
1983	63,711	22,548	354
1984	58,597	22,540	385
1985	50,886	22,887	450
1986	44,592	22,856	513
1987	42,081	22,971	546
1988	40,883	—	
1993		22,376	
1994		22,979	
1995		23,365	
1996		18,621	
1997		19,565	
1998		19,398	
期間増減率		(%)	(%)	(%)
	70—75	△ 24.5	△ 16.2	11.1
	75—80	△ 14.8	16.6	36.5
	80—85	△ 34.8	7.4	64.8
	85—88	△ 7.9	—	—

出所：USDA, *Livestock and Meat Statistics, 1984-1988*.

うになっている．それはフィードロットの0.7％にすぎないが，販売家畜の43％を占める．そして小さなコマーシャルフィードロットが，8.7％，28.8％，その他のコマーシャルフィードロットが，残りの0.7％，14.2％を占め

ると，報告されている．

　MacDonald（2000）は，大規模なコマーシャルフィードロットは，大きなと畜プラントと並行して成長し，肥育添加剤，コンピュータ化された給餌や肥育管理などの技術革新が，肉牛肥育における規模の経済を促進したという（原典，Glover and Southard, 1995）．大きなフィードロットのネットワークのなかに，1つの大きなと畜プラントを建設することによって，肉牛の安定した供給を確保でき，年間を通しての高い稼働率が維持できている（MacDonald, 2000）．

　フィードロットの上位には収容頭数平均5万頭以上の施設を何カ所ももつ業者がいる．総収容頭数20万頭以上の業者が7社，10万頭以上の業者が10社ある．第1位はカクタスフィーダーズであり，9カ所46.2万頭の収容可能頭数をもつ．第2位以下は，コンチネンタルグレイン・キャトルフィーディング（7カ所，40.5万頭），モンフォート（4カ所，30万頭），キャプロック・インダストリー（6カ所，27.3万頭）などとなっている（食肉通信社，2000による）．コンチネンタルグレインは同名穀物商社の子会社であり，キャプロックはカーギルの子会社である（後者については第6節でふれる）．巨大経営はまた地域的にも集中しており，ネブラスカ州などでは寡占化の恐れも生じ，新たな企業的フィードロットの進出が制限されているといわれる．

　肥育牛の地域分布を販売頭数によってみると，ノース・セントラル地域（38.2％）にとくに多く，さらにサウス・セントラル（30.0％），マウンテン地域（12.7％）がそれにつぐ（1998年）．また，表3-2に示したように，98年には上位10州で総飼養頭数の83.6％を占め，そのなかでもとりわけ，ネブラスカ，テキサス，カンザスの上位3州への集中度が高く，55.3％をも占めている．この上位3州は80年代に大きく増加したが，90年代にはあまり変化はない．5大湖周辺諸州とカリフォルニア州は80年代に減少している．

　畜種別にはGIPSAのパッカー・ストックヤード統計報告（GIPSA, 1997b）によれば，パッカーの去勢と未経産雌の購入先地域は，ウエスト・ノース・セントラルが55.1％を占めるほどに集中するようになっており，

それに，サウス・プレイン（19.2%），マウンテン（12.5%）がつづく程度になっている．他方，雌牛と雄牛は，ウエスト・ノース・セントラル（26.8%），イースト・ノース・セントラル（19.1%），サウス・プレイン（15.7%），パシフィック（11.4%）と広い地域に分布している．

第5節　パッカーの集中ととちくプラントの巨大化

1. 3大パッカーによる寡占体制の形成

牛肉パッカーの集中度の変化は，歴史的に上位4社の累積集中度で示されてきた（表3-1）．1980年代に入り集中度は急激に上昇しはじめ，80年代の終わりにほぼ70%に到達し，極高位集中の状態に入った．

過去にもターミナルマーケットを基点にした大手パッカーの寡占体制が形成され，表3-1に示したように，1920年頃にピークを示した（同年のトップ5のシェアは49.0%）．1920年以降は80年代に入るまで長期間にわたってシェアの集中度は低下していたので，1920年頃を第1次寡占体制とすれば，現在はシェアの集中度からすればそれをはるかに上回る第2次寡占体制ともいうべき時期に入っている．

このような劇的な集中度の上昇は，アメリカの各種製造業のなかでも牛肉のみの特徴であることがMacDonald（2000）によって明らかにされている．センサス局が4社の累積集中度を1,000の分野について1977年にさかのぼって公表したが，この15年に劇的な増加を示した分野は他になかった．食肉・食鶏産業についてみれば，表3-4のように，食鶏で70年代後半から80年代後半に，豚では80年代後半以降集中度が増加しているがいずれも40%台であり，他の製造業に比べてそれほど高くはない．

ただし，MacDonald（2000）は，センサスデータは長期の時系列的な推移を知るのには有効であるが，集中度がプラントの出荷価額で集計されているので，高品質の肉牛畜種および牛肉を多くあつかう主要パッカーのシェアが大きくなり，またとちくのみのプラントとファブリケーションまで行う総合

表3-4 と畜産業における上位4社の集中比率
(出荷額ベース)

年次	肉牛	豚	鶏	七面鳥
1963	26	33	14	23
1967	26	30	23	28
1972	30	32	18	41
1977	25	31	22	41
1982	44	31	32	40
1987	58	30	42	38
1992	71	43	41	45

出所：*Consolidation in U.S. Meatpacking*. ed. MacDonald J. M., ERS USDA Agricultural Economic Report No. 785, Feb. 2000. Table 3-1 を転載.

プラントとの間で出荷価額を2重にカウントしていることから，その集中度の数値は正確さに欠けるとしている．それを補うために同文献では，種別化されたと畜内容別に集計されたGIPSAデータ（GIPSA, 1997b, 1999）を用いている．本章でも以下，同文献の分析と原典のGIPSAデータを併用して集中度の検討を行う．

表3-5には，上位4社の累積集中度が，と畜プラントへの家畜の投入量ベースで示されている．それによれば，肉牛でも，品質のよい去勢および未経産雌の集中度がとくに高く（じつに80%），品質の低い雌および雄の集中度は30%で高くはない．そして，去勢および未経産雌から製造されるボクスドビーフの集中度も8割を超えており，投入と産出の両面が符合していることが確かめられる．

なぜ，肉牛においてのみ，このように劇的に高い企業集中が進んだのか．

表3-5 上位4社のと畜シェアの推移（投入量ベース）

| 年次 | 肉牛 | | | ボクスドビーフ | 豚 | 羊・子羊 |
	去勢牛・未経産雌牛	雌牛・雄牛	全肉牛(cattle)			
1980	36	10	28	53	34	56
1982	41	9	32	59	36	44
1987	67	20	54	80	37	75
1992	78	22	64	81	44	78
1997	80	30	68	83	54	62
1998	81	33	70	—	56	68

出所：*Consolidation in U.S. Meatpacking*. ed. MacDonald J.M., ERS USDA Agricultural Economic Report No. 785, Feb. 2000. GIPSA, *Packers and Stockyards Statistical Report 1997 Reporting Year*. June 1999 をもとに作成.

第3章　競争的寡占下の牛肉フードシステム（アメリカ）　　　69

その理由のある部分はと畜プラントの技術的・経済的構造に求められるだろうし，他の部分は企業結合構造に求められるだろう．直接的には，品質の高い去勢と未経産雌のと畜において突出したプラントの巨大化が進んだこと，そうした巨大プラントが特定の大手パッカーの手に集中されたということである．その後者の企業レベルで集中が進行したメカニズムについては，パッカーの企業結合構造をあつかう次節で取り上げる．

　以下では，前者のと畜プラントレベルでの巨大化のメカニズムをみていきたい．まず，プラントの巨大化を確認する．さらになぜ，肉牛の去勢および未経産雌において突出した巨大化が進んだのかであるが，その背景としては，第2節でのべたように，集荷競争の激化のなかで，基幹部門であると畜プラントの利益率の低さをカバーするために，プラントの規模の経済性を激しく追求せざるを得なかったことがあげられる．

2. と畜プラントの巨大化と経済性

(1) プラントの巨大化

　この20年以上の間に，と畜プラントは再編されて数がおよそ半減するとともに，規模が著しく巨大化した．

　表3-6に示したように，1977年には1,568を数えた肉牛のと畜プラントが，1997年には822に減った（この数値は連邦検査を受けているプラントである．家畜総計でみたとき，検査を受けているプラントのおよそ2.6倍程度の数の検査を受けていないプラントがあるが，それも同程度の比率で減少している）．そのなかで，と畜頭数50万頭以上の大規模プラントの総と畜頭数に占める比率が，77年の12％から，87年には51％へ，そして97年には65％へと上昇している．

　しかし，大規模プラントのシェアはと畜する畜種によってまったく異なり，やはり品質の高い去勢および未経産雌のと畜においては大規模プラントのシェアが著しく高いが，品質の低い雌および雄ではかなり低いことが確認できる．去勢および未経産雌では，と畜頭数50万頭以上のプラントのシェアが

表3-6 大規模プラントの家畜と畜シェアの推移

年次	プラント数				大規模プラントのシェア（と畜規模）					従業員400人以上	
	肉牛 (cattle)		豚		全肉牛50万頭以上	去勢・未経産雌牛		雌・雄牛15万頭以上	豚100万頭以上	肉牛	豚
	GIPSA報告プラント	連邦検査プラント	GIPSA報告プラント	連邦検査プラント		50万頭以上	100万頭以上				
1977	814	1,568	469	1,231	12	16	—	10	38	37	67
1982	632	1,506	466	1,344	28	36	—	15	59	51	67
1987	474	1,317	352	1,182	51	63	31	20	72	58	72
1992	342	971	300	921	61	76	34	38	86	72	86
1997	262	822	218	770	65	80	63	57	88	—	—

出所：*Consolidation in U.S. Meatpacking*. ed. J.M. MacDonald, ERS USDA Agricultural Economic Report No. 785, Feb. 2000. GIPSA, *Packers and Stockyards Statistical Report 1997 Reporting Year*, June 1999 をもとに作成．

80％に達している．かつてはこの規模以上が大規模プラントとしてあつかわれてきたが，最適規模が100万頭といわれるようになり，この規模の統計上の峻別が求められるようになった．1987年からその集計がはじまっている．表3-6に示したように，去勢・未経産牛では100万頭規模以上のプラントはやはり劇的にシェアを高め，97年には63％に達している．これに対して，雌および雄では97年にも15万頭以上のと畜プラントのシェアが57％にとどまる．

なお，プラントの規模指標として被雇用者数も用いられ，センサス局は被雇用者数400人以上のプラントを大規模プラントとして集計している．この被雇用者400人以上規模と先のと畜頭数50万頭以上規模との重なりについてみれば，92年現在の総肉牛頭数シェアで前者が72％，後者が61％であり，前者の方が幅が広い．

(2) プラントの専門化と立地の集中

MacDonald（2000）によると，60年代には，牛や豚など複数の畜種がと畜され，牛と豚のと畜能力をもっていたところは加工ラインを運転し，ベーコン，ハム，ソーセージ製品を製造していた．その後，畜種は専門化され，90年代のはじめには，肉牛の大規模プラントは，去勢と未経産雌だけをと畜し，ボクスドビーフとグラウンドビーフの製造のみに特化している．

表 3-7　肉牛と畜頭数からみたと畜プラントの立地集中

	コーンベルト	グレートプレーン	西部	その他
1963	41.7	27.1	16.2	11.5
1967	39.0	32.5	16.3	9.8
1972	30.9	45.4	14.1	8.1
1977	31.4	44.8	14.3	7.1
1982	24.3	59.1	10.5	4.2
1987	20.9	62.6	11.0	3.1
1992	17.1	68.1	10.4	1.9

注：グレートプレーンには，TX, OK, KS, CO, NE, ND, SD を含み，コーンベルトは MN, IA, MO, IL, WI, IN, OH を含み，西部はグレートプレーンの西の諸州をすべて含む．
出所：*Consolidation in U.S. Meatpacking* ed. by MacDonald J.M., ERS, USDA Report No. 785 Feb. 2000. Table 4-5 を転載．

また，と畜プラントは60年代から70年代にかけては比較的広く分布し，なかでもコーンベルト地帯に多く立地していたが，80年代以降はグレートプレーン地帯への集中が著しい．先にみた，フィードロットの集中するネブラスカ，テキサス，カンザスを含むグレートプレーン地帯のと畜プラントのと畜シェアが7割弱に達している（表3-7）．

(3) 労働者の非組織化と賃金の低下

MacDonald（2000）はまた，と畜産業における合併の進行は労働関係に大きな変化をもたらし，組合組織化が低下し，それにともなって中央アメリカからの移民労働力の利用が増加して，急激な実質賃金の低下をもたらしたことを分析している．このこともプラント操業コスト節減の大きな要因になっているといえ，重要な指摘であるので，以下その要点を示しておきたい．

食肉製品産業の労働者ユニオン加盟は70年代を通して安定し，80年には46%がユニオンのメンバーであったという．当時1時間当たり基本給は，ユニオン加盟の労働者が10.69ドルであったが，非組織プラントでは8.25ドルと大差があった．組織化された企業の非組織プラント並への値下げ圧力に反対して，83年〜86年までの間に激しいストライキがあり，それに対するプラントの閉鎖や反組織化が起こった．その結果，87年にはユニオンへの

加盟率は21%に低下し，現在にいたっている（原資料は，*Monthly Labor Review*, a publication of the Bureau of Labor Statistics of the U.S. Department of Labor 掲載の複数論文）．

組織化の低下と並行して，南東アジア，メキシコ，中央アメリカからの移民労働力が豚と牛のと畜プラントに流入した．こうしたプラントの仕事は危険であり，転職率もきわめて高い．組織化の減少と移民労働力の利用の増加は，急激な実質賃金の低下をもたらした．70年代には，牛と豚のと畜プラントにおいては，プラントの規模の拡大とともに平均賃金も堅調に増加し，77年には最大規模（従業員1,000以上）のプラントの平均時間賃金は，その産業平均より23%上回っていた．また，鶏肉のと畜プラントの平均賃金の2倍以上であった（原典はBrown et al., 1990）．しかし，92年まで，大規模な牛と豚のプラントにおける賃金は，名目でも急な低下をしたが，実質では劇的に低下した．そして，プラントの規模による賃金の差がなくなり，他の畜種と比べても鶏肉のプラントより17%高いだけになった．

(4) プラントの経済性

と畜プラントの経済性のデータはと畜畜種別には公表されていない．総肉牛のデータは表3-8のとおりである．上位4社と上位40社とを比較すると，上位4社の方が操業費用は低いが，粗利益の比率が低く，結果として営業利益も低い．粗利益が低いのは，売上費用中の家畜購入費の比率が高いためである．その理由は，上位企業ほど高品質の去勢と未経産雌のと畜に特化しているためだと考えられる．操業費用の内訳では，利子を除き，製造費をはじめいずれの費目も上位4社の方が低い．したがって，操業上のコスト面からみた効率は上位4社が高く大規模企業の優位性がみいだせるが，原材料（家畜）費用の高さから操業利益率は低い．

また，利益と費用の比率は年毎に数%の変動があり，年次変化が激しい（表3-8）．

規模の経済性を計測したMacDonald(2000)によれば，規模の経済性はわずかに観察されただけであるが，それは80年代には重要であって，集中

第3章　競争的寡占下の牛肉フードシステム（アメリカ）　　　73

表3-8　パッカーの利益と費用（1997年）

	上位10社			上位40社		
	粗利益/売上高	支出/売上高	純利益/売上高	粗利益/売上高	支出/売上高	純利益/売上高
1992	14.3	13.7	0.54	17.4	16.2	1.23
1993	12.5	11.9	0.68	16.2	15.0	1.21
1994	14.6	12.5	2.11	18.3	15.4	2.89
1995	17.5	14.2	3.33	20.7	17.1	3.69
1996	13.9	12.0	1.90	17.4	15.3	2.11
1997	14.8	13.8	1.10	18.0	16.0	2.10

	上位10社	上位40社
売上高	100	100
売上費用	85.16	81.99
家畜購買	74.90	65.89
粗利益	14.84	18.01
営業支出	13.76	15.95
加工	7.93	8.30
広告・販売費	0.92	2.49
一般管理費	1.25	1.63
減価償却	0.50	0.60
利子	0.66	0.58
その他	2.49	2.36
営業利益	1.09	2.05

出所：GIPSA, *Packers and Stockyards Statistical Report*. 1999より作成.

の原因になったことを暗示するとのべている．集中の増大の原因は，計測は困難であるが，①わずかな費用の有利性による規模の経済，②激しい価格競争，③需要の低成長性にあったと判断している．また，高集中は，パッカー間の価格競争の鍵となる要素を侵すことはないとものべている．

第6節　巨大パッカーの企業構造と企業結合構造

　前節では，企業集中とプラントの巨大化をみた．肉牛でのみなぜ高位寡占が形成されたか，本節ではそのもうひとつの理由の，なぜ，巨大プラントが少数の大手パッカーの手に集中したのかについて検討する．集中は主として，プラントの買収，さらには企業そのものを買収して一気に規模を数倍に拡大

する企業買収によって進んだ．その背景には，パッカーが食肉産業外部の多国籍企業や総合食品企業によって買収され，コングロマリット化した企業グループの一員として大資本力をバックに営業活動を行うようになったことがある．企業結合構造が競争構造に大きな影響を与えているのである．本節では，企業結合構造の状態とそれが形成されたプロセスを整理する．また簡単ではあるが，今日の実績からみて，かなり否定的にとらえざるを得なくなってきた企業買収の成果についてもふれておきたい．

1. 外部資本による巨大パッカーの買収：コングロマリット化

まず，コングロマレーションの進行についてみよう．それは1980年から90年までの10年間に進んだ．

表3-9に示したように，1980年時点で独立して営業していた食肉・食鶏企業のうち上位10社についてみると，その半数にあたる5社が90年には独立企業のリストから名前を消している．その5社は，Iowa Beef Processors (IBP, Inc.に名称変更)，Oscar Mayer & Co. (オスカーマイヤー)，MBPXL Corp. (Excel Corp.に名称変更：エクセル)，Monfort of Colorado (モンフォート)，Hygrade Food Products (ハイグレイドフード)である．このうち牛肉パッカーはIBP，エクセル，モンフォートの3社であり，いずれも牛肉の上位企業であったが，それぞれ，81年に石油資本のオキシデンタルに，79年に穀物メジャーのカーギルに，87年に総合食品企業のコナグラに買収された．

なお，これらの企業統合形態は，いずれも「買収（営業譲受）」(acquisition)であるので，「合併」とは異なり，営業権譲渡側の会社も消滅しない．しかし，食肉事業の財務単位，したがって企業リストへ掲載される名称は，後にのべるように親会社の事業統合の考え方によって異なる．

このような10年を経て，1990年における牛肉パッカーの売上高の上位3社は，モンフォートを傘下に入れたコナグラ (ConAgra Inc.)，IBP (IBP, inc.)，エクセル (Excel Corp.)の順となり，それはまたそのままの順位で食

表3-9 アメリカにおける食肉・食鶏企業上位10社の10年間の変化 (1980-90年)

(1) トップ10企業

1980年

順位	企業名	売上高 100万ドル
1	Swift & Co.	4,500
2	Iowa Beef Processors	4,216
3	Armour & Co.	3,144
4	John Morrell & Co.	2,260
5	Wilson Foods Corp.	1,942
6	Geo. A. Hormel & Co.	1,440
7	Oscar Mayer & Co.	1,397
8	MBPXL Corp.	1,322
9	Dubuque Packing Co.	1,000
10	Kane Miller Corp.	959

1990年

順位	企業名	売上高 100万ドル
1	ConAgra, Inc.	11,000
2	IBP, inc.	9,129
3	Excel Corp.	5,000
4	Sara Lee Corp.	2,700
5	Tyson Foods, Inc.	2,500
6	Geo. A. Hormel & Co.	2,341
7	Oscar Mayer Foods Corp.	2,300
8	International Multifoods	2,100
9	Holly Farms Corp.	1,956
10	John Morrell & Co.	1,893

(2) トップ10独立企業

1980年

順位	企業名	売上高
2	Iowa Beef Processors ※	4,216
6	Geo. A. Hormel & Co.	1,440
7	Oscar Mayer & Co.※	1,397
8	MBPXL Corp.※	1,322
9	Dubuque Packing Co.	1,000
10	Kane Miller Corp.	959
13	Farmland Foods Inc.	674
14	Monfort of Colorado ※	622
15	Hygrade Food Products ※	600
16	Bluebird, inc.	573

1990年

順位	企業名	売上高
5	Tyson Foods, Inc.	2,500
6	Geo. A. Hormel & Co.	2,341
11	Beef America, Inc.	1,500
12	Perdue Farms, Inc.	1,300
14	Gold Kist, Inc.	1,209
16	Smithfield Foods, Corp.	775
18	Pilgrim's Pride Corp.	661
19	Farmstead Foods	645
20	American Foods Group	630
21	Hudson Foods, Inc.	621

(3) トップ10ビーフパッカー

1980年

順位	企業名	売上高
2	Iowa Beef Processors	4,216
8	MBPXL Corp.	1,322
10	Kane Miller Corp.	959
11	Land O'Lakes	790
14	Monfort of Colorado	622
17	Idle Wild Foods, Inc.	543
23	Golden State Foods Corp.	338
25	Union Packing Co.	300
27	Dudgale Packing Co.	290
28	Sterling Beef Co.	280

1990年

順位	企業名	売上高
1	ConAgra, Inc.	11,000
2	IBP, inc.	9,129
3	Excel Corp.	5,000
11	Beef America, Inc.	1,500
15	Idle Wild Foods, Inc.	1,205
22	Packerland Packing Co., Inc.	615
27	Moyer Packing Co.	450
29	Hyplains Dressed Beef, Inc.	425
31	Cornland Beef Industries	350
33	Tama Meat Packing, Inc.	300

出所: *Meat & Poultly.* June 1990.
注: 1) 矢印は, 吸収合併, 名称変更した企業の対応関係を示す.
 2) トップ10独立企業の1980年の※は, 1990年までの間に吸収されて独立企業でなくなったものを示す.

肉・食鶏企業総合上位3社でもあった．なお，90年時点で第3位のエクセルと第4位のビーフアメリカ（Beef America Inc.）とは牛肉の総売上額で3倍以上の開差があり，上位3社は第4位以下に大きく水をあけている．

そして，2000年総合順位においては，それまでの第1位と第2位が逆転し，IBPがコナグラを下してトップに立った．しかしすでにのべてきているように，上位3社（エクセルはカーギルの名前でリストに記載されるようになった）の頭抜けた状態は変わらない．

牛肉部門第4位以下の企業であるが，近年は部門別のリストと売り上げが表示されなくなったので，明示的につかめなくなった．しかし，総合第4位のタイソンフーズ（Tyson Foods, Inc.）は食鶏とシーフーズを専門とする企業であり，総合第5位で牛肉部門をもつサラ・リー（Sara Lee Packaged Meats）の売上高は，カーギルの2分の1以下，コナグラやIBPの3分の1以下であるので，やはり，牛肉パッカーは上位3社が群を抜いた状態にあるとみることができるだろう．なお，90年に牛肉部門第4位であったビーフアメリカは，98年に総合15位であったが，翌年リコールと労働者のストライキによって企業閉鎖され，本社工場はIBPが買収している．

以上のようなシェアの状態をふまえて，以下では，90年代を通じての上位3社について，それぞれの本社でのヒアリングの結果と入手資料[6]をもとに，それらの企業結合構造についてみることにする．とくに断りのないかぎりはヒアリングにもとづいている．3社の企業概要を表3-10に示した．

第1位のIBPは，1960年にIowa Beef Processorsとして，アイオワ州デニスンで設立された新興パッカーであり，ボクスドビーフの製造と流通を普及し，60年代以降の牛肉流通革命をリードしてきた先進企業である．1980年の総合（食肉・食鶏企業全体を通じての：以下同じ）第2位の位置にあった優良企業であり，1981年に石油大資本であるオキシデンタル（Occidental Petroleum Corp.）に買収された．買収後も，食肉事業はIBPとして行われており，オキシデンタルが食肉事業に関与することはない．IBPの本社は，99年にネブラスカ州のDakota Cityから，ノースダコタ州のDa-

第3章　競争的寡占下の牛肉フードシステム（アメリカ）

表3-10　3大パッカーの企業概要（1990，2000年）

項目	企業名		IBP (IBP, Inc.)		コナグラ (ConAgra, Inc.)		カーギル (Excel Corp.)	
総販売高	(Mil. $)		9,128	14,075	14,500	13,749	5,000	9,000
従業員数	(人)		23,500	49,000	55,202	48,000	11,500	20,000
プラント数			18	62	100	83	13	22
系列会社数			—	7	—	5	—	2
食肉販売高	(Mil. $)		9,128	13,259	6,500	5,200	5,000	6,100
食肉プラント数			18	13	12	8	13	5
同従業員数	(人)		23,500	—	16,350	—	11,500	—
同総と畜能力	(万頭)		1,890	1,026	1,400	560	625	610
同1プラント当たりと畜能力	(万頭)		8.8～157.1	3.88*	62.5～125.0	2.36*	N/A	2.18*
企業設立年次			1960年		1987年**		1974年	
インテグレーションの現況			親会社が石油会社のオキシデンタル（Occidental Petroleum corp.）．1981年に買収．		系列下の牛肉パッカーとしてモンフォート（Monfort of cororado）．1987年に買収．		親会社が総合商社のカーギル（Cargill）．1979年に買収．	

事業内容		IBP	コナグラ	カーギル			IBP	コナグラ	カーギル
種類	牛肉	○	○	○	加工品	ソーセージ(伝統)		○	
	豚肉	○	○			ランチョンミート	○	○	
	ラム			○		ハム		○	
	子牛肉			○		ベーコン		○	
	鶏肉		○		製品	保存（調理牛肉）	○	○	
	七面鳥		○	○		保存（調理豚肉）		○	
	シーフード		○			保存（調理鶏肉）		○	
生鮮・冷凍製品	カーカス	○	○			皮・骨なし鶏肉		○	
	ボクスド	○	○	○		精製副生物	○	○	
	小売肉・パック	○	○	○		缶詰肉		○	
	ポーション	○	○	○		惣菜			○
	ポーション（成形）	○	○	○	市場	卸売	○	○	○
	丸鶏		○	○		小売		○	○
	食鶏部位別		○			H.R.I/フードサービス	○	○	○
加工	ソーセージ（生）	○	○			カスタム			○
	ソーセージ（調理）	○	○			輸出	○	○	○

注：1）上表の数値は左側が1990年，右側が2000年．＊の数値は1日当たり総と畜頭数．
　　2）コナグラの企業設立年次は，食肉部門のコナグラレッドミートカンパニーの設立年次．コナグラの企業総売上高は$24 billion．
出所：各会社概要および *Meat Processing*, June 1990. *Meat & Poultry*, August 2000. 食肉通信社『2000 数字でみる食肉産業』．

kota Dunes に移された．

　第2位のコナグラは，本社をネブラスカ州オマハにおき，農業生産，農産物販売，農産物加工，食品供給を行う食品事業部門と，家畜肥育や貿易に対する信用事業部門をかかえる，農業・食品関連部門の総合企業である．1980年代の企業買収によって食肉部門に進出した．表3-9のように，1980年の総合第1位であったスイフト（Swift & Co.），第3位のアーマー（Armour & Co.）——両社とも豚肉パッカーである——を買収し，さらに，牛肉パッカーとして80年の第5位であったモンフォート，第9位のDubuque Packing Co.を買収した．これら大手企業をあいついで統合することによって，一気に牛肉，豚肉部門のトップに立ち，食肉・食鶏企業全体のトップに躍り出たのである．スイフトとモンフォートを買収した87年には，食肉部門の子会社としてConAgra Red Meat Companiesを設立している（アーマーはモンフォートが吸収）．

　そして，買収されたモンフォートは，コロラド州のフィードロット出身の牛肉パッカーであり，デンバーに本社をおき，モンフォート一族により経営されていた．買収後は，ConAgra Red Meat Companiesの牛肉部門の中心的位置におかれ，肉牛肥育と，牛肉のと畜解体，ボクスドビーフ製造を行い，製品はモンフォートの名前で供給されていた．コナグラの企業グループに属するものの，営業活動には独自性がもたされていた．なお，モンフォート単独では，牛肉のパッカーとしての地位は90年時点では，IBPにつぎ，エクセルと同程度であった．

　しかし，90年代にコナグラの食肉・鶏肉事業部門には大きな転換が訪れた．Kay（1998）によれば，90年代前半には食肉・鶏肉企業全体が良好な利益をあげたが，この期間を含めてコナグラの食肉事業の成績は牛肉，豚肉，鶏肉のすべての部門で低迷し，97年頃からアナリストの間ではコナグラが食肉事業にとどまれるかどうか危ぶまれるようになっていた．牛肉部門に関しては，99年にはモンフォート売却のうわさが盛んになり，食肉，鶏肉，加工肉，チーズ部門を統括するConAgra's Refrigerated Foods社長が，モ

第3章　競争的寡占下の牛肉フードシステム（アメリカ）　　　　79

ンフォートの玄関に「この会社は売り物ではない」旨のサインを張り出すまでになった．その原因については，アナリストの間でも，モンフォート自身の求心力の欠如に求める見解とともに，原因をスイフトとモンフォートの買収にまで遡ってみる向きもあり，コナグラのリーダーシップと労働集約的な食肉事業に対する理解の欠如にあるとする見方とがあった（Kay, 1998）．そうして結局選択されたのは，モンフォートを含む生鮮食肉5社を統合し，ConAgra Beef Co. を設立（99年後期）する方向であった（"Corporate profiles", *Meat & Poultry*, August 2000）．こうして，かつての3大パッカーの一角を為したモンフォートは，コングロマリット合併のなかで活路をみいだせずに，消え去ることになってしまった．

第3位のカーギル（CARGILL：privately held company）は，周知のように，1875年アイオワ州の穀物サイロから出発した著名な穀物メジャーであるが，現在，農産物から石油，船舶，製鉄，財形等の分野に進出し，総合商社，製造業者として世界各国に進出している．農業資材産業分野では，飼料，肥料，農薬，種子，輸送，運輸，鉄鋼，保険，食品産業分野では，穀物製粉，油量種子，卵，ブロイラー，七面鳥，牛肉，オレンジ果汁，野菜，コーヒーに進出している[7]．

買収されたエクセルは牛肉部門の中心企業である．エクセルは，Kansas Beef Industries と Missouri Beef Packer が合併し，1974年にカンサス州ウィチタで MBPXL Corp. として操業を開始した．1979年にカーギルに買収されたが，1980年には牛肉のパッカーでは，Iowa Beef Processors（現IBP）についで第2位の位置にあり，90年には総合でも第3位に上昇している．91年の筆者らの調査時点では，牛肉，豚肉はエクセルのブランドで販売されており，90年代のはじめまでは，食肉・食鶏企業リストにもエクセルで登場していた．90年代半ばにはそれがカーギルに変わる．North American Turkey Operations などの買収により，Cargill Meat Sector が設立されたのにともなってのこととみられる．

2. 企業買収による企業成長の維持

こうして1980年代には主要パッカーがコングロマリットの傘下に入り，さらに90年代の動きを通して，結局，コナグラとカーギルはコングロマリット自身が直接食肉事業分野で活動するようになった．

そして，1990年代のもう1つの側面は，これらのパッカーによって一層の企業買収が進んでおり，買収によるキャパシティの増加によって企業成長が維持されている状態である．95年以降の食肉・食鶏と畜部門のM&Aのリストを表3-11に示したが，これからわかるように，その筆頭はIBPである．巨大コングロマリットのコナグラやカーギルではなく，親会社とは独立して食肉事業を行っているIBPであることが興味深い．コナグラは98年から2000年にかけて買収にのりだしているが，食肉・食鶏部門の成績の悪化したカーギルにはその動きがまったくない．そして，第4位のスミスフィールドの買収の動きが活発である．これら90年代の買収は，主として加工プラントやフードサービス企業を対象にしたものである．

また，90年代のはじめには，上位3社が国外のパッカーを買収し，生産拠点を国外にも拡大しはじめている．まず，カーギルが，91-92年にかけて，NAFTA（北米自由貿易協定）の発足を見越して，カナダのアルバータ州のHigh Riverにおいて肉牛のと畜プラントを建造し，テキサスの南に位置するSaltilloにおいてメキシコのミートプラントを買収している（新山，1996 a）．IBPは，NAFTA発足後の94年に，カナダのLakeside Farm Industriesを買収して，初めての国外投資を行っている（Key, 1996）．

問題となるのは，このような企業買収による企業規模の拡大の成果である．売上高の上昇はもっぱら企業規模の拡大に依存する構造になっており，事業面での内部的な効率などの改善がみられない．食肉事業の循環的変動の低収益局面においては，買収によって成長が支えられる構図になっていることが指摘されている（"View from the Top 100", *Meat & Poultry*, 1999）．また，買収によって急成長を遂げるIBPに対しては他のパッカーからの抵抗が生まれてきており，96年にテキサスでVernon Calhoun Packingの買収を行

第3章　競争的寡占下の牛肉フードシステム（アメリカ）

表3-11　1995年以降の食肉・食鶏と畜部門のM&A

買収した企業名	1995	1996	1997	1998	1999	2000
IBP, Inc.; NE ① (62 P 49千人、豚)	・W-B Aquistion Co., TX (Braunfels Meats) ・Gibbon Packing Company; NE ・Western Packing; TX	・Vernon Calhoun Cattle Co.; TX	・Foodbrands America, Inc.; OK ・Bruss Company; IL	＊アペタイザー部門 (Diversified Foods Group.; NJ から) ＊加工ブランド (Beef America; NE から)	・H&M Food Systems Co.; TX ・Russer Foods; N.Y. ・Wilton Foods; N.Y. ・Thorn Apple Valley; MI ・Tushinsky; Russia (ソーセージブランド、株式の獲得)	・Corporate Brand Foods America; TX
ConAgra, Inc.; NE ② (83 P, 48千人、豚・牛・鶏・七面鳥)				・Fernando's Foods Corp.; CA ・Signature Foods; NE ・Zoll Foods; IL ・GoodMark Foods; NC		・Seaboard Corp's Poultry Division; KA ・International Home Foods, Inc.; N.J.
Cargill, Inc. (Excel) ; KS ③ (22 P, 20千人、牛・豚・七面鳥)	＊豚肉ブランド (Marshall, MO); 鶏肉ブランドへ転換					
Smithfield Foods, Inc.; VA ⑦ (48 P, 36千人、牛・豚・七面鳥)	・John Morrel & Co. (Chiquita Brands International から); OH	・Lykes Meat Group; FL	・Curly's MN ＊豚肉と畜ブランド (American Foods Group, WI から) ・Mohawk Packing Co.; CA (子会社の John Morrel が買収)	・North Side Foods Corp; PA	・the Schneider Corp.; Ontaric, Canada (株式の63％) ・Animex; S.A.(73%) ・Grupo Alpro(50%)	・Murphy Family Farms; N.C. ・Coddle Roasted meats; VA
Farmland Foods, Inc.; MO ⑥ (15P, 11千人、牛・豚)		・FDL Foods, Inc.; IA		・Kansas City Steak Company; MO		
Packerland Packing Co.; WI ⑩ (4 P, 3.7千人、牛)		・Sun Land Beef; AZ		・Murco, Inc.; MI		
American Foods Group ⑫ (3 P, 1千人、牛)				・Dawson-Baker Packing Co.; KY		
Emmer Foods; WI ⑳ (3 P, 1.8千人、牛・豚・鶏・七面鳥) (Emmpak Foods)		・Wisconsin Packing; WI				
Hatfield Quliy Meats; PA ㉘ (4 P, 1.6千人、豚)	・Medford Foods; PA		・Wild Bill's Foods; PA			

注：1）企業名につづく「；」の後のアルファベットは本社の所在する州名。
　　 2）買収した企業名の欄の、（ ）内の最初の数値は2000年の食肉・食鶏企業総合のランク、つぎの数値はプラント数、つぎの数値は労働者数であり、最後は取り扱い畜種。いずれの企業も、と畜および加工を行っている。これに関する資料の出所は、Meat & Poultry, July 2000.
　　 3）上位100社のリスト以外の企業で他に4件の買収、1件の資本出資があった。資本出資は、穀物メジャーの Continental Grain Co. であり、Premium Standard Farms; MO に50％の出資。

出所：GIPSA, Packers and Stockyards Statistical Report 1997 Reporting Year, 1995 Reporting Year, 1999, 1997.

ったとき，競争相手が司法省に訴えを起こしている．司法省は静観したが，IBPはプラントを閉鎖したという．このような形で新たなプラントや企業の買収に対する抵抗が大きくなり，今後は急速な規模の成長も困難になるだろうとみられている（Key, 1996）．

3. 意思決定と事業統合行動

すでにのべたように，主要牛肉パッカーのコングロマリット企業による買収はいずれも会社が残るタイプであるが，しかし，営業上の意思決定など親会社との関係に関しては企業により大きな相違がある．また，牛肉部門の事業統合のあり方についても大きな違いがある．そして総じて，企業集中の形態や目的，事業統合のあり方が，日本のそれとはまた異なった特徴をもっているといえる．

(1) オキシデンタルとIBP

IBPの食肉事業活動は親会社のオキシデンタルに対してほぼ完全に自律的であり，オキシデンタルは，IBP買収の目的を事業面における統合（すなわち牛肉事業への進出）においたわけではなく，IBPを優良な資本投資先として位置づけている．したがって，コナグラ，カーギルが食肉パッカー買収の目的を自らが食肉事業に参入することにおいたのとはまったく性格を異にする．

IBPでは長らく，生鮮牛肉事業，すなわち牛肉のと畜解体，ボクスドビーフ製造というコアビジネスに徹することが堅持され，直営肥育や牛肉加工などの垂直的事業統合は行わない方針をとってきた．高品質ボクスドビーフの供給と（IBPの供給するボクスドビーフにはプレミアムがついている），効率生産によるコスト節減が第1の営業戦略とされてきた．また，パッキングプラントの操業能力を基軸にした計画的販売が優先されてきた．

しかし90年に，大きく事業戦略が転換されはじめた（Key, 1996）．その第1が豚肉と畜事業への参入である．第2が91年にピータソン会長の示した「ビジョン・2000・プラスワン」計画によるフードサービス市場への参入

第3章　競争的寡占下の牛肉フードシステム（アメリカ）　　　　　83

である．家畜および食肉事業の循環的収益変動を相殺することがめざされた．第3はカナダ進出である．94年にはこの方針にそってLakeside肉牛プラントが買収された．

　1990年から97年までの，事業戦略の転換のための投資の概要を，表3-12に示した．80年代に牛肉のプラント3つを含む13の施設を新規稼働させたが，この表からみると，牛肉のプラントは80年代にほぼ整備され終えたようにみられる．90年代に入るや豚肉プラントの投資に移り，90年には豚肉の6つのプラントが一斉に稼動をはじめた．その後，豚肉に関しては，93年に8つの中西部州の地域供給ラインを強化するために78の豚肉のバイイングステーションを購入し，同年に3つのプラントの拡張をしたことで，ほぼ投資が一段落された．94年に買収されたカナダのLakeside Farmは，フィードロットをもつ牛肉パッカーで，買収後に，レンダリング，ファブリケーション，グラインディングの施設を拡張し，完全一貫生産ができるようにされた（Key, 1996）．90年代後半の投資は，調理食肉事業と肥育されていない牛（雌・雄牛）のと畜事業へ移っている．調理食肉事業は，90年の豚肉プラントでの牛肉と豚肉の調整品製造にはじまり，94年には調理牛肉事業部門が買収されている．そして表3-11からは，95年以降の買収企業は，食肉加工，調理食品などの企業に集中していることがわかる．

　90年代前半のIBPの操業成果は，生鮮食肉という低マージン事業においては，アナリストのもっとも厳しい評価によっても，傑出したものと認められている．そして，その中心はやはりコアである牛肉事業であり，95年現在にも生鮮牛肉が売り上げの約8割を占める（Key, 1996）．しかし，フードサービス事業については「IBPがフードサービス市場に大股で歩いて入ってきた」と表されるほどであるが，96年の時点では，付加価値製品の生産はIBPの目指した食肉事業の循環的収益変動を相殺するほどには確立していないことが指摘されている（Key, 1996）．また，90年代に入り，牛肉プラントの拡張とともに，豚肉事業とフードサービス事業への参入のためにその領域の企業とプラントの買収に膨大な資本投資を行ってきたが（表3-11,

表 3-12　IBP の投資（1980-97 年）

年　次	事業および施設	投資額
1980-91 年	19 施設の新規稼働（牛肉プラント 3, 豚肉加工プラント 6）	
1986-95 年		805 百万ドル
1990 年	豚肉事業　豚 6 プラント操業：Waterloo, Iowa 調理食肉事業参入 ・豚肉プラント（ピザトッピング, タコス詰物用牛肉・豚肉の調整品製造）：Waterloo 牛肉事業　新しい肥育家畜プラント焼失：ネブラスカ Lexington	
91 年	2 つの新しいプラントの始動 皮なめし事業　4 番目の皮なめし工場建設：テキサス Amarillo 牛肉プラント	
93 年	豚用事業 ・Doskocil Companies（Foodbrands America）のプラント買収・改築：インディアナ Loganspot ・中西部 8 州地域供給ライン強化（78 の豚パイイングステーション購入） ・豚プラントリモデルと拡張：アイオワの Council Bluffs ・豚プラント拡張（ハム原料生産）：ネブラスカ Madison	17 百万ドル （10 百万ドル）
94 年	フードサービス事業 ・Madison プラント（Council Bluffs, 付加価値製品の生産） ・食品配送センター購入：サウスカロライナ Columbia（調理食肉プラントに再編, 調理済ピザトッピング, タコス包みもの, その他製品） ・International Multifoods の食肉事業買収（調理食肉）：ニューメキシコ Santa Teresa カナダへの投資 ・Lakeside Farm Industries（フィードロットをもつ牛肉パッカー）買収 ・レンダリング, ファブリケーション, グラインディングの能力付与	 500 百万ドル 60 百万ドル追加
95 年	非肥育と畜事業 ・Westerm Packing（cow プラント）買収：テキサス ・Gibbon Packing（最大の cow プロセッサー）買収：ネブラスカ	95 年合計 161 百万ドル （30 百万ドル）
96 年	非肥育と畜 ・Vernon Calhoun Packing 買収（閉鎖）：テキサス Palestine	96 年合計 175 百万ドル
97 年	中国で豚加工のジョイントベンチャー（生産開始） ・Sands Livestock Systems（ネブラスカ Columbus）と中国の Shandong Province	

出所：Kay S. "IBP leader dictates his vision of the future—$20 Billion by 2001", *Meat & Poultry*, Vol. 42, No. 7, July 1996 より作成.

表3-12)，今後は先にものべたように競争相手からの抵抗が激しくなることが予想され，買収によるキャパシティの増大による成長の手法を今後もとり続けていけるかどうかが疑問視されている（Key, 1996）．

(2) コナグラとモンフォート

モンフォート本社によれば，筆者らの91年調査の時点では，営業活動の独自性は高いようであった．そのなかで，モンフォート自身が，食肉部門の事業統合を積極的にすすめてきた（図3-3）．

モンフォートの事業統合の性格は他の企業とは異なり，取引と物流面での結合（原料，商品の内部取引化）が進められてきたことが大きな特徴である．

モンフォートは，フィードロットを前身とすることから，4カ所約30万頭の収容能力をもつフィードロットを直営し，主に自社のと畜プラントに先渡し契約で肉牛を供給していた．しかし，フィードロットの全量ではない．先渡し契約では，1～3カ月先の出荷が約定され，CME（シカゴ商品取引所）の市場相場と肥育コストを参考にした価格形成システムがとられていた．またと畜プラントからみると，それは仕入れ肉牛の8～10%の量にとどまり，決してそれが主流ではないことにも注意が必要である．

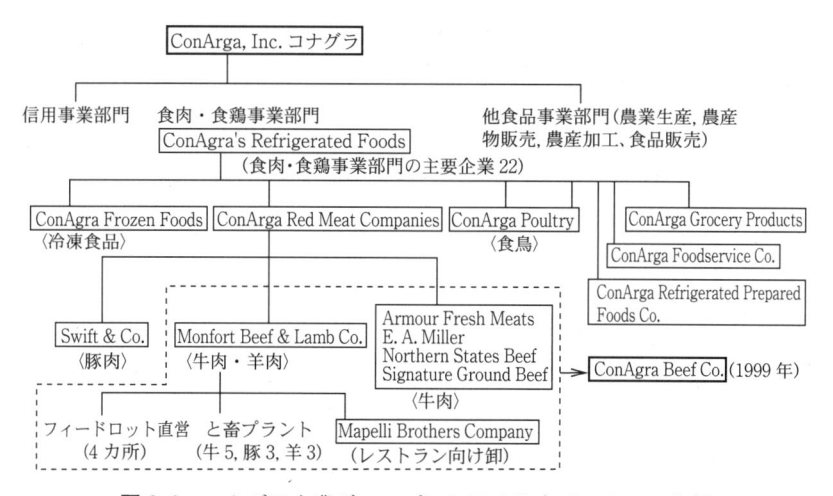

図3-3 コナグラ企業グループにおける牛肉パッカーの位置

また，と畜プラントでは，一部の工場でポーションコントロールカットミートと牛肉調製品・加工品の製造を行っていた（各１工場）．さらに，卸売会社（Mapelli Brothers Company）をもち，小口のレストラン等の需要に対応してボクスドビーフを配送し，あわせてパン，チーズ等の供給を行っていた．また，規格外の枝肉は兄弟会社のフレイバーランドへ販売し，同社でボクスドビーフに加工し，西海岸を中心に給食会社など低価格のものを購入する需要者に販売されていた．このように，モンフォートの食肉事業の形態は，と畜プラントの処理量のごく一部ではあるが，川上から川下まで取引の内部化を進めることが意図されてきた．しかしこれは，上位３社また後にみるパッカーへの調査結果からみても，むしろ例外的である．

　モンフォートとコナグラの意思決定上の関係は，1995年にモンフォート一族のディック・モンフォートがコナグラを去った後に大きく転換した．Key（1998）によれば，先にのべたような食肉事業の成績低迷のなかで，95年からコナグラの食肉事業を統括する２つの会社（ConAgra's Refrigerated Foods と ConAgra Red Meat Companies）で激しい首脳経営陣の刷新が続き，さらに98年はじめに Refrigerated Foods に就任した新しい社長の手によって，同年春にはモンフォートの社長はじめ７人の首脳経営陣が首を切られる事態となり，その後も同社長自らのチームによりモンフォートの新たな経営の方向が探求されたという．「食肉の歴史のなかでももっともドラマティックなシニアマネジメントの大刷新であった」と表されている．こうしてモンフォートでは，系列上位の会社によって最高意志決定がなされるようになった．モンフォートは同族会社であり，デック・モンフォートの退陣により中心となる人材を失ったとみられている．その結果，コアビジネスが弱体化し，力を入れて築かれた家畜生産者たちとの関係も壊れ，集荷政策がうまく機能せず，プロセッシングコストも競争者に比べて並外れて高くなっているという．アナリストは，新たな方向による収益の改善は難しいとみていた（以上，Key, 1998）．その結果が，先にのべたコナグラ傘下の５つの牛肉パッカーの融合による新会社の設立である．

(3) カーギルとエクセル

　カーギルとその傘下に入ったエクセルの関係についてみると，営業政策など営業上の主要な意思決定は，カーギルの企業戦略のもとに統合されているといえる．筆者らの91年調査において，将来の事業戦略をたずねたヒアリングに対して明確な回答がなく，エクセルの経営者に意思決定の自律性はなく，営業上の系列関係は強いと判断された．食肉部門の事業統合についても，エクセル自身は基本的に子会社はもたず，食肉部門自体がカーギル（Cargill Meat Sector）を頂点として事業グループ化されている．

　カーギルは，1986年にフードサービス部門の企業（DPM）を買収して，食肉事業分野に参入し，ポーションコントロールカットミートの供給をはじめた．DPMは，数カ所の工場から全米に販売網をもつ．ここでは使用する原料の大半はエクセルから供給される．他方，生産部門でも子会社をもち（Caprock），91年時点で全米6カ所のフィードロットで30万頭を飼養し，全米2位の生産量をあげている．主として投資家（investor）から牛を預かって肥育するカスタムフィーディング（custom feeding）が行われている．しかし，この子会社からの肉牛の販売については，エクセルとの間での固定的な取引関係はなく，同じグループ企業間の取引でも市場にまかせたほうがよいと考えられている．

　このようにカーギルでは，早い時期に，所有統合によって家畜生産段階からフードサービス部門までの垂直的な企業統合が行われているが，その目的についてみれば，それは必ずしも原料や製品の取引をグループ企業で内部化することに見出されているわけではないといえる．目的としては，多面的な事業分野をもつことによってカーギル全体として事業上のリスクヘッジが確保されていればよく，また有望な市場を見出すために各事業分野がアンテナ機能を果たすこととに重きがおかれているようにみられる．

　なお，カナダのHigh Riverプラントは，ダブルシフトで1日当たりと畜能力1,900頭であり，ボクスドビーフの製造を行い，製品の8割をカナダに，10～12％をアメリカに，5～7％を日本，香港，韓国に輸出している．メキ

表 3-13　牛肉パッカー上位3社にみる親会社との関係と垂直的事業統合の性格

		コナグラ	IBP	カーギル
親会社		コナグラ	オキシデンタル	カーギル
牛肉パッカー		モンフォート	IBP	エクセル
買取目的		牛肉事業への参入	資本投資機会	牛肉事業への参入
意思決定		分権的	自律的	集権的
食肉部門の垂直的統合主体		モンフォート	IBP	カーギル(ミートセクター)
垂直的統合部門		フィードロット フードサービス (リテイル・カット，牛肉調整品・加工品製造) 食品卸	フードサービス (食肉調整品製造)	フィードロット フードサービス (リテイル・カット，調整品・加工品製造)
統合部門間の取引	家畜肥育 F・S	一部内部化(先渡し取引) 一部内部化	— 一部内部化	一般出荷 ?
統合目的	家畜生産 F・S	原料供給(フィードロット出身) 付加価値増大	— 収益機会の拡大	事業機会の拡大 (収益機会の拡大，事業リスクの分散)

出所：調査結果をもとに作成.

シコのプラントは，牛肉，鶏肉，くず肉の製造を行っており，エクセルが購入し，Cargill Food S. A. が操業している（以上，新山，1996a）．

　以上のように，意思決定を通してみた親会社と牛肉パッカーとの企業間の結合関係は企業グループによって相当異なる（表3-13にまとめた）．しかし，食肉部門の事業統合については，商標の利用，技術の獲得はめざされるものの，モンフォートのような川上から川下までの内部取引化をめざすことは例外的であり，必ずしも物流の結合（内部取引化）を目的とするものではない．系列企業間においても取引関係は市場にゆだねられることの方が多いといえる．事業統合の性格については，統計をもとにして，次節でより一般的な状況について検討することにする．

第7節　パッカーの集中と垂直的調整システム

　牛肉パッカーのコングロマリット化が，牛肉供給システムにどのような影響を与えるか．牛肉部門についてみたとき，企業統合は60年代以降，買収によって水平的にのみ進んだ（同一生産段階の規模の拡大）．垂直的には60年代から70年代にかけて，それまでは独立に営まれていたと畜解体と部分肉製造，製品卸の業務が総合されたが，それは企業統合によってなされたわけではない．1つの工場のなかに総合化された新しい製造ラインをもつ新たなパッカーが登場したのであった．これに対して90年代に入って，フードサービス部門に企業統合がおよびはじめた．また生鮮食品の異分野への総合的統合が，牛，豚，鶏，シーフードへと進んでいる．

　しかし，生鮮牛肉供給の川上と川下についてみると統合は進んでいない．川下については，小売段階，H.R.Iともにパッカーによる企業統合はまったくおよんでいない．問題となるのは川上の家畜生産段階であるが，すでに上位3社についてみたようにフィードロットを所有する企業はあるものの，そこからの供給比率はわずかである．パッカーと川上，川下との関係は，主としてスポット取引であり，ついで契約である．したがって，牛肉のフードシステムの垂直的な調整システムをとらえるには，スポット取引と契約の仕組みを明らかにする必要がある．これを以下検討する．まず極高位集中下での取引形態の全体像を明らかにすることからはじめたい．

1. 公正な取引行為と競争的市場確保のための規制

　過去にもターミナルマーケットを基点にした大手パッカーの寡占体制が形成され，1920年頃にピークを示したことは先にのべた．この時期のパッカー間の反競争的活動に関する懸念から，1921年に the Packers and Stockyards Act が制定され，パブリックマーケット（ターミナルマーケットおよびオークションマーケット）における家畜取引，そして食肉パッカーおよび

生鶏商人の営業活動の規制に関する権限が農務長官および農務省に与えられることとなった．この法の執行に寄与するために，公正な取引行為と競争的な市場を確保することを目的として，Packers and Stockyards Programsと，the Grain Inspection, Packers and Stockyards Administration (GIPSA) が設けられている (GIPSA, 1997a)．他方，周知のように，経済活動全般において競争を守るために，反トラスト法 (1890年制定のシャーマン法と1914年制定のクレイトン法をさす) がある．

牛肉パッカーの集中度が驚異的に高まった1990年代に入り，GIPSAは，集中の影響に関する調査を繰り返し行うようになっているが，反トラスト局も事態がきわめて深刻なものとみて，その内部に農業に関する特別カウンシルを創設し，検討に乗り出してきている．the Packers and Stockyards Actと反トラスト法，そして農務省およびGIPSAと反トラスト局とは，市場における競争の確保のために，相互補完的な関係にある．情報の交換と協議が行われている (Douglas, 三石訳, 2000)．しかし，結論的にいって現在のところ競争が制限されていると判断されるだけの証拠は検出されていない．それを以下に検討する．

1920年代の寡占期に談合による肉牛の買い取り量や市場価格の操作などが大きな問題になった (吉田, 1982) のとは異なり，現在のところ寡占企業間の肉牛の調達と牛肉の販売をめぐる競争はきわめて激しい．強い関心がもたれているのはパッカーの肉牛購買行動である．そこでGIPSAは，いわば競争的行動のなかでの価格と価格決定の過程への，集中とインテグレーションの影響に調査を集中している．しかし，そこでまず問題になるのは高集中は紛れもない事実であるが，果たしてインテグレーションが進んでいるかどうかである．結論的にのべれば，大量調査によってみても牛肉においては垂直統合の比率は長期にわたってきわめて低く，問題とされるのは，captive supplyとよばれる出荷の2週間以上前から家畜を確保するために結ばれる取引契約であり，その価格への影響が論点となっている．

2. 肉牛および牛肉の取引形態：垂直統合，契約，スポット

　この項は，GIPSA の 1992-93 年調査をもとにした7つのプロジェクトからなる報告書（GIPSA, 1996），GIPSA 定期報告（GIPSA, 1997b, 1999），AMI のファンドによる 2000 年4月のパッカー上位15社への調査結果（Hayenga et al., 2000, Section 7）をもとにとりまとめる[8]。

(1) 肉牛の調達形態：調査結果にみる

　GIPSA の定期報告からは，フィードロットとパッカー間の取引形態は長期にわたって変化していないことが確かめられる（表3-14）。とりわけ，パッカー肥育牛（packer-fed cattle）はわずかな比率にすぎない。パッカー肥育牛は，パッカーが肉牛を所有し，自らのフィードロットかまたは肉牛肥育業者によって肥育されたものをさすが，1988-1997 年の間 3〜4％ 台である。1950 年代半ばの GIPSA のデータでも，総と畜頭数の 4〜7％ であった（Hayenga et al., 2000, Section 3）。先渡し契約（forward contracts）および販売協定（marketing agreements）の比率は，88-97 年の間に平均 15.5％ であった。そして残りの約8割がスポット（直）取引（cash market purchase

表 3-14 パッカー肥育と先渡し契約および販売協定によって譲受した肉牛の比率（a, b は去勢および未経産雌，c は肉牛全体）

	パッカー肥育肉牛(a)		先渡し契約・販売協定(b)		カーカスベースの取引(c)	
	上位4社	上位15社	上位4社	上位15社	上位4社	上位20社
1988	4.7	5.0	15.8	14.3	44.9	39.4
1989	5.6	5.2	19.3	17.2	45.5	39.5
1990	5.1	5.0	15.1	13.9	47.1	41.1
1991	4.7	4.5	14.0	12.7	38.9	35.0
1992	4.1	4.1	16.7	15.3	40.1	37.3
1993	3.8	4.1	13.7	13.3	D	39.8
1994	3.9	4.0	17.0	16.5	D	45.5
1995	3.2	3.3	18.1	17.8	D	47.2
1996	3.4	3.3	19.1	18.8	47.3	47.6
1997	3.8	2.8	16.0	14.9	47.6	49.2

注：D は，表示保留。
出所：GIPSA, *Packers and Stockyards Statistical Report 1997 Reporting Year, 1995 Reporting Year*. 1999, 1997 より作成。

とされる）である．スポット取引のなかでは，かつて主流であった生体ベースでの取引よりも，カーカスベースでの取引が増加してきており，同期間の間に3割台から5割近くを占めるようになった．

1992-93年GIPSA調査（Chapter 2）はやや時期が遡るが，購買方法と価格形成方法とを対応させたうえで，その利用比率がわかるようになっている点で貴重である．結果は表3-15に示したとおりである．

スポット取引（spot market）が82.3%と圧倒的多数を占める．販売協定は8%，先渡し取引は7%，パッカー肥育および所有は2.7%である．定期調査に比べてパッカー肥育の比率がやや少なく，その分スポット取引の比率がやや高いが，販売協定と先渡し取引の比率はほぼ同じであり，全体に定期調査の結果と一致しているので，信頼性は高いといえる．

価格形成方法は，全体では生体重量ベース（のネゴシエイション）が，45.6%を占め，カーカス重量ベース（のネゴシエイション）が37.6%，フォーミュラプライシング（次節で説明）が16.7%を占める．

取引形態と価格形成方法をあわせてみた場合，全体に占める比率の大きい

表3-15 肉牛の調達方法と価格形成方法（1992.4.5～1993.4.5）

（単位：％，ロット）

価格形成方法	調達方法				合計
	先渡し取引 Forward contract	パッカー肥育・所有 Packer fed/owned	販売協定 Marketing agreement	直取引 Spot market	
カーカス重量 Carcass weight	5.1	1.2	0.6	30.6 (a:36)	37.6
フォーミュラ Formula	1.5 (d:20)	0.4	7.3	7.6	16.7
生体重量 Live weight	0.4	1.1	0.1	44.1 (b:29)	45.6
合計	7.0	2.7 (e 5)	8.0 (c:3)	82.3	200,616 100.0

注：(a)(b)(c)(d)の数値は，2000年調査（表3-16）の該当する数値を対応させたものである．
出所：GIPSA, *Concentration in the Red Meat Packing Industry*. 1996. Table 5 より作成．

のは圧倒的に，スポット取引・生体重量（44.1%），スポット取引・カーカスウエイト（30.6%）である．以下，スポット取引・フォーミュラ（7.6%），販売協定・フォーミュラ（7.3%），先渡し取引・カーカスウエイト（5.1%），先渡し取引・フォーミュラ（1.5%）となっている．パッカー肥育・カーカスウエイト（1.2%），同・生体重量（1.1%）はごく少ない．

2000年調査（Hayenga et al., 2000, Section 7）では，購買方法がより詳細に調査されている（表3-16）．しかし，この調査の肉牛の部分は，契約や協定の種別・区分がUSDA定期報告や92-93年調査，2000年調査報告の他の章と必ずしも対応しないし，取引形態と価格形成方法が混在して用いられておりきわめて理解しにくい．USDA定期報告と2000年調査では比率の数値にかなりの差があるが，種別・区分設定に原因があるとも考えられる．肉牛についてはそれぞれの契約や協定の内容を知るだけの記述がないので，再整理するための情報にも欠けるが，可能な限り筆者の解釈を加えて整理して記述する．

① 「パッカー肥育肉牛」は5%の比率であり，定期調査とほぼ一致する．
② 「肉牛肥育者とリスクおよび利益を分担する販売契約協定」にもとづ

表3-16　多様な方法による家畜調達の比率（1999年）

購買方法	割合
現金取引市場購買(Cash market purchases)	65
生体重量ベース(live weight basis)	(29)
カーカス重量・グリッドベース(carcass-weight or grid basis)	(36)
フォーミュラプライス契約購買(Formula-priced contract purchases)：先渡し取引*	20
生体現金市場(live cash market)情報，枝肉価格情報，平均プラントコスト，CME肉牛先物価格，ボクスドビーフ・小売牛肉の見積価格にもとづく	
短期固定価格，CME先物を基礎にしたベーシス契約購買　　　　　　　：先渡し取引*	4
リスクシェア契約購買	3
パッカー肥育肉牛	5
その他の購買	4

注：＊は筆者による補足．原著では，生体重量ベースとカーカス重量・グリッドベースの数値が逆に記載されているが，本文の複数の記述にもとづき訂正した．
出所：Hayenga et al., *Meat Packer Vertical Integration And Contract Linkages in the Beef and Pork Industries: An Economic Perspective.* May 22, 2000.
http://www.meatami.org/indupg02.htm, p 80 Table 1 を転載．

いた購買が3%を占める．

③ 「短期固定価格およびCME（Chicago Mercantile Exchangeシカゴ商品取引所）の肉牛先物を基礎にしたベーシス契約購買」が4%ある．これは短期の契約協定とされ，配送は典型的には数カ月後に行われる．

④ 「長期（14日以上）のフォーミュラプライシングによる契約購買」が20%を占める．フォーミュラの基準としてあげられているのは，USDAの肉牛生体価格および牛肉卸売価格情報，またはCME肉牛先物価格，プラントの平均コスト，見積もられたボクスドビーフおよび小売牛肉価格である．

⑤ 以上を除いた「スポット取引（現金市場購買）」の比率は65%である．スポット取引のなかでは，生体重量ベースよりもカーカス重量ベースおよびグリッドベースの取引の比率が高く，後者が全体の36%を占める．カーカス重量ベースとはカーカス重量に応じた価格であり，グリッドベースとは，USDAの牛肉格づけ等級にもとづいた牛肉の等級を反映させた価格である．

(2) 調査結果の比較と取引形態の整理

スポット取引の比率は，2000年調査ではGIPSA定期報告よりもかなり小さい．パブリックマーケットでの取引を含むかどうかの違いかもしれない（同経由率は1997年に14.5%）．あるいは，スポット取引とフォーミュラを利用した契約購買とのそれぞれの範囲に関する解釈の違いおよびそれに起因する選択項目の説明内容の違いがあったものと考えられる．2000年調査報告の要約部分の記述によれば，このスポット取引はネゴシエイションによって価格形成がされているものをさす．したがって，92-93年調査の表3-15に対応させれば，カーカス重量ベースの36%がセルの(a)に，生体重量ベースの29%がセル(b)に対応する．カーカス重量ベースの取引が大きく増えていることになる．

先渡し取引についてみれば，2000年調査にはこの選択肢が用意されていない．しかし2000年調査の③(先物のベーシス契約) と④(14日以上のフォーミュラプライシング契約) はいずれも取引形態ではなく価格形成システムをさすものであり，これらの価格形成システムが用いられる取引は先渡し契

約取引である．したがって2000年調査では，先渡し契約取引が③と④をあわせた24%あるということになる．92-93年調査に対応させれば，④(20%)が表3-15のセル(d)に対応する．フォーミュラを利用した先渡し取引がきわめて増大していることになる．逆に②(リスクシェア契約の販売協定)が92-93年調査の表3-15のセル(c)に対応するとすれば，減少していることになる．したがって，2000年調査の先渡し取引の比率は，増大を見込んだとしても，GIPSA定期報告に比べると大きすぎるものになっている．利用する時には注意を要する．

垂直統合の定義は，これら調査報告ではきわめて明確であり，1人の人間または事業（組織）が2つの隣接するステージを所有している場合と限定されている．したがって，肉牛生産者とパッカーとの間の垂直統合の比率は，パッカー肥育肉牛の5%の内数であり，きわめて小さいといえる．パッカー肥育は，パッカー自身がフィードロットをもつか，あるいはパッカーの所有する肉牛をフィードロットに預けて生産する場合（カスタムフィーディング）であると説明されている．カスタムフィーディングは，日本でいう預託生産契約に該当する．

パッカー肥育は，多くは家畜生産者が牛肉パッカー（あるいはと畜プラント）を購入した結果だとされる（Hayenga et al., 2000）．本章の前節でとりあげた第3位の牛肉パッカーであるモンフォートはもともとコロラド州の家畜生産者であり，と畜プラントの操業に乗り出した例である．同報告書では，さらにNational Beef PackingとHarris Ranchの例があげられている．National Beef Packingはカンザス州に2つのプラントをもつ第4位の牛肉パッカーであるが，農民の所有する協同組合であるFarmlandと，主として子牛繁殖経営と肉牛肥育者によって構成された非公開の協同組合であるU.S. Premium Beefとの合弁である．Harris Ranchはカリフォルニア州出身の肉牛生産者であり，牛肉と畜プラントを1つ所有している（以上，Hayenga et al., 2000）．

カスタムフィーディング契約を行うフィードロットは，フィードロット経

営者が自ら所有する牛の肥育も行うが，投資家やパッカーの所有する牛の肥育を行う．施設と労働の有効利用，規模の経済性の達成，低リスクでの収入の確保が目的であるという（Hayenga et al., 2000 による．原典は Schroeder and Blair, 1989）．

垂直統合に該当するのは，パッカー自身がフィードロットをもつ場合であろう．ただしその場合も，前節にみたように，モンフォートでも全量が自社と畜プラントに出荷されるわけではない．また，カーギルもフィードロットを経営する子会社をもつが，91 年時点では一般投資家からのカスタムフィーディングが目的であり，と畜会社への原料供給に主眼はなかった．

GIPSA はまた captive supply（拘束的供給，または前もって確保された供給）という概念を用いて，生産段階にある家畜に対するパッカーの拘束性をとらえようとしているが，この拘束の概念もきわめて幅が広いので注意が必要である．captive supply は，パッカー肥育，先渡し契約，販売協定を含み，契約から出荷までの拘束期間を 14 日以上とされている（GIPSA, 1996）．すなわちスポット取引以外をすべて含むもの（非現金市場取引）として定義されているのである．あるいは GIPSA が用いる「長期契約」の用語もそうであり，家畜が 14 日以上パッカーに拘束される場合をさすので，決して 1 年からそれ以上の期間にわたる拘束をさすのではない．1 年以上の拘束を長期としたとき，それに該当するのは，販売契約のごく一部と生産契約のみであると考えられる．

(3) パッカーの集中と Captive Supply が肉牛価格におよぼす影響

パッカーの集中が肉牛取引価格に与える影響については，GIPSA(1996)（Chapter 4）で分析されているが，どのようなモデルも市場支配力についての適切な分析結果を導き出すことができなかった．

プラントの規模と captive supply の使用に対する関係はみいだされなかった．しかし，プラントの稼働率の上昇と captive supply の利用には正の関係があることが明らかにされ，captive supply がプラントの稼働率の引き上げに用いられる傾向が裏付けられた（Chapter 3）．プラントの規模が肉牛

価格におよぼす影響については，地域によって異なるが，全国平均では大きなプラントがより高い価額を支払っていることがみいだされた．しかし，コロラド，カンザス，ネブラスカ，テキサスのフィードロットとプラントの集中している地域では目立った相関がない（Chapter 2）．

captive supply の使用は，季節的なものであり，春の終わりと夏の初め頃に多いことも明らかにされている（Chapter 3）．

captive supply の肉牛の取引価格に与える影響については，つぎのような結果がだされている．

第1に，同上（Chapter 3）では，先渡し取引，販売協定ともに，スッポト取引価格にマイナスの影響を与える（それぞれの購入が増えると，パッカーがスポット取引で肉牛に対して支払う価格が 100 ポンド当たり数セントずつ下がる）が，その影響は非常に小さいことが明らかにされた．

第2に，同上（Chapter 2，Chapter 3）では，先渡し取引の肉牛価格はスポット取引価格よりも安く（\$1.74/cwt），逆に販売協定の肉牛価格は高い（\$2.28/cwt）ことがわかった．パッカー肥育の肉牛価格はスポット取引価格と変わらなかった．このように，3つの取引形態が captive supply としてひとまとめにされているが，そこで形成される価格水準は異なることが明らかにされている．先渡し取引の価格が安いのは，生産者の価格リスクを軽減しているからであると判断されている．

なおあわせて，第3に，肉牛の価格差を規定する要因は，こうした取引形態以上に，肉牛の重量，品質等級，歩留まり等級などの品質特性によることが明らかにされた．牛肉の品質差を重視する日本では自明のことであるが，アメリカではこれまでフィードロットのロット毎にまとめて売買するのが普通であり，グリッドベースといわれる等級別の値決めが導入されるようになったのは最近である．

(4) 牛肉の取引形態：2000 年調査

パッカーの牛肉の販売先は表 3-17 に示したとおりである．食肉小売店が30%，フードサービスへ9%，国内加工業者への販売が19%，輸出が10%，

表 3-17　1999 年における牛肉販売（量・重量）

販　売　先	比率
食品小売店（非ブランド商品販売）	28
食品小売店（ブランド付加価値製品）	2
フードサービス（非ブランド商品販売）	8
フードサービス（ブランド付加価値製品）	1
国内加工業者への販売	19
輸出（非ブランド商品販売）	9
輸出（ブランド付加価値製品）	1
卸売業者またはブローカー	22
その他	11

出所：Hayenga，表 3-16 に同じ．p 82 Table 4 を転載．

表 3-18　1999 年における牛肉販売方法（量・重量平均）

販売方法比率	比率
現金取引市場販売（21 日以内の出荷をともなう）	70
先渡し固定価格契約（21 日以後の出荷のための）	9
先渡しフォーミュラ価格契約（現時点現金取引市場から離れた）	8
現金取引市場にもとづかない長期協定	3
パッカー設定価格および指示	7
パッカー指し値	3

出所：表 3-16 に同じ．p 82 Table 5 を転載．

卸売業者またはブローカーが 22％ となっている．

つぎに販売方法（表 3-18）であるが，ここでも取引形態と価格形成システムが混同されたままならべられているのでわかりにくい．まず，スポット取引の比率が高く 7 割を占める．ついで，先渡し取引が 17％ を占める．うち，固定価格契約と，現金取引市場から離れたフォーミュラ価格契約とがほぼ半分ずつである．その他，現金取引市場にもとづかない長期協定が 3％ である．パッカー設定価格および指示が 7％，パッカー指し値が 3％ である．

3．集中と業務総合化による価格形成システムの変化

以上のように，パッカーと川上，川下の間において長期固定的な拘束関係の比重は依然としてきわめて小さい．したがって両者との間の垂直的関係に

おいて重要な問題となるのは，圧倒的な比重を占めるスポット取引とフォーミュラプライシングを用いた先渡し取引などのごく短期の契約における価格形成をめぐる交渉関係であり，その基礎となる価格形成システムである．

(1) 価格形成システムの原型

アメリカの食肉の価格形成（pricing）については，McCoy and Sarhan (1988) は，肉牛の取引はオークション・ターミナルマーケット，パッカーとの直接取引などで，食肉の卸売り段階における価格形成は，基本的にフォーミュラ（formula）かネゴシエイション（negotiation）のいずれかで行われているとのべている．提示価格はネゴシエイションのひとつの変形として取り扱われている．

この場合のフォーミュラによる取引（formula-priced transactions）は，納期，品質，量などの取引条件を約定し，価格は出荷日前の特定期日において，市場情報サービスなどによって公表される基準価格（a base price）をもとに，定められた公式（formula）によって決定されるものと説明されている．また，ネゴシエイションによる取引においても，公表価格が売買価格へ到達するための調整の基礎（the base）になるという．

つまりここでは，日本風にいえば，公表される市場価格情報が建値の機能を果たしているということである．このような需給会合価格の発見とその公表価格（オークションやターミナルマーケットなどの集合的取引により発見された平均価格であるにせよ，公的機関や会社が取引双方から取引データを収集して算出する平均価格にせよ）を基礎にした値決めは市場構造が原子的状態にあるときの固有の価格形成システムである．

そして，市場価格情報が市場において建値機能を果たしている状態は，市場の公正性と透明性を確保するための重要な条件とされている．ネゴシエイションとフォーミュラプライシングの価格形成システムとしての成果をめぐる議論が，70年代から80年代にかけて盛んに行われたが，フォーミュラプライシングは，価格形成にかかわるコストを削減するという評価とともに，その増大は価格発見が行われるスポット取引（spot contract）を縮小するこ

とによって市場価格情報を機能させなくなるという否定的意見もみられ，両者の間に論争があった（詳しくは McCoy and Sarhan, 1988).

実際，筆者らがパッカー上位3社に対して行った1991年のヒアリング調査結果では，すでに McCoy and Sarhan（1988）ののべた価格形成システムの状態とは異なっており，とりわけ市場価格情報において公表された価格が取引の基準価格として用いられることがなくなり建値機能は急速に失われてきていることがみいだされた．しかし，その原因は論争においてのべられたフォーミュラプライシングの普及によるスポット取引の減少ではなく，牛肉流通形態の変化（パッカーの業務の総合化）とパッカーの集中の高まりが価格形成システムを変質させてきていることにあったと考えられる．

(2) 市場価格情報の変質

まず，市場価格情報そのものの性格とその提供形態が大きく変化した．

アメリカでは，すでにみたように，ターミナルマーケット，オークションで売買される肉牛の比率は著しく低下しているものの，ここで形成された価格は USDA 価格情報サービス（National Carlot Meat Report；通称ブルーシート）によって，生体市場価格として公表されている．

他方，と畜後の牛肉の売買に関しては，せり取引ないし卸売市場取引はなく，また枝肉での売買も先にみたように規格外品，低級牛肉など特殊なものを除いて行われなくなった．

そのため，ブルーシートにおいてもカーカス価格情報は1990年秋に廃止され，現在は，カーカス相当価格をボクスドビーフ価格から再構成したカットアウトバリュー "estimated composite of boxed beef cut-out valuers" と，生体価格から導出したインデックスバリュー "carcass price equivalent index value" とが公表されている．この他にも National Provisionere, inc. によって公表されるイエローシート（Daily Market and News Service），グリーンシート（Hotel・restaurant・institution Meat Price Report）という価格情報がある．

(3) 取引形態と価格形成システムの区分

競争状態のなかでの価格形成のシステムは，取引される商品形態と契約形態によって異なっている．上位3社の91年のヒアリング結果を表3-19に示した．

フィードロットとパッカーの間では肉牛の生体が売買されるが，ヒアリングでは値決めは主として生体ベースで，一部カーカスベースで行われていた．パッカーと小売業者および業務需要者，卸売業者・加工業者との間では主としてボクスドビーフが売買され，取引はフルセットかもしくは部位別単品で行われていた．

取引の契約形態は，主にスポット取引と先渡し取引との2通りであった．価格形成システムは，ネゴシエイションとフォーミュラプライシングが用いられていたが，ボクスドビーフのフルセットでは，寡占企業に固有の価格設定行動とされるフルコストに近い価格設定方式が採用されるようになったことをみいだせた．

(4) 肉牛の購買と価格形成システム

肉牛の売買は主として生体ベースのスポット取引で行われていた．この場合の値決めの方法はすべてネゴシエイションである．バイヤーがネゴシエイションに際して何を参考要素としているかを表3-19にまとめた．

A社では，相当詳細に参考要素が明確化されている．参考要素にもちいられているのは，品種，体重，月齢，格づけ等級（予想），農家の経歴，USDAの肉牛生体価格情報，CMEの肉牛生体先物価格相場，枝肉相場である．B社では，判断要素は自社の昨日の価格である．C社では，自社のボクスドビーフのカットアウトバリューから公式によって算出した内部的な取引基準価格であり，それを毎週始めにバイヤーに指示している．

ネゴシエイションの参考要素は三者三様であるが，この結果からみると，マーケットプライスがネゴシエイションの基準となっているとはいいがたい．A社のみがUSDAの肉牛生体価格情報とCMEの肉牛生体先物相場を参考要素にしているが，それも多数の要素の1つにすぎない．

表 3-19 アメリカの牛肉の価格形成システム（1991 年上位 3 社調査）

(イ) 牛肉の取引と価格形成の方法

商品形態	契約形態	スポット取引	先渡し取引
肉牛	生体ベース	ネゴシエイション①	フォーミュラ③
	枝肉ベース	ネゴシエイション②	—
ボクスドビーフ	フルセット	フォーミュラ④	フォーミュラ④
	単品	ネゴシエイション⑤	—

(ロ) 肉牛の取引と価格形成

商品・契約形態	肉牛（生体ベース）①スポット			肉牛（枝肉ベース）②スポット
会社	パッカーA	パッカーB	パッカーC	パッカーA
交渉の方法	下記要素をもとにバイヤーの判断で交渉（チーフバイヤーが指示）	バイヤーの判断で交渉	下記の取引基準価格を作成し, バイヤーに指示	
参考要素	品種, 体重, 月齢, 格付等級（予想）農家の経歴 USDA 肉牛生体価格情報 CME 肉牛生体先物相場 枝肉相場	昨日の自社価格	基準価格を, boxedbeef カットアウトバリューから公式によって算出（週初めに決定）	品質 格付等級 販売価格の動向

商品・契約形態	肉牛（生体ベース）③先渡し	
会社	パッカーB	パッカーC
基準価格	CME 肉牛生体先物価格	CME 肉牛生体先物価格
価格設定方式	定額のベーシスを設定	先物価格に対して 100 ポンド当たり定額のベーシスを設定

(ハ) 牛肉の取引と価格形成

商品・契約形態	boxed beef フルセット④スポット・先渡し			boxed beef 単品⑤スポット		
会社	パッカーA	パッカーB	パッカーC	パッカーA	B	C
基準価格	自社の公表するカーカスベーシスプライス（USDA 生体価格情報をもとに算出）	—	—	—	—	—
価格設定方式	カーカスベーシスプライス＋加工費－副生物価格	生体価格をもとに設定（自社購入実勢＋CME 生体先物相場）	生体価格をもとに設定	プライスリストにもとづくネゴシエイション	同左	同左
参考要素				自社前日相場にもとづくプライスリストの作成 他に参考要素なし	同左	同左

出所：調査結果をもとに作成.

第3章　競争的寡占下の牛肉フードシステム（アメリカ）　　103

　先渡し取引を実施しているのはB社とC社である．B社，C社とも取引量の一部であり，CMEの肉牛生体先物相場を基準価格として設定しておく方法がとられる．

　C社は，先渡し取引契約を結ぶ場合，フラットプライス（flat price）とベーシスプライス（basis price）の2つの選択肢を用意している．フラットプライスは，取引価格を契約時点における出荷月（2カ月先）のCME肉牛先物市場相場で固定しておく方法であり，100ポンド当たり1ドルのベーシス（現物価格との差額）が設定され，先物相場から1ドルをマイナスした価格で取引される．ベーシスプライスは，現在価格で固定しない方法であり，契約日から最終取引日までの間いつでも指示した日の先物相場で価格を決めることができる（ベーシスは同じく1ドル）．そして，要求事項として，格付け等級Choice以上が7割，歩留まりが63％以上，歩留まり規格が3以上が95％，カーカス重量が去勢および未経産雌で550～900ポンドであることがあげられている．

　なお，IBPはカクタスフィーダーズなどとフォーミュラプライシングを利用した販売協定を結んでいるが，これについては聞き取りできていない．

(5) 牛肉の販売と価格形成

　ボクスドビーフの売買では，単品販売の場合には価格形成はネゴシエイションで行われるのに対して，フルセット販売の場合は先渡し取引であり価格形成は各社それぞれの方式でフォーミュラ化されている．しかしフルセット販売では，コスト積み上げ（cost plus price）へ転換がはかられている．

　フルセット販売は，IBPが「キャトルパック」（Cattle Pack）の商標で始め，この比率が高まるにつれて（IBPの販売するボクスドビーフの3～4割を占めるといわれる），他社もこれに追随し，エクセルが「マーケットスタイルプログラム」，モンフォートが「データパック」（Data Pack：同社が買収したスイフトが使用していた商標）の商標で行っている．モンフォートの場合は1割程度の比率である．

　IBPでは，1990年8月まではイエローシート，ブルーシートに公表され

るカーカス価格の平均値をとってこれをフォーミュラの基準価格として利用していた．しかし，USDA がカーカス価格の公表をやめたため，独自のプライベートな基準価格を公表することになった．先にのべた USDA 公表のカーカスカットアウトバリュー，インデックスバリューともに利用はされていない．独自の基準価格は「IBP カーカスベーシスプライス」とよばれ，毎日公表されている．それは，USDA 公表の部分肉価格からではなく，生体価格をもとにして計算されることが特徴である（USDA 肉牛生体価格情報をもとにして算定）．生体価格を枝肉歩留で割り，等級を加味し，枝肉重量当たりのと畜料金を加えて副生物価格を差し引くものであり，計算式が公表されている．この価額は毎日の肉牛生体価格に応じて日々変動する．ボクスドビーフのフルセット価格のフォーミュラは，これに加工費を加え副生物価額を差し引いて設定されている[9]．

このように独自の基準価格を，しかも原料となる肉牛生体価格からコスト積み上げで公表できる力が示されたことは食肉産業界に大きな衝撃を与え，この現象は"IBP プライシングショック"とよばれた．

これに対して他社の場合も同じように，以前は USDA の公表するカーカス価格をフォーミュラの基準としていたが，USDA がカーカス価格の公表をやめたときに，IBP にならって，肉牛生体価格をもとにしてフルセット価格を設定するようになった．しかし，まだ独自の基準価格を公表してそれをフォーミュラの基準とするまでにはいたらない．また基礎にする肉牛生体価格は，自社の取引実績であったり，CME の肉牛生体先物相場であったりする．この状態では価格形成のタイプはフォーミュラよりもプライスリストの提示に近いとみたほうがよいといえよう．

以上に対して，ボクスドビーフ単品販売の場合は，公立病院，軍隊など公共機関へ供給される場合にフォーミュラが利用されるのを除き，一般にはネゴシエイションによって価格発見が行われる．ネゴシエイションに際しては，パッカー各社が自社の前日相場にもとづいて作成する各品目のプライスリストが提示される．このとき他に参考要素とされるのは，売買双方の前日の取

引実績と交渉過程で得られる相場感のみである．したがって，ボクスドビーフ単品販売においても，売買双方ともブルーシート，イエローシートなどのプライマルカットの価格情報を参考にすることはない．価格情報は，取引価格のレベルを事後的に検証する時のチェックに利用されるにとどまる．たとえば，企業規模の小さいレストランでは，不利な取引価格でなかったかどうかを，事後的に H.R.I. 向けのグリーンシートを利用して確かめている．

　以上のように，現在のアメリカの牛肉の価格形成においては，ネゴシエイションによる場合はもちろん，フォーミュラプライシングの場合も市場価格情報の基準価格（a bace price）としての機能は後退してきており，それにかわってパッカーのプライベートな基準価格が，あるいはプライスリストが提示される方向にあることがみいだせる．また，価格形成に利用される市場価格情報の種類は，肉牛生体価格と肉牛生体先物価格に限定されており，利用方法は肉牛生体とボクスドビーフフルセットの売買において参考要素としてあるいはプライベートな基準価格を算出するときの基礎として用いられるのに限られている．肉牛の先渡し取引では肉牛生体先物価格とのベーシスが用いられている．このように価格形成のシステムが現物市場価格情報から離れてきたのは，枝肉価格の公表がされなくなったことが直接のきっかけである．しかし，独自な基準価格やプライスリストを提示するようになったのは，明らかに各社の取引シェアが大きくなったことを背景にしているといえる．とりわけ IBP のコスト積み上げ（cost plus pricing）による独自の基準価格の形成は，寡占企業に固有の価格設定行動にあたる[10]．原子的な市場に固有の価格形成システムから寡占的な市場のそれへと変化していることを意味する．

　なお，このようななかで，寡占的競争構造に固有の協調的価格形成システムへの移行の可能性であるが，トップを切って独自な基準価格を公表しはじめた IBP のカーカスベーシスプライスの水準に対する他社の追随の動きの有無が一つの焦点になると考えられる．しかし，現在のところ IBP の製品の品質は高く，相当のプレミアがついており，聞き取りでも IBP なみの価格で販売することはとてもできないとのべているのは正直なところではない

かと考えられる．当面は，各社独自の基準価格提示の試みが続くものと考えられる[11]．

第8節　牛肉消費の動向と規格・格付け，検査

1.　牛肉消費の動向

　アメリカの食肉消費の変化の特徴は，牛肉消費量の大巾な減少と鶏肉消費量の大幅な増加により，牛肉と鶏肉の消費量の順位が逆転したことである．

　牛肉の消費量は，図3-4に示したように，1975年の94.5ポンドをピークに減少に転じ，1980年代前半には横ばいであったものが，1986年以降再び低落傾向に入っている．1990年には，67.8ポンドとなり，1960年代はじめ頃の水準にまでもどってしまっている．これに対して，豚肉は1960年代以降まったく傾向的な変化がなく，60ポンド前後で安定した消費が続いてき

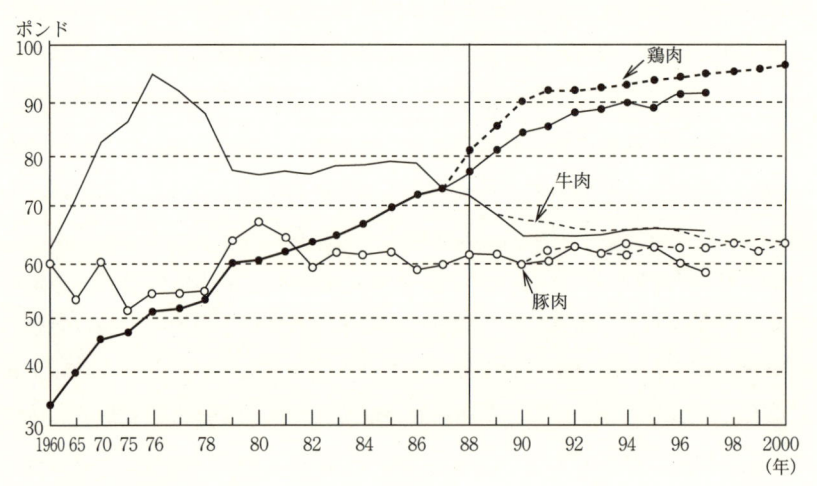

注：　数値は小売重量ベース．
出所：1988年までの数値はAMI, *Meat Facts 1990*．
　　　1989年以降は破線は推計値（Bill Helming, "Economic analysis of Low—fat Graund Beef Production"），実線は実数値（食肉通信社『2000数字でみる食肉産業』，原資料はUSDA）．

図3-4　牛肉，豚肉，鶏肉の1人当たりの消費量の変化

表 3-20 食肉・鶏肉価格の推移

(単位:ポンド当たりドル)

	1980 (年)	1981	1982	1983	1984	1985	1986	1987	1988	1989	牛肉=1とする指数	
											1980	1989
牛肉(Choice Grade)	2.34	2.35	2.38	2.34	2.36	2.29	2.27	2.38	2.50	2.66	1.00	1.00
サーロインステーキ	2.95	2.99	3.06	3.06	3.08	2.96	2.96	3.13	3.29	3.58	1.26	1.34
豚肉(Fresh Pork)	1.40	1.52	1.75	1.70	1.62	1.62	1.78	1.88	1.83	1.83	0.60	0.69
鶏肉(Whole Broilers)	0.72	0.74	0.72	0.73	0.81	0.76	0.84	0.78	0.85	0.93	0.31	0.35

出所:AMI, *Meat Facts 1990*.

たが,90年代から減少に転じたようにみうけられる.鶏肉は1982年に豚肉を抜き,1987年には牛肉をも抜いて消費量のトップにたち,90年代半ばまで増加を続けてきた.この結果,1997年の食肉消費量に占めるシェアは,鶏肉が40.7%,牛肉29.9%,豚肉21.8%の構成になっている.

以上のような牛肉消費の減少の理由としては,健康問題を背景に,脂肪分の少ない肉を求めるようになったことが大きいが,不況期の家庭の経済条件の悪化も鶏肉消費に向かわせたとみられている(吉田,1982).表3-20に示したようにアメリカでも確かに牛肉は他の食肉に比べて割高である.

健康問題は,またわずかであるが魚の消費が増えていることにもあらわれている.牛肉でも,脂肪分の少ない赤身肉(lean)が求められる傾向にあるといわれ,スーパーでもそうした表示が目立つ.この影響は製造段階での格付けの動向にもあらわれている.

2. 牛肉の規格と格付け

アメリカの格付規格基準は,1987年に改正されたものが現在使用されている.改正は基本的枠組みに変化をもたらしてはいない.規格基準は歩留規格(Yield Grade)と,品質規格(Quality Grade)の2種類である.

歩留規格は,外脂肪量,腎臓・骨盤・心臓脂肪量,ロース芯面積,枝肉重量から判定され,歩留りの高い順に1~5で表される.品質規格は脂肪交雑の度合(Degrees of Marbling)と成熟度(Maturity)によって,図3-5に示

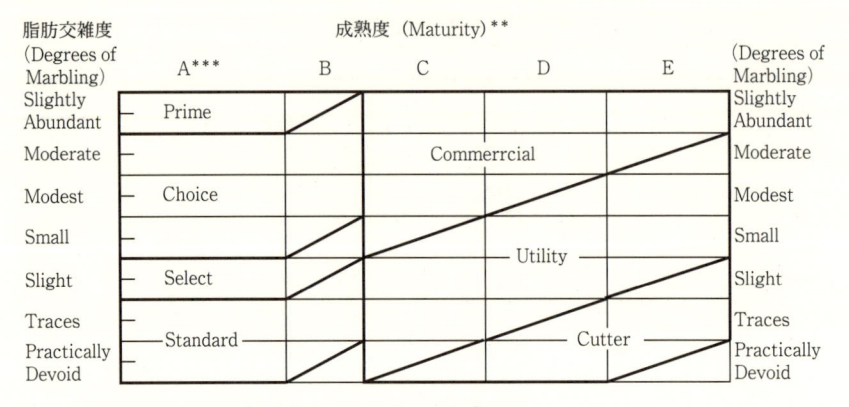

脂肪交雑度 (Degrees of Marbling)	成熟度 (Maturity)** A*** B C D E	(Degrees of Marbling)

図中の等級区分:
- Prime / Choice / Select / Standard
- Commerrcial / Utility / Cutter

脂肪交雑度(左右共通): Slightly Abundant / Moderate / Modest / Small / Slight / Traces / Practically Devoid

注： *赤身の締りは脂肪交雑の度合によって進むと想定される．
　　**成熟度は左から右へ（AからE）増大する．
　　***成熟度Aは，去勢牛のカーカスにのみ適用される．
出所：U.S.D.A marketing service, *official united tates states Standards for grades of carcass beef.*

図3-5　カーカスの品質等級と脂肪交雑，成熟度の関係

したように8つの等級に区分されている．成熟度は軟骨の硬化具合等により判断され，A，Bには比較的月齢の若い個体が該当する[12]．

　1987年の改正では，それ以前の「Good」の規格が「Select」に名称変更されたことと，脂肪混合の度合のmoderately abundant と slightly abundant の区分がなくなり，slightly abundant にまとめられたことである．89年改正では，格付けにあたって品質規格か歩留り規格のどちらか，あるいは両方を選択できるようになった．赤味肉志向に対応して，チョイスの枠を広げようとする動きがあったが，これは実現しなかった．赤味肉志向の影響は，つぎのような規格別格付比率の変化にあらわれている．

　品質規格では，表3-21のように，格付けされている枝肉については大半がチョイスである．1980年代にはいってプライムの比率が減少し，規格改正以降はより脂肪交雑の少ないセレクトがわずかではあるが増加している．アメリカでの格付けは，格付員の駐在する工場でも枝肉のすべてを格付けするわけではなく，パッカーの希望によって，ボクスドビーフとして商品性の

表 3-21　牛肉の格付状況の変化

		1979	1981	1984	1986	1988	1990	1992
品質規格	プライム	3.4	2.8	1.6	1.7	1.6	1.1	1.2
	チョイス	50.2	49.3	46.2	49.8	49.5	44.9	44.9
	グッド/セレクト	2.3	1.9	1.8	1.4	2.5	8.4	13.9
	非格付	43.6	45.4	50.1	47.0	46.3	45.4	39.8
歩留規格	1	1.0	1.0	1.7	2.1	1.9	5.1	6.8
	2	16.3	16.5	21.0	22.1	21.6	31.5	34.4
	3	33.1	31.2	24.6	26.0	26.8	30.0	31.2
	4	5.2	5.1	2.3	2.6	3.1	2.1	2.1
	5	0.7	0.7	0.2	0.2	0.3	0.2	0.2
	非格付	43.6	45.4	50.1	47.0	46.3	31.0	25.3

出所：1988年までは AMI, *Meat Facts 1990*，それ以降は堀口明・舟田信寿「米国の牛肉格付制度」『畜産の情報』畜産振興事業団，1994年8月（原資料は AMI, *Meat & Poultry Facts 1993*）．

あるチョイス以上を選択的に格付けするような方法をとることが多い．また，パッカー側が要望しない場合にはチェックしないものもある．したがって，上位等級からはずれるものとアンチェックのものとが，格付けされない枝肉（Ungraded）となり，これが大きな部分を占めている．

近年のセレクトの増加は赤身肉志向にともなって，従来格付けされていなかったもののなかからセレクトのレベルまで格付けがなされるようになったためといわれている．規格改正により，「普通」という語感の"Good"から「選択した」を意味する"Select"に規格名称が変わったこともその傾向をうながしたといえよう．しかし，需要動向には地域差があり，セレクトの選択の傾向は，中西部では強いが，東では弱いといわれている．

また，いずれにせよ格付けされるのは，ボクスドビーフにされるプライム，チョイスと一部セレクトまでであり，それ以下は価格に差もなく，すべてハンバーガー等の素材に使われるグランドビーフにされてしまう．かつては8段階すべての格付けが行われていたが，現在では8段階にもわたる規格を設ける意味が失われてしまったといえる．しかし，アメリカにおいてもやはり牛肉は豚肉，鶏肉に比べて細かい品質差が重視される食物であることに気づ

かされる.

　カッティングは，政府基準によって行われる場合と，パッカーの私的基準で行われる場合とがある．政府のカッティングとカット肉のアイテムを示しているのが Institutional Meat Purchase Specifications (IMPS) である．

　このカッティング標準は，1926年に船舶輸送のために，軍隊用の基準をもとにして，民間向けのテキストとして作成されたものである．現在，政府職員が直接チェックするのは，病院，政府機関，軍隊向けなどの特殊なもののみであり，1%程度といわれる．しかし，全国食肉パーベイヤー協会 (National Association of Meat Purveyors: NAMP) が"The Meat Buyers Guide"によって政府基準を普及している．政府のボクスドビーフのプライマルカットの価格情報も IMPS のアイテムにもとづいて公表されている．

3. 食肉検査とサーティフィケーション

　1995年までは，と畜行程で動物が健康であるかどうかのチェックと，工場・工程の衛生状態のチェックを行う，政府検査 (Federal Inspection) が，厚生省の食品衛生検査サービス (Food Safety Inspection Service: FSAS) によって行われていた (1989年の検査率は96.8%)．95年に後にのべる検査制度の改正が行われた．

　また衛生検査とは別に，格付け，サブプライマルカット，ポーションカットの重量，作業状況，梱包状態等のチェックを行う政府検査員がいる．

　大口需要者の希望により，チェックの結果と仕様への適合性を証明する受理証明 (Acceptance Certificate) を発行するサーティフィケーションが行われる (USDA Agricultural Marketing Service, 1987)．公的施設へ送られるものが検査されるほか，欠陥品が届いた時などに食肉の購入者の希望によりチェックが行われることがある．また，小売店舗でも，グレードをいつわって販売することは禁じられており，消費者や従業員の告発により政府検査員が検査に入ることがある．公法272にもとづき，指示通りに改善されなかった場合には，閉店が命じられ，訴訟にもちこまれることもあるという．公的

機関による厳しい監視体制が，食肉の流通過程にも設けられているといえる．

また，牛枝肉情報サービス（Beef Carcass Data Service）として生産者段階への情報提供のために，格付員に代わって政府検査員が，枝肉の性別，成熟度合，ロース芯面積，脂肪交雑度，枝肉重量などのデータを記入したオレンジのタッグを枝肉につけることになっている（USDA Agricultural Marketing Service, 1987）．

食肉検査制度の規則は，95年2月に食品安全検査局（FSIS）の提案によって改正され，翌年から実施された．新しい検査制度はHACCPのシステムをとりいれたものである[13]．HACCPシステムの効果を調べるために，食品安全検査局が一般大腸菌とサルモネラ菌の検出基準を定めている．一般大腸菌検査（と畜プラント自身が定期的に実施）は汚物による枝肉汚染の制御状態をチェックし，サルモネラ菌検査（食品安全検査局による抜打ち検査）は病原菌の削減効果をチェックする役割をもつ（以上は堀口・舟田，1996による）．また，パッカーなど企業がHACCPの計画を作成するときには，食品安全局の検査官は4日間をかけて企業の管理者と面談し，企業の認識を知り，それに対する提案を行うことになっている（Johnson, 1998）．

堀口・舟田（1996）によれば，1980年代に入って，従来の検査官の視覚や嗅覚にたよる食肉検査制度にかわる科学的な方法にもとづいた検査制度の検討がはじめられていた．85年には諮問を受けた全米科学アカデミーがHACCPにもとづく制度改革の実施を推奨している．しかしこの実施をうながしたのは，93年のO157を原因とするハンバーガーパテによる食中毒の発生であり，検討からかなりの時間を要した．

現在のところは，家畜の生産・流通段階に対して義務的な管理規定を制定することは考えられていないが，食肉の安全性を確保するためには，農場から食卓までのすべての流通過程で安全性の確保のための措置を講じる必要があるとされている（以上は堀口・舟田，1996による）．

第9節　む　す　び

　アメリカの牛肉のフードシステムにおいては，パッカー上位3社のシェアが主要品種で8割になるにいたり，肉牛の取引におけるその影響について連邦政府の監視が強化されていることをみた．
　パッカー上位3社は多国籍コングロマリット企業に買収され，コングロマリット企業結合が形成され，それを背景にした競争構造にある．しかし，コングロマリット企業結合のもとでの親会社とパッカーとの間の関係，そのもとでの企業行動は企業によって異なり，一様にとらえることはできないことを明らかにした．意思決定は強い集権制から完全な自律までの両極があり，また肉牛の調達先と牛肉の販売先との垂直的関係においても統合および取引の内部化への対応は両極にわかれている．
　その関係性と行動の違いによる成果を簡単には論じることはできないが，食肉分野の業績が低迷しているカーギルのケースからは，特有の技術を必要とする食肉の市場に外部資本が強い集権型で参入することの障壁をうかがわせる．その対極として，業績に高い評価をうけているIBPのケースから，親会社に対して完全な自律型で，食肉分野で蓄積のあるパッカーに意思決定を任せた場合の成功を示している．コナグラ-モンフォートは分権型ではあったが，食肉事業のリーダーシップが不鮮明であったといわれる．モンフォートが吸収され外部資本の親会社が直接食肉事業にのりだしたあと，どのように事業が展開するのかが注目される．
　統合と取引の内部化についてはパッカー間の行動に違いがあるとはいえ，生鮮食肉に関しては統合は水平方向に向けて進められ，基本的には川上の肉牛生産者，川下の小売やH.R.Iの統合は行われていないことをみた．肉牛生産者の統合は，パッカーが生産者出身である場合にほぼ限定される．他の肉類事業や近年参入がはじめられたフードサービス事業とのシナジー（複合効果）はまだ評価されていない．90年代の他分野・関連分野への著しい企

業買収は企業の成長においても実質的な成果を上げていない．

　パッカーの集中の影響に対する監視は，取引の固定性と価格形成への影響に焦点が当てられている．

　肉牛の調達をめぐるパッカーとフィードロットとの間では，captive supply の概念が強調され，パッカーの集中の高まりによって生じた現象とされ，その影響が問題視されている．しかし，今までの調査によっては価格への意味のある影響は確認されていない．その危険性は潜在するが，現在のところむしろ激しい集荷競争の状態にあるといえる．集荷競争のなかでと畜プラントの稼動率の確保のためにあらかじめ販売を確保しておく先渡し取引が導入されるようになっているとみられる．集中度が4割台の豚，鶏の方が長期の販売契約や生産契約の普及性が高いことからも，集中度と取引の固定性とは一般に関係づけられない．また，契約取引によって品質問題への対応が進められることを期待する見解もある．

　他方，パッカーとフィードロット間の価格形成のシステムが変化しているのは確かである．ネゴシエイションにおいてもフォーミュラにおいても市場価格情報が基準価格としての機能を低下させてきていることにそれがあらわれており，原子的な競争の状態に固有の需給会合価格の発見を基礎にする（市場建値型）システムがゆらいできているといえる．

　パッカーと小売業者との間には，拘束的な関係はさらにない．スーパーマーケットの集中もすすんでいるが，取引をめぐる競争は激しい．アメリカの場合はヨーロッパとは異なり，パッカーの交渉力が高い状態にある．それも価格形成システムの変化からみることができる．生鮮食肉では，スーパーマーケットとの取引においても，市場価格情報を基準としたり参考要素とすることがなくなり，パッカーのコスト積み上げ方式による価格設定が行われるようになってきたことをみた．パッカーと小売業者との価格形成は，寡占型のシステムに移行しているといえる．

　このような価格形成のシステムの変化は競争構造の変化にともなって必然的に生じるものであり，それ自体をさけることはできない．問題は，価格形

成システムの変化にともなって，市場の公開性，公平性を担保する方法も変えなくてはならないので，それをいかなるシステムで確保するかである．

以上からみてコングロマリット企業結合の問題は，現在のところ，生鮮食肉のフードシステムにおいて，川上および川下の垂直的な支配力の行使となってあらわれるよりも，企業買収行動の不経済性にあるように考えられる．当該企業にとっての効率性が改善されるような成果が生まれていないだけでなく，買収によって企業文化や製品の個性や多様性が失われていく可能性があり，消費者にとってマイナスとなるだけでなく，多様性のなかの競争から生まれる市場の活性をも失うことになるのではないかと考えられる．

注
1) 調査は，新農政研究所の委託により増田佳昭氏とともに行ったものであり，結果は同研究所『商品先物取引研究』1991年（増田, 1991, 新山, 1991）にまとめられている．
2) GIPSA (1996), GIPSA (1997b) (1999), MacDonald et al. (2000), Hayenga et al. (2000), Kay S. (1996) (1998) などである．

 GIPSA (1997b) (1999) は，1921年制定の Packers and Stockyards Act にもとづいて，GIPSA が行った定期調査報告であり，小規模のパッカーは報告を免除されるが，1997年の商業と畜に関しては，去勢 (steers) と未経産雌 (heifers) では96％，雌牛 (cows) と雄牛 (bulls) では100％，それらをあわせた肉牛 (cattle) で97％をカバーしている．プラント数では，F. I. (federal inspection：連邦検査) プラント822（うち1,000頭以上の規模のプラント586）のうち，同調査がカバーしているのは，31.9％（同11.1％）である．

 MacDonald et al. (2000) の一部は，MacDonald J. M. and Ollinger M. E., *Consolidation in Meatpacking : Causes & Concerns*. Agricultural Outlook, June-July 2000, USDA として再録され，これが翻訳されている（三石誠司訳「食肉加工業界の再編：その原因と関心」『アグリビジネスにおける集中と反トラスト法』「のびゆく農業」901，農政調査委員会，2000年4月）．

 Hayenga et al. (2000) については，代表執筆者の Prof. M. Hayenga 氏にインフォメーションを得たことを感謝する．
3) アメリカでは，牛肉の製造プロセスは，肉牛生体からカーカスを製造するまでのと畜・解体のプロセスが，キリング (killing) またはスローターリング (slaughtering) とよばれ，その後の，カーカスからボクスビーフとグラウンドビーフ (ground beef) を製造するまでのプロセスはファブリケーション

第3章　競争的寡占下の牛肉フードシステム（アメリカ）　　　　115

　(fabrication) とよばれている．カーカスはと畜プラントにおいてと畜後1日の間冷蔵され，その後，ファブリケーションラインにのせられ，卸売カット（通常は18部位程度に分割された sub-primal cuts）そして今日では小売カットにも分割される．分割された牛肉をチルドで真空パックし段ボールのボックスに入れたものをボクスドビーフとよび，この状態で出荷される．ボクスドビーフ製造の過程で，骨などからこそぎ落とされるくず肉がグラウンドビーフとして出荷される．

　現在のと畜プラントは，加工品や副生物調整品の生産は行わず，ボクスドビーフとグラウンドビーフの製造に専門化しているが，それは70年代になってからのことである (MacDonald, 2000)．

4) 1980年代はじめの生産の状態については吉田 (1982b) が詳しい．

5) さらに，吉田によれば（吉田, 1982b），これ以外に，交配用の純粋種を生産する育種経営 (pure breeding operation) があり，生産された純粋種雄雌牛が子牛生産経営に販売され，子牛生産経営はそれをもちいて交雑牛を生産し肥育素牛として販売する．また，子牛生産経営は家族経営と少数の雇用労働力を導入して放牧飼養を行う牧場 (ranch) とからなり，肥育経営は農家フィードロットと企業的フィードロットとからなることが明らかにされている．

6) 各企業の会社案内および *Meat & Poultry*, July, 1990, August, 2000, *Meat Processing*, June, 1990, Key (1998) を参考にした．

7) 農業，食品分野の進出状態はニーン (1997) による．カーギルそのものについては同書を参照されたい．

8) 92～93年調査の主たる部分は最大規模の去勢および未経産雌牛43プラントを対象にしたものであり，2,300万頭の牛をカバーしており，23プラントは3大パッカーのプラントである．GIPSA (1996) のうち，本章で引用しているChapter 2 はテキサスA&M大学のProf. G. W. Williams に指揮され，Chapter 3 はオクラホマ州立大学のC. E. Ward と S. R. Koontz, カンザス州立大学のT. C. Schroeder と A. P. Barkley に, Chapter 4 はバージニア科学技術研究所と州立大学の W. D. Purcell, S. M. Kambhampaty, P. J. Driscoll, E. D. Peterson によって指導されたプロジェクトの結果である．2000年調査は，調査票をファックスで送信し，電話で補足する方式がとられた．完全な回答が10社から得られ，99年のと畜家畜の72%をカバーしている．

9) IBPのキャトルパックとH.R.Iへの牛肉販売に対する先渡し取引はつぎのように行われている．12カ月先までとりあつかわれ，契約単位は1月（毎週配送）である．価格形成には，CMEの肉牛先物相場と，同相場とIBPの牛肉価格との間のこれまでの時系列的にみた関係から導出された製品係数が用いられる．インシュアードプライス (insured price) とデファードプライス (deferred price) が用意されている．インシュアードプライスの場合は，契約日における配送月翌月の肉牛先物相場で固定し，これに当該部位の製品係数を

かけて渡し価格が決められる．デファードプライスの場合は，契約日以降から配送月の前月までの顧客が指示した日における配送月翌月先物相場に当該部位の製品価格をかけて渡し価格が決められる．また，先物相場にセットせず，配送日の IBP の提示価格（本文で説明）を用いることもできる．

10) 寡占企業の価格設定行動としての cost plus pricing については，植草（1982）を参照されたい．また，本書第6章でこれについてふれる．
11) アメリカの肉牛と牛肉の価格形成に関しては，筆者とともに調査を行った増田の論文（増田,1991）にも詳しいのであわせて参考にされたい．
12) 格付けにあたって，枝肉は去勢牛 (steers)，未経産雌牛 (heifers)，雌牛 (cow)，去勢牛 (bullocks)，雄牛 (bull) の各クラス (class) に区分される．このうち，雄牛は歩留規格のみ適用され，品質規格は適用されない．雌牛は，品質規格のうちプライムから除外され，去勢牛は，Commercial, Utility を除く5つの規格が適用されるというように，クラスによって規格適用に違いが設けられている．また，bullocks と bull のみ性別が確認されるが，他はなされない（USDA Agricultural Marketing Service, 1987）．

なお，アメリカの牛肉格付け制度の歴史と仕組みについては，堀口・舟田（1996）に詳しいのであわせて参照されたい（原資料は，USDA Agricultural Marketing Service, 1987 他）．
13) 新しい食肉検査制度では，HACCP システムにそって7点の実施が求められている．①危害要因とその抑制方法の分析・確定（加工処理の前段階，終了後の処理を含む）．危害要因として，天然毒物，微生物汚染，化学物質汚染，農薬汚染，薬品残留，動物原性感染症，腐敗，寄生虫，未許可食品，未許可食品添加剤，危害物質の混合があげられている．②重要管理点の特定．③危害許容限度の設定．④重要管理点の管理状態を監視する方法の決定．⑤改善措置の決定．⑥記録保管体制の確立．⑦検証方法の確立である．堀口・舟田（1996）による．

第4章　3つのセクターが錯綜する牛肉フードシステム（日本）

第1節　はじめに

　日本の牛肉をめぐるフードシステムにおいては，産地体制形成，産地食肉センター，食肉卸売市場などをはじめ川下から川中まで公的セクターの関与する度合いが高く，また産地出荷体制から卸売まで農業協同組合セクターの力が強い．その一角に，川中の部分肉製造から卸売を中心に私的セクター（私企業）が食い込み力を拡大している．公，私，協同組合という3つのセクターが錯綜しつつやや複雑なフードシステムを形成しているのが，現段階の日本の特徴である．

　本章では，まず（1）牛肉の供給構成の変化と消費の特質をとらえ，ついで（2）流通近代化をめざして行われた公共政策による流通構造再編をとらえる．そのうえで（3）フードシステムの外形を明らかにする．その後（4）フードシステム中央部のと畜解体，部分肉製造，卸の構造を検討し，最後に（5）これらによって形成されている垂直的調整の姿を肉牛・牛肉の取引形態と価格形成システムから明らかにする．

第2節　供給と消費の構造

1．輸入拡大と供給構成の変化

　日本の牛肉の国内生産の増大は1960年代後半にはじまる．それは経済高

度成長の下で所得の増大に支えられて牛肉消費が大きく伸びたことを背景にしている．60年代半ばには，それまで役肉兼用目的で飼養されていた和牛が肉専用に飼養されるようになった．この1965年から85年までの20年間に，国内の牛肉生産量は20.8万トンから55.5万トンへと大きく増大した．それ以降はやや停滞気味ながら94年まで増加し60万トンに達したが，その後は55万トン前後にもどっている（図4-1）．

そして70年代後半から輸入牛肉の供給量が大きく増大し，牛肉の供給構成は著しく変化している．とりわけ85年以降の牛肉輸入量の増加は著しく，

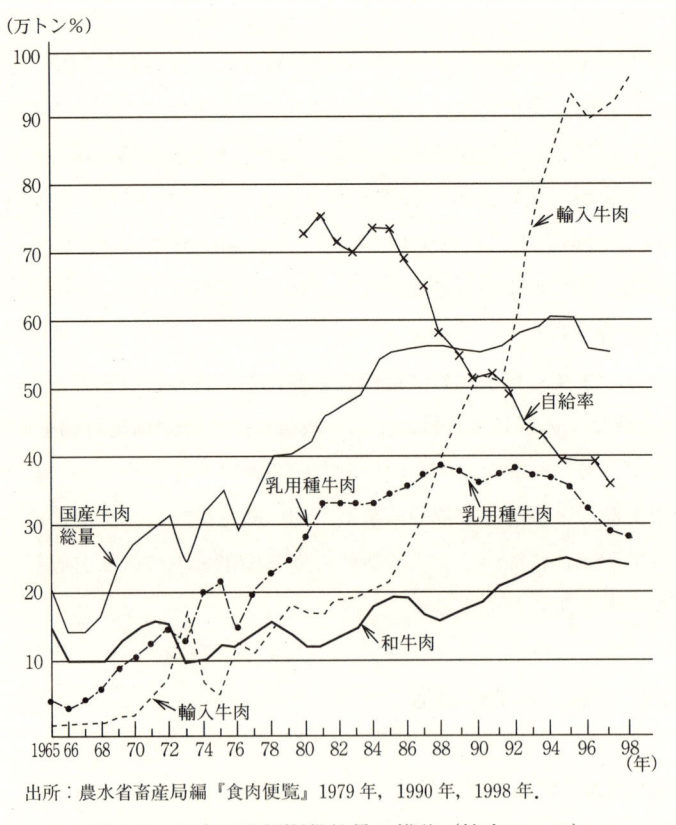

出所：農水省畜産局編『食肉便覧』1979年，1990年，1998年．

図4-1 牛肉の種類別供給量の推移（枝肉ベース）

85年の22万トンから95年には実に92.8万トンに達している．この輸入牛肉急増期が国内生産の大きな伸びが止まった時期と一致する．周知のように，その間の91年春に牛肉の貿易制度が改変され，輸入が自由化された．しかしそれ以前から，輸入割当制度の下で割当量が急速に増加され，割当量を消化するために需要を開拓しながら市場が拡大されてきたことを見落とせない．

このようななかで国内供給構造の特徴としてあげられるのは，まず，図4-1に示したように，肉専用種である和牛肉供給量の停滞傾向である．1980年代前半まで，6-7年サイクルの波を描きながら15万トン前後で停滞気味に推移してきた．他方，60年代半ば以降は乳用種牛肉の供給量が著しく増大した．酪農副産物としてぬれ子の状態でと畜されていた雄子牛が牛肉需要増加により肥育に仕向けられるようになったからであり，72年に和牛肉供給量を上回り，80年頃までほぼコンスタントに増加した．しかし，80年頃から乳用雄子牛の肥育仕向率が上限に達したことと，生乳生産調整にともなう搾乳牛飼養頭数の頭打ちにより乳用種牛肉供給も停滞傾向にはいった．

牛肉輸入自由化後は，乳用種牛肉は輸入牛肉との品質面の競合による価格低落の影響を受けて生産量が減少しはじめ，かわって高品質の和牛肉の生産が増大している．和牛肉は95年に約25万トンに達した．この背後には，酪農経営において，受精卵移植技術の導入により搾乳牛を利用して和牛子牛を生産することが進みはじめたことや，乳用種牛と和牛の交雑種の子牛生産が拡大したことがある．

国産牛肉と輸入牛肉の等級別の品質の競合関係については，卸売価格の相関関係から分析した結果を表4-1に示した．和牛枝肉の5割を占めるA-4，A-5は輸入牛肉価格の動きとの相関はみられないのにたいして，乳用種牛枝肉の8割を占めるB-2，B-3ではきわめて高い相関があることがわかる[1]．ただし，和牛のA-3には緩い相関がみられるので，和牛でも下位の等級になればやや輸入牛肉との競合がみられる．

以上のような供給量の変化の結果，牛肉の種類別供給内訳は，1965年に

表 4-1　国産牛肉の等級別卸売価格と輸入牛肉卸売価格の変動と相関

			対前年増減率		価格変動の相関関係	
			1992.1	1993.1	出回り量	エイジドビーフ価格
	輸　入　量		36.6	− 3.8	—	—
	出回り量		16.9	28.2	—	—
卸売価格	和　牛去　勢	A-5	52.6	1.5	0.35	−0.32
		A-4	− 1.0	− 2.9	0.25	0.06
		A-3	− 7.1	− 8.8	0.05	0.45
	乳用種去　勢	B-4	− 6.0	−15.9	−0.03	0.62
		B-3	− 2.9	−12.0	−0.44	0.92
		B-2	−17.8	−23.3	−0.43	0.84
	エイジドビーフ		−23.8	−22.9	−0.57	—

注：卸売価格はいずれも東京都中央卸売市場の枝肉価格である．国内産枝肉価格と比較可能な輸入牛肉（枝肉もしくはフルセット）の東京市場取扱い品目はフローズン（冷凍肉）とエイジド（熟成肉）であるが，競合関係をみるため，ここではより価格の高いエイジドの価格を用いた．ただし，エイジドの取扱いは，1992年7月までなので，相関係数は1991年1月から92年1月までの1年間について算出した．
出所：農水省『食肉流通統計月報』各年月．

和牛肉70.1%，乳用種牛肉22.9%，輸入牛肉7.0%であったものが，85年には和牛肉26.0%，乳用種牛肉45.6%，輸入牛肉28.4%となり，さらに98年には和牛肉16.7%，乳用種牛肉，19.8%，輸入牛肉63.5%へと大きく変化してしまった．牛肉の輸入先は，アメリカが48.6%，オーストラリアが46.0%を占める（1999年）．

2. 肉牛生産段階の構造

日本の肉牛の生産システムは，主につぎの6つのタイプに分られる．①和牛繁殖経営（子牛生産）→和牛肥育経営，②和牛繁殖・肥育一貫経営，③酪農経営（子牛生産・ほ育）→乳用種去勢子牛育成経営→乳用種肥育経営，④酪農経営（子牛生産・ほ育・育成）→乳用種肥育経営，⑤酪農経営（子牛生産）→乳用種ほ育・育成・肥育一貫経営，⑥酪農経営（交雑種子牛および受精卵移植による和牛子牛の生産・ほ育）→交雑種肥育経営，和牛肥育経営

である．日本では和牛も乳用種も去勢肥育が一般的ではあるが，和牛では，未経産雌牛肥育，雌一産取り肥育などもありこれらの種別や，またすべてについて肥育期間の長短を加えて肥育の形態を考慮するとさまざまな種類がある．近年は①から②への転換，④⑤から⑥への転換が進んでいる．

飼養方式は，和牛繁殖経営では，一部に季節放牧がみられるが，基本的に通年舎飼いである．粗飼料の稲ワラや牧草の自給は充分でなく，輸入を含む購入粗飼料の利用が増えている．肥育経営は，輸入原料の購入濃厚飼料と購入粗飼料を利用した舎飼飼養である．

生産構造についてみれば，肥育経営は購入濃厚飼料依存の施設型生産のもとで早くから大規模肥育が定着した．若齢肥育技術，群飼養技術の普及にともなって飼養規模の拡大が1970年代半ば以降に急速に進んだ．表4-2に示したように，1985年には100頭以上肥育農家の総飼養頭数に占めるシェアが乳用種で42.1％，和牛で17.9％となった．95年には，54.5％，32.8％に増えている（総飼養頭数は農家以外の農業事業体が飼養する肉牛を含む）．

他方，子牛生産段階は，乳用種肉牛の場合は，素牛が酪農経営副産物として供給されるため，酪農をめぐる市場条件に規定されている．酪農経営は30〜100頭までの中規模農家層の飼養頭数シェアが高く，生産構造は安定している．これに対して，和牛繁殖経営はきわめて脆弱な生産構造をかかえて

表4-2 肉用牛経営の飼養規模構成

(%)

	乳用種肥育経営構成比			和牛肥育経営構成比				繁殖経営構成比		
	農家 1995	頭　数		農家 1995	頭　数			農家 1995	頭　数	
		1995	1985		1995	1985			1995	1985
農家以外	7.3	22.8	20.2	2.8	18.8	14.1	農家以外	0.7	6.3	3.3
100頭以上	15.7	54.5	42.1	4.7	32.8	17.9	20頭以上	1.5	10.4	4.2
50〜99頭	8.0	7.1	13.8	4.5	10.9	13.2	10〜19	5.4	14.7	7.3
10〜49	18.4	5.5	12.4	12.4	10.5	20.5	5〜9	15.5	21.1	17.9
10頭以下	28.5	1.3	4.1	25.0	3.0	11.6	4頭以下	63.9	29.4	48.7
一貫経営	22.1	8.7	7.4	50.6	24.0	22.7	一貫経営	13.7	24.5	18.7

出所：農水省統計情報部『農業センサス経営部門別農家統計報告書』，『農家以外の農業事業体報告書』1995年，1985年．

いる．表4-2に示したように，10頭以下の小規模飼養農家層が飼養頭数シェアでも多数を占めている．また，このような零細経営は飼養者が高齢化し，繁殖牛飼養を廃業する農家が続出している．和牛は輸入自由化後の牛肉市場で競争力を確保することが期待されてきたが，子牛生産段階の構造がこのように脆弱である．これは，和牛繁殖経営が自給粗飼料利用の土地利用型生産として行われており，日本の土地所有形態に規定されてもともと規模が小さく，さらに繁殖過程の技術的性格ともあいまって生産効率が低いうえに，平均的にみて和牛子牛価格の生産費カバー率が1を上まわることがなく（新山，1997），飼養規模拡大が順調に進まなかったことによるものと考えられる．

しかし以上のような農家畜産に対して，農家以外の農業事業体による肉用牛生産が拡大し，企業的な経営によってになわれるシェアが徐々に拡大している．総飼養頭数に占めるシェアは1995年には和牛肥育で18.8%，乳用種肥育では22.8%になっている．事業体の種類別にみると「協業経営体」「会社」「その他事業体」でシェアをほぼ3分するが，過去の伸びが大きいのが「会社」である．1事業体あたり平均飼養頭数は294.9頭，「会社」では405.7頭であり，農家の平均飼養規模にくらべてはるかに大きい．「会社」経営は，かつては多くは食肉業者等の事業の垂直的統合（インテグレーション）の一環として営まれているものであったが，90年代以降には農家の経営の企業的展開によってうまれた会社法人が増大しその規模も大きくなってきている[2]．また，和牛繁殖牛が200頭を超える繁殖肥育一貫経営が徐々に増えはじめ，子牛生産経営の脆弱な構造を補いつつある．

国内の産地動向は，表4-3に示した通りであり，九州，東北，北海道に総飼養頭数の約6割が集中している．このような遠隔地への主産地の移動と産地特化は流通構造にも大きな影響を与えた．畜種別にみると，産地特化が最も著しいのは和牛子牛生産であり，子取り用雌牛は上位5県で56%を占める．和牛肥育牛は九州に4割が集中し，ついで関東・東山，東北が一定の比重をもつ．乳用種肥育牛は北海道，関東・東山があわせて5割を占めるようになった．主産地は日本列島の南北両端に移動したが，乳用種肥育牛は酪農

表 4-3 肉用牛飼養頭数の地域分布

		総飼養頭数 (1998)	子取り用雌牛		肥育牛		乳用種肥育牛	
			1986	1998	1986	1998	1986	1998
農業地域別シェア	北海道	14.7	5.1	8.8	4.8	5.9	18.6	25.8
	東北	11.6	24.9	16.1	23.6	11.3	13.2	7.7
	北陸	1.2	0.9	0.5	2.3	1.2	2.7	2.0
	関東・東山	18.0	4.2	8.9	14.3	18.4	23.6	25.1
	東海	6.0	1.3	1.8	7.1	7.3	10.6	8.6
	近畿	3.8	3.4	3.6	4.5	5.3	4.7	3.4
	中国	5.4	10.2	5.4	6.2	5.1	5.2	5.7
	四国	3.2	1.5	1.1	5.2	4.0	5.9	4.6
	九州	33.3	45.8	46.6	30.8	40.1	15.5	17.0
	沖縄	2.7	2.7	7.1	1.5	1.4	0.1	0.1
上位5県	1	北海道	鹿児島	鹿児島	鹿児島	鹿児島	北海道	北海道
	2	鹿児島	宮崎	宮崎	山形	宮崎	栃木	栃木
	3	宮崎	岩手	北海道	宮城	北海道	群馬	熊本
	4	熊本	熊本	岩手	大分	佐賀	愛知	群馬
	5	岩手	長崎	沖縄	北海道	宮城	熊本	愛知
	上位5県シェア	44.8	49.8	56.3	31.9	38.9	39.3	45.9

出所：農水省統計情報部『畜産統計』各年次.

地帯に立地が重なり，北海道と大消費地の後背地である関東の比重が高い．

3. 牛肉の消費構造

牛肉の消費構造は，用途別消費構成と各用途における消費形態からその特徴を把握することができる．

日本の牛肉消費には，すき焼き，しゃぶしゃぶなどに代表されるように，大量の野菜とともに煮て食べる固有の形態があったことは既に周知のこととなっている（吉田，1982，吉田他，1984）．脂肪交雑が高い肉は煮ても硬くなりにくく，煮る調理法が日本の固有種である和牛（とくに黒毛和種）の品質特性と適合した．薄切りスライスで販売する日本に特有の牛肉小売形態も煮て柔らかいことからきている．こうした消費形態の存続が，和牛肉の固有の需要を形成してきた．他方，経済高度成長期以降の消費の多様化のなかで，

新しい消費形態としてステーキ，焼き肉など肉の塊を焼いて食べる消費形態が伸び，赤身の多い乳用種牛肉の生産の増大がそれに対応した．輸入牛肉消費もこの形態に対応して伸びてきた．

しかし90年代にはいって，食肉消費動向調査によれば，家庭での焼き肉，ステーキ料理は減少し，多くの野菜とともに食べる料理の比率が増大する傾向がみられる．98年の夏のメニューでは肉じゃがの順位がステーキをうわまわる現象がみられ，すき焼き消費は減少しているといわれるものの，冬のメニューの第1位である[3]．

消費用途は，家庭用消費，加工用仕向，外食産業などの業務用需要の3つに区分されるが，その構成は大きく変化している．業務用需要の伸びがきわめて大きく，85年の3割から，95年には約5割に達している（表4-4）．これらの用途への仕向は牛肉の品質と対応する．和牛肉の高級部位は料亭などの高級外食産業にむけられ，家庭用には和牛のすそものと乳用種牛肉が主として仕向けられる．一般業務用需要と加工には主に輸入牛肉が仕向けられてきた．

業務用需要の伸びは，60年代にはじまった外資系のファストフードやファミリーレストランなどの新しい業態の外食産業の導入と発展によっている．ハンバーガーやファミリーレストランのメニューの目玉であるステーキ，ハンバーグ，焼き肉に多量の牛肉が使用されるからである．和食では牛丼がそうである．このような大衆的な外食産業では安価な素材と大量の同一部位の

表4-4 牛肉の用途別消費構成の推移

(%)

	1985	1988	1989	1990	1995	1998
家 計 消 費	55.7	51.0	50.2(50.2)	48.1	43.0	39.0
加 工 仕 向	14.2	14.9	15.1(11.9)	8.6	8.0	10.0
その他(業務用，外食等)	30.1	34.1	34.7(37.9)	43.3	49.0	51.0

注：1989年度分から加工仕向の推計方法が変更された．（ ）内は変更後．
出所：農水省畜産局食肉鶏卵課編『食肉便覧平成10年』．原資料は，農水省畜産局食肉鶏卵課推計．

購入を必要とし，折から牛肉の輸入枠の拡大により増大する輸入量を一手に需要する形で発展してきた（新山，1992a）.

　加工仕向の比率は小さく，ハンバーグ・ハンバーガー（3.2%），ハム・ソーセージ（1.9%），冷凍食品（1.2%）が主たる用途である（食肉通信社，2000 資料）.

　家庭消費における輸入牛肉の増大は，80 年代半ば以降からの大手スーパーマーケットでの輸入牛肉の取扱い増大を背景としており，自由化直前から大きく伸びてきた．牛肉の購入先は 6 割以上がスーパーマーケットである．しかし，輸入牛肉購入世帯比率は 85 年の 10.5% から増加し，93 年には 42.2% に達したが，その後は一転して低下をはじめ 98 年には 27% にまで減少している（同上，2000 資料）.

　消費者の牛肉に対する選好についてみると，輸入牛肉を選択する理由は，価格が安いが 9 割を超える．しかし，安全性については「不安」が自由化直後（91 年 12 月）の 67.9% からはかなり下がっているが 58.5%（98 年 12 月）を占め，味も「おいしくない」がやや増加して 31.1% から 36.1% になっている．好みは，圧倒的に国産牛肉である（84.2%，85.5%）．とりわけ和牛については，価格が高い（77.1%）が，おいしいとする判断が 3〜4% 増加しており（82.4%），安全である（67.3%）も高い（同社，2000 資料）[4]．

　牛肉消費の増大を牽引してきた輸入牛肉についても家庭での購入にはややかげりがみえてきていると考えられる．欧米では健康問題から牛肉の消費が減少し，豚肉や鶏肉に転換してきていることや，日本では現在でも魚介類の消費が多いことからみるなら，今後の牛肉消費量が鶏，豚を大きく抜き，かつ魚の消費量を大きく縮小するほどに伸びるとは考えられない．

第 3 節　公共政策による牛肉流通構造の近代化

　食肉の流通過程には，生きた家畜である肉牛をと畜し枝肉に解体すると畜・解体過程を不可欠とする．と畜・解体には固有の施設と技術を必要とす

ることと，このようなと畜施設で食肉の取引が発生してきた歴史的背景とから，と畜段階が肉牛および牛肉流通の要となり，これをどのような経済主体（流通主体）が掌握するかが流通を，また流通を通して生産段階を支配する背景となっていたことが明らかにされている（吉田，1975，1978 など）．

(1) 消費地への生体出荷

1960 年代までは地方と畜場でと畜され地場消費にまわされるもの以外は，産地家畜市場，集散地家畜市場を経由して，大消費地である関東，関西方面へ生体で出荷されていた．この時代には家畜商が生体流通を担当し，食肉問屋がと畜段階を含む消費地食肉流通を担当していた．食肉問屋は，と畜施設の制度的独占とと畜・解体の技術的独占を背景に，食肉小売店と家畜商を支配系列下におき，固定的閉鎖的な流通機構が形成されていた．非公開の個別相対取引が行われていたため，価格形成も不明朗であったことが知られている（高橋，1963，吉田，1975，1978，宮田，1972）．

(2) 食肉中央卸売市場と産地食肉センターの形成

1960 年代以降，流通構造は大きく変化し，食肉中央卸売市場と産地食肉センターを中心とした流通機構が形成され，新たな流通主体が生まれた．

流通構造の変化は，経済高度成長下での食肉消費量の増大を背景として生じはじめ，豚肉などでの生産者団体による枝肉共販の動きにはじまる．しかし，この時代の流通構造変化の大きな特徴は，政府の政策的な対応によって流通機構の直接的な改変が行われたことである．国民の食生活において食肉の位置が高まり，食肉流通の近代化が強く要請されたためである．流通機構の改変は，と畜過程とそこに一体化された取引過程に焦点をあてて進められ，消費地での食肉中央卸売市場の開設（1958 年から 1974 年）と，産地では農林省の補助事業による食肉センターの設立（1960 年から）が行われた．

食肉中央卸売市場は「卸売市場法」（旧中央卸売市場法の廃止にともなって 1971 年に制定）にもとづき地方自治体によって開設される．荷受け会社による出荷者の出荷商品の委託上場制度（出荷者から売り渡しを委託された商品を無条件・全量受託，即日上場，手数料定率制）と，せりおよび入札に

よる公開・競争的取引（あわせて取引価格公表による建値の形成）が導入され，これによって閉鎖的な消費地食肉流通を再編することがめざされされた．

産地食肉センターは，生産者団体である農協系統組織などを設立・運営主体とすると畜施設として構想され，肉牛の産地処理と枝肉流通，系統共販（農協系統組織による共同販売）の促進がめざされされた．それは食肉問屋によると畜過程の独占を打破することでもあった．また当初の構想は，産地食肉センターで処理され出荷される枝肉を消費地の食肉中央卸売市場に上場することにより，産地食肉センターと食肉中央卸売市場を流通機構面で結合し，流通経路を短縮しようとするものであった．しかしこれについては，食肉中央卸売市場が温と体上場（併設と畜場でと畜したものをその日に上場する）を慣行としたため，生体で荷受けすることが続き，この構想は実現しなかった．現在は，1日冷蔵された後，翌日冷と体で上場されるが，依然として生体荷受けが中心である．その結果，産地食肉センターと食肉中央卸売市場をめぐる流通経路は分離し，産地食肉センターは卸売市場外流通ルートの要におかれることになった（吉田，1975，1978，新山，1985）．

以上のような食肉中央卸売市場を中心とする流通と，産地食肉センターを基軸とする卸売市場外流通の枠組みは，ほぼ1970-75年頃に定着した．

なお，以上の動きとは別に，産地においては1950年代半ばから60年代以降に畜産専門農協の連合会と経済連の合併がおこなわれ，それまで専門農協が開設していた産地家畜市場の多くが経済連によって開設されるようになった．家畜市場[5]の大半は生産者団体によって開設されている．また家畜市場の統合整備がすすめられ市場数は減少している（1960年の1,473カ所をピークに，80年には481，97年現在は249カ所となっている）．

さらに，流通主体が，旧来の家畜商，食肉問屋（食肉卸売業者）に加えて多様化した．まず，上にのべたように産地家畜市場の開設や産地食肉センターの設置を契機として，1960年頃から農協が系統組織（単協-経済連-全農）として肉牛・牛肉の流通に参入した．その結果，農家出荷段階における農協系統共販の高まりによって，家畜商はその地位を大きく縮小した．さらに

1960年代半ば頃には，食肉加工メーカーが牛肉の卸業務に参入をはじめた．

(3) 卸売市場外流通と部分肉流通の拡大

1970年代半ば以降から今日までの変化は，60年代から70年代にかけて形成された流通機構の枠組みのなかで，①産地食肉センターを経由する卸売市場外流通が大きく拡大したこと，②流通時の荷姿が枝肉から部分肉へと転換してきたこと，③部分肉製造，卸業務を中心に，牛肉流通主体として全農，食肉加工メーカーが台頭し，食肉卸売業者も部分肉製造にのりだすようになったこと，④食肉産業，食肉関連産業による垂直的インテグレーションが生まれたことである．

卸売市場外流通の拡大は，1960年代の産地移動の結果，南九州や東北などの遠隔地に形成された新興主産地が発展したこと，これにともなって70年代半ば頃から産地食肉センターが拡充・再整備され，と畜施設の近代化や処理能力の拡大が大幅に進んだことによる．と畜施設は，食肉センター，食肉卸売市場併設と畜場，一般と畜場に区分されるが，図4-2に示したように，肉牛の総と畜頭数にしめるシェアは食肉センターが増加を続け，85年に他をうわまわり，98年現在4割を超えている．対照的に一般と畜場のシェアは減少している．

と畜からみると食肉卸売市場併設と畜場のしめるシェアは85年以降3割強で推移している（図4-2）．シェアの停滞は直接的には併設と畜場の処理能力の制約による．その原因として，食肉中央卸売市場の例では，周辺住宅地等への環境問題（大阪市中央卸売市場南港市場），作業員組合との間の業務協定（東京都中央卸売市場食肉市場：芝浦市場）による制約等があげられている．このようななかで，食肉卸売市場では以前は受け入れられなかった搬入枝肉の上場が一定比率を占めるようになり，市場によっては増加している．

部分肉流通の割合は，図4-2に示したように，75年以降急速に高まり85年には6割を超えるようになった．畜種としては和牛より乳用種肉が先行し，地域的には乳用種肉牛の多い北海道地方から進みはじめ（75年にすでに5

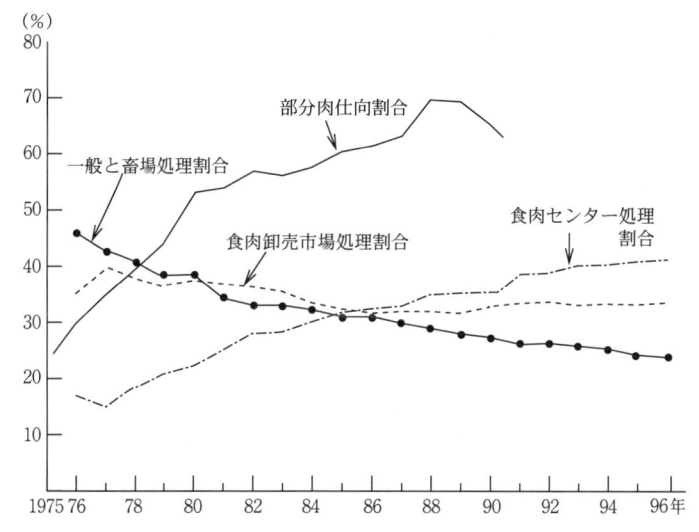

図4-2 食肉処理場別にみた肉牛処理割合および部分肉仕向割合の変化

出所：農水省食肉鶏卵課編『食肉便覧昭和54年』,『同平成2年』,『同平成10年』.
1989,90年は農水省『食肉流通統計平成2年』,食肉通信社『'92数字で見る食肉産業』.

割近く），ついで関東地方が急速に伸びた．

部分肉の製造・流通主体については，食肉卸売業者，食肉加工メーカー，全農が部分肉製造に進出し，そのなかで大手企業のシェアが拡大してきている．

さらに70年代末頃から，大手スーパーマーケットや生協の牛肉の取り扱いが増加し，牛肉の小売におけるシェアを拡大した．

また，スーパーマーケットや生協，ステーキレストランなどの牛肉利用の多い外食産業では，部分的にではあるが産地直結取引や契約生産によって独自の仕入れルートを開拓している．なお，ブロイラーや養豚では，1960年代から総合商社，中央資本の飼料メーカー，食肉加工メーカーによって，家畜生産から処理・加工，製品販売までの事業を垂直的に結合した畜産インテグレーションといわれる形態が進展し，企業内，系列内の内部取引による独

自の流通経路を形成した．肉牛生産でもこのような垂直的インテグレーションが遠からず拡大するとみられていたが，そのシェアは大きくはない．またそのなかでも，中央資本によるものより，地方の食肉卸売業者によるローカルインテグレーションの比重の方が大きいとみられる．

(4) 食肉卸売市場の位置

食肉卸売市場へ上場される牛肉は，併設と畜場でと畜された枝肉と搬入枝肉であり，卸売市場経由比率は，牛肉輸入自由化後の92-93年頃に34％程度まで下がったが，その後増大し，98年には4割を超えるまでに回復している（表4-5）．それは主に食肉中央卸売市場の取り扱い比率の上昇によっている．牛肉の食肉中央卸売市場経由率は80年代半ばから90年代前半までは2割程度まで低下したが，98年には25.9％に上昇している．それは牛肉輸入自由化対策が効果を上げたものと考えられる．牛肉の輸入割当制度の下で畜産振興事業団による一元輸入が行われていたときは，輸入量の3割程度が卸売市場に上場されていたが，牛肉輸入自由化によってその取り扱いはなくなった．その減益を補うために和牛を重点にした国産牛肉上場を促進する対策がなされてきたからである．

東京都中央卸売市場のように，搬入枝肉の上場を拡大することによって取扱量を増大させる方策をとっているのも注目される．枝肉の搬入は，もとは併設と畜場の処理能力の制約をカバーするために，近隣のと畜場にと畜を委

表4-5 食肉卸売市場の経由比率の変化

(%)

	1980	1982	1984	1986	1990	1992	1994	1996	1998
市場経由比率	42.3	41.3	40.0	34.1	37.1	34.5	35.2	36.1	41.2
中央卸売市場	25.2	24.3	22.1	20.9	22.9	22.0	22.6	24.8	25.9
指定市場	17.1	17.0	17.9	13.3	14.2	12.5	12.6	11.3	15.3
和牛去勢	—	—	—	48.4	55.2	53.6	54.0	55.5	55.8
乳雄去勢	—	—	—	29.0	28.2	26.1	24.8	23.0	22.6
枝肉搬入比率	—	—	—	19.7	22.2	18.3	16.5	17.3	17.8

出所：食肉通信社『食肉年鑑』各年次．

託せざるを得なくなったところから進められたが，98年には搬入比率は成牛で39.8％に達し，和牛でも30.7％を占めるようになった．

以上のような対策もあり，和牛肉についてみると，和牛去勢の食肉卸売市

表4-6 食肉流通施設に関する主要指標

			1988/1989		1997/1998	
(1)	食肉中央卸売市場（公設）		10（カ所）		10（カ所）	
(2)	食肉地方卸売市場		28		27	
	うち指定市場		22	（％）	21	（％）
	開設者	県・市・町	11	(50.0)	11	(52.4)
		混合出資株式会社	5	(22.7)	6	(28.6)
		荷受会社	3	(13.6)	1	(4.8)
		財団法人	1	(4.5)	1	(4.8)
		農業協同組合	1	(4.5)	0	(0)
		食肉業者協同組合	1	(4.5)	2	(9.5)
(3)	産地食肉センター		95		87	
(4)	家畜市場		368		249	
		生産者団体	316	(88.9)	204	(81.9)
		家畜商団体	34	(9.2)	30	(12.0)
		地方公共団体	5	(1.4)	4	(1.6)
		その他	13	(3.5)	11	(4.4)
		（臨時市場）	139		103	
(5)	と畜場		417		296	
	種類	食肉卸売市場併設	27	(6.5)	28	(9.5)
		産地食肉センター	89	(21.3)	87	(29.4)
		その他一般と畜場	299	(71.7)	181	(61.1)
	設置主体	市町村営	217	(52)	156	(50.0)
		会社営	108	(26)	94	(30.1)
		組合営	58	(14)	50	(16.0)
		都道府県営	34	(8)	12	(3.8)
(6)	家畜市場経由比率（/と畜頭数）		（％）		（％）	
	肉専用種		34.9		17	
	乳用種		36.3		37	
(7)	部分肉流通センター流通比率					
	対国内生産量（部分肉ベース）		10.4		10.8	

注：1983/1989欄の(1), (2), (3)は1989年現在，他は1988年現在の数値．
　　1997/1998欄の(4), (5)と畜場設立主体は1997年現在，他は1998年現在．
出所：農水省畜産局食肉鶏卵課編『食肉便覧平成2年』『同平成10年』中央畜産
　　会，食肉通信社『食肉年鑑1991年』『同2000年』．

場経由比率は 98 年で 55.8％ と高く維持されている．しかし，乳用種牛肉の経由率はますます下がる傾向にあり，後にみるように，乳用種牛肉については食肉中央卸売市場も建値形成機能をほぼ失ってしまっている．乳雄去勢の経由率は，98 年には 22.6％ に低下している（表 4-5）．

(5) 牛肉流通構造の特徴

1980 年以降の日本の牛肉流通構造の特徴はつぎのようにまとめられる．(1)産地家畜市場，産地食肉センター，食肉卸売市場，一般と畜場，という公営もしくは生産者団体などによって運営される流通施設・と畜処理施設が流通機構の要として存在している（主要指標を表 4-6 に示した）．(2)生産者からの肉牛の出荷が主として生産者団体を通して行われている（販売は枝肉で行われる比率が高い）．(3)産地から消費地への流通の荷姿は枝肉から部分肉へと変化してきている．しかし，と畜解体と部分肉製造は別々の流通主体によって行われている．(4)流通主体としては，かつての食肉問屋を前身とする食肉卸売業者，および食肉加工メーカーが卸と部分肉製造の担い手となっているほか，生産者団体の系統組織（単協-経済連-全農）が同様の流通機能の担い手として大きな位置を占めている．(5)さらに，比率は小さいが食肉卸売業者，食肉加工メーカー，大手スーパーマーケットチェーン，生活協同組合，外食産業業者が行う畜産インテグレーションや産地直結取引によって，と畜解体は除かれるが，取引を内部化した独自の流通経路がつくられている．

第 4 節　牛肉フードシステムの外形

　流通機構の再編整備にあたっては，取引，価格形成の公開，公正さとともに，流通経路の短縮・単純化がめざされてきた．その結果，1960 年代以降の流通機構改革によって，流通機構の閉鎖性は解消に向かい，市場は公開・競争的になった．しかし現在のところ，多様な流通主体が流通経路の要に位置する家畜市場，食肉卸売市場，食肉センターに錯綜して会合しているので，

第4章 3つのセクターが錯綜する牛肉フードシステム（日本）　　133

流通経路はむしろ交錯し複雑である．そのなかでも主な経路について図4-3に示した．

　まず，農家出荷段階においては，①系統農協を介して出荷（系統共販），②家畜市場へ直接上場，③家畜商へ販売，の3つが主な経路である．和牛，乳用種ともに①が多く，ついで和牛は②，乳用種は③が多い．

　系統農協経由分の主な出荷先は，①産地家畜市場上場（生体販売，セリ），②産地食肉センターでと畜し，枝肉出荷する（枝肉販売，相対取引），③食肉卸売市場への生体出荷（枝肉販売，セリ）である．

　産地家畜市場への上場頭数は大きく減少してきている．98年のシェアは肉専用種では17%，乳用種では37%となっている．主な購買者は，家畜商，食肉卸売業者，食肉加工メーカーである．地元業者の場合は，仕入れた肉牛を近隣の一般と場や食肉センターでと畜し，主に地場および地方の消費に仕向けている．80年代には，消費地の大手・中堅の食肉卸売業者や食肉加工

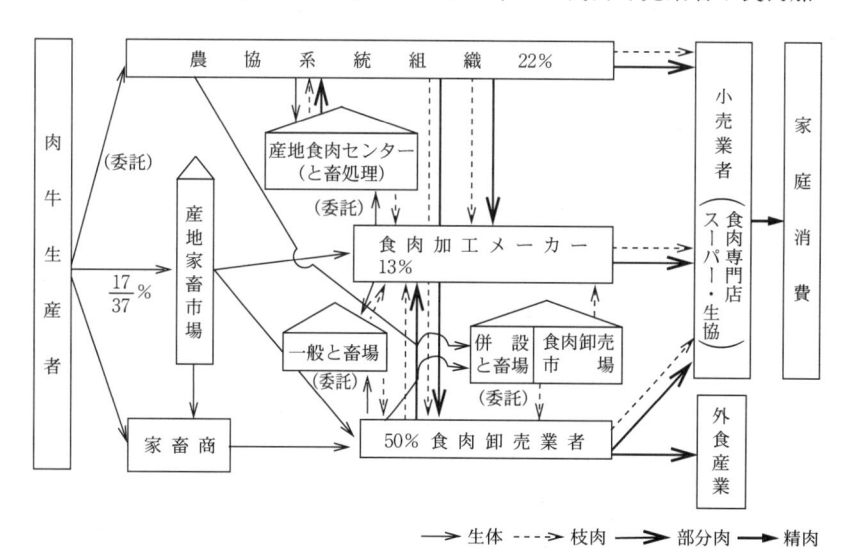

注：牛肉生産者から産地家畜市場への矢印の数値は，上段が肉専用種，下段が乳用種の出荷先比率（1998年）．
出所：調査結果をもとに作成．数値は，食肉通信社『食肉年鑑2000年』および表4-7．

図4-3　国産牛肉の流通経路

メーカーが集荷のために産地家畜市場の購買にはいっており，これらの購買する量が相当大きかった．

他方，産地食肉センターで処理された枝肉の販売先は，①全農や経済連を経由し，食肉専門店，消費地生協，スーパーマーケットなど量販店への販売，②食肉卸売業者，食肉加工メーカーへの販売，③ A co-op や地元小売り店などの地場消費向け販売である．2000年には①と②がほぼ同じ比率でそれぞれ4割強をしめる．②では食肉卸売業者が3割強，食肉加工メーカーが1割強である（表4-7）．産地食肉センターは生産者団体の共同出荷施設として設立が促進されことを先にみたが，②のルートでは，実質的に卸機能を食肉業者，加工メーカーに依存していることになる．

食肉卸売市場では仲卸制度をおいているところは少なく，東京都中央卸売市場，大阪市中央卸売市場のみであるが，両市場とも一般買参が併行されており，大阪市場ではむしろ一般買参人の購買力の方が大きい．売参人の主たるものは食肉卸売業者である．これらの仲卸業者，食肉卸売業者は食肉卸売市場で仕入れた枝肉を部分肉，小割肉にカットして小売業者をはじめ，地域スーパーマーケット，業務需要者に卸売している．

東京都中央卸売市場の場合は，仲卸業者は50社で大手業者として全農，ゼンチク（現スターゼン）がある．買参人（300社）は，食肉加工メーカー10社（大手5社を含む），ダイエー，イトーヨーカドーなどスーパーマーケ

表4-7 と畜場の種類別にみた搬入元と搬出先

(%)

と畜場区分	搬入元				搬出先							
	肉牛生産者	集出荷団体	集出荷業者		卸売業者			小売業者			その他	その他
			家畜商	その他	食肉問屋	食肉加工業者	農協連	食肉量販店	外産	食業		
併設と畜場	24.5	55.3	16.2	4.1	68.6	12.6	6.1	4.9	0.1	5.6		3.2
食肉センター	11.8	55.4	15.0	17.8	31.8	11.5	42.7	3.4	0.1	3.5		7.0
その他と畜場	19.9	30.7	26.3	23.3	52.7	16.4	12.1	7.0	0.1	7.0		4.7
計	18.2	49.1	18.2	14.5	50.4	12.6	21.9	4.8	0.1	5.1		5.0

出所：食肉通信社『2000 数字でみる食肉産業』．原資料は，農水省「畜産物流通調査」1996年5月．調査期間は1994年1月〜12月．

ット10社，食肉卸売業者230社，小売店50社である（1996年現在，金，1998）．食肉加工メーカー最大手の日本ハムなどは1995年頃から食肉卸売市場での直接買参に力を入れており，それにともなって仲卸業者のシェアがやや低下してきている．

食肉卸売市場で取引された牛肉の販売先は，東京都中央卸売市場の仲卸業者についてみれば，大規模小売店の比率が高く4割強であり，一般小売店は1割弱である．また5割弱は，親会社や業務用需要者への販売，仲間取引にまわされる．最終的には大規模小売店の比率は6～7割になると推定されている．仲卸業者は取扱金額で7割のシェアである（1994年現在，現代農業研究会，1995）．

以上のほかに，食肉卸売業者，食肉加工メーカーの畜産インテグレーション，スーパーマーケット，生協の産直の流通経路がある．

第5節　フードシステム中央部の競争構造

1. 総合的特徴

第3章でみたようにアメリカではパッカーが牛肉産業の中心に位置し，肉牛のと畜解体と部分肉製造を基軸に企業展開している．これに対して，(1)日本ではと畜場が主として地方自治体など公共団体の管理運営のもとにおかれているため，と畜解体事業のそれ自体としての私的企業的展開がみられなかったことが特徴である．そのなかで，今日やや企業的展開の傾向がみられるのは産地食肉センターであり，産地食肉センターではと畜処理能力規模の拡大にともなって，株式会社などの独立した会社組織形態がとられるようになってきた．しかし，その場合も地方自治体や生産者団体である農協系統組織などが主な出資者であり，会社の企業形態は公企業や公私混合企業の形態をとっている．(2)したがって，これと裏腹に第2の特徴があげられる．日本の牛肉産業を構成する主要な私的経済主体は，先にみたように食肉卸売業者，食肉加工メーカーであるが，これらは最大メーカーの日本ハムなどをの

ぞき直営と畜プラントをもつことは少なく，地方自治体などの運営する食肉センターを利用するか，枝肉を原料として仕入れて部分肉を製造することと卸売（集分荷等の流通機能）とを主たる事業（機能）としているのである．

また，(3)生産者の市場対応が，多くの場合，生産者団体を通した共同販売であることも特徴である．(4)さらに，生産者団体のうち総合農協は共同販売事業にとどまらず，産地食肉センターの運営主体として肉牛のと畜処理を行い，あわせて部分肉の製造を行っている．総合農協の経済部門の全国段階の連合組織である全農は牛肉の卸売（集分荷）機能の担い手としても台頭してきている．すなわち生産者の協同組合が牛肉産業を構成する経済主体として大きな位置を占めていることが特徴である．

2. と畜解体の産業的構造

日本のと畜場の公営は，明治期に制定された「屠場法」において衛生上，保安上の見地からと畜場は公共団体に優先的に設立経営させる原則がとられたことにはじまる（加茂，1976）．したがって，と畜場運営に関する行政上の所管は厚生省に属し，衛生業務の一環として運営されている．

と畜場は地方自治体が設立経営し，施設を食肉業者（食肉問屋）の利用に供し，利用者から施設利用料を徴収し，収入にあてている．利用にあたっては慣行的利用権をもつ業者によって利用組合が組織され，と畜解体業務が行われてきた．したがって，と畜解体は食肉流通の要ではあるが，事業上は卸に付随する形で存在してきたので，と畜解体事業それ自体の企業的発展はおこらなかった．

現在，と畜場は先にみたように食肉卸売市場併設と畜場，一般と畜場，食肉センターとに区分されるが，このうちの一般と畜場に以上のような旧来の形態を強く残している．

また，食肉卸売市場併設と畜場も同様の形態をとってきたが（もともと食肉卸売市場の開設にあたっては，と畜場に卸売市場が併設される形で開設された経緯がある），市場の移転，施設設備の更新を契機に，東京都，大阪市

をはじめと畜解体業務を自治体直営にするところが多くなっている．また，食肉卸売市場併設と畜場のと畜業務は生産者からの委託によって行われるシステムをとっている．と畜解体料金は生産者に請求され，生産者は肉牛をと畜してもらい，枝肉にしたうえで市場の荷受け会社を通して市場に上場するのである．

他方，食肉センターの経営は，表4-8に示したように，大きく分けて，(a)地方自治体によるもの（地方自治体直営，食肉センター運営業務を専門に行う一部事務組合の設立，地方公社の設立），(b)生産者団体の経営によるもの（単位農協および経済連の直営，食肉センター運営業務を独立して行う専門農協の設立，系統農協出資の系列会社＝株式会社の設立），(c)食肉業者団体の経営によるもの（食肉業者協同組合の直営，食肉業者協同組合の出資による株式会社の設立），(d)以上の3者の混合出資で設立された会社（株式会社）の経営によるもの，とに区分される．

1970年代半ば以降，(d)のタイプや，(a)～(c)のなかでも独立した会社組

表4-8 食肉センターの経営主体・企業形態

(件，%)

経営主体・企業形態		1981年		1987年	
			構成比		構成比
地方自治体	直営	10	16.4	14	15.7
	一部事務組合	7	11.9	7	7.9
	地方公社（特殊公益法人）	6	10.1	7	7.9
生産者協同組合	直営	5	8.5	11	12.4
	専門農協	1	1.7		
	株式会社	6	10.2	13	14.6
食肉業者協同組合	直営	2	3.4	4	4.5
	株式会社	3	5.1	2	2.2
混合出資による会社（株式会社）		17	28.8	34	38.2
合計		59	100.0	89	100.0
上のうち株式会社・地方公社		32	54.2	56	62.9

出所：経営主体・企業形態別食肉センター数の1981年は，新山『肉用牛産地形成と組織化』農政調査委員会，1985年，1987年は総務庁行政監察局編『牛肉の生産・流通・消費の現状と問題点』1990年9月．

表 4-9 と畜場の肉牛年間と畜規模別分布
(カ所, %)

規 模	と畜場数	同左シェア	と畜頭数シェア
1,000 頭未満	74	32.9	1.5
1,000～5,000	61	27.1	12.5
5,000～1万	51	22.7	27.3
1万～3万	36	11.8	41.3
3万頭以上	4	1.4	17.3

出所：農水省『畜産物流通統計』1998年.

織を設けて経営を行うタイプが増えており、資本の性格は公共的、協同組合的な色彩が強いが、事業は企業的に展開される傾向にある．その背景には、食肉センターのと畜処理能力の拡大、施設設備の大型化にともなう投下資本量の増大がある．しかし、それにもかかわらず資本が公共的、協同組合的な性格のものに限られ、私企業の参入が一部にとどまっているのは、先にのべたような法制度にかかわる歴史的経緯に加えて、肉牛のと畜解体事業そのものの収益性が低く（経常収支の均衡さえ実現せず、自治体や農協の本会計からの補塡を受けている例が多い）ことによると考えられる．

また、多くの場合、産地食肉センターにおいてもと畜解体業務は生産者および業者からの委託によって行われ、生産者、業者からと畜解体料金を徴収し、収入としている．自らの計算によって肉牛を仕入れ、枝肉を製品として販売するタイプの食肉センターは少ない．

以上、と畜場には3つの種類があるが、これらのと畜処理能力規模は表4-9のようになっている．3つの種類別の比較や長期の経年比較ができる資料がないので変化がわからないが、1万頭以上規模のと畜場のシェアが大きくなってきている．また、日本では1つの施設で牛と豚をはじめ複数の畜種のと畜を行うのが一般的である．

3. 部分肉製造・卸の産業構造と主体の対抗関係

以上に対して、部分肉の製造は食肉卸売業者、食肉加工メーカー、生産者団体の自らの事業として行われている．それぞれ部分肉製造工場をもち、自らの計算によって仕入れた枝肉を部分肉に加工し、販売している．

第 4 章　3つのセクターが錯綜する牛肉フードシステム（日本）　　139

(1) 3種類の主体の構造

　食肉卸売業者のうち，ごく少数は大手食肉加工メーカーに匹敵するような企業規模の業者があるが（たとえば，輸入割当制度のもとで牛肉輸入商社としても上位に位置していた，芝浦市場の食肉業者協同組合を前身とするゼンチク：現スターゼンや，神戸市場から発祥した日畜などはその例である），多くは販売先が地域的に限定されたローカルな営業活動を行っている．しかし後者の場合も事業規模は一様ではない．ローカルな業者のなかでも規模の大きい業者は，直接に産地集荷を行ったり，肉牛の契約生産・直営生産，ハム・ソーセージなどの加工，小売店の直営など，部分的ではあるが事業の垂直的統合を進めている．このような垂直的な事業の拡大は，1975-80年以降の卸売市場外流通，部分肉流通の進展という，牛肉流通の変化の中で競争力を確保することにねらいがあった．また，小規模な業者は部分肉製造と2次卸のみを行っているが，小売店を自営している場合が多い．

　食肉卸売業者の仕入れ先は，家畜商や産地家畜市場（生体で仕入れ，慣行的利用権をもつと畜場でと畜），食肉卸売市場（枝肉で仕入れ）である．こうして仕入れた枝肉を自らの所有する食肉加工場で部分肉に分割し，小売店（食肉専門店，スーパーマーケット），外食産業（料理店，食堂，給食業者など）に販売する．食肉卸売市場の仲卸業者や買参人のうち規模の小さい業者は部分肉加工を大手業者の食肉加工場に委託する場合も多い．

　食肉加工メーカーは，もとはハム・ソーセージなど食肉加工品の製造を本業としていたが，経済高度成長期の食肉消費増大にともなって生鮮食肉の取り扱いをはじめた．樋口・本間（1990），中嶋（1995）は，生鮮食肉の取り扱い比率は大手メーカーが大きく，中小メーカーは小さく，そこには大手メーカーにおいて生鮮食肉部門と食肉加工品部門との間に範囲の経済性がはたらいており，それが生鮮食肉部門への中小メーカーに対する参入の障壁となっていることを指摘している．大手5社の実績でみると，表4-10のように，現在では生鮮食肉の生産高や販売高が加工製品を大きく上回り，販売額で6割前後を占めるようになっている．また，大手食肉加工メーカーのなかでも

表 4-10　食肉加工メーカー大手 5 社の販売実績

(百万円，%)

		日本ハム	伊藤ハム	プリマハム	丸大食品	雪印食品
資　本　金		24,165	22,415	14,958	6,705	2,173
工　場　数		9	11*	6	26	3
売上高	1998 年	612,191	419,517	251,715	216,848	102,834
	90-98 伸び率	25.4	0.3	0.8	15.1	▲13.6
	86-90 伸び率	108.2	34.1	19.3	15.2	16.9
経常利益	1998 年	21,641	6,838	1,803	566	963
	90-98 伸び率	0.6	▲68.2	▲6.9	▲92.8	▲5.1
	86-90 伸び率	2.1	—	-16.7	—	6.4
販売実績	ハム・ソーセージ	1123,715 (20.2)	123,258 (29.4)	69,847 (27.7)	76,285 (35.2)	52,202 (50.8)
	調理・加工食品	120,340 (19.7)	78,743 (18.8)	35,675 (14.2)	73,491 (33.9)	8,787 (8.5)
	食肉・その他	364,317 (59.5)	217,516 (51.8)	146,191 (58.1)	67,071 (30.9)	41,841 (40.7)
	合　　　計	612,191 (100.0)	419,517 (100.0)	251,715 (100.0)	216,848 (100.0)	102,834 (100.0)
販売実績伸び率 90-98	ハム・ソーセージ	5.1	▲2.5	▲5.8	▲13.4	7.2
	調理・加工食品	68.4	80.1	56.3	18.6	467.6
	食肉・その他	21.9	▲12.4	▲4.2	100.8	▲18.2
	合　　　計	25.4	0.3	0.8	15.1	▲13.6

注：実績は金額ベース．雪印食品の販売実績の調理・加工食品は畜肉缶詰のみで，他の一般食品，輸入食材は除く．なお，伊藤ハムの 11 工場のうち 6 工場は貸与である．
出所：食肉通信社『2000 数字でみる食肉産業』372-373 頁，『1991 同』308-309 頁の表をもとに作成．原資料は各社決算報告，大蔵省「有価証券報告書」．

　資本金や販売高には大きな差があり，上位 2 社とそれ以下とでは 2 倍以上の差になっている．食肉生産実績，および原材料としての牛肉使用量も，上位 2 社の日本ハム，伊藤ハムがとびぬけて大きい．しかも上位 4 社は，世界の食肉・食鶏企業のなかでも最上位に位置するようになっている[6]．

　食肉加工メーカーの牛肉の仕入れ先は，生産者団体（産地食肉センターで処理された枝肉の購入），食肉卸売市場，他の食肉業者・家畜商などである．直営牧場をもち一部をそこから供給する例もある．大手食肉加工メーカーの場合は，全国各地に産地工場をもち，産地工場が窓口となって集荷を行い，産地工場で箱詰部分肉を製造するシステムをとっている．製造された部分肉

は，全国チェーンをもつ大手スーパーマーケットに販売されるほか，系列フード会社を通して，各地域のスーパーマーケットや食肉店に販売される．

　生産者団体の全農は，枝肉を生産者からの委託により販売するとともに，生産者から枝肉を仕入れ，農協系統の産地食肉センターにおいて部分肉にカットし，販売している．青森から九州までの各地域を4つの畜産センターによって管轄し，各畜産センター毎に枝肉・部分肉の集荷販売のシステムが形成されている．

(2) 主体間の対抗関係

　以上のように3者はそれぞれ出自が異なるが事業内容は近接してきており，部分肉製造と卸売段階における競争関係にある．しかし日本では，枝肉・部分肉の製造および販売段階での企業レベルのシェアに関するデータがなく，企業集中度にもとづく競争構造の把握ができない．そこで競争構造は3者の業種別の対抗関係を通して検討するにとどまる．

　各々の特徴として，食肉卸売業者は，食肉市場への買参により集荷面で食肉卸売市場に依存する度合が高い．食肉加工メーカーは，ハム・ソーセージなどの加工品の販売網とそのノウハウを基礎に，広域販売において利点をもっている．全農は，生産者団体として生産者からの委託販売を行うため，集荷能力の高さをあげることができよう．牛肉輸入自由化後には，輸入牛肉を取り扱う力の高い大手食肉加工メーカーと大手食肉卸売業者がより競争力を強めたものと考えられる．なかでも，食肉加工メーカー最大手の日本ハムが東京都中央卸売市場の有力な買参人となったことは，強固に築かれていた食肉卸売市場を核とした食肉卸売業者による流通経路の変貌を予期させるものといえる．

　生鮮牛肉流通における3者のシェアをみるのはやや複雑である．と畜場からの搬出段階でみると，前出の表4-7のような状態であり，食肉卸売業者（食肉問屋）が50.4％と半分を占め，ついで生産者団体（農協連）21.9％，そして食肉加工メーカー12.6％となっている．しかし，それがそのまま小売店や業務需要者に販売されるのではなく，大きな部分が流通業者間で取引

されている．表4-11に示したように，3者のあつかう量全体の6割が他の流通業者に販売されている．食肉流通業者と食肉加工メーカーはそれぞれの取り扱い分のほぼ半分を他の流通業者に販売しているが，全体に占める比率ではとくに食肉卸売業者が高い．したがって，最終的な小売店や業務需要者への販売段階でみたシェアはまた異なってくる．生産者団体では他の流通業者への販売が77%にのぼり，小売店などへの販売経路の確保がそれだけ弱いことを意味する．

なお，小売業者のなかでは大手スーパーマーケットのシェアが高まっている．チェーンストア上位5社の規模と食肉取り扱い比率を表4-12に示した．

消費者の食肉購入先調査では，スーパーマーケットが63.5%，専門店が19.6%，生協が14.8%，デパートが11.3%などであり，豚肉や鶏肉と比べると専門店とデパートの比率がやや高い（食肉通信社，2000，調査は98年12月）．

表4-11 食肉流通業者の牛肉の出荷先

(%)

出荷先 業者	小売業		外食産業	他の流通業者	その他
	食肉量販店	一般小売店			
食肉問屋	25.0	18.8	1.9	53.7	0.7
食肉加工業者	28.0	17.5	1.7	51.9	0.6
農協連など	17.1	4.6	0.2	77.4	0.8
全体	23.4	14.5	1.4	60.0	0.8

出所：食肉通信社『2000数字でみる食肉産業』，195頁表より転載．原資料は，農水省「畜産物流通調査」1996年5月．調査期間は1994年1月〜12月．

表4-12 チェーンストア上位5社の売上高

(百万円，％，店)

	営業収益	経常利益	食肉売上高	食肉売上高 食品売上高	精肉取扱店舗数
ダイエー	2,505,502 (0.1)	591 (▲97.6)	118,000	13.1	375 (375)
イトーヨーカ堂	1,546,435 (0.1)	69,645 (▲9.0)	75,000	13.1	158 (158)
ジャスコ	1,295,408 (7.8)	29,865 (11.7)	65,000	13.7	— (240)
マイカル	1,124,651 (6.8)	16,034 (33.4)	43,000	14.7	100 (142)
西友	1,004,581 (▲1.8)	8,502 (4.7)	52,000	12.4	199 (199)
上位5社計	7,476,577	124,637	353,000	—	— (1,114)

注：食肉売上高は，マイカルを除き食肉通信社推計．
出所：食肉通信社『日本食肉年鑑1998年』．

4. 輸入牛肉の仕入れ行動

輸入牛肉を取り扱う場合の行動の選択肢は，大きく分けて，自ら買付け業務を行うか，商社と契約し買付け業務を依頼するか，輸入されたものを日本の国内市場で買い入れるかである．この選択行動を規定する要因はかなり明瞭であり，直接買い入れを行うのはきわめて限定された業者である．

輸入牛肉買い入れに必要な業務は，買付け業務（情報を収集し，買い入れ先を決め，量・価格・時期の契約を行い，料金決済を行う）と貿易業務（船舶の手配，海上保険契約，通関手続き）に分けられる．狭義の直接買い入れとは，自ら（あるいは系列会社）が少なくとも買付け業務を行うことであろう．この場合も貿易は商社に依頼されることはある．

第1に，直接買い入れを行うと，製品原価＋輸送費用のみならず，買付け業務・貿易業務にかかる膨大なコスト負担が必要となる．すなわち，①情報収集費用をふくむ買付け業務費用，②貿易業務費用，③これらにかかる金利である．これらの業務コストにみあうだけの直接買い入れによる利益の有無が行動の判断基準となる．取引量が充分に大きく取引における規模の経済が必要である．

第2に，買付け・貿易業務にかかわるリスク負担が必要である．最大のものは，商品と関税にかかわる為替変動リスクであり，さらに買付け先市場と日本国内市場とのそれぞれの市場価格変動およびその差から発生するリスクがある．こうしたリスクの回避と処理は，業務経験の蓄積に依存する判断・処理能力に規定され，リスクが発生したときの負担能力は企業の資本力に規定される．

以上から，直接買い入れが行えるのは，需要量の大きい大手食肉加工メーカー，大手食肉卸売業者，加えて大手スーパーマーケットである．とくに，大手食肉加工メーカーや大手食肉卸売業者は，日本国内での全国的な集分荷機能と整備された配送網を基礎にして，外食産業や中小スーパーマーケット，食肉専門小売店等への輸入牛肉の国内卸売を行うことができる．買い入れのために系列貿易会社を設立したところもある．しかしなお，これらの業者も

貿易に伴うリスクのヘッジのため，商社経由の買い入れや国内市中拾い買いが並行されている．

　これよりも需要口数の少ない外食産業の場合は，単独で直接買い入れを行うにはリスクの方が大きい．リスクヘッジの必要から，商社経由の買い入れと，国内での大手食肉加工メーカー，大手食肉卸売業者からの仕入れが基本になる．

　さらに需要量の小さい中・小スーパーマーケットや食肉専門小売店は，国内での集分荷機能と整備された配送網をもつ大手食肉加工メーカー，大手食肉卸売業者からの仕入れが中心となる．その一方で，外食産業や，中・小スーパーマーケット，食肉専門小売店には共同仕入れという方式がある．

　他方，輸入割当制度の下で買い入れを一手に引き受けていた商社は，その機能が問われることとなった．独自機能となるのは，先にみた貿易業務であり，貿易業務の優位性から，大手需要者も商社経由のルートを残している．しかし，商社は，大手食肉加工メーカー，大手卸売業者等のように国内流通網をもたず，国内販売力に欠けることが弱点であり，系列食肉会社を設立し，国内の加工・卸売業務への乗り入れが進められているが，大手需要者の直接買い入れの進行により，シェアの縮小はさけられない．

　以上の国内輸入・流通業者に加えて，IBP，エクセル，モンフォートなどアメリカの大手パッカーが，日本事務所を設け，直接取引に意欲をみせた．しかし，直接販売は必ずしも成功していない．外食産業向けに長期肥育の高級牛肉の販売をめざしたグラナダは，中級程度の評価しか得られず，営業不振のため91年春に日本事務所を閉鎖した（「日本経済新聞」1991年6月14日付）．また，日本国内での加工・流通へと最も積極的な進出の動きをみせたのは，エクセルを系列におさめている，世界最大の穀物商社カーギルであるがこれも撤退した．日本法人カーギルジャパンが昭和産業との合弁によりカーギルフーズジャパンを設立し，90年に千葉県船橋に食肉加工場を設けた．飼料販売戦略と同様に，牛肉でも日本国内流通に直接のり出すことをめざしたが，91年秋に工場は営業を停止し，日本ハムに売却された．多頻度納入

を要求する日本の流通制度に対応できなかったことが原因と報じられた（同上，1991年11月20日付）．

このようななかで，シェア争いの先頭に立ったのは，大手食肉加工メーカーである．大手商社については輸入事業は著しく縮小され，食肉部門の人員整理，部門縮小が行われた．自由化をにらみ，オーストラリアなどに直営牧場を設けたところも多いが，日本向け輸出比率は小さく，アメリカ，東南アジアへ向けた多国間貿易へ転換している[7]（同上，1992年4月13日付）．

第6節　牛肉の取引と価格形成システム：垂直的調整

先にみたように，肉牛・牛肉の流通経路はいくつかの種類の流通施設を核にして交錯し，取引される生体，枝肉，部分肉等の商品形態の違いを加えると大変複雑であるが，これを肉牛・牛肉を商品とする抽象的な市場として大きく整理するとつぎの2つの段階になる．(1)肉牛の売り手である生産者と，買い手である集荷業者（家畜商，1次卸売業者）とによって形成される市場（取り引きされる商品形態は生体の場合と枝肉の場合がある），(2)枝肉および部分肉をめぐって形成される，1次卸売業者を売り手とし，2次卸売業者および小売業者・業務需要者を買い手とする市場である．

これらのなかで1次卸における大手食肉加工メーカーや食肉卸売業者，全農と，小売における全国チェーンの大手スーパーマーケットのシェアは高まりつつあるものの，先にもみたように生鮮牛肉について企業レベルの集中度は日本では把握されておらず，集中度からみた競争構造が特定できない．なお日本では，最も原子的状態にある弱小な多数の生産者は多くの場合農協を通して出荷し，市場には直接かつ個別にはあらわれない．

ここにおいて価格形成をめぐる交渉関係を明らかにしようとすると，以上の各々の市場について，再び具体的な取引の場と取引される商品形態にそくしてみていかざるをえない．価格形成のメカニズムは取引の場と商品形態，取引形態，取引方法によって異なる．とくに日本の特徴は，部分肉取引が増

加したとはいえ，まだ枝肉取引比率が高く，また取引の場として食肉中央卸売市場の占める比率が大きいこと，そこでセリによって形成される価格が公表されて建値を形成していることであり，これらが牛肉の価格形成システムの基本要素となっている．

1. 和牛肉の取引形態と価格形成システム

聴き取り調査（1990-91年）にもとづいて，取引の場と商品形態および取引形態別に価格形成の方法をまとめたものが表4-13である．また，調査対象の価格形成の方法を表4-14にまとめて示した．

まず，(1)の生産者と集荷業者（家畜商および1次卸売業者）との間の取引は，肉牛生体もしくは農協を介して枝肉で行われる．

肉牛が生体で取引されるのは現在ではほとんど家畜市場のみであり，ここではセリで価格形成（価格発見）がなされる．食肉卸売市場，産地食肉センター，一般と畜場ではと畜後の枝肉で取引される．この場合は，販売はいず

表4-13 肉牛・牛肉の商品形態，取引場所別にみた取引形態と価格形成の方法

商品形態	区分 取引の場	売り手	買い手	スポット取引 価格形成の方法	スポット取引 価格形成の基準・指標	先渡し取引 価格形成の方法	先渡し取引 価格形成の基準・指標
肉牛生体	家畜市場	生産者	家畜商，1次卸	セリ	—	—	—
枝肉	食肉卸売市場	生産者	1次卸	セリ	—	—	—
枝肉	産地食肉センター	生産者	1次卸	相対交渉	食肉中央卸売市場価格	市場相場スライド	食肉中央卸売市場価格（前月，前週）
枝肉	一般と畜場	生産者	1次卸	相対交渉	—	—	—
枝肉	個別			相対交渉	食肉中央卸売市場価格	—	—
部分肉 フルセット	個別，食肉流通センター	1次卸	2次卸 小売業者 業務需要者	—	—	計算式	食肉中央卸売市場価格，製造費
部分肉 単品	個別，食肉流通センター	1次卸	2次卸 小売業者 業務需要者	相対交渉（プライスリスト）	（参考要素）仲間相場，計算式	—	—

第4章 3つのセクターが錯綜する牛肉フードシステム（日本）

表4-14 日本の肉牛・牛肉の価格形成システム（1991年）

1. 1次卸の仕入時の価格形成

	A. 食肉加工メーカー	B. 生産者団体	C. 卸売業者（大阪）
枝肉	市場相場スライド（先渡し取引） 東京・大阪市場日経平均単純平均価格，規格：乳去勢B-3, B-2加重平均，月間平均を翌月，翌週へ適用	相対交渉（スポット取引） 着荷前後2～3日の市場相場平均	セリ
部分肉		フルセット：枝肉相場スライド（先渡し取引）前月平均，前半月平均を翌月，翌半月へ	―

2. 1次卸の販売時の価格形成

	A. 食肉加工メーカー	B. 生産者団体	C. 卸売業者（大阪）
枝肉	市場相場スライド 東京・大阪市場加重平均（地域により差）+歩留・経費加算，月単位平均	―	相対交渉
部分肉	計算式 枝肉市場価格から部位比により算出 信ぴょう性のある部分肉価格情報なし	フルセット：枝肉相場スライド 単品：価格表による指値 前月枝肉市場相場にスライドさせ公式により単品価格を算定 （相場+経費）×重量・単価すう勢値比	相対交渉 基準は部位別値つけ公式にもとづく価格 （枝肉市場価格+処理費+マージン）

3. 小売業者，業務需要者の仕入れ時の価格形成

	D. 大手スーパー	E. 大手スーパー	F. 食肉専門小売店	G. 外食産業
枝肉	相対交渉（月間契約） 東京・大阪市場枝肉月間平均価格基準	和牛：現物相対交渉（A-5のみ） 食肉卸売市場相場基準	現物相対：食肉卸売市場価格参考 先渡し取引：定額	和牛：年間契約 価格は生産費つみあげ
部分肉	フルセット：計算式（月間契約） 東京・大阪市場枝肉月間平均価格に歩留，加工賃，運送料等を加算	フルセット（乳去勢）：市場相場スライド（先渡し取引） 食肉卸売市場相場1週間単純平均基準規格B-3以上 単品：仲間相場	相対交渉 食肉卸売市場枝肉価格を基準に部位別系数をもちいて価格を算出．食肉流通センター価格情報を指標とする	―

出所：聴き取り調査にもとづいて作成．

れも農協に委託される．食肉卸売市場での価格形成（価格発見）はセリで行われ，その価格は公表されて建値を形成している．

　産地食肉センターにおける取引は，取引形態別に分けて検討する必要がある．計画出荷にもとづく先渡し取引の場合は，特定の食肉中央卸売市場相場にスライドさせて価格が設定されている（たとえば，東京・大阪の前月ないし前週相場の単純平均価格マイナス運賃差額などのように）．先渡し取引とは，数カ月先の商品の受け渡しについて，事前に量，品質，価格などを約定しておく取引の形態である．卸売市場相場にスライドさせる価格設定方法は，第6章でいうフォーミュラプライシングに相当する．スポット取引の場合は，同じく特定の食肉中央卸売市場相場を基準ないし指標にして，現物を検品しながら，相対交渉により値決めがされている．

　つぎに (2) の，1次卸売業者と2次卸売業者および小売業者・業務需要者との間の取引であるが，これらはほとんど業者間の個別相対で行われており，特定の取引の場はないのが普通である．ただし，そのなかでも，取引そのものは個別相対であるが，取引の場が提供されている（卸売業務を行う業者の団地として）のは，川崎と大阪に開設されている部分肉流通センターである．ここでは日々の取引結果をまとめて価格情報として公表し，部分肉建値を形成することがめざされている[8]．

　(2) の段階で取引される商品形態は主として部分肉になってきているが，部分肉フルセット取引と部分肉単品取引とでは価格形成の方法が全く異なる．

　部分肉フルセット取引の場合は先渡し取引の形態が多いようであり，所定の計算式にもとづき算定された価格による指し値が行われている．この計算式は，特定の食肉中央卸売市場相場を基準とし，部分肉製造費などの経費を加え，部位別の歩留まり，価格動向などを考慮した部位別係数（業者がそれぞれ自らのものをもっている）を乗じる方式が一般的である[9]．フォーミュラプライシングに該当する．

　これに対して部分肉単品取引の場合は，相対交渉により値決めがされる．その際の参考指標とされるのは，上記の計算式にもとづいて算出される部位

別価格や仲間相場の動向であり，大手業者ではそれらをもとにプライスリストが作成され，取引にあたって提示されている．また，食肉卸売市場の関連業者の場合は，卸売市場で取引される部分肉（取引量としてはわずかであるが）の価格表の公表を希望する業者が少なくないといわれる．

　以上の調査結果からみると，日本では食肉卸売市場外流通における枝肉取引はもとより，部分肉のフルセット取引の価格形成においても食肉中央卸売市場価格，なかでも東京都中央卸売市場と大阪市中央卸売市場との価格が基準価格として利用され，広く建値機能を果たしていることが確認される．

　これに対して部分肉単品取引の場合は，基準なしの相対交渉が行われ，取引双方に共通の基準として認められるような基準価格（建値）は存在しない．しかし，アメリカの場合のように全く参考要素がない（つまり，前日の取引実績と交渉過程での相場感のみ）わけではなく，上記にのべた部位別係数を用いて部位別価格を算定し，プライスリスト作成の参考要素にしているところが多い．しかし，現在のところ，食肉流通センターが部分肉の建値機能の確立をめざして公表している部分肉価格情報は参考要素にはあげておらず，取引価格の事後チェックの機能も果たしてはいない．同じ部位でもよせ集めの傾向があると表現されるように，各部位の基準アイテムが明確でないことが障害になっているようであり，それを明確にするためにはカット基準が必要であろう．

2. 乳用種牛肉の価格形成システムの変化

　牛肉輸入自由化後4年を経た97-98年の調査[10]によれば，食肉中央卸売市場の相場を建値とした牛肉の価格形成システムが，乳用種牛肉において崩れてきており，現在新たなシステムが模索されている状態にある．調査は大手食肉加工メーカー，大手食肉卸売業者，大手量販店の上位数社について行った．

　和牛肉の価格形成システムはいずれの業者においてもほぼ共通に従来通りであった．

しかし，乳用種牛肉については，いずれの業者も，食肉卸売市場の相場，とくに東京市場のそれが不安定になり，取引の基準価格としては使えなくなってきているとみている．原因は食肉中央卸売市場における乳用種肉牛の取引頭数が激減していることにある．1日数頭しか上場されない状態が増え，価格が需給実勢を反映したものとはいえなくなっているという．1996年の乳去勢牛についてみれば，年間総取引頭数が大阪市中央卸売市場は16,706頭，東京都中央卸売市場12,056頭であり，最多等級が大阪でB-3の5,059頭，東京でB-2の4,590頭である（取引の最多月で，大阪483頭，東京518頭である）．もし1日の上場頭数が平均10頭としても，1月に200頭程度の取引頭数になる．しかし年間を通してこれを満たすのは，大阪ではB-2，B-3，C-2の3つの等級のみである．東京の場合はさらに少なくB-2，B-3の2つの等級しかない．この実状は当業者の見解を肯定する．

しかし，食肉卸売市場相場を取引の基準価格とする旧来のシステムにかわる新たなシステムが確立されるにはいたっていない．現段階では業者によってさまざまな方法が採られている．

仕入れ時には，食肉卸売市場相場基準および，正肉価格と食肉卸売市場相場の加重平均基準を並行して使用している業者，食肉卸売市場相場，仲間相場，需給実勢など複数要素を勘案している業者などさまざまである．製品（正肉）価格から再構成した部分肉セット価格を基準に用いる方向を模索しているところもあるが，実現は容易でなさそうである．

販売時には，部分肉セット販売，量販店への販売は，1カ月程度の先渡し契約で行われる場合が多く，この場合には，仕入れ相場（枝肉市場相場が用いられる場合もある）を算定基礎として，マージンまたは加工コスト＋マージンを積み上げて等級別に価格設定をする方法がとられている．豚肉の場合は，食肉中央卸売市場のシェアが低下しているものの（1997年には17.8％），食肉中央卸売市場価格を基準とし，加工コスト＋マージン積み上げで等級別に価格設定する方法が定着している．

第7節 む す び

　日本の牛肉の供給構成ははじめにみたように大きく変化し，輸入牛肉の供給量が著しく増大した．しかし，味と安全性から，国産牛肉なかでも和牛肉に対しては消費者の強い嗜好が確認される．牛肉輸入自由化後はそのような需要を背景にして，日本の固有種である高品質な和牛肉に生産がシフトしてきたことをみた．その生産の構造においては，現在の市場制度の下では中小の経営の存続は困難であり，再生産が可能な大規模な企業的な経営がますます増大していくものと考えられる．

　フードシステムの中心部の構造においては，公的な機関と資本が介在し，農業協同組合の位置が大きいが，私企業の大手食肉加工メーカー，大手食肉卸売業者の位置も大きく上昇してきており，公的，協同組合的，私的の3つのセクターが共存している様子をみた．

　そのなかで，と畜解体が主として委託業務として行われており，その構造に大きな変化がみられないことがとくに大きな日本の特徴である．アメリカを筆頭にヨーロッパでも進んでいると畜解体から卸までの業務の総合化は，農業協同組合と一部の企業にとどまっている．

　食肉卸売市場は，乳用種の取り扱いにおいてはその位置が著しく低下しているが，和牛に関しては逆の傾向が生じている．牛肉輸入自由化後に高品質和牛に生産が傾斜した結果，銘柄の確立・強化と品質評価を求めて食肉卸売市場に出荷先が回帰され，ふたたび食肉卸売市場の位置を引き上げるという現象が生じている．これも日本に特徴的な現象であり，あえていえば高い品質を求める日本の牛肉消費の特質がその基盤となっている．

　競争構造において大手業者のシェアが大きくなっているものの，和牛肉の価格形成システムにおいては，原子的な競争の状態を反映した，食肉卸売市場における価格発見とその公表価格（需給会合価格）を基準とする建値システムが維持されることをみた．和牛肉取引における食肉卸売市場の位置の安

定化はこのシステムの維持に寄与する．その限りでは価格形成をめぐって大手企業の市場支配力は働きにくい．

しかし，その一方でもっとも伝統的な食肉卸売市場＝食肉卸売業者の流通の領域に大手食肉加工メーカーが食い込みはじめたことから，慣行的な構造は変化していくことが予想される．その契機となったのも牛肉輸入自由化である．しかしまた牛肉においては，ローカルな食肉卸売業者や食肉加工メーカーの位置もきわめて大きく，構造の変化はそれほど単線的ではないだろう．すでに大量生産，大量流通に依拠して大量に供給される均一な製品だけでは消費者の要求はみたされなくなり，個性的で職人的な手づくりの製品への嗜好が強まっている．生鮮食肉ではこのような識別は食肉加工品ほど有効には働かないが，農場との近接性や企業の地域性を生かした手づくりの食肉加工品の生産・販売と結合することも中小業者の存続に新たな基盤をあたえる．

とはいえ今後とも，枝肉取引と枝肉の建値形成を行う食肉卸売市場の存立意義がどのように残り得るか，地方営業を行う中・小業者の存立基盤がどのような形で維持されるか，それに対して全国営業を行う全農，大手食肉加工メーカー，大手食肉卸売業者による牛肉流通の掌握がいかに進められるかが，フードシステム中央部の構造変化の大きな焦点となろう．それを左右するのが，と畜解体と部分肉製造工程の技術的・企業形態的あり方および規模の経済性の発現状況であり，他方において製品および納品サービスに求められる特性であろう．

食肉の衛生・安全性問題とそれへの対策について本章ではとりあげられなかった．日本では，1996年夏のO157による大規模な食中毒の発生後，生鮮食肉に関してはと畜施設へのHACCPの導入が決定され，家畜生産段階ではHACCPを導入するためのモデル事業がはじまった．また食品の表示の義務づけが導入された．これらについては別稿（新山，1999）を参照されたい．2000年夏の雪印食中毒事件後に改善が図られてはいるが，厚生省のHACCPの審査の制度は検査員も少なく，申請時のシステム作りに対する地方自治体の支援体制や認可後の定期検査の体制がきわめて弱い．アメリカ

第4章　3つのセクターが錯綜する牛肉フードシステム（日本）　　153

の食肉における体制などと比べるとさらに抜本的な改善が必要であろう．また，ヨーロッパで進んでいるような農場から食卓までの一貫した衛生・安全性を含む品質管理と保証のシステム作りにどのように取り組んでいくかもこれからの課題であろう．そのような課題に取り組むには関連業界の合意を形成できる連合組織の存在が不可欠である．

注
1) 部位別価格の競合関係は，茅野（1993），堀田（1999）を参照されたい．
2) 生産段階の構造変化については，詳しくは新山（1997）を参照されたい．
3) 12月メニューには，すきやきが21.0％，シチュー，肉じゃが，しゃぶしゃぶ，野菜いためで23.8％を占める．他方，焼き肉，ステーキはあわせて24.6％である．これら冬のメニューの比率はあまり変化していない．6月メニューではすきやきが6.7％である（91年には7.7％）．野菜とともに食べる料理があわせて26.2％となり，91年の20.6％より大きく増加している．焼き肉，ステーキが30.4％であるが，これらは91年の37.2％から減少している（食肉通信社，2000資料にもとづく）．
4) 松本（1997）によれば，牛肉の選好に関する因子分析結果から，寄与率の高い方から順に，「安全性」，「鮮度」，「簡便化」，「低価格」，「食味」，「かかわり」，「輸入牛肉」，「ブランド」の各因子が検出されている（累積寄与率0.416）．調査は96年11月に行われたものであり，調査対象は京都，大阪の30〜60歳代の女性211名（52.6％が生協パート組合員，14.2％が大学生の母親，33.2％が小学生の母親）である．「かかわり」とは，環境問題や農家との交流，地域農業・日本農業の発展への寄与などの農業との関わり意識である．

戸曽（1992）は，ヘドニック評価法をもちいて東京都中央卸売市場と大阪市中央卸売市場の牛枝肉の品質の価格評定を行っている．それによれば，表4-15のように「BMS（脂肪交雑基準）」と「締まり」の2つの格付け明細項目について，ランクが高くなるほど高い価格が帰属することが明らかにされている．とりわけBMSについては，図4-4からより明らかなように，脂肪交雑等級の5に該当するBMS. No. 8〜12においてとくに価格評定が右肩上がりのカーブを描いて高くなっており，和牛肉の食味に対する日本の固有の需要を立証している．データは，両市場の91年4月1日〜5日までの格付け明細書である（和牛去勢は大阪323頭，東京947頭）．なお，牛肉価格のヘドニック分析に関してはLin and Mori（1992）があるのであわせて参照されたい．
5) 家畜市場は「家畜取引法」にもとづいて開設され，県知事への登録を必要とする．購買者は「家畜商法」にもとづく家畜商の免許をもつものに限られる．

表 4-15　和牛去勢(東京)の格付け明細項目に関する価格評定

$R^2=0.8558$

〈規格等級と格付明細項目の相互関係〉

変　数	係　数	標準誤差
定数項	777.22	68.46
BMS. No 8	222.76	26.58
BMS. No 9	324.68	29.17
BMS. No 10	441.49	31.42
BMS. No 11	679.14	35.42
BMR. No 12	1,059.54	40.15
BCS. No 4	−55.38	21.58
BCS. No 5,6,7	−142.08	26.75
光沢 4,5	137.42	73.17
締まり 2	371.21	49.68
締まり 3	824.11	51.45
締まり 4,5	1,085.73	88.83
脂肪の光沢と質 5	133.47	27.84
胸最長筋面積	1.84	1.13
その他②	−211.17	87.20

① 歩留等級 ─ 歩留基準値 ─ 胸最長筋面積
　　(A～C)　　　　　　　　ばらの厚さ
　　　　　　　　　　　　　枝肉重量
　　　　　　　　　　　　　皮下脂肪の厚さ
　　　　　　 ─ その他（補正）

② 肉質等級 ─ 脂肪交雑等級 ─ ＢＭＳ．No. 1～12
　　(1～5)　─ 肉の色沢等級 ─ ＢＣＳ．No. 1～7
　　　　　 ─ 肉の締まり及 ─ 光沢　　　 ┐
　　　　　　 びきめ等級　　　締まり　 ├1～5
　　　　　　　　　　　　　　　きめ　　 ┘
　　　　　 ─ 脂肪の色沢と ─ ＢＦＳ．No. 1～7
　　　　　　 質等級　　　　　光沢と質　1～5

③ その他，品質に関わる要因
　　瑕疵（キズ）
　　未経産・経産・廃牛

出所：戸曽美乃『牛肉規格・格付の価格評定に関する計量分析』京都大学農学部農林経済学科卒業論文，1992年より転載．

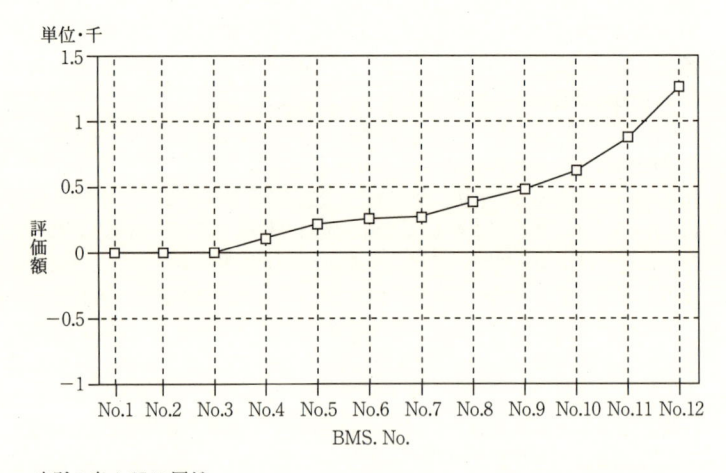

図 4-4　BMS. No. の評価額（和牛去勢・東京）

出所：表 4-15 に同じ．

第4章 3つのセクターが錯綜する牛肉フードシステム（日本）

免許取得者は1997年には54,920人（個人91.9％，法人1.2％，使用者6.9％）を数えるが，専業者は少なく，多くは農家や業者・農協の職員である．

6) Nunes（2000）の調査によれば，日本ハムがアメリカのIBP，コナグラ，カーギルについで世界ランク第4位に，伊藤ハムはアメリカのタイソンフーズについで第5位にランキングされている．プリマハムが11位，丸大ハムが14位であり，17位には大手食肉卸売業者のスターゼンが入っている（表4-16）．

なお，上位14社まではアメリカと日本の企業が占めており，ヨーロッパ企業は，15位にデンマークのデニッシュクラウン（Danish Crown AmbA），16位にフランスの協同組合系企業グループソコファ（Groupe Socopa），18位にドイツの協同組合系企業ノルドフライシュ（CG Nordfleisch HG），19位にドイツのモクセル（A. Moksel）が入るという構成になっている．ドイツの協同組合系企業ズートフライシュ（Südfleisch）は21位である．

日本の食肉加工メーカーの事業展開を日本ハムを例に簡単にみておこう．日本ハムは，1942年に徳島県で設立されたが，本業の食肉加工・販売から出発して，70年前後から直営農場，加工食品製造・販売，水産加工，外食産業に進出した．また70年代後半からは，子会社の設立と海外企業の買収によって海外事業進出が行われている．93年現在，195の関連会社をもつにいたっている．

農場および規格肉製造では，知床ファーム，鹿児島日本ハムなどで，養鶏，養豚の直営生産と食肉・食鶏肉の製造を行っている（関連会社19社）．ブロイラー部門には1968年に進出している．ハム・ソーセージの製造・販売には，最初に設立された北日本ハムを含め24社が設けられている．食肉販売会社にはジャパンフードなど55社がある．加工食品の製造・販売では，75年にレトルト食品に進出して以来，ドライフーズ，総菜などに事業が広げられており，

表4-16 世界の食肉・食鶏企業上位20社

(1億US$)

会 社 名	販売額	本 国	会 社 名	販売額	本 国
1. IBP	14,075	アメリカ	11. プリマハム	2,667	日本
2. コナグラ	13,749	アメリカ	12. オスカーマイヤー	2,600	アメリカ
3. カーギル	9,000	アメリカ	13. ペルデューファーム	2,500	アメリカ
4. 日本ハム	8,034	日本	14. 丸大ハム	2,285	日本
5. タイソンフーズ	7,400	アメリカ	15. デニッシュクラウン	2,169	デンマーク
6. 伊藤ハム	4,244	日本	16. グループソコファ	2,048	フランス
7. サラリー	4,100	アメリカ	17. スターゼン	1,973	日本
8. ファームランドグループ	3,814	アメリカ	18. ノルドフライシュ	1,699	ドイツ
9. スミスフィールド	3,775	アメリカ	19. モクセル	1,670	ドイツ
10. ホーメル	3,358	アメリカ	20. グランピアン	1,907	イギリス

注：16位企業の販売額は推計．
出所：*Meat & Poultry,* October 2000.

食品会社21社をもつ．水産加工・販売の分野にも81年にマリンフーズの再建を依頼されたことを契機に進出している（35社）．外食分野は73年に設立された日本ファインフードなどがある（3社）．

海外会社は，オーストラリア（78年），シンガポール（87年），ニュージーランド（89年），ブラジル（89年），台湾（89年），イギリスなどに広げられている（18社）．タイにはカーギルとの合弁が設立されている（89年）．また，海外企業買収では，デイリーフーズ（ロサンゼルス：77年），オーキーアバトゥア（オーストラリアと畜企業：87年），ワイアラ牧場（オーストラリア：88年），MQF（オーストラリア：89年），レドンド（ハワイ・ソーセージメーカー：90年）を傘下に入れている（以上は同社資料にもとづく）．

7) 牛肉生産・食肉加工に関する日本企業の海外進出については，松木（1990），鈴木（1992）に詳しい．
8) 部分肉流通センターは，財団法人日本食肉流通センターによって開設されている．東京は1979年に，大阪は1990年に開業された．
9) 部分肉部位別価格が枝肉価格からのコスト積み上げで形成されていることは，その後石田（1994）によって実証されている．
10) 調査は文部省科学研究費補助金研究（藤谷築次代表「農産物卸売市場の機能と制度に関する理論的実証的研究」）によって，1996-97年に行ったものである．

第5章　産地食肉センターの企業構造と企業行動

第1節　はじめに

　これまでの日本の産地食肉センターに関する研究は市場・流通論研究の分野でなされており，食肉の市場構造を解明する一環として，日本の市場制度のなかでの生産者団体（農業協同組合），家畜商・食肉問屋，食肉加工資本の間の対抗関係の分析を基礎にして，産地食肉センターの流通機能を明らかにしようとするものであった[1]．これに対して，産地食肉センターの企業構造や管理運営および経営行動を解明し，それが食肉の処理や流通など産地食肉センターの機能に与える影響を明らかにしようとするものは少ない．

　産地食肉センターの多くは，地方自治体の衛生業務として行われていたと畜場を改編したものである．後にのべるように，地方自治体のと畜場経営は，自治体自らがと畜業務や食肉販売等の営業活動を営むものではなく，単なる建物施設の提供にとどまるものであることが多い．産地食肉センターも初期に設置されたものは，同様の機能にとどまるものが多く，この段階では食肉センターそのものの企業経営展開はほとんど問題になることはなかった．

　しかしその後，産地食肉センターは，企業経営体として自立化し，企業形態が大きく変化している．それは，1970年代半ば頃から80年代半ば頃までの間に，産地の生産規模が拡大して流通対応が進展し，産地食肉センターは産地の枝肉出荷基地として販売機能を合わせもつようになったこと，また，と畜解体機械類の開発導入によって施設設備が近代化され，施設規模が著し

く拡大したことによる．大型施設への移行にともなって，投下資本量と雇用労働量が著しく増大し，産地食肉センターの管理運営のために独自の資本をもつ経済的組織体が形成されるようになったのである．その経済組織体は，株式会社形態をとる独立企業であり，かつ公的資本の導入をともなう公的性格をもつ企業である．

牛肉フードシステムにおける産地食肉センターの位置を明らかにするには，歴史的に形成された食肉流通をめぐる競争構造や制度的諸条件による制約側面とともに，産地食肉センターそのものの企業構造から生まれる経営管理の性格と経営行動によってもたらされる動きとをみなければならない．産地食肉センターが企業経営体として自立化するプロセスでは，公共企業的性格に起因する業務形態の制約，そこから生まれる固有の経営問題とそれに対応する行動が，フードシステムにおける食肉センターの機能を方向づけるからである．

そこで本章では，食肉センターの企業としての内的構造とそれに規定された経営目標はいかなるものであり，目標の達成のために要請される経営の方向性と，食肉流通をめぐる競争構造や制度的諸条件との間の相互作用から生まれる経営行動，そして食肉センターの機能にはどのような特質があるかについて分析を進めたい[2]．

次節ではまず，産地食肉センターの企業構造の変化をその要因とともにとらえる．

第2節　独立企業化のプロセス

1. 単なると畜場から営業的食肉処理施設へ

もともと日本のと畜場は，「屠畜場法」にもとづく衛生業務として地方自治体によって運営されていたが，多くの場合，そのような既存の一般と畜場を改編，統廃合する形で，産地食肉センターの設置が進められた．1960年から80年までの20年間に約400カ所のと畜場が廃止され，1980年には114

表5-1 設立主体別と畜場数の推移と食肉センター設置数

	総数			設置主体別				食肉センター設置数	
	一般と畜場	簡易と畜場	合計	都道府県	市町村	会社	組合・その他	新設	増設
1960年	730	145	875	6	581	288		—	—
65	699	128	827	15	546	266		55	4
70	622	75	687	30	465	192		21	16
75	508	51	559	26	361	78	84	11	6
80	449	38	487	32	296	103	56	27	21
85	416	34	455	37	246	108	59	11	20
90	378	29	407	33	211	106	57	4	2
96	312	24	336	29	160	94	53	4	39
合計	—	—	—	—	—	—	—	133	107

注：食肉センター設置数は，1960年以降の5年間ごとの設置数．
出所：農水省食肉鶏卵課編『食肉便覧平成10年』中央畜産会．原資料は，厚生省大臣官房統計情報部編「衛生行政業務報告」．

カ所の食肉センターが設置された．食肉センター設置数は，現在133カ所となっている（表5-1）．

食肉消費の習慣がなかった日本では，明治時代に入って，外国人居留地向けの肉の供給に端を発し，牛鍋等の形で牛肉の一般消費がはじまるようになった．これにともなってと畜場も設立されはじめ，業者の私営と畜場が多数生まれた．しかし，衛生管理やそのための制度が未整備で，牛疫が流行した時には病牛，死牛を販売する者があらわれた．府県警察によって取締規制が設けられるようになったが，統一性を欠いたために業者から批判が強まり，国の法制定に向けて働きかけが行われた（以上，加茂，1976にもとづく）．

このような背景から，1906年（明治39年）に制定された「屠場法」では，衛生上，保安上の見地にたって，と畜場は公共団体に優先的に設立経営させることとされ，そのために優遇や規制の処置が設けられた（加茂，1976）．その後，1953年（昭和28年）制定の（新）「屠畜場法」では公営優先規定がとりのぞかれたが，ともかくも旧「屠場法」制定以来，日本のと畜場は地方公共団体によって設立経営されることが一般的になったのである．食肉センターへの再編による新しい経営主体の出現は，このような日本に固有の歴史

的経路のなかでの変化の過程としてとらえられる．

　旧来のと畜場は，物的施設としての機能しかもたない単なると畜場としてとらえられるが，それはと畜場がつぎのような運営形態をとってきたためである．と畜場は，地方自治体が開設するが，施設は食肉業者などの利用に提供し，利用者から徴収する施設利用料を収入源として運営するものであった．利用にあたっては慣行的利用権をもつ業者によって利用者組合が組織された．と畜解体業務は利用者組合が行い，作業は業者に雇用された作業員（と夫）によって行われていた．地方自治体のと畜場運営は，地方公営企業のひとつにふくめられるが（地方自治法第2条），利用者である食肉業者に営業活動を行わせるためのものであり，開設者である地方自治体自らが営業活動を行うものではない．ここでは，地方自治体の業務は，建物施設の提供と衛生上の指導管理であった．

　食肉センター設立の初期の事業では，枝肉の冷却・冷蔵施設の設置と枝肉輸送用の冷蔵トラックの導入が行われ，それが既存のと畜場に併設される形をとった．と畜解体施設，部分肉処理加工および内臓処理施設，そして冷凍トラックなどの輸送手段をもつ総合的施設が設置されるようになったのは，1970年代半ば頃からである．

　したがって，第4章でのべたように，食肉流通の近代化を目的とした食肉センター設置事業には，生産者団体の出荷基地としての機能を果たすという政策意図がありながら，当初の事業で設立されたものには，地方自治体営のと畜場と何ら変わらず，施設を食肉業者の利用に提供し，その利用料金によって施設を運営する事業形態をとったので，単なる物的施設としてのと畜場の機能しかもたないものが多かった（1980年現在に稼働中の食肉センター109カ所のうち30％を占めていた[3]）．なかでもそれは，食肉センターの運営主体別にみると，地方自治体の運営するものに多い傾向がみられた．表5-2にまとめたように，地方自治体営の食肉センターでは，と畜解体作業が依然として，食肉業者組合，と夫組合，業者・個人商店によって行われていることから，それが裏づけられる．このような食肉センターは，地域的には，

第5章　産地食肉センターの企業構造と企業行動

表5-2　食肉センターの運営主体とと畜解体作業形態

食肉センターの運営主体 \ と畜解体作業の運営主体	直営		業務委託		食肉業者組合		と夫組合		業者㈱・個人商店		不　明		合計
作業員身分	職員	請負	職員	請負	職員	請負	組合員	請負	職員	請負	職員	請負	
独立企業体　㈱公社	15		2										17
独立企業体　㈱系統農協	6												6
独立企業体　㈱食肉業者	2	1											3
独立組織体　地方公社	5		1										6
独立組織体　一部事務組合	3	2			1	1							7
独立組織体　農協法人	1												1
直営　地方自治体　町・市	1		2		2	1	1		2		1		10
直営　生産者協同組合　経済連		3					1						4
直営　生産者協同組合　単位農協	1												1
直営　食肉業者協同組合	2												2
直営　不明											1	1	2
合計	36	6	5		4	2	1		3		2		59

出所：食肉通信社『食肉流通基地の現状』1982年の卸売市場を省く食肉センター概要より作成．

　大消費地の後背地の関東諸県やその他の消費地近郊に多く立地していた．このような地域では，食肉センターに改変される前のと畜場の利用権をもっていた伝統的な食肉業者の力が強く，食肉業者の利用上の自由度が高い事業形態が残されたものと考えられる．

　それに対して，1970年以降の事業によって設置された食肉センターは，営業的食肉処理出荷施設に転換している．生産者団体の産地における肉畜の処理・出荷基地としての機能をもつもの，さらに，市場機能をもったり販売活動を行うものが増えたためである（1980年現在，各々，18％，47％の比率であった．後者のうち，2割強は食肉地方卸売市場として認可されている[4]）．これらでは，先の物的施設を提供するだけの単なると畜場としての食肉センターとは異なり，と畜解体や部分肉処理業務が直営で行われるようになっている．と畜解体作業直営の食肉センターの運営主体は，表5-2からわかるように，公社，農業協同組合系統組織または食肉業者が出資する株式会社の形態（独立企業体）をとるものが多く，ついで，地方公社，一部事務

組合，専門農業協同組合など食肉処理のための独立組織体を形成しているものが多い．営業的食肉処理出荷施設への転換によって，食肉センターが独立した企業体を形成するようになったのである．

2. と畜解体作業の直営化と雇用関係の発生

と畜解体作業が直営化された独立企業体や独立組織体の食肉センターのと畜解体作業の労働の性格に着目すると，請負作業形態もみうけられるが，多くは職員労働である（表5-2）．したがって，と畜解体作業を直営で行う営業的食肉処理出荷施設では，当然のことながら，恒常的な雇用関係が発生する．これが，既存の一般と畜場や，それ以前の物的施設としての機能しかもたない単なると畜場タイプの食肉センターとは大きく異なるところである．

ただし詳細にみると，直営作業を行う食肉センターのなかでも，一部事務組合営[5)]や経済連営の食肉センターでは作業が請負作業員によって行われており（表5-2），また，一般と畜場や食肉卸売市場併設と畜場と同じように，解体作業，内臓の清浄作業などを取引関係にある内臓原皮業者が手伝っている場合もある．さらにすでにみたように，物的施設の機能しかもたない地方自治体営の食肉センターは，と畜解体業務を外部に発注しているので，と畜作業上の雇用関係が発生しない．このように，食肉センターにおける雇用関係の増大には，地方自治体 → 農業協同組合（経済連）・一部事務組合 → 株式会社という運営主体が対応している．いいかえれば，行政の一部門 → 経済組織体の一部門・独立行政組織 → 独立企業体という対応関係になる．

食肉センターにおけると畜解体作業の雇用関係の発生が，独立企業体を形成する要因となることは，つぎのように整理できる．食肉センターでは，と畜解体を行う現業部門に労働力を最も多く必要とするので，作業員が職員として雇用されるようになると，食肉センターの雇用労働量は著しく増加する．と畜解体作業を直営で行う食肉センターの総従業者に占める現業部門の比率は，7割弱から9割弱に達する[6)]．このような雇用量の増大は，人件費を著しく増大させ，会計規模を膨張させるとともに，生産管理や労務管理の必要

が発生する．このことが，食肉センターの経営構造，経営組織を質的に変化させるのである．

3. 施設の近代化・大型化と初期投資の増大

さらに，1975年より開始された「総合食肉流通体系整備促進事業」では，既存の地方自治体営と畜場を統廃合し，県下一円を単位とするような広域集荷圏が設定され，これによって建設される施設規模はそれまでより格段に大きくなった．1日当たりと畜能力は，基幹施設では豚換算で800～1,200頭，補完施設では300頭となった．牛のみのと畜能力は10頭前後から170頭まで幅が大きいが，1997年度までに100頭規模施設が13カ所，150頭規模が4カ所，170頭規模が1カ所設立されている（後掲表5-3下段）．現在までに，基幹施設新設が32カ所，増設40カ所，補完施設新・増設が23カ所，高度加工施設5カ所，副産物処理施設4カ所にのぼっている．

このような施設規模の拡大にともなって，建設事業費は著しく増大している．国の助成額より算定した各補助事業毎の補助対象事業費総額は，総合的施設設置を行うようになった1970年以降の事業から平均3億円を越えるようになり，上述の75年以降の「総合食肉流通体系整備促進事業」による大型施設では平均10億円を上回り，さらに，79-80年以降の新設施設では20～30億円にものぼるようになった．

近年の新設施設では，自動皮剥ぎ機や自動背割機などのと畜解体機械やオンラインシステム設備などの導入による施設の近代化が顕著であり，作業の合理化が進んだと同時に建設費中の設備費の増大をもたらしている．解体用機械の導入は，73年頃から75年以降に進んだ．と畜解体作業は，古くは同一人が同一箇所で工程のすべてを行い，と体を豚の場合は台上に，牛の場合は床の上に寝かせた状態のまま，豚では1人，牛では数人の作業員によって解体作業が行われていた．これに対して現在の大半のと畜場では，基本的施設・設備として，電撃器（豚）ないしノッキングハンマー，ノッキング銃（牛），背割用自動鋸，と体懸垂用電動ホイスト，高架レールを設えており，

懸肉レールのライン内に作業工程順に作業場が配置され，分業と流れ作業が行われている．

さらに，豚では1973年頃から豚皮剥ぎ機械，77年頃から豚自動背割機が普及し始め（普及率は各々，80年に49.0%，12.8%），従来の作業で最も熟練を要し，重労働であった皮剥ぎ，背割工程が著しく改善された[7]．牛の場合は，豚ほど機械化が進んでいないが，オーバーヘッドコンベア，エアーナイフ，ハイドストリッパー（背部皮剥ぎ機）を備えた施設が増えている（80年の普及率1割弱程度）[8]．またかつては，工程毎のと体の上げ降ろしや，懸肉レールでの人手による移動搬送など，付随作業が多かったが，70年代半ば以降に設立された大型施設においては，と体を懸垂状態のまま最終処理まで流れ作業で行えるような懸肉鈎の自動搬送設備をもつオンレール方式が採用されるようになり，作業のスピードと能率が向上した[9]．

このようなかつては熟練を要したと畜解体工程の機械化は，食肉問屋によると畜解体をめぐる技術的独占を排除し，前項でみた食肉センター経営主体の雇用職員による直営作業を可能にする技術的条件となった．同時に，適性処理規模が著しく上昇することになり，集荷圏を拡大することが必要になった．集荷量が計画通りに確保されない場合には，施設能力と稼働率との間に従来以上に大きなギャップが生じる可能性が生まれた．

またさらに，と畜解体処理に付随する，急速冷凍・冷蔵施設，部分肉処理のコンベアシステムなどの導入，副生物処理加工の進展，汚水・汚物処理施設の改善などの，周辺処理も含めた一貫した施設が配置されるようになった．とりわけ公害対策のために，汚水・汚物処理施設には私企業にはない採算性を別にした大きな設備投資が行われている．

以上のような，と畜処理能力，および部分肉処理能力の増大（＝事業規模の増大）とそれにともなう初期投資額の著しい増大が，施設運営のための独立企業体の形成をもたらすもうひとつの要因となった．それを「総合食肉流通体系整備促進事業」により設立された食肉センターについて確認する（表5-3）．基幹施設新設の場合，豚換算と畜処理能力は800～1,000頭規模の大

第5章　産地食肉センターの企業構造と企業行動

表5-3　大規模食肉センターの運営主体と処理能力

(A)「総合食肉流通体系整備促進事業」により設置された食肉センター（1970-82）

運営主体		補助対象事業費（億円）					処理能力（豚換算）（頭）				合計
		～1	1～5	5～10	10～20	20～30	500～800未満	800～1,000	1,000～2,000	2,000以上	
基幹・新設	（株）公社				6	4	1	6	3		10
	（株）農協系統		1		4		1	4			5
	（株）その他					1	1				1
	社団法人公社				1			1			1
	県				2			2			2
	市				1			2			2
	その他				1		1				1

(B) 大家畜に関する大規模食肉センター一覧（1975-97）

牛と畜規模	食肉センター名	事業主体，大家畜部分肉処理能力(頭)		事業開始年度
100頭規模	釧路食肉センター	（株）北海道畜産振興公社	60	1975
	三重県松坂食肉処理場	（株）松坂食肉公社　豚換算(豚合算)で400		1976
	和歌山市立食肉処理場	和歌山市	30	1976
	十勝総合食肉センター	（株）十勝畜産公社	75	1877
	南九州畜産振興株式会社	南九州畜産振興（株）	35	1977
	筑西食肉衛生組合食肉センター	筑西食肉衛生組合	―	1978
	札幌畜産公社早来工場	（株）札幌畜産公社	50	1981
	斜綱食肉センター	（株）北見畜産公社	―	1978
	群馬県食肉地方卸売市場	（株）群馬地方卸売市場	50	1978
	熊本畜産流通センター	（株）熊本畜産流通センター	60	1985
	旭食肉センター	千葉県東部連合と畜業組合	10	1986
	千葉県東総食肉センター	（財）千葉県食肉公社	50	1997
150頭規模	加古川食肉センター	（財）加古川食肉公社	45	1984
	徳島市立食肉センター	徳島市	90	1986
	岩手食肉流通センター	（株）岩手畜産流通センター	100	1994
170頭規模	十勝総合食肉センター	（株）十勝畜産公社	―	1981

注：岩手食肉流通センターは，1978年に100頭規模の基幹施設を増設している．
出所：農水省食肉鶏卵課編『食肉便覧』中央畜産会より作成．

型施設であり，事業費は10～30億にのぼる．これら施設の運営主体は，独自の資本をもつ株式会社の形態をとるものが7割をこえる．そのうち5カ所は農業協同組合系統の企業であるが，10カ所は地方公共団体や農業協同組合系統組織，食肉業者組合などの合弁企業であり名称に「公社」が付されている．それぞれで資本の性格は異なるが，いずれも食肉センター経営のため

に設立された独立した企業体であることは共通する．

第3節　資本の公的性格と企業構造

1. 企業形態の抽出

　産地食肉センターの規模拡大と機能拡張にともなって，その管理運営のため独立した経済的組織体が形成されていることをみた．その経済的性格の特徴は，資本の所有形態にみいだされる．すなわち，それは株式会社形態をとる独立資本体であると同時に，地方自治体や畜産振興事業団などの公共団体の出資がふくまれ，建設にあたって国家補助金の多額の導入が行われていることなどから，その資本は公的性格をもっているということが特徴である．

　資本の所有から企業の経済的性格をとらえたものが企業形態という概念であるが，食肉センターの企業形態を整理することによってその経済的性格をとらえておきたい．前出の表5-2をもとに整理すると，表5-4のように区分することができる．それぞれの構成比については，1981年は表5-2によって算出しているが，87年はほぼこの企業形態区分にそって調査された総務庁行政監察局編（1990）の数値を用いている．新たな数値をえるには，このような区分集計が行えるような基礎データが必要であるが，調査や公表がされていないのでそれを行うことができない．

　企業形態は，つぎの8つからなる．

（A）地方自治体直営型（地方自治体行政の一部門で，特別会計によって運営）

（B）農業協同組合直営型（農業協同組合事業の一部門で，特別会計によって運営）

（C）食肉業者協同組合直営型（「中小企業等協同組合法」にもとづく法人である食肉業者協同組合の直営）

（D）一部事務組合営型（複数の地方自治体の行政事務組合による経営）

（E）農業協同組合企業型（農業協同組合資本による企業で株式会社）

第5章　産地食肉センターの企業構造と企業行動

表5-4　食肉センターの企業形態とその構成比

企業形態	内容	構成比 1981年	構成比 1987年
〈直営〉			
A：地方自治体直営型…………	地方自治体行政の一部門(特別会計)	16.9	15.9
B：農業協同組合直営型………	農業協同組合事業の一部門(特別会計)	10.2	12.4
C：食肉業者協同組合直営型…	食肉業者協同組合(中小企業等協同組合法にもとづく法人)事業の一部門	3.4	4.5
〈系列出資企業〉			
D：一部事務組合営型…………	複数の地方自治体の組合による経営	11.9	7.9
E：農業協同組合企業型………	農業協同組合資本による企業(株式会社)	10.2	14.6
F：食肉業者協同組合企業型…	食肉業者協同組合資本による企業(株式会社)	5.1	2.1
〈混合出資企業〉			
G：地方公社型…………………	地方自治体，農業協同組合，食肉業者協同組合などの混合出資(特殊公益法人)	10.1	7.9
H：公社企業型…………………	地方自治体，農業協同組合，食肉業者協同組合等の合弁企業(株式会社)による経営	28.8	38.8
法律上の公企業(A, D, G)		38.9	31.7
農業協同組合系企業（B, E)		20.4	22.5
食肉業者協同組合系企業(C, F)		8.5	6.7
公私混合企業(G, H)		38.9	46.7
株式会社(E, F, H)		44.1	55.6

出所：1981年は表5-2にもとづいて集計したものであり，1987年は総務庁行政監察局編『牛肉の生産・流通・消費の現状と問題点』1990年9月による．

（F）食肉業者協同組合企業型（前述の食肉業者協同組合出資の会社による経営）

（G）地方公社型（地方自治体，農業協同組合，食肉業者協同組合などの混合出資による特殊公益法人）

（H）公社企業型（地方自治体，農業協同組合，食肉業者協同組合などの合弁企業で株式会社）

構成比は，Hの公社企業型が約4割を占めて最も多く，ついでAの地方自治体直営型，Eの農業協同組合企業型，Bの農業協同組合直営型が15〜12％台でほぼ同比率である．他は少なく，Gの地方公社型，Dの一部事務組合営型が7〜6％で，Fの食肉業者協同組合企業型とCの食肉業者協同組合直営型は数％である．

出資および母体組織との関係からみると，母体組織の直営であるもの，母体組織から独立した企業であるものに大きく分けられる．母体組織の主たるものは，地方自治体，農業協同組合，食肉業者協同組合である．それに対応して，母体組織の直営がA, B, Cの3種類である．独立した企業組織を形成しているものには，母体組織出資の系列企業があり，もう一方に混合出資企業がある．系列企業も母体組織に対応してD, E, Fの3種類がある．ただしDは完全な行政組織である．混合出資企業がG, Hである．

　法律形態からみると，AとDが地方公営企業に該当し，Gは特殊公益法人，E, F, Hが株式会社である．そして母体組織は，地方自治体はもとより，農業協同組合も食肉業者協同組合も特別立法による裏づけをもつ組織であることが特徴である．

　最も多いHの公社企業型は，地方自治体などの公共団体に加えて，生産者団体，食肉業者団体，食肉加工資本などが出資しており，公共資本，協同組合資本，私的資本という異質な資本による合弁企業である．いわゆる公私混合企業といえる．公共団体が出資していることから会社名に「公社」をつけているが，特別立法によって設立される公益法人である本来の公社（旧国鉄，専売），地方公社（前出Gの地方公社型，および土地開発公社，地方住宅供給公社など）とは異なり，公共企業体としての法的根拠はもたず，規制もうけない．

　これに対して，Eの農業協同組合企業型やFの食肉業者協同組合企業型を系列出資企業として区別したが，これら純粋な協同組合の系列企業とみられているもののなかにも，後の農業協同組合系の食肉センターの事例にみるように，施設設置を関係地方自治体が行っていることがある．また，施設の拡張にともなって追加資本が必要になったり，経営問題改善のために追加資本の調達を必要とするようなときに，畜産振興事業団などの公共団体の出資が加えられることが多い．そのため，厳密な意味で完全な協同組合資本であることは少ない．

　したがって，実際の食肉センターの企業形態は，Hの公社企業型とE, F

の協同組合企業型（とくに農業協同組合企業型）との間で移動もあり，その間に連続的に存在していて，2つの形態の境界は必ずしも明確ではない．そしてまた，食肉センターが経営体として自立化していく際にもっとも多くみられるのがこれら両形態である．これらはいずれも株式会社の形態をとり，食肉センター全体の過半を占める．そこで以下では，食肉センターの経営体としての自立化過程と，それにともなう問題をもっとも典型的にあらわすものとして，独立企業体である公私混合企業およびその色彩をもつ協同組合企業型の企業形態の食肉センターの分析を中心に行う．

2. 公私混合企業と公企業論

　産地食肉センターに多くみられる公私混合企業型の企業形態が企業形態論や公企業論においてどのようにあつかわれているかをみておきたい．

　上記に示した8つの形態のうち，地方自治体直営型(A)と一部事務組合営型(D)が「地方自治法」と「地方公営企業法」において「地方公営企業」のひとつされているのと，特殊公益法人である地方公社型(G)が「法人公企業」とされるが，それ以外は法律形態においても，また企業形態論や公企業論においてもいわゆる公企業の対象範囲には含まれない．

　企業形態論や公企業論においては，結局のところ，公企業を，法的に定められた範疇においてとらえているものがほとんどである．より多くは，官公庁事業（現業，地方公営企業，公益事業）と，法人公企業（公社，公団，事業団など）に代表させられており，公私混合企業とは区別されている．

　この論で，地方公営企業に該当するものは，地方自治法第2条および地方公営企業法第2条で規定されているものである．同法でいう，地方公営企業は，「地方公共団体直営である」(イ)か，あるいは，「売買によって利用者に商品用役の供給を行い，その職員は地方公務員であるもの」(ロ)とのべられ，具体事例が列挙されているにすぎず，概念範疇は明確ではない．農業や畜産関係では，(イ)にはと場，市場，牧野が，(ロ)には一部事務組合（先にみたように食肉センターの運営主体のひとつでもある）がみいだせるのみである．

したがって，法律形態によって対象を規定しているこれら多くの企業形態論，公企業論では，本章でとりあげている食肉センターの多くの事例などは論議の対象とならない．

これに対して，一瀬（1964）は，「薄明地帯」にある私企業の領域まで公共企業の設けられる領地ととらえ，公私混合企業を官庁事業・公営企業・公共企業体とならんで，公企業に含めてとらえようとしている．しかし，その内容については，論述されていない．

さらに，寺尾（1980）は，地方自治体の関与する企業を直営方式と間接方式に区別し，前者を「公営企業」，後者を「地方公社」とよび，地方自治体の公的資本が導入された企業の形態がよく整理されている．しかし，その「公営企業」の定義は，先述の地方自治法と地方公営企業法に規定された，法的形態でいう地方公営企業である．「地方公社」も，地方自治法第221条の3および地方自治法施行令第152条の規定によって定義され，1地方公共団体が50％以上出資する地方自治体間接経営の企業（25％以上は法規定はないが，自治省の地方公社調査の対象とされている）をさす．

この定義によって，先の企業形態論や公企業論の多くにおいて見落とされていた地方自治体間接経営の企業が「地方公社」として把握されてはいるものの，対象区分の根拠は法律形態からでていない．また，この定義でいうように1公共団体25％以上出資を「地方公社」の基準とするならば，食肉センターの場合には，公社企業型に分類した食肉センターでもその基準に達するものはほとんどない．純粋な私企業との合弁とは異なり，特別立法に根拠づけられるような小生産者，小企業からなる農業協同組合や食肉業者協同組合との合弁の場合は，地方公共団体の出資比率がさらに低くても公私混合企業の公的性格は強いと考えるべきであろう．後にみるように公的企業に特有の性格をもちそれゆえの問題をかかえてもいる．にもかかわらず，混合出資の公的企業の領域を純粋な私企業との合弁の場合と一律の基準でとらえると，このような部分が対象に入らなくなる．

実際，それらの議論で対象とされる比率に達するほど多量ではなくとも，

公社企業型(H)，農業協同組合企業型(E)には公共団体資本が出資され，また多額の補助金投入と表裏に補助事業実施要綱の規制をうけ，営業にあたって資本の増殖を目的としない旨，資本の私的活動には強い制約が加えられている．したがって，これらも広義の意味において公的性格を有する資本体であるといえよう．また，「と畜場法」において，獣畜の食用に供する目的のと畜・解体は，都道府県知事の許可を受けたと畜場以外で行ってはならないものとされ，食肉センターは集荷圏が原則として県を超えることはなく，地域独占的性格を有し，競争が排除されている．あわせて，と畜料金は認可制となっており，自由に定めることはできない．

　公共団体資本が出資される理由は，つぎのように考えられる．地方自治体の場合は，主として，前述のようにと畜場が公営を原則として出発した歴史的経過に起因すると畜場業務の役割（その内容は今日では地場産業の育成と消費者行政におかれよう）に求められるであろう．畜産振興事業団の出資の根拠は，食肉処理施設経営の産業としての未成熟性におかれているものとみられる．事業団の事業内容としては，民間企業での採算困難による債務保証に相当するものとみられる．

　他方，食肉センターの組織にあたって株式会社形態がとられる理由は，経済活動上の制約や職員の身分・賃金等の制度に関して「地方自治法」や「農業協同組合法」の直接的規制をはなれ，経済効率の追求を可能とすること，および資本の大量的結集の便宜，債務の有限責任制などに求めることができる．

第4節　経営目標と経営管理・行動の制約

　食肉センターの資本結合の特有な性格が，食肉処理と流通の機能にいかなる影響を与えるか，それを明かにするためには資本結合のあり方（経営構造）に規定された経営目標と経営管理ないし経営行動の特徴を把握する必要がある．

1. 公私混合企業としての経営目標の特徴

　独立企業となっている食肉センターは，株式会社形態をとる独立した資本体であるが，企業設立に際して，資本の増殖（利潤）を目的としていない．先にふれたように，補助事業が適用されるにあたって，食肉センター資本の活動目的には制約が設けられている．

　補助事業の実施目的は，産地からの枝肉や部分肉出荷の増大によって畜産農家の経営を発展させ，地域の食肉消費を増大させることとされているが，この補助事業実施目的が食肉センターの定款によってそのまま食肉センターの企業目的におきかえられている．資本の維持は，そこでは目的ではなく，定款の企業目的を達成するに必要な食肉センターの経営体としての存続のための手段の位置にしりぞけられる．私企業において資本の増殖という企業目的が，営業ないし事業を手段として達成されるのとは逆の目的-手段関係である．

　しかし実際には，利益を収支適合の範囲におさえるどころか，経常収支の適合すら困難な経営状態にあり，そのため逆に，会計的・財務的目標（経常収支適合に加え償還金返済を見込んだ資本収支の適合）が事実上の食肉センターの主要な経営目標となってきた．同じ公的資本であっても，自治体直営や農業協同組合直営型では，収支均衡が原則とされず，特別会計制度をとるもののその意義はもっぱら収支実態の明確化におかれている．しかし，独立企業体の食肉センターでは会計的に自立採算が要請されるので，負債が異積すると事業が維持できなくなるからである．

　結論の1つを先取りすれば，食肉センターの企業行動は，資本収支適合という目標に強く方向づけられている．しかもその行動が，公的企業であることからくる特有の業務形態によって強く制約されているところに大きな矛盾が生じているのである．

2. 公私混合企業としての経営管理・行動の特徴
(1) 経営意思の共同決定性

第1に、公私混合企業型の食肉センターには、総合管理過程に、出資者である地方自治体、生産者団体との意志調整過程が入る。それは単なる出資者の意向聴取ではない。公的合弁企業として、その地方の肉畜の生産振興、出荷体制の整備という公的政策の一翼をになうことが求められており、政策を立案執行する公的機関との相互調整が必要とされる。公社企業型のある事例からみると、経営計画樹立は、公社案→経済連うちあわせ→公社とりまとめ→県うちあわせ→関係農業協同組合、市、町、村調整→取締役会決定(案)→株主総会決定という過程をふんで行われている。

(2) 財務目標にもとづく経営意志の相対的自立性

第2に、公私混合企業型の食肉センターは、前述したように、直営型とは異なり独立企業体であることから、資本の運用・調達をふくむ財務管理が制度的に自立しているが、そのことが上述の出資者の集合意思のなかにあって、食肉センターの独自意志を生み出す根源となっていると考えられる。

剰余金処分にみられるように、経常収支の赤字は欠損金として次年度に繰越される（利益金は、法定準備金や特別積み立て金として内部留保されるか、剰余金として次年度に繰越される）。したがって損失は累積し、大型の公社企業型、協同組合企業型食肉センターのなかには数億の損失をかかえるものが少なくない。直営型とは異なり損失が母体組織の会計からの補塡によって解消されることはないので、損失が累積すると出資者からの増資や長期借入金の借入れによって運転資金を調達することになり、それは企業構造を変質させることになる。したがって、自立採算の達成のための財務管理上の問題が現実には食肉センターの経営管理上の重要な課題となり、それへの対応が、食肉センターの強い独自の経営意思となってあらわれ、独自の経営行動を生むのである。

後に事例においてみるように、食肉センターの具体的な事業内容と業務形態（何を、どのようにして集荷し、販売するか）は開設時には与えられたも

のであるが，営業が開始されてから部分的ではあるが変更されることが少なくない．変更方向は，先の定款上の企業目的の達成という大所高所から有意に選択されるのではなく，流通における家畜商・食肉業者，食肉加工資本との競争関係のなかで，この財務目標を達成しようとするところから非選択的に生ずる部分の方が大きいのである．食肉センターの経営行動をとらえる上においては，現実的には，この第2の特徴が，第1の特徴よりも重要な意味をもつ．

(3) 業務形態による経営管理の制約

独立企業体である食肉センターにおいても，前述したように地域の生産振興と出荷体制の整備の視点から，集荷だけでなく，販売過程においても生産者団体との機能分担が行われ，これが食肉センターの経営上の裁量範囲を制限することにつながっている．

家畜の集荷，枝肉・部分肉の販売管理がどちらに属するかは，食肉センターの開設時に設定されている．それは食肉センターの集荷（利用）形態，業務形態（委託加工，買取加工など）として設定されていて，食肉センターにとってはまずは与えられた条件となる．食肉センターの経常収支の状態を規定する最大の要因のひとつが稼働率であるが，集荷を生産者団体に依存する場合には，それが外在的条件にまかされることになる．すなわち，収支適合を実現し，財務目標を達成するうえでの経営管理上の最重要な裁量内容が制約されていることになる．

食肉センターにとって出発点において，与件である事業，業務形態はこのような形で経営を規制する．したがって，食肉センターの経営行動をとらえるうえでは，今までにみた資本の所有形態＝企業構造とは相対的に独自の要素として，業務形態，集荷形態にみられる購買・販売管理の帰属の意義をとらえる必要がある．逆に言えば，外部団体との経営管理上の結合関係が食肉センターの財務目標達成のうえからも重要になるのである．これは，第1の総合管理過程における意思調整とともに，合弁企業としての食肉センターの経営管理上の特質となっており，しかも第一の意思調整に内実を与える経営

経済的根拠となっている．

　業務形態は，大きく委託加工型と買取加工型に分けられる．

　と畜解体処理，部分肉処理を委託作業として行う委託加工型の場合は，枝肉・部分肉の販売機能をもたない．さらに，利用形態が生産者団体のみの一元的利用である場合は，集荷機能ももたない．この場合，食肉センターの経常収支の状態を規定する最大の要因である稼働率向上のための管理機能を内部にもたず，生産者団体に完全に依存することになる．経営上の裁量の範囲のもっとも狭いこのような類型は，食肉センターが系統農協のインテグレーションの一機構となっているような農業協同組合企業型の食肉センターにおいてみられる．第6節でとりあげる「鹿児島くみあい食肉」が，このような業務，集荷形態をとっている．

　これに対して委託加工型でも利用者に制約がない形態の方が多い．この場合は本来なら，処理加工技術（製品の品質）と利用料金水準によって競争を行い，利用者を獲得することができる．しかし利用料金は認可制であり，また大口利用者である食肉業者は，かつての慣行的利用権の延長上に，利用する食肉センターやと場が固定している場合が多い．そのためこの場合も，食肉センターの集荷は，大口利用者であるこれら食肉業者や系統農協の販売力に裏づけられた集荷力に依存することになる．そして，収支適合のための独自裁量はコスト節減しか残されないことになる．このような事情のために，委託加工型で開設された食肉センターにも，一部買取加工業務が加えられることが多い[10]．

　以上に対して買取加工型では，食肉センターが販売機能をもち，危険負担が大きくなる一方，経営上の独自裁量の範囲が大幅に拡大する．そのため買取加工の場合は，企業としての自立性が強くなり，生産管理や労務管理などの経営管理機能も強化される．生産者団体一元集荷の場合でも，食肉センター自らの販売力によって集荷を左右することができる．集荷に制約のない場合は，経営管理に対する制約はほとんど存在しないことになり，逆に公的資本によって設立される意義がみとめられなくなる．完全な買取加工型の例は

少ないが，次節でとりあげる「南九州畜産興業」が，生産者団体一元集荷による完全買取加工型の典型例である．

第5節　公私混合企業（買取加工販売）の企業構造と行動：南九州畜産興業

1. 事業の歴史と出資構成

　南九州畜産興業株式会社（以下ナンチクと略）は，日本で最初に設立された公私混合企業の産地食肉センターである．1963年に鹿児島県曽於郡末吉町に設立された．

　設立当初は肉豚の産地処理プラントのみの操業であったが，1970年には「牛肉産地処理加工施設設置事業」が導入され，北海道釧路，岩手の食肉センターとともに，日本ではじめての本格的な肉牛の産地処理プラントが設立された．

　全量買取加工販売型の食肉センターであるため，1978年から営業所が設立されはじめ，食肉販売のネットワークがつくられてきた．93年までに九州，中国，中部，東京方面に14カ所の営業所が設けられている．東京の2カ所の営業所のうち1カ所は，株式会社東京ナンチクという子会社であり，日本食肉流通センター内におかれている．東京をはじめ営業所には食肉処理施設が併設されているところもある．

　さらに食肉加工にも進出し，1986年にはナンチクハム志布志工場が操業を開始した．90年には本社にポーション工場が操業を開始し，生肉のスライスパック，調理食品・総菜などの製造にも進出している．

　系列会社として，1966年に鹿児島中央畜産株式会社と志布志畜産株式会社が設立されている．鹿児島中央畜産は，鹿児島市を中心にした食肉の販売のために資本金237万円で設立された．志布志畜産は，ゼンチク（現スターゼン）の前身である全国畜産株式会社の志布志出張所との原料集荷と製品販売における競合を避けるために，出張所の施設を譲り受けたものである．資

本金1千万円で設立された．その後，志布志町と畜場の改築にあたって，1986年に同社敷地内に志布志町食肉センターが建設された．町との使用契約により，枝肉と内臓処理を志布志畜産が担当し，ナンチクが部分肉処理を担当するという業務分担がつくられ，製品はナンチクブランドで全国に供給されている（1日あたり処理能力豚500頭，牛20頭）．

また1990年には，アメリカの食品安全局の調査にもとづき，その衛生基準をみたすための大幅な施設改善が行われ，日本ではじめての対米輸出牛肉処理工場として厚生省の認可を受けている．92年には，枝肉懸垂状態でコンピュータ制御によりカットできるカーニリベレータが導入された[11]．

現在の資本金は4億9千万円であり，株主構成は表5-5のようになっている．1970年の牛肉処理施設の設置時に1億9千万円の増資が行われ，今日にいたっている．公共団体の出資が74.5%を占めるので資本の公的性格が強い一方，生産者団体より業界の出資比率の方が上まわっていることが特徴である．また，地方自治体，生産者団体が，鹿児島と宮崎の2県にまたがっていることも稀なケースである．

単独最大株主は，畜産振興事業団（現農畜産振興事業団）であり4割強を占める．それは農水省がナンチクを産地食肉センターのモデルケースとして

表5-5 南九州畜産興業の出資構成

(単位：%)

区 分		設 立 時	1970 年 以 降
公 共 団 体	畜産振興事業団	50.0	42.9
	鹿児島県	9.4	18.4
	宮崎県	3.6	6.4
	市町村（鹿児島）	2.0	1.3
	同 上（宮 崎）	0.4	0.3
	末吉町	8.0	5.3
生 産 者 団 体	農業団体（鹿児島）	6.3	8.2
	同 上（宮 崎）	1.6	1.0
私 企 業	業 界	18.8	16.3
合 計		100.0 (3億2,000万円)	100.0 (4億9,000万円)

位置づけたためであり,発足時には資本金の2分の1を畜産振興事業団が出資している.地元では鹿児島県が2割弱を占めて最大である.鹿児島県にとっては,当時,畜産主産地形成事業を導入して畜産主産地として発展を図ろうとしていたこと,加えて1962年の豚価暴落によって飼養農家が激減したこともあり,遠隔産地の流通上の不利を解消する方策として位置づけられた.地元末吉町が5.2%を占める出資を行っているのは,単に畜産振興のみならず地元産業として有力な雇用の場を確保できるからであると考えられる.業界の出資者は,日本ハム(11.6%)とゼンチク(4.1%)のほか,林兼産業,プリマハム,東京食肉市場株式会社(東京都中央卸売市場食肉市場の荷受会社)であり,日本ハムは単独で第3位の株主である.

2. 事業内容と業務形態

ナンチクの集荷圏は鹿児島県下一円と宮崎県南部まで広がる.と畜処理能力は1日当たり牛100頭,豚1,900頭(部分肉処理能力は牛50頭,豚1,200頭)であり,最大規模の産地処理プラントである.

事業内容は,①豚・牛の枝肉および部分肉の製造・販売,②生肉のポーションカット(小売スライスカットとパック),調理食品および総菜の製造・販売,③ハム・ソーセージなどの食肉加工品の製造・販売である.食肉加工品の製造能力は年間580万トンである.

業務形態は,経済連一元集荷,全面買取加工である.業務形態はすでにのべたように食肉センターのなかでは稀な形態である.委託とと畜の利用料金を主な収益内容とする委託加工型食肉センターと異なり,集荷団体に制約があるのみで,生産物を自らの所有と自らの計算において製造販売することができるので,単独で完全な営業機能をもつ.

そのため経済効率が強く要求されること,また収支適合のための裁量の範囲は広いが,販売上のリスクをすべて負わねばならないことから,労働生産性向上や販売対応の強化が求められることになる.そのために当初より,特有の管理部門として,工場部門の調整,物品購入コントロールなどの工場内

部管理を行う管理課，経営全般の合理化開発を行うのための IE 課を設置し活動に取り組まれてきた．現在は総合企画本部のもとに企画室がもうけられ，課題別手法や手順の開発に取り組まれるようになっている．

さらに大きいもうひとつの特徴は，販売対策のため 100 名の職員をかかえる営業部をもっていることである．そして，直売係と，鹿児島県内 2 カ所，宮崎県内 2 カ所，東京，名古屋，福岡をはじめ大消費地に 4 カ所 9 営業所をおき，東京営業所には部分肉センターが設置されている．直接消費地流通にのり出し，自前の流通ルートを開拓していることが大きな特徴として指摘できる．またこのような製造および販売業務の営業的強化のために，業務本部長とその下の豚，牛事業部長，営業部長に業界出身者がすえられている．

従業員数は図 5-1 に示したように，1964 年の 113 人から，牛肉処理プラ

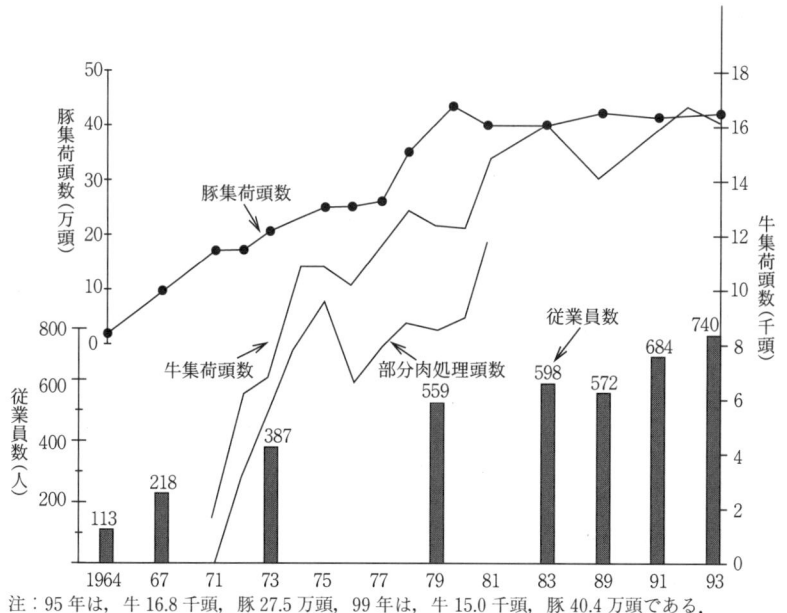

注：95 年は，牛 16.8 千頭，豚 27.5 万頭，99 年は，牛 15.0 千頭，豚 40.4 万頭である．
出所：同社パンフレットにもとづいて作成．

図 5-1 南九州畜産興業の集荷頭数と従業員数の推移

ントができた後の73年には387人となり，93年には740人を数えるにいたっている（正職員，準職員）。従業員は，労働生産性の向上と労務管理のために，正職員，準職員，常傭職員の3種類に分けられている。男子職員は現業従事者も含めてほとんどが正職員である。女子は事務職従事者のみが正職員であり，他は現業職員であり準職員と常傭職員が半々である。準職員は月給制でボーナスも支給され，社会補償制度もあり，身分保証は正職員と同等である。常傭職員は日給制で，1年毎にベースアップされ，3年間勤務して勤務成績が良い場合には準職員に登用される仕組みになっている。常傭職員は30歳前後の農家の女性が多く，農村の女性中高年労働力に正職員並雇用への道を開くことによって労働意欲の触発をねらっている。

3. 集荷と販売および価格形成

ナンチクの集荷量は図5-1のように変化してきた。豚は1964年の約1万頭から79年には約40万頭に増加したが，その後は42～44万頭前後で推移している。牛は71年の約1.4千頭から77年には1万2千頭へ増加し，その後は1万4千から1万7千頭前後で推移している。と畜プラントの稼働率は，96年において豚はおよそ90～95％前後であるが，牛は6～7割と低い。

集荷地域は，96年現在，牛では鹿児島県が約6割，宮崎県が1割弱，その他県が80年代半ば頃から増えて現在3割となっている。豚では鹿児島県が6割強，宮崎県が25％強，その他県がやはり80年代半ばから増えはじめ1割強となっている。鹿児島県の総出荷頭数に占めるナンチクの集荷シェアは，牛で16.9％，豚で15.4％である（1998年）。

肉畜の購買は，農家の販売代理人である経済連とナンチクの仕入れ担当者の間の相対取引で行われる。価格は，枝肉ベースで，東京，大阪，京都の三食肉中央卸売市場の相場（加重平均から産地格差を差し引いた価格）を基準にし，実勢を加味して決定される。基準価格は各枝肉等級別に3段階の設定がされる。枝肉で販売されるため，と畜料金は農家の支払いであり，ほぼ内蔵・皮代金と相殺される金額である。

生鮮肉については，部分肉処理頭数が急速に増加し，すでに 1981 年には豚で 75%，牛はそれを上回る 78.9% が部分肉で販売されている．

生鮮肉の販売先は，設立当初は卸問屋や食肉加工メーカーであったが，営業所を設立して消費地流通へ直接進出していった結果，最終小売段階の業者への販売比率が増加した．1975 年頃には食肉卸問屋，食肉加工メーカー 8 割弱，食肉小売店が 2 割強となり，81 年にはスーパーマーケットを含む小売店への販売が 4 割弱に増えている．

1996 年現在は自社営業所販売が 6 割を占めている．自社営業所の販売先は 6〜7 割をスーパーマーケットが占め，その他が各地の食肉問屋，食肉専門小売店である．スーパーマーケットはローカルなものが多い．販売先を地域別にみると，名古屋が 3 割を占め，ついで東京，福山，福岡，大分となっている．志布志工場の加工品も 9 割方は営業所を通して販売される．

他方，全体の 4 割はナンチクでの直売りである．日本ハムや北九州，神戸，東京などの食肉問屋が買い付けにくる．これらは枝肉で販売され，部分肉にカットして（委託加工）持ち帰られる．食肉加工メーカーへの販売は株主の日本ハムが多く，80 年頃から全体のおよそ 3 割程度を占めているようである（豚は少ない）．日本ハムの仕入れた牛肉は，同社直販店での精肉販売に向けられるが，ナンチクのシールをはって販売されている．

生鮮肉は，枝肉一体分の部位がセットで販売されるケースがおよそ 8 割（セット販売），部位別に販売されるのが 2 割（パーツ販売）となっている．販売時の価格形成においては，セット販売では，仕入れ価格に品質を加味し，加工費を積み上げて価格が提示される．パーツ販売では，市場の流通相場がベースになる．ナンチクでは長年にわたって販売協力店を組織してきた結果，得意先をもっているため他社に比べてやや強気で販売できるという．製品スペックはナンチク仕様のノーマルカットで 26 分割であるが，取引相手の需要に応じてカットすることも多い．小さい場合は 30〜40 分割になる．

販売先のスーパーマーケットや食肉専門小売店は，鹿児島牛の販売協力店として組織されている．ナンチクや経済連の販売活動を補完するものとして，

県の肉畜流通対策課，畜産課，ナンチク，県経済連等によって鹿児島牛肉・黒豚銘柄販売促進協議会がつくられ，販売促進対策に取り組んでいる．東京，名古屋，京都，大阪方面に鹿児島牛肉銘柄販売指定店が設けられているほか，一般消費者向けの公報宣伝が行われている．

4. 集荷量の確保とインテグレーション

現在，適正な稼働率を確保できないことが大きな問題になり，対応がこれからの課題とされている．現在の集荷形態を前提にしての対応方向として採用されはじめたのが，直営農場の開設である．

肉牛の直営農場は負債農家を買い取ったものである．市町村から，負債整理のために買い取りの依頼を受けたことが直接の契機となっている．従業員を雇用し，従業員のなかから代表者を選び，代表者の名義で農業法人を設立している．このような直営農場は1994年現在には5カ所にのぼり，出荷頭数は合計1,200頭で集荷量の1割弱になる．

肉豚の直営農場の設立はさらに早い．1985年に鹿児島県種豚協会の委託をうけて，種豚の性能調査と系統造成豚などの増殖のために，県内吉松町に種豚センターが設立されたのがはじまりである．87年に高品質豚肉生産のための肥育技術の展示施設として肥育センターが設立され，豚の一貫生産体制がつくられた（常時2,800頭飼養）．この農場は89年に株式会社吉松農場として分離された．現在，母豚の直営農場があわせて5カ所もうけられ，5,000頭の繁殖豚が供給され，契約農家によって年間10万頭の肉豚が出荷される体制がつくられている．豚の集荷量の2割強がここから供給されるようになっている．

そのほかに今後の課題としてあがっているのは以下の諸点である．①産地工場に対するスペックについての要求が細かく，整形が手作業であるため人件費がかさみ，コストの増大になっている．②工場の現業職員の世代交代をみすえた後継者の育成が必要になっている．③工場建物の更新時期にきているが，多額の投資を必要とする．④衛生対策について，牛肉のプラントは対

米輸出工場認可を受けたときに改善が済んでいるが,豚肉のプラントがこれからである.牛肉プラントの改善には4億を投入し,職員の衛生教育にも膨大な時間を投じている.さらにランニングコストとして,と畜解体作業をはじめる前の県検査員とナンチク担当者による使用前検査,農薬の残留や抗生物質の検査（日本食肉分析センターによる農家調査）などに年間500～600万の費用を要している.⑤地域に密着した畜産を展開するために,堆肥利用などのバイオ技術の開発が求められている.

第6節　協同組合企業（委託加工）の企業構造と行動：鹿児島くみあい食肉

1. 出資構成と設立背景

株式会社鹿児島くみあい食肉は,赤字が累積していた鹿屋市営と畜場を経済連が買い取り,その経営主体として1973年に資本金5千万円で設立された.設立当初の出資構成は,表5-6に示したように,経済連と全農がそれぞれ4割を占めるほか,全額系統農協資本による協同組合企業であった.

設立の背景は農外資本の進出にあった.当時の鹿屋市営と畜場に対して,その当時県下に進出した㈱ジャパンファームの筆頭株主である三菱商事が利用希望を出し,市も赤字の累積により手離したい意向があった.系統農協側では,これら商社やスーパーマーケットのインテグレーションへの危機感

表5-6　鹿児島くみあい食肉の出資構成

(単位：%)

区　　　分		設　立　時	1980 年 以 降
生産者団体	全　　　　農	40.0	19.9
	経　済　連	40.0	33.5
	地　区　畜　連	4.6	1.3
	農　　　　協	15.0	13.9
公　共　団　体	畜産振興事業団	—	31.4
合　　　計		100.0 (5,000万円)	100.0 (4億5,200万円)

を高め，生産者団体の勢力を統一するため急拠 1970 年に県畜産事業農業協同組合連合会（県畜連）と県経済農業協同組合連合会（県経済連）との合併を終えたところであった．そして系統畜産事業の基本問題として，農外資本のインテグレーションをしのぎうる系統農協インテグレーションの確立と，マーケティング機能の確立があげられ，肉畜の流通体制を刷新するための政策構想の柱として系統農協独自の食肉センターを設置することがあげられた．また折から，地元の肝属畜連が養豚団地振興計画を作成中でもあった．このような状況のなかで，農外資本インテグレーションの浸蝕を防ぐ目的で買い取りが進められたのである．

その後，南薩工場の新設にともなって資本金が増額され，現在は 3 億円となっている．これにともなって出資構成が変化し，経済連と新たに株主に加わった畜産振興事業団とがそれぞれ 3 割強を占める最大株主となった．

従業員は男子正社員 337 名，女子準社員 209 名である（1996 年）．

2．施設設備と建築費

旧鹿屋市営と畜場用地に新設された施設は鹿屋工場とされ，1974 年度秋より操業をはじめた．また当初の施設は枝肉流通への対応を前提にしたものであったが，流通形態が急速に部分肉へ移行したため，部分肉加工施設が 75 年度に設置された．さらに 82 年に「総合食肉流通体系整備促進事業」が導入され，総事業費 17 億 5 千万円余をかけて全面改築がされた．旧工場の 1 日当たりと畜能力が，牛 25 頭，豚 400 頭，部分肉処理能力が牛 3 頭，豚 360 頭であったのに対して，新工場のと畜能力は牛 50 頭，豚 1,200 頭に拡大された．南薩工場の処理頭数，牛 77 頭，豚 800 頭と合わせると，ナンチクの処理能力を超える規模となった．

南薩工場は，1973 年に同じく「総合食肉流通体系整備促進事業」の導入によって建設され，79 年秋に操業を開始した．肉牛の設備については，と体懸垂ラインは自動搬送装置つきではなく，皮はぎ，背割りも手作業である．部分肉処理は，豚は流れ作業であるが，牛は作業台での処理である．総事業

費は約 19 億円であり，その約 27% が補助金でまかなわれた．近代化資金および信連からの長期借入金によって調達された部分が約 45% を占め，資本金からの引当ては約 27% であった．用地の買収と造成に膨大な費用を要することが少なくないが，当工場の場合は多数の町から誘致運動があり，結局用地面積のうち 4 ha を地元知覧町が開発公社で造成して提供したため，購入地は 1 ha 約 6 千万円の土地費で済んでいる．このような地域経済条件の違いによる設置の状況が建設費用と借入資金の大きさに与える影響は，設立後の経営展開をも制約する要因となる．

3. 事業内容と業務形態

鹿児島くみあい食肉の事業内容は，肉畜のと畜解体，内臓処理，部分肉製造および製品保管である．肉畜は経済連の一元集荷であり，と畜解体と部分肉製造はすべて経済連の関連課の委託業務として行われる．ただし，全体のと畜量からみればわずかであるが，地元小売業者の委託と畜も行われている．

その業務の仕組みは図 5-2 のようにあらわされる．経済連肉用牛課および養豚課が集荷した家畜を，同課から委託されてくみあい食肉でと畜解体し，枝肉が養豚課と肉用牛課へ引渡される．内臓は食肉販売課に引渡される．枝肉は食肉販売課へ内部取引によって売渡され，今度は，食肉販売課からの委託でくみあい食肉が部分肉製造とその製品管理を行う．出荷時に製品が食肉

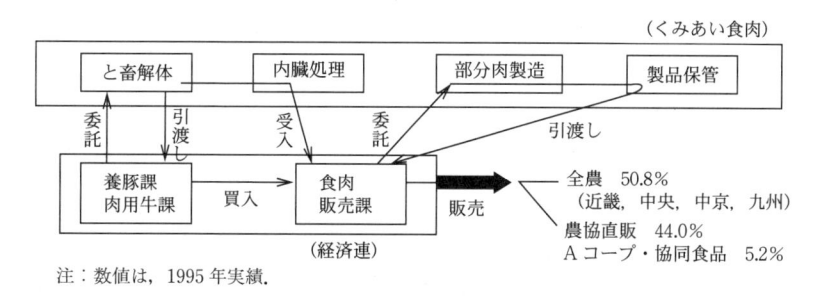

図 5-2 鹿児島くみあい食肉の業務のしくみ

販売課に引き渡される．

このようにくみあい食肉は資本の所有形態からみて，系統農協の系列会社であるだけでなく，事業形態のうえでも系統農協の流通機構に完全に組み込まれ，その一部を構成する食肉の処理場として機能しており，販売機能をまったくもたないことが特徴である．稼働率の確保はすべて経済連に依存することになり，収益は委託加工料のみでまかなわれる．

4. 財務難による増資とインテグレーション

鹿児島くみあい食肉は設立後に主として外的要因によって損益と財務の悪化が訪れ，それに対応するため，インテグレーションの形成という企業結合構造の変化や，出資構成の変更による企業構造の変化が生じている．営業報告書をもとにして，設立後10年間の収益と財務の状態をまとめたものが図5-3である．

営業利益，営業外利益とも変動が大きく，またマイナスの年度が全体の半数にのぼっている．営業利益は，操業開始直後の74-75年度の損失が特に大きかった．集荷が計画通り達成されなかったことが損失の原因となった．その対策のために信連より長期借入金の借入れを行い，さらに各株主より合計5千万円の増資を受けている．

また翌年度以降も急速な集荷の改善が見込まれないため，原料集荷に関して経済連の機能分担上の責任が再確認され，経済連では原料確保のために肉牛，肉豚の農協営共同肥育施設（肥育センター）の拡充と出荷登録農家制度および家畜預託制度を確立する対策が講じられた．肥育センターは実質的な農協直営農場であり，契約生産および契約出荷に相当する家畜預託制度とあわせて，食肉センターの原料確保のために系統農協のインテグレーションがつくりあげられたことになる[12]．肉牛では1980年現在，経済連の共販頭数のうち実に約25％が，経済連および単協・郡畜連の肥育センターからの出荷牛になっている．

さらに翌年にはナンチクとの集荷地域割りの一部変更も行われ，これらの

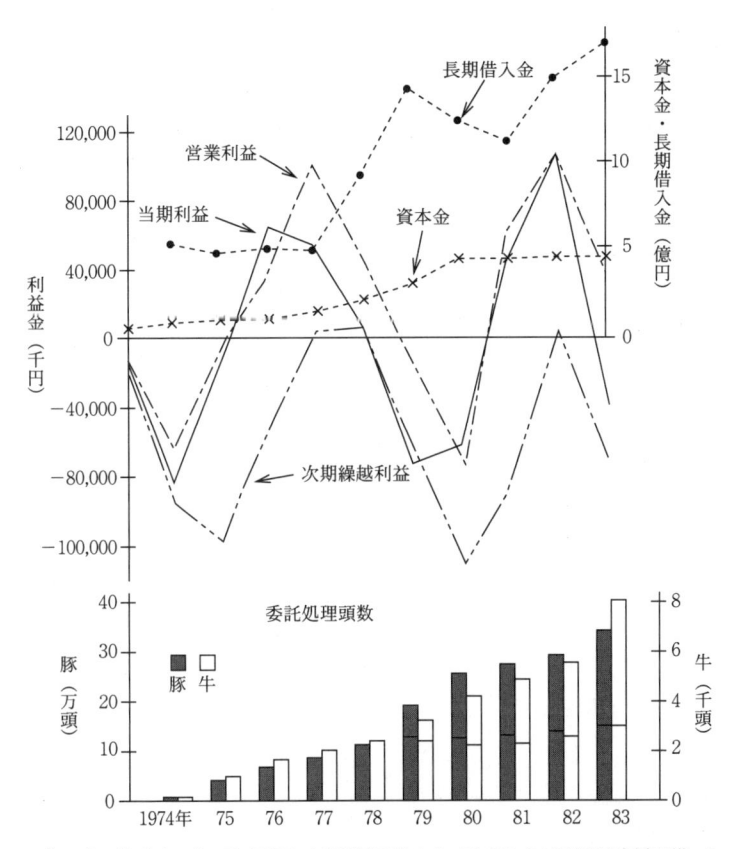

第5章　産地食肉センターの企業構造と企業行動　　　　　　　　　　187

注：1)　棒グラフ中，78年度までは鹿屋工場のみ，79年からは下段が鹿屋工場，上段が南薩工場．
　　2)　営業利益＝営業収益－（営業費＋一般管理費），当期利益＝営業利益＋営業外損益＋特別損益．
出所：(株)鹿児島くみあい食肉『営業報告書』各年度をもとに作成．

図5-3　鹿児島くみあい食肉の財務状態（設立後10年間）

対応によって原料確保は安定し，当期利益は黒字が確保された．しかし，1975年度末には累積赤字（繰越損失金）が1億を越える額となっていたため，株主からの保証金を受け入れ，財務状態の好転をはかっている．

　2度目の1978年からの収益の低下は，豚副生物価格の値下がりが原因となった．78-79年には処理頭数の増大と経費節減によって損益の好転がなさ

れたものの，翌80年には豚の生産調整と，成牛市場および乳雄枝肉の相場の低下の影響を受けて，集荷が計画に達さず大幅な損失がでたのである．とりわけその前年度秋より操業を開始した南薩工場にそれが顕著にあらわれ，経済連から出荷契約にもとづいて損失補てん金が支払われている．また労務費，工場経営費の節減によって費用の縮小（計画より7千万円）がなされ，歩留向上運動，電算機による在庫管理システムなどの生産性向上，労務管理強化をうかがわせる行事なども導入されるようになった．

　1978-79年度の長期借入金の借入れ（信連より）と，78-80年にかけての増資は，南薩工場新設にともなうものである．全農500万円，農協・郡畜連5,000万円，経済連6,000万円の増資のほか，新たに畜産振興事業団より1億4,200万円の出資を受けいれている．

　以上からみると，赤字要因として副生物価格の変動による収入減，枝肉価格変動の影響を受けた集荷頭数の停滞が大きい．集荷量確保については共同肥育施設拡充など生産・出荷の組織化が行われ，一連の営業報告書によると原料の安定供給に寄与したことがわかる．また経費節減，生産性向上による対応も一定の効果をあげていることが知られる．しかしそれにもかかわらず累積する損失のもとで長期借入金の借入れが行われたが，それは支払い利息の増大により利益を低下させ，償還金の増大により財務状態を圧迫する．当事例の場合には増資により解消するほかはなかった．

　集荷と資金の状態の改善の成果に加えて，建設費の償還が終わった頃から，収支の均衡が実現された．現状については，1999年には固定負債7億5千万円となり，経常利益は近年3-9千万円台の黒字で推移している．

　97年現在の稼働率は牛72%，豚94%となっている．牛の部分肉処理割合は65%である．

　なお稼働率確保のために，くみあい食肉自身の直営農場も設立されており，豚では8カ所にのぼっている．1973年から設立されはじめたが，90年以降に4カ所が開設された．原種豚，種豚，繁殖豚センター，子豚供給センター，黒豚や肥育経営の実験農場などからなり，母豚総頭数2,624頭，肉豚出荷頭

数 23,045 頭で，80 名の従業員が作業に従事している．くみあい食肉への出荷分は約2万2千頭であり，処理頭数の 4.7% をしめる（1995 年）．牛の直営農場は 96 年に設立された1カ所のみであるが，今後はとくに脆弱な子牛生産への対策を強化することが必要だと考えられている．

5. 鹿児島経済連の集荷・販売状況

くみあい食肉が集荷と販売を依存する鹿児島経済連の集荷販売状況は，つぎのようになっている．

農協組合員農家から出荷される牛のうち 25,000 頭は地元の家畜市場へ出荷される．

それ以外に経済連が集荷する共同販売牛は，1995 年現在，42,903 頭であり，うち登録農家（779 戸）からの集荷が 75.2% を占め，経営安定事業による預託契約農家（68 戸）9.2%，直営肥育センター（28 カ所）7.9% の集荷構成になっている．

共同販売の出荷先は，くみあい食肉処理が 54.5% を占め，ナンチク 22.2% に加えて，ゼンチク 4.3% となっている．ゼンチクへは 1992 年から出荷がはじまった．消費地卸売市場（大阪，京都）への出荷も 19% ある．

さらに，くみあい食肉で処理した分の販売先であるが，全農が大きな比率を占めるが，経済連 100% 出資の鹿児島県農協直販株式会社を設立し，直接販売ルートの開拓につとめてきている．その結果，全農に 50.8%，農協直販 44.0 の比率となるにいたった．ほかに A コープ 4.1%，系列の協同食品（ハム工場）1.1% がある．

全農販売分は，近畿センターへの出荷が過半を占め，他は中央（関東），中京，九州のセンターにほぼ同量が出荷される．農協直販による販売には協力店が組織されてきた．その結果，鹿児島黒牛専門のパートナー店 12%，指定店 60 店舗（量販店，食肉専門店，生協）25%，その他協力店（食肉加工メーカー・食肉販売業者，量販店，食肉専門店，生協）への販売が確保されている．販売先地域は関西（5割）と県内（2割）が多く，そのほか福岡，

関東,中京へ出荷される.

　仕入れの価格形成は相対交渉で行われるが,東京,大阪,京都の卸売市場相場の1週間の加重平均から運賃引き(13,000円),手数料(2.2%)・奨励金(3.5%)差し引きで決められる.販売の価格形成は,全農に対しては枝肉で販売して,部分肉加工料を得る.それ以外の部分肉セット販売の場合は,仕入れ価格+加工経費で価格を設定し,指し値で出荷される.買い手に到着現品を検分してもらい,電話で交渉する,という方式である.部分肉部位別販売では,部位別原価係数を用いてプライスリストを作成し,それを提示して交渉する.仕入れ,販売とも,典型的なプライシングシステムに則っているといえる.

第7節　食肉センターの集荷競争：鹿児島県下の状態

　鹿児島県下では大手食肉加工メーカーや商社が進出して産地処理施設を設立しており,これらと経済連集荷のナンチクと鹿児島くみあい食肉,さらに,地方自治体営の食肉センターや一般と畜場が多数存在し,集荷をめぐる競争関係が熾烈である(表5-7).

　鹿児島県下の肉牛出荷形態は,1970年頃までは県外への生体出荷が大きな割合を占めていた.同年の県内と畜の比率は約18%(約1万頭)であった.70年代前半にかけて県内と畜頭数が急速に増加し,県外移出とちょうど相半ばするようになった.この時期の県内と畜頭数の増加には,ナンチクと鹿児島くみあい食肉のプラントの操業が大きく寄与しており,経済連共販牛の県外生体出荷から産地処理への転換によるものであった.県内と畜比率はその後,85年に約8割,90年には9割に伸びている.

　1980年,89年,99年の鹿児島県下の食肉センターと一般と畜場のと畜頭数は,表5-7に示した通りであった.処理場は離島を除くと14カ所にのぼる.経済連集荷の処理場がナンチクと鹿児島くみあい食肉をあわせて3カ所,食肉加工メーカーおよび商社の直営処理場が4カ所,そして,地方自治体営

第5章　産地食肉センターの企業構造と企業行動

表5-7　鹿児島県内と畜場のと畜頭数シェア

(単位：％，頭，千頭)

区　分	処理場数	牛と畜シェア			豚と畜シェア		
		1980	1989	1999	1980	1989	1999
南九州畜産興業（株）	1	32.4	21.5	16.9	22.5	17.1	14.5
（株）鹿児島くみあい食肉	2	11.3	27.9	26.6	14.1	18.3	16.1
食肉加工資本・商社処理場	4	12.7	17.6	21.8	16.7	23.1	26.5
プリマハム（株）鹿児島工場		(4.4)	(7.0)	(4.0)	(3.2)	(3.0)	(6.6)
ジャパンファーム大口処理場		(8.3)	(7.4)	(6.5)	(13.5)	(11.7)	(12.8)
サンキョーミート（株）		(―)	(―)	(11.3)	(―)	(―)	(6.9)
自治体営食肉センター	7	43.1	32.8	34.3	56.8	40.9	36.4
鹿児島市食肉センター		(25.5)	(13.7)	(14.7)	(18.8)	(13.7)	(11.0)
加世田市食肉センター		(8.2)	(2.9)	(6.3)	(5.2)	(5.5)	(7.4)
阿久根市食肉センター		(3.5)	(13.4)	(11.8)	(8.4)	(8.0)	(8.2)
高山町食肉センター		(4.2)	(1.2)	(1.2)	(2.5)	(2.3)	(2.2)
同　上　離　島	9	0.4	0.2	0.3	2.4	0.8	3.8
総処理場数・と畜頭数	23	38,459	67,358	89,289	1,780	2,593	2,619

注：豚の頭数単位は千頭．1999年のジャパンファームの欄は，日本フードパッカー鹿児島（株）．
出所：鹿児島県農政部『かごしまの畜産』各年次をもとに作成．

食肉センターおよびと畜場が7カ所ある．地方自治体営の処理場は，食肉卸売業者，スーパーマーケット，食肉加工メーカー，食肉小売業者などによって集荷（利用）されている．

これらのなかで，ナンチクと鹿児島くみあい食肉のシェアは，豚より牛の方が高い．豚では自治体営食肉センターのシェアが高い．牛では1999年には，ナンチクが16.9％，鹿児島くみあい食肉が26.6％のと畜シェアを占め，単独で最大のと畜実績をあげている．ナンチクはシェアは減少しているが，全体の総処理頭数が増えているので，処理実績は一定に推移している．くみあい食肉は79年の南薩工場の稼働にともなって，1万4千頭近くを増やし，シェアも大きくのばした．

自治体営食肉センターでも鹿児島市食肉センターのように1.3万頭（14.7％）のと畜実績をあげているところもあり，地方自治体営と畜場のシェアは合計で約34％になり，依然として大きな比率をもつ．ただし傾向としては

と畜の絶対数を減らしており，シェアも減少している．そして，すでにみたように志布志町食肉センターではナンチクとその子会社が処理業務を受託している．高山町食肉センターでは，1993年より養豚農場を前身とする農業法人南州農場が処理業務を行っている．また，加世田と阿久根の両市営食肉センターはゼンチクが利用しており，垂水市営食肉センターは地元食肉加工メーカーが利用している．したがって，自治体設立の食肉センターの実質的な業務主体はほとんど民間企業になったといえる．

食肉加工資本・商系の直営食肉センターもシェアをのばしている．サンキョーミートは民間の2工場を買収して処理頭数をのばしている．ジャパンファームは，周知のとおり三菱商事を筆頭株主とし，飼料メーカー3社と日本ハムの出資によって1969年に設立されたものであり，豚，ブロイラーの直営農場と食肉，食鶏の処理施設をもっている．食肉処理場は系列の日本フードパッカー鹿児島に移管された．

隣接する宮崎県からの集荷については，1978年から牛の集荷頭数が減少したが，それは，（株）宮崎県畜産公社（1971年設立）が76年に食肉流通体系整備事業を導入し，施設を増設したためと考えられる（と畜能力は牛40頭，豚640頭，部分肉牛処理能力は牛20頭，豚580頭）．これを補う形で増加したのが，県開拓農協連や酪連，経済連を通じての乳用牛の集荷である．81年には集荷肉牛の20％を乳用牛が占めるようになった．

鹿児島県内では，経済連集荷のナンチクと鹿児島くみあい食肉との間で，集荷の地域割りが行われている．薩摩，肝属地域は鹿児島くみあい食肉鹿屋工場へ，鹿児島，指宿，川辺，日置地域は同南薩工場へ，曽於，姶良，出水，伊佐，島嶼部はナンチクへそれぞれ出荷されている．

第8節 むすび：食肉センターの企業構造と業務形態の問題点

産地食肉センターの変遷と企業形態の整理を行った．その結果，1970年代半ば以降，と畜作業の直営や販売業務の導入などの機能拡張と，施設・設

備の近代化・大型化が進んだこと，またそれにともなって投下資本量と雇用労働量が増大したため，運営主体が独立企業体化してきたことをみた．そこに生まれているのが株式会社形態をとる公私混合企業や農業協同組合企業である．それらは一方で，公共団体からの資本出資や建設にあたって政府補助金が導入されることなどから公共企業的な性格をもち，他方では，地方自治体や農業協同組合の直営型とは異なり，一般会計からの財政補塡が行われず，資本収支を含めた財務的自足性が経営存立の前提条件として要請されるという特徴をもつ．しかし委託と畜を主業とし，販売機能をもたないだけでなく，集荷機能を生産者団体に依存するという特有の業務形態に規定されて経営裁量の範囲が狭い．そのため，独立企業として自立採算を要請されながら，収支適合を実現する手段を完全に自らの手にもたないというジレンマが存在する．そこに経営問題の発生と様々な経営行動展開の内的契機が存在することを明らかにした．

もともと肉牛のと畜業務は，アメリカやEUでも同じであるが，マージンがきわめて低く，それだけでは産業として成り立ちにくい性格をもっている．加えて鹿児島くみあい食肉の例にみたように，副生物価格や枝肉価格の変動とその影響をうけた集荷頭数の停滞によって，収益が大きく変動し，多額の損失が発生することもあり，設備投資後の償還期間中はそれをカバーするだけの財務上の余力に欠けることがある．このような産業としての特質は，産地食肉センターが補助事業によって設立され，公的資本の導入が行われる根拠のひとつであった．

委託と畜という特有の業務形態の問題は，鹿児島くみあい食肉のような系統農協100％出資の協同組合企業よりも，本章ではとりあげなかったが，委託と畜型の公私混合企業により大きくあらわれる．

委託と畜型食肉センターは，製品販売でなくサービス提供のみによって収益を得るのであるが，現状では，食肉業者はかつての慣行的利用権の延長上に利用と畜場が固定していることにもみられるように，食肉センターやと畜場は系統農協あるいは食肉業者や食肉加工資本の流通機構の一端にくみ込ま

れている．したがって競争はと畜サービスそのものによって行われるのではなく，肉牛集荷と製品販売をめぐる流通組織と流通組織との競争としてあらわれている．したがって，稼働率を決定する最大の要因である集荷・販売管理上の問題をめぐって，主たる集荷者である単位農協や経済連の意志および機能と，食肉センター自体の経営問題を背景とする独自の意志および機能との相互関係，相互調整が重要な問題となる．農業協同組合企業の場合は，鹿児島くみあい食肉にみたように，農協インテグレーションの一環として機能することにより，集荷，製品販売とと畜施設の稼働とを一貫した戦略のもとに調整することができる．しかし，公私混合企業の場合は，主たる原料集荷者である生産者団体と緊密な戦略的一体性をもつことができないので，大きなジレンマをかかえることになるのである．

そのようななかでの対応の方向として，つぎのような傾向がみいだされた．(1)農業協同組合企業型では，農協インテグレーションの一機構として系統農協との組織的結合を一層強める．系統農協の販売機能を強化し，全農出荷とともに，販売子会社をつうじて独自の消費地販売ルートを確保する．(2)公社企業型では，食肉業者団体からも出資されているため，系統農協に限らず業者の利用を促進したり，委託販売や枝肉を仕入れて部分肉の買取加工販売部分を拡大するなど，事業多様化によって採算を確保する．

もうひとつは，(3)肉牛の買取部分を拡大し，自らの販売機能を強化する方向である．事例にみたようにナンチクは完全な買取加工型の典型例であり，販売機能をもつため独立企業的性格が強くあらわれ，いわゆるパッカーとよばれるものになっている．

さらに，(4)集荷量を確保するために直営生産が導入されている．系統農協では，食肉センターの稼働率確保のために，預託牛制度の導入や肥育センターの設立など，生産者の組織化や直営生産を行ってきた．それに加えて90年代以降は食肉センター自身が直営牧場をもつようになってきている．

なお本書では直接とりあげなかったが，鹿児島県の競争構造の項で若干ふれたように，自治体営食肉センターでは，伝統的な慣行の延長上に地元食肉

第5章　産地食肉センターの企業構造と企業行動

業者が利用組合をつくって利用しているところもあるが，実質的に特定の食用加工メーカーや食肉卸売業者の処理施設となっているところが増えているようにみうけられる．

　産地食肉センターの企業構造と経営管理・行動の特質，そこに生じる経営問題および処理と流通の機能について整理を行ったが，制約された条件のなかで経営自立化を達成するために，事業・業務形態，生産・労務管理，流通機能に関してさまざまな対応がなされてきた．資本構成も変化し，所有構造も変化を遂げてきた．今後はこのような産地食肉センターの動向の全体像を把握，分析し，とりわけ企業形態と業務形態については，より効率的な経営を行うことができ，また地元の生産者や消費者にも寄与できるような形へ再編成することが必要になってきていると考えられる．

　　注
1)　食肉センターの流通機能上の問題はつぎのような文献において明らかにされている．平塚 (1970)，宮崎 (1977a) (1977b)，宮田 (1977) (1978)，吉田 (1975) (1977) (1978)，御園 (1976)，佐藤 (1986)．
2)　南九州畜産興業と岩手畜産流通センターを分析した宮田 (1978) では，両食肉センターの出資構成と組織機構分析が行われており，これを食肉センターを対象にした企業形態論的分析の試みのひとつとしてとらえたい．ただし宮田 (1978) においては，資本出資主体による食肉センターの機能掌握に分析の中心がおかれている．本書では，資本の出資構成も食肉センターの内的構造としてとらえ，食肉センターは資本出資主体の個別意志の単なる集合体ではなく，食肉センター自体の経営体としての持続的存続の要請から生じる経営目標が内的契機となって，相対的に自立した行動が存在するという点を重視する．
3), 4)　食肉通信社 (1982) の食肉センター別データから集計した．
5)　一部事務組合とは，行政事務の一部を広域の地方自治体が共同で執行するための行政組織である．地方自治法第252条の2項に根拠をもつ．
6)　たとえば後節でとりあげる，南九州畜産興業は86.2％，鹿児島くみあい食肉鹿屋工場89.2％，南薩工場89.5％である．その他，飛驒くみあいミート77.5％，山形県食肉公社67.9％である (新山，1985)．
7), 8), 9)　食品需給研究センター (1981) による．
10)　山形食肉公社と飛驒くみあいミートをとりあげた新山 (1985) を参照されたい．

11) 以上の事業の歴史は，南九州畜産興業株式会社（1994）の会社概要や年表などから整理した．
12) このインテグレーションの形態とそれが与える影響に関しては，新山（1981）を参照されたい．

第6章　フードシステムにおける垂直的調整
―取引形態と価格形成システム―

第1節　垂直的調整システムの全体像

　これまで日本では垂直的関係をとらえる場合には，垂直的な固定的関係の形成に注目され，「垂直的統合」に関心が向けられてきた．そして垂直的統合は，所有にもとづく統合と関係を固定化する長期契約とを含むものとして，広義に理解されてきた[1]．「畜産インテグレーション」の概念がそれである．食鶏と養豚ではこのような固定的な関係の比重が高まったため，これらの部門の垂直的関係の分析には大きな貢献をした．しかし幅広い部門における垂直的な関係をとらえるには，固定的な関係に限らずより広くいかなる垂直的調整システムがとられているかをとらえなおす必要がある．また，関係は資金融資などのゆるやかな形態から固定的で支配的な完全所有統合に進むととらえられてきたが，必ずしもそうではない．比較的ゆるやかな関係が広い領域を占めており，ここにおける調整システムを把握することが重要である．

　垂直的調整の一方には外的調整があり，他方に内的調整がある．知られているように，外的調整は市場による調整であって，独立した企業間で市場を媒介にして取引が行われる状態であり，所有権の移転をともなう．内的調整は組織内の調整であって，企業の統合により市場を組織内部に取り込んだ状態であり，取引は内部取引なので所有権の移転はない．しかしこれは両極であり，このあいだに多様な調整のシステムが存在する．

　これまで必ずしも仕分けられてはこなかったが，経済的関係の調整システ

ムは，所有からみた統合，取引形態（契約），価格形成システムの3つの層から成り立っていることを明らかにしたい．これらによって，利益とリスク，所有権の移転と物流（量と速度を含む），品質，情報の調整が行われている．所有による統合は垂直的調整システムとしてはきわめて限定的にしか機能せず，取引形態，さらに価格形成システムが垂直的調整システムとして重要な機能を果たしていることに注目する必要があると考える．日本ではとりわけ価格形成システムの役割が見落とされてきたといえる．

3つの層とそれぞれの内容を表6-1に示した．その関係は所有からみた統合を起点にするとつぎのように説明できる．

まず広く垂直的調整システムをとらえようとするときには，それぞれの概念の本質を明確にするために「垂直的統合」(vertical integration)は所有にもとづく統合として限定的に把握することが望ましいと考える．それでもなお所有統合には，合併（merger）と買収（acquisition）の2つの形態があり，そこにおける生産物や物財の取引に関する調整の態様には大きな差がある．

所有統合の形態によって調整が内部システムで行われるか外部システムで行われるかは異なる．企業合併は2つの企業が融合されるか吸収されるかして1つの企業に統合されるものであるが，企業買収は，営業権，固定資産の一部または全部の譲渡・賃貸・権限委任を行うもの（営業譲受）であり，譲渡側の会社も消滅しない．したがって，垂直的に企業合併が行われた場合には，川上と川下は1つの企業内部の事業部門となり，そのあいだは内部調整になる．しかし，買収の場合は譲渡側の会社も存続するので，川上と川下のあいだには外的調整が残される．また，資本提携（出資参加）やグループ化（子会社，共同出資会社設立）など，出資関係を通した部分的な所有統合を本章では準統合と表現したが，この場合にも川上と川下とのあいだは外的調整である．さらに統合されない川上と川下の企業のあいだはいうまでもなく外的調整である．

したがって，非統合のみならず準統合と買収による統合の場合もふくめて，そこでは外的調整のシステムが必要となり，直取引，販売契約，生産契約の

表 6-1　垂直的な調整様式（Vertical Coordination）

企業の所有統合	生産物の取引形態	生産物の価格形成システム
外的調整＝市場による調整（独立した企業間で市場を媒介にして取引を行う：所有権の移転をともなう）		
非統合	直取引（spot contracts）	自由市場システム（free market）
準統合	販売契約（marketing contracts）	競売（auction）
・資本提携（出資参加）	先渡し取引（forward contracts）	個別交渉（negotiations）
・グループ化（子会社、共同出資	長期供給契約・排他的取引契約	フォーミュラ（fomula）
・会社設立）	生産契約（production contracts）	固定価格（fixed price）
統合（integration）	＝長期・排他的	管理的システム（administered）
・買収＝営業譲受（acquisition）		フルコスト（full-cost）
（譲渡側の会社も消滅しない）		プライスリーダーシップ
・合併（merger：融合、吸収）		協定（agreement）

内的調整＝組織内の調整（企業の統合により、市場を組織内部に取り込む：内部取引で所有権の移転はない）

注：1) 非取引的な調整システムとして、牛肉プログラムなどの品質管理・品質保証のための垂直的な連携がある。
　　2) GIPSA の用いる captive supply には、統合、販売契約、生産契約、フォーミュラが含まれる。

いずれかの取引形態が選択されることになる．また，どの取引形態においてもいくつかの種類の価格形成システムをとることができるので，価格形成システムの選択もなされることになる．

実際には後にみるように垂直的な合併は少ないので，垂直的調整システムの中心におかれるのは取引形態と価格形成システムである．またこの垂直的調整システムにはフードシステム全体の構造変化の影響が集約されてあらわれる．したがって，取引形態と価格形成システムの実態と問題をフードシステムの構造変化の影響と関連づけて明らかにし，取引がスムーズで公正に行われるよう，それらにかかわる制度をいかに整備するかが重要な課題となる．

なお，新たな垂直的調整システムとして，ヨーロッパにおいて食肉の健康・安全性など品質管理を目的として，取引関係ではとらえられない連携関係が形成されている．農場から食卓までの一貫した品質管理と品質保証をめざすEU諸国の牛肉プログラムがそれである．プログラムの参加者は契約によって垂直的に組織されるが，その契約は商品の取引を約するものではない．所有権の移転に関わる量と価格に関する約定事項はない．生産の仕様書を守る契約であり，量は確認・記録されるのみである．コントロールされた商品を取引するにあたっては，関係の固定性の強い生産契約ではなく，固定性の弱い先渡し取引などが用いられている．価格形成システムもフォーミュラかネゴシエイションが採用されている．これについては第10章でとりあげるが，これからの垂直的調整システムは，これまでの取引を対象とするものからそれ以外の多様な関係を対象とするものに広がることになろう．

第2節　垂直統合・契約・スポット取引

1. 定　　義
(1) 垂直統合

垂直統合 (vertical integration) は，「生産と販売システムにおいて2つの隣接したステージを所有する1人の人間あるいは事業（組織）」(Hayengaet al. 2000）として定義される．

　合併による垂直統合では，1つの意思主体のもとに統合される．しかし買収のように買収された企業が残る場合は，親会社と買収された企業とのあいだの意思決定の独立性，支配の状態は多様である．買収の目的も必ずしも生産資材や生産物の内部供給にあるわけではない．

　それは第3章のアメリカの牛肉パッカー上位3社の例にみたとおりであり，牛肉セクターで所有統合にもとづいて内部供給が重視されているのは，アメリカでも日本でも生産者が川上や川下に進出して行く場合が多い．生産物の付加価値の獲得，生産のコストの節減，生産物の有利販売のための販路の確保やマーケティング戦略へのアクセスなど，生産を有利に進め生産の利益を高めるためである（新山，1997）．

(2) 直取引・先渡し取引・先物取引

　取引の形態は，もっとも一般には，直取引（spot contracts：スポット取引），先渡し取引（forward contracts），先物取引（futures）の3つに区分される．この3つの取引の形態は，農産物の取引にももちいられ，とりわけ肉牛・牛肉の取引においては3つの形態がすべてもちいられる．それにもかかわらず先渡し取引と先物取引は混同されることもあるので，一般的ではあるが，おもに宇佐美（2000）小山他（1994）にもとづいて定義を整理しておきたい．

　まず，売買の契約成立（約定）時点と商品および貨幣の受け渡し（履行）時点との時間的関係から2つに区別される．売買契約締結時に商品と貨幣を交換し契約を履行するのが直取引であり，売買契約と受け渡しの間に一定の期間があるのが先渡し取引と先物取引である．約定時に商品か貨幣かどちらか一方が受け渡されれば（売り掛け，掛け買いなど），直取引としてあつかわれる．

　先渡し取引は，「契約内容は現時点で決定されるが，受け渡しはあらかじめ決められた将来の一時点で実行される」取引である（小山他，1994）．これからみると，長期固定的販売契約や生産契約も先渡し取引の変種だといえ

る．しかし通常，先渡し取引と称されるのは，1年以内の数カ月先の受け渡しの契約を指すことが多いので，ここでもそのように狭義にもちいることとする．

そして，約定と履行の時間的な関係からみたときには，先物取引も広い意味での先渡し取引の一部であるとされる（たとえば，宇佐美，2000）．逆に，先渡し取引も先物取引の一部と説明されることもあるが，ここでは先の見解をとっておきたい．いずれにしても先渡しと先物とは同義語で用いられることも多く，混乱もみうけられる．この両者の違いは，つぎの所有権の移転と契約の方法にある．

所有権の移転をともなうのが直取引，先渡し取引であり，これらは現物取引である．それに対して先物取引は，反対売買，差金決済によって必ずしも所有権の移転をともなわず現物が取引されない（現物が取引されない方が典型的である）．また契約の方法からみると，先渡し取引は個別相対で契約が行われるが，先物取引は定められた取引所において集団売買で契約が行われる．先渡し取引のなかでとくに取引の組織と制度が整ったのが先物と理解することができる（宇佐美，2000，詳しくは参照されたい）．同じくMcCoy and Savhan (1988) は，先物市場に先立って先渡し取引があり，先渡し取引も，契約の売買（バイヤーがその契約＝受注するという彼の義務を他のバイヤーに売ったり，彼の最初の販売者が契約を買い戻し，彼の発注に対する義務をキャンセルすること）を含むので，機能に差はないが，「"futures"の用語は，公式化され規制された状態のもとで契約を売り買いする専門化された市場のために予約されていた」とのべる．先物取引は，専門化された人々，専門化された場所，特定化された時間の間に，特定化されたルールと規則のもとにのみ行われうるのである．

(3) 販売契約

販売契約 (marketing contracts) は，「商品が収穫されるかあるいは商品が販売される前に，その商品に対する価格（あるいは価格決定のメカニズム）と販路を定めた，契約業者 (contractor) と育成者 (grower) との間の，口

頭あるいは文書化された協定」(Hayenga et al. 2000) をさす．販売契約では，その商品が製造されている間は育成者が商品を所有するので，管理上の意思決定の多くの部分は育成者に残る．育成者（農民あるいは生産者）はすべての生産リスクを引き受けるが，価格リスクは契約業者と分ける（同上）．

アメリカでは，販売契約の形態の代表的なものは，育成中の作物や家畜の先渡し販売（先渡し取引契約の締結）である．先渡し契約は，後の配送について規定し，約定時に価格を定めるかあるいは後に価格を設定するための条項が規定に含まれる（同上）．なお，配送後の価格設定をフォーミュラにもとづいて行う場合も販売契約の別の一形態とされる（同上，USDA/GIPSAでも同じようにもちいられることがある）．しかし，先渡し契約とフォーミュラによる価格設定は別々の販売契約の形態としてとらえるべきではないだろう．フォーミュラプライシングは後にみるように価格形成の方法の１つである．先渡し販売において約定時に価格を定めるのではなく，後に価格を決定する方を選んだときの価格設定方法としてよくもちいられるのがフォーミュラである．先渡し取引とフェーミュラプライシングは，取引形態とその価格形成システムの組み合わせとして理解すべきである．また，農民のグループの間で収穫前に行われるプール協定も，販売契約の一形態とされる．

さらに，豚の取引では販売契約が多用されるが，パッカーと生産者の間では，価格リスクをどのように分配するかによってつぎのようないくつかの方法がとられていることが明らかにされている（同上）．ひとつは，フォーミュラプライシングをもちいる場合であり，価格リスクの保護が提供されない（値決めが市場価格に連動して行われるためであるが，詳しくは後述）．コストプラス（cost plus）方式は，標準生産費にマージンを加えて契約基準価格（base price）とし，市場価格がその契約基準価格を下回ったときには生産者に支払いが行われ，上まわったときには払い戻しが行われる．契約は典型的には4〜7年の長さであるという．価格リスクを平準化する方式であるといえる．日本の農協系統組織と肉牛や肉豚の生産者のあいだで行われる長期平均払い方式がほぼこれに相当する．プライスウインドウ（price window）方

式は，上限価格と下限価格を事前に確定し，市場価格が上限下限のあいだにはいるときには市場価格で取引され，上限下限の範囲を超えたときには事前に確定した比率にしたがって価格差を生産者とパッカーの間で分割するものである．プライスフロア（Price Floor）方式は下限価格を設定するものである．

日本では，「畜産インテグレーション」研究において明らかにされた，典型的な契約の2つの方式がある．「契約生産」と「委託生産」であるが，「契約生産」は販売契約の一形態であるといえる．

吉田（1975）によれば，契約生産はつぎのように整理されている．生産物買い取り契約であり，価格は卸売市場相場に連動して決められるか，もしくは契約した1頭（羽）当たり生産費で販売される．固定資本と育成中の生産物の所有者は生産者であるが，素畜（素雛）や飼料は委託者が提供する場合としない場合の両方がある．製品形態と飼養管理に関する指示や契約が行われる．契約期間は数年にわたる．価格が卸売市場相場に連動して決められる場合は生産者は価格のリスクから保護されないが，生産費で契約される場合は生産者は価格のリスクをまぬがれることになる．

日本では，さらに，上記にのべたように，農協系統組織と肉牛や肉豚の生産者のあいだに長期平均払い方式による出荷契約が普及している．一契約期間は3~5年であり，これは価格リスクを平準化する方式である（詳しくは，新山，1980，1985などを参照されたい）．

あるいはさらに，数ヶ月先の出荷を契約する先渡し取引が行われることが多い．先渡し取引は，肉牛・牛肉，肉豚・豚肉ではアメリカよりも日本の方が一般化している．この場合には，価格形成には市場相場を基礎にしたフォーミュラプライシングがもちいられるのが一般的であるので，価格リスクからは保護されない．

(4) 生産契約

生産契約（production contracts）は，「契約業者に対して提供されたサービスと投入の料金に対する見返りのなかで，商品の生産において確実な仕事

を果たすことを育成者に要求する口頭または文書での協定」(Hayenga et al. 2000) である．

　生産契約においては，生産過程にある商品の所有とリスクの分担はつぎのようになされる．契約業者は，契約のもとで生産中の商品を所有するのが典型的である．契約は，商品の品質と量を特定し，変動費用を誰が負担し責任を誰が負うかを明らかにする．契約的な協定（生産契約協定）では，各契約当事者による生産投入，提供されるサービスと投入に対して育成者が受け取る支払額，そして誰がそのリスクを負うのかが記載される．そのコストと便益，そしてリスクの割合は，育成者および牧場そして彼らの契約業者との間で分割される．分割の度合いは一般に契約業者が提供する資材の投入量と経営上の監督の程度に依存する．契約業者が農民の生産決定をコントロールする度合いは，契約のタイプによって多様である（同上による）．

　なお Hayenga et al. (2000) は，アメリカでは，契約生産は垂直的な調整であるといわれてきたが，そうではないことを指摘している．多くの生産契約は，生産者と加工業者，あるいは生産者と原料供給者との間ではなく，生産者の間の水平的な契約であるという．

　日本の契約生産は垂直的調整であり，「委託生産」とよばれる方式をとる．この方式では，一日当たり定額の飼養料が委託者から生産者に支払われるのが典型的である．土地・畜舎などの固定資本は生産者が所有するが，育成中の生産物の所有者は委託者であり，また委託者が素畜（素雛）と飼料を提供するのが一般的である．生産者は，報酬の形態からみて価格と生産のリスクからともに保護されるが，意思決定の独立性は低くなる（吉田，1975，新山 1980）．

2. 統合と契約の有利性・不利性

　内部組織の経済学やそこから発展した理論においては，内部組織化は不確実性および情報の非対称性と機会主義的行動を防ぎ，取引費用を節減すると説明されることが多いが，論理的にも現実的にも必ずしもそうではない．内

部組織化は費用を大きくする要因もともない，費用が節減されるかどうかは両者のバランスによって決まるからであり，生産段階の特性と組織化の度合い（取引形態）によってそれは大きく異なる．そして完全な内部組織化となる（取引を内部化した）垂直統合は非有利性の方が大きいように考えられる．

(1) 垂直統合

垂直統合については，有利性として，①生産プロセスの効率性（一貫作業による技術的合理化），②生産物の移動の効率性（各生産段階の製品の運搬費，在庫費の節約），③2つの段階の間でのリスクの埋め合わせ（各生産段階の収益率の平均化），④管理費の節約・管理情報の改善（規模の経済）⑤大量生産方式の拡大（技術的合理化，原料の量・質の安定的供給の確保の結果として），⑥中間利潤の排除および①，②，④によるコスト切り下げ，⑦両方からの利益の獲得，をあげることができる[2]．以上のほか，生産契約を含めてみられる利点として，品質の向上と標準化があげられている（吉田，1982a）そして，量的・質的リスクの削減，低い取引費用があげられている（Hayenga et al., 2000）が，取引費用は節減されるが，リスクを含めた企業購入費用がそれをはるかに上まわり，つぎにのべる不利点を考慮するとリスクはむしろ差し引きして増大する方が大きいと考えられる．

非有利性は，①各生産段階の生産量，生産速度のバランスの維持が難しい，②各生産段階の適正規模が異なる場合，系列全体に集権管理が行われると製品を他の企業に販売することが困難となり，製品の生産規模が制約され規模の不経済を生じる，③製品分野の経済環境が構造的に悪化した場合に，弾力的な行動がとりにくく大きな不経済が生じる．製品需要の変動が大きい場合，企業の弾力性，安定性水準が低下する．加えてさらに大きな要因として，④その生産段階の生産上のリスクを抱え込むことになる（農産物生産段階に関してはそれがとくに大きい：天候，病気，技術などから生じる），⑤その生産段階の技術，情報が異質でしかも固有性が高い場合は，シナジー（複合効果）が働かないので，その段階の経営意思決定へ参入するときの障壁が高く，経営（意思決定）を統合することにリスクがともない費用が高い，というこ

とをあげておかねばならない．またさらに，⑥独立性の喪失と社会的にみた潜在的な独占の危惧があげられる[3]．独立性の喪失も企業にとってのみならず，社会的にみて多様性とそれにもとづく活性の喪失につながる危惧要因である．

　非有利性の④，⑤については，生産物が標準化されるほど技術的なリスクが低下し，工場的生産形態をとるほど天候，病気要因から切り離されるので，その度合いに応じて生産上のリスクは小さくなり，また技術，情報の異質性・固有性の度合いは低くなり意思決定への参入障壁は低下する．この度合いによって垂直統合の可能性は異なる．畜産分野では相対的に，小家畜＞中家畜＞大家畜の順に可能性が高くなる．ヨーロッパの子牛肉用（ヴィール）の子牛肥育では垂直統合の完成度が高い（それでも子牛肥育は所有統合より生産契約の比重が大きい）のに対して，肉牛肥育では日欧米ともにその度合いが低いのはこのことから説明できる．

　さらに非有利性の⑤については，農産物生産段階とその川上，川下の段階とのあいだには，この障壁が大きい．他の分野からの参入は垂直統合ではなくコングロマレーションになるが，生産段階のみならず，食肉処理などは，他の産業分野からの参入障壁はきわめて大きい．カーギルの食肉事業の低迷，コナグラの食肉事業における失敗（第3章）はたとえばその例である．この不利性に関しては，分権的な意思決定をとり，（その分野に蓄積のある）買収した企業にその生産段階の意思決定をまかせることによって障壁は緩和される．しかしその場合には，経営管理のシナジーは減少することになる．どちらかといえば，技術と情報の固有性が高い農業生産分野にいる，農業生産者が，相対的にそれらの一般性の高い処理・加工，流通，生産資材生産分野へ進出する方が相対的に障壁が低いと考えられる（一般的なノウハウを身につけられる経営者能力をもっていることが前提になるが，農業生産者にはそれが低いことが制約になっている）．日本の企業的な農業生産者が川下や川上に向かって所有統合の形態で進出しているのは，その例といえる．

　一般には，生産物が市場で充分に調達できるときには，以上の非有利性が

有利性を上まわる場合が多く，有利性の方が上まわるのはむしろきわめて限定された場合であると考えられる．

したがって所有統合が行われる場合は，生産物や資材の取引の調整を目的とせず，経営の財務や経営戦略上の調整を目的としている．具体的には，将来の有利な市場をさぐる情報アンテナ機能を確保することに目的がおかれたり（一般的にはコングロマレーションの契機とされる），さらには，アメリカのパッカーのフードサービス事業への進出や日本の企業的生産者の川下への進出にみられるように，不利性の④⑤の相対的に小さい段階に進出し有利性の③⑦を追求することがみられる．

生産物や資材の取引に関する垂直的調整システムとしては，所有統合は低くおさえられており，第3章でとりあげたアメリカの例のように，所有統合を行った場合も，上記の非有利性が排除されるように，統合した企業の間でも生産物の調達を内部化せず，スポット取引や販売契約，生産契約による取引が選択される傾向が高い．

さらに情報の非対称性については，食肉のようにと畜プラントを核にして集荷・販売圏が定まり，地域市場が形成されている場合には，売買双方は互いの情報をよく知り得る条件にあるので，緩和されている．また，アメリカの食肉のように各段階の生産の規模が均衡するようになると緩和は一層進む．日本やヨーロッパでは，生産の規模が小さい家畜生産段階に生産団体を形成することによって，それを緩和する条件がつくられている．

(2) 生産契約と販売契約

Hayenga et al. (2000) によれば，アメリカでは，生産契約は農民と農民のあいだで結ばれることが多く，しかもそれは畜産に多いとされる．豚の大規模な生産者による他の生産者との契約，豚の肥育者による種豚協同組合との契約，カスタムフィードロットにおける子牛生産者による家畜の所有（日本風にいえば預託肥育契約）がそのおもな例である．その動機は，生産の特化の利益，施設や他の資本の制約からくる．他に，金融業者によって農民へ生産・販売契約が促進される．もうひとつは，処理・加工業者による農民と

の生産契約がある．これは，専門化した加工プラントへの投入のタイミング，質，量の精密なコントロールを確保するためである．

日本では，生産契約と販売契約は，鶏と豚では処理業者と生産者とのあいだに結ばれることが多く，肉牛では農協を介して食肉加工業者や食肉卸売業者とのあいだに販売契約（先渡し契約）が結ばれることが多い．それらはプラントの稼働率の確保と稼働率の平準化を行うためである．また，農協系統組織と生産者との間に豚，肉牛で生産契約や販売契約（いずれも預託制度）がみられる．これは，農協系統組織の出資する食肉センターの稼働率を確保するためと，生産者への金融の供与が目的である（新山，1980，1985）．

生産契約の有利性として，①育成者と契約業者が商品の生産と販売のリスクを分担すること，②金融が契約業者によって与えられ，③あるいは生産契約を結んでいる信用をもとに他の金融業者を通して間接的に金融が可能になることがあげられる（Hayenga et al., 2000）．①，②は日本でも共通である．

販売契約の動機は，生産契約に対するものと同じであるが，生産が充分に専門化され，生産プロセス中の所有が本質的でない時は販売契約で充分であるとされる（同上）．

販売契約は，市場アクセス，価格・金融上の安定性，ローンへのアクセスに対するいくらかの保証を必要とする生産者にとっての「中庭」であるとされる．また，「生産者に，消費者の需要に適合する等級と標準に考慮することへの明瞭なシグナルと誘因をもたらし，顧客の需要に対して現金市場のシグナルよりも素早い反応をもたらす」（同上）．日本でも事情は同じである．

加工業者・処理業者は，日米ともにみたように，供給を確実にし品質を確保するために販売契約を利用する．販売契約は生産契約や垂直統合に比べてより低い資本要求ですむ（同上）．とりわけ日米欧ともに豚，牛では，先渡し契約によって調達日程を計画し，と畜処理プラントへの供給変動をコントロールし，プラントの稼働率を確保するとともに平準化することが普及している．Hayenga et al. (2000) は，「供給の要請に対する安定した量を先立ってコントロールすることは，施設の稼働を確保するために入札競争が起こ

りそうな状態を減じる」としており，先渡し取引など販売契約を含む captive supply を独占力の行使の可能性として警戒的にとらえながら，その合理性を認めている．

生産契約と販売契約のデメリットとして，Hayenga et al. (2000) では以下の点をあげる．①潜在的な独占の危惧（支配され内包されている量と市場のシェアが高い場合），②独立性の喪失，③潜在的な問題として，契約の複雑性，情報・育成者の教育に関する実践的な問題，契約交渉における販売地位の不平等性，④潜在的な非有利性として，出荷の遅延・怠業，低品質商品の準備，契約の非更新の可能性とそのコスト，⑤契約者の財務上の失敗のリスクを生産者も受けやすいことである．そして，農民にとっては，リスクと利益の分割の潜在的な非平等性ともに，独立性の喪失は最大の非有利性であり，独立性の喪失と収入の安定，運転資金および施設投資ローンへの大きなアクセス，確実な市場へのアクセスとが公正な対価かどうか評価しなければならないと，指摘している．

3. アメリカと日本の状態

(1) アメリカの農産物における傾向

アメリカの農産物の主要な品目についてとりまとめたものが表 6-2 である．垂直統合（所有統合）は，農産物全体ではきわめて少ない（7.6％）．2 割を超えるのは，生鮮野菜，ジャガイモ，果実とナッツ，サトウキビ，羊肉，卵，七面鳥である．牛肉，豚肉，鶏肉はともに少ない．

生産・販売契約下にある商品の全生産量に占める比率は 35.5％ である．4 割を超えるのは，棉，野菜，果実，肉牛，豚，鶏，乳牛/牛乳である．生産契約と販売契約の数値は一部の商品のものしかないが，鶏では生産契約が 99％ を占め，卵と豚でも 3 割を超える．肉牛では 14％ と低い．販売契約は，肉牛で 9％，卵で 6％ であり，棉，野菜，果実に多い．

このような数値が調査によって異なるのは，肉牛について第 3 章でみたとおりである．肉牛については，パッカー所有の比率はどの調査も共通する．

表6-2 農産物商品別にみた所有統合，協同組合出荷，契約生産，販売協定のシェア　　　　　　　　　　　　　　　　　　　　　　　　　　　(％)

	所有統合 Ownership Integration		協同組合出荷 Cooperatives	契約下の生産量 Produced under Contrct,	生産契約 Poduction Contracts,	販売契約 Marketing Contracts,
	1980	1993-94	1998	1998	1997	1997
とうもろこし				13.1		8
大豆				12.2		9
棉	1.0	1.0	43	50.6		33
野菜	35.0	40.0	19	45.4	8	24
果実	11.2	6.9		56.7		56
肉牛	3.6	4.5	14	25.3	14	9
豚	1.5	8.0		42.9	33	
鶏	8.0	8.0		94.9	99	
乳牛/牛乳	0	0	86	56.7		
卵	45.0	70.0	37		37	6
他のすべての商品			12	22.5		
全商品	6.2	7.6	30	35.5	12	22

注：所有統合の欄の，果実は果汁用，野菜は生鮮市場用，肉牛は肥育牛，豚は肥育豚，鶏はブロイラー，牛乳と卵は市場用．契約下の生産量の鶏はブロイラーである．

出所：Marvin Hayenga et al. *Meat Packer Vertical Integration And Contract Linkages in the Beef and Pork Industries : An Economic Perspective.* May 22, 2000. http://www.meatami.org/indupg 02.htm，14〜18頁のTable 1〜6をもとに作成．原資料は，所有統合はERS/USDA. Food Marketing Review, 1994-95，協同組合はRural Business-Cooperative Service, USDA, 1998.，契約下の生産はUSDA Agricultural Resource Management Study. Summarized in Rural Conditions and Trends USDA-ERS, Vol. 10 No. 2, 2000，生産契約と販売協定はUSDA/ERS. 1997 Agricultural Resource Management Study, special analysis.

パッカー所有の多くは生産者出身のパッカーである．生産契約は第3章でとりあげた調査では目にみえる数値ではなかった．販売契約は先の定義のように先渡し契約を含むならば，第3章でとりあげた調査では15〜27％と幅があるが，上記の数値よりはかなり多い．これらのギャップがどこからくるのかはわからない．いずれにしても肉牛ではスポット取引は依然として大きな比重を占める．

豚についてはHayega et. al（2000）による調査でも，垂直統合の比率は比較的小さい．97年にはパッカー所有は9.4％であり，飼料生産者である会社の所有が5％以下であった．その後，Smithfieldによる2つの大規模豚

生産者の営業譲受によってパッカー所有が 15～17% に増加したが，これは販売契約からの移動であるとされる．

豚の販売契約は，供給の安定よりも品質への考慮を引き金として拡大していることが指摘されている．1993 年には長期販売契約が 11%，生産契約が 2% であったが，生産契約の比率は 94 年には肥育豚の 29%，97 年には 44% に急上昇していることが明らかにされている．契約業者は半分は大規模な生産者である．

食鶏においては，育種，ふ化，輸送，処理プラントがひとりの所有者のもとに完全に統合されており，このインテグレーターが生産契約によって育成者をほぼ完全に組織している（同上）[4]．

(2) 日本の畜産における傾向

日本では，契約生産は 1960-1970 年代にブロイラー旧産地（関東，東海，山陰）において展開し，委託生産および直営生産は 1970 年代からブロイラー新興産地（南九州，東北）において展開した．日本では委託者は飼料メーカーの代理店かそこに系列化された食鳥処理会社もしくはと畜施設をもつ食肉加工メーカーであり，60 年代にはそれらはさらに飼料の原料輸入を行っていた総合商社に垂直的に系列化されていた．しかし，1973-74 年の畜産危機を境にして飼料業界の収益性が低下したことを契機に，総合商社は畜産インテグレーションから撤退したり，あるいは，子会社や系列会社をつうじて直営生産を行なうようになった．また，地方の食鳥処理会社や食肉加工メーカーなどのローカルインテグレーターが農家と契約生産を行うようになり，商社や飼料メーカーから独立性を強める傾向が強くなった（詳しくは吉田 1975, 1982a）．これはまさに，垂直的企業統合や強い系列化の非利性である市場変化に対する非弾力性（第 2 節 2）があらわれたものである．

豚のある上位食肉加工メーカーの産地工場では，委託生産による調達比率が 3%，それ以外は一般農家，経済連，その他業者を通した契約出荷である．ある地方食肉卸売業者の例では，豚の調達の 10% を委託生産が占め，残りは出荷契約である．

肉牛では，農家と食肉加工メーカーや食肉卸売業者との取引は，スポット取引か販売契約（先渡し取引）の形態をとることが多く，生産契約はあまりみられない．所有統合（直営生産）も調達量のごく一部にとどまる．また，ステーキレストランなどの外食産業やスーパーマーケット，生活協同組合が，調達量の一部ではあるが契約生産や委託生産を行っている．

日本ではむしろ，肉牛と肉豚においては，農協系統組織が農家と，販売契約（出荷契約，契約生産方式），生産契約（委託生産方式）を結び，また肥育センターで直営生産を行っており，その比率が高い．契約生産や委託生産は預託牛制度という形態をとっており，金融機能もあわせもっている（新山，1980，1985，新井，1989，横川，1989）．農協系統組織によるこのような生産の組織化はまた，農協の出資する産地食肉センターの集荷量を確保するという役割をもっている（新山，1980，1985）．90年代に入って以降には，第5章でみたように産地食肉センターが自ら，集荷量の確保のために直営生産にのりだしている．

日本では，1980年代半ば頃から，海外畜産物の輸入量が増加し市場におけるこれらの安い畜産物との競争が激しくなるにしたがって，生産者の川上（配合飼料製造，飼養機器製造），川下（と畜・処理，加工，卸売，小売，レストランなど）への進出が盛んになっている．これらはいずれも所有統合（直営，子会社設立）の形をとる（新山，1997）．

農事組合法人の統合と契約の状態をみると，親会社に系列化されているのが養豚で28％，肉用牛21％，養鶏19％であり，耕種部門は果樹が6％で他はそれ以下である．法人が子会社を設立しているのは4～5％である．子会社の設立は有限会社の場合はさらに多いと考えられる．親会社との関係は，出荷契約42.5％，委託生産18％，資金提供37.5％，生産資材提供32.5％，土地建物提供25％，技術・経営指導38％である（1990年調査，詳しくは新山，1997）．

第3節　価格形成システム

1. 価格形成システムのとらえ方
(1) 価格決定と価格発見

まず，価格決定（price determination）と価格発見（price discovery）とを区別しておく必要がある．価格決定は，「多様な市場構造の下で経済的な諸力が価格に影響を与える様式をあつかう」ものであり，価格発見という用語は，「買い手と売り手がある特定の価格に到達する過程をあらわ」す（Tomek and Robinson, 1972）．垂直的調整システムとしてあつかうべきなのは，垂直的な関係が取り結ばれる（売り手と買い手の間の取引を実現する）仕組みであり，まずは価格発見のシステムである．価格発見や固定に用いられる制度や方法の複雑な体系を意味する言葉として，pracing arrangement という用語が使用される（Tomek and Robinson, 1972, McCoy and Sarhan, 1988 など）．

農産物の価格形成システム（pricing system）については，日本ではまとまって論じられたことがないが，アメリカでは強い関心がもたれてきた．

価格形成システムという用語は必ずしも厳密なものではなく，価格形成方法（pricing method），価格形成メカニズム（pricing mechanism）という用語もほぼ同義で使われている．価格発見のプロセスをその方法に着目して1つの仕組みとしてとらえようとするのが価格形成システムであると考えられる．

(2) 競争構造と価格形成システム

一般に，価格形成システムは商品市場の競争構造によって異なる．競争構造別に価格形成システムを整理した Rogers（1971, table 1；桜井，1981による）によれば，寡占的競争状態（Oligopoly）にあるときは協定，プライスリーダーシップ，委員会・協会，さらに提示価格，価格リスト，個別見積価格などの価格形成方法をとる管理的システム（Administered）がはたらく．原子的競争状態（Atomistic competition）にあるときには，ターミナルマー

ケット，商品取引所，オークション，バイヤー提示，相対交渉，委員会，契約などの方法により，自由市場システム（Free market）によって価格が形成されるととらえられている．ただし，以上には価格形成の場や取引方法も混在している．

そして，自由市場システムの目標および政策は，だれでもが確立可能なものとして，市場価値に到達するための最適な方法をつくりだすことだとされる．他方，管理的システムの目標および政策は，寡占企業による地位の分割，マーケットシェアの転換，略奪的プライスカッティング，利益最大化，売上最大化，差別化にある（同上）．

肉牛・牛肉の取引において，アメリカではパッカーのシェアの集中度からみれば寡占状態にあるが，激しい競争のなかにあり，価格形成において協定やプライスリーダーシップなど共謀的なシステムがとられる状態にはない（第3章）．しかし価格リストや個別見積価格（費用加算価格設定）が導入されており，自由市場システムを基調としながら管理的システムに移行しはじめた段階にあるととらえることができる．日本では基本的に自由市場システムの段階にあるととらえることができる．

(3) 複合的価格形成システム

実際の市場においては，同じ商品の特定段階の取引において採用される取引形態にもその価格形成システムにも幅があり，またフードシステムの垂直方向に複数の取引の段階がありそれぞれに異なる取引形態と価格形成システムがとられているが，それらは相互に関連しあい，時代時代に全体として1つの複合的なシステムを形成している．その複合性は，価格形成システム相互の結びつきによって生まれている．それぞれの時代に起点となる価格形成システムがあり，そこで形成された価格を基礎にしたり，参考要素にしたりしながら他の価格形成システムが運営されている．それぞれの価格形成システムにおいて，何がその基礎とされ，参考要素とされるかをたどることによって起点と各システム相互のつながりはみいだすことができる．

フードシステムの4つの副構造（競争構造，連鎖構造，企業結合構造，企

業構造・行動)の変化は集約されて,最終的にこの垂直的かつ総合的な調整システムである複合的価格形成システムのゆるやかな変貌に行き着くと考えられる.したがって,複合的な価格形成システムの全体像を明らかにし,フードシステムの構造変化との関わりにおいて,その変化の要因,問題点と課題,改善のための方向づけや有効に機能するための制度やルールなどの条件整備の方向を検討することが大切である.

2. 価格形成システムの主要類型の定義

農産物の代替的な価格形成システムとして,Tomek and Robinson (1972)は,①個別交渉 (individual negotiations),②組織された取引所・オークション (organaized exchange or auction),③フォーミュラプライシング (formula pricing),④生産者団体または協同組合によって管理された集団交渉 (group barganing),⑤私的・公的両部門での行政的決定 (administrative decisions)をあげている.これは第3章でとりあげたアメリカや第4章でとりあげた日本の食肉の価格形成システムとも一致し(食肉には④,⑤がないが),代表性があると考えられる.

このような代替的な価格形成システムの評価基準としてつぎの5点があげられる (Tomek and Robinson, 1972による).価格形成システムの本来の目的とされるのは,①短期でみた需要と供給を等しくさせること(余剰な供給をさけ,市場をクリアにする),②将来の生産量を適正な方向へ導く,③価格の安定や一定レベルの収入などのある福祉目標を達成する価格レベルを獲得することである.さらに,④経済情報が伝達され解釈されるスピードと正確さが評価基準としてあげられ,⑤価格形成の費用が考慮される必要がある.費用には,適切な情報を得るための費用,価格形成に関わる者の時間の価値が含まれる.また,間違ったり偏った価格決定がもたらす資源配分の誤りにかかる費用も含む.そして評価にこれらの基準を適用する際には,あらゆる場合に通用する基準はない.3つの本来的目的にてらして,あるひとつの価格形成システムをとりあげてその成果をみると,往々にして相反する結

果がもたらされるからである．したがって結局は，価格がどのような効果を経済に与えるか，期待されている機能のうちどれを優先するかの判断によるという．

以下に3つの主要類型の定義と評価をみていくことにする．

(1) ネゴシエイション

日本では農産物の価格発見の方法として組織された市場とそこでのセリシステムに偏重して関心がもたれてきたが，世界の普遍的な農産物の価格形成の方法としてまずあげられるのは，売り手と買い手の個別交渉（individual negotiations）にもとづく価格発見である．プライスリストや指し値は，ネゴシエイションの変形としてあつかわれる．

ネゴシエイションによる価格形成の特質について Tomek and Robinson (1972) はつぎのようにのべる．非集合的なシステムの下で決定された価格は，正確な情報が売り手と買い手の双方に容易く入手される場合に限って，競争市場での均衡価格に近似のものになる．その場合でも価格は幅をもったものとなり，商品の品質や立地条件などの相異を反映したり，価格決定にたずさわる者どうしの交渉力や取引技能を反映する．非集合的なシステムは，自分の技能を利用しょうとする者や交渉の過程を楽しむ個人に機会を与える．しかし交渉にかかる時間の価値が高ければ，この価格決定方法は相対的に費用がかかるものとなる（Tomek and Robinson, 1972）．

したがって，売り手と買い手が入手できる情報が非対称である場合，交渉力や取引技能に大きな格差がある場合には，価格形成の目的のいずれをもそこなうことになる．日本やヨーロッパの1960年代以前の肉畜・食肉における，家畜生産者と食肉問屋およびそれと結びついた家畜商とのあいだの取引がそうであった．家畜生産者は規模が零細で交渉力も取引技能ももたず，川下の情報から遮断され，食肉問屋はそれらのいずれにおいても大きく勝っていた．日本やヨーロッパでは，その改善のために生産者団体を育成し交渉力を高める措置がとられたが，それ以上に組織された市場（家畜市場と食肉卸売市場）を整備すること，日本ではとりわけセリシステムによる集合的な価

格形成の場を提供することによって，価格形成システムを転換する措置の方に力点がおかれた．それ以来ここに関心が集中してきた．

　アメリカでは，生産者とパッカーのあいだの肉牛の価格形成にも，パッカーとスーパーマーケットなどとのあいだの食肉の価格形成にもネゴシエイションが普遍的に用いられている．そしてアメリカでは，McCoy and Savhan (1988) が，ネゴシエイションによる取引においても，公表価格が売買価格へ到達するための調整の基礎 (the base) になるとのべているが，すでに発見された需給会合価格を民間や政府の市場情報サービス (market reporting service) によって公表することにより，零細な交渉者が依拠できるような交渉の基礎価格をあたえてその交渉力を高めること，また情報の非対称性を縮減することがなされた．つまり，価格形成システムを転換するよりも，ネゴシエイションによる価格形成システムが有効に機能するように制度を整備する方に力点がおかれたのである．

　そしてこのネゴシエイションによる価格形成システムは，競争構造が変化し，零細な生産者の集中度が上昇し，売り手と買い手の取引規模が均衡してくると，他の価格形成システムよりも効果を発揮するようになる．交渉力が均衡し，情報の非対称性が縮減されるとともに，取引相手の数が減少するために交渉に要する時間が削減されて価格形成の費用も縮減されるからである．しかも，アメリカのパッカーとフィードロットのあいだの肉牛の取引，パッカーとスーパーマーケットのあいだにおける牛肉の取引においてみられるように，集中度の高まりが競争の減少には結びつかない．そして，集中度の高まりが形成される価格にあたえる影響は必ずしも大きいとは限らず，また悪影響をあたえるかどうかを証拠によって示すことは難しい（第3章でとりあげたアメリカの GIPSA の各種調査結果，そして Tomek and Robinson, 1972）．高い集中の下でネゴシエイションによる価格形成システムが有効に機能するには，アメリカの食肉産業に関して整えられようとしているように，競争の状態と価格への影響を監視できる制度が整備される必要がある．

(2) 組織された取引所におけるオークション

組織された取引所では，家畜市場や卸売市場においては家畜，農産物や食肉などの現物の取引が行なわれ，商品取引所においてはさまざまな農産物の先物の取引が行われている．

現物の取引市場におけるオークション（auction, 競売）はつぎのように評価される．オークションは，生きた家畜や野菜などのように，標準化が難しい商品に価格を付ける機能を提供する．そして広く展開する商品に対して効率的な価格形成を可能にするが，商品を特定の場所に物理的に集合させなければならない不利点もある．これは時間を要し費用を高める（Tomek and Robinson, 1972）．加えて，組織された集合的な市場において発見された価格は，政府の市場情報サービスによって公表されることによって，他の取引の場における交渉の基準価格を提供し，交渉の効率と費用を節減する機能を果たす．

売り手と買い手の双方が多数の者からなる原子的な状態の競争構造においては，オークションは有効性が高い．この競争構造の下では，商品の物的流通の効率性からみても商品の集分荷点を不可欠とするので，オークションのために取引市場に商品を集合させることは追加的な費用にはならない．したがって，標準化が難しい商品の価格付けと，広く展開する商品に効率的な価格形成を可能にする機能が効果的に発揮されることになる．

しかし，売り手や買い手の集中度が高まったり，商品の標準化がすすむと，直接売買の方が費用が低くなる．どこの国でも肉畜や食肉が家畜市場や卸売市場で取り引きされる量が減少しているのは，このためである．日本で和牛の卸売市場取引量が例外的に維持されているのは，品質のばらつきが大きく，かつそれに帰属する価値が大きいために，1頭ごとに価格をつけることの利益が，それに要する費用よりも大きいからである．

商品取引所における先物の価格は，現物の取引における価格形成の基礎として機能している．穀物やコーヒー豆などの取引においては，先物市場の相場にもとづいて現物の価格を決める先渡し契約（ベーシス契約）が普遍的に

行われている．アメリカの肉牛の購買でも，一部ではあるが，先渡し取引の価格形成に利用されていたり，ネゴシエイションの参考要素として利用されていたりすることは，第3章でみたとおりである．また，生産者や加工業者など現物をあつかう者にヘッジ（hedge）の機会を提供し，価格リスクを減らす方法をあたえている．

(3) フォーミュラプライシング

フォーミュラプライシングは，ある特定の公式を用いて値決めをするシステムである．公式は，当該生産物に関して用意されている特定のあるいはいくつかの組織された市場の平均価格，あるいは市場情報サービスによって公表された市場平均価格に基礎をおく．

フォーミュラで値決めされる取引は，出荷，品質，量などの取引事項と，それをある特定の将来の時期（通常は出荷される日の前日）において確定される価格で履行することとを，同時に同意するものとして定義されている（McCoy and Savhan, 1988）．取引形態でいえば先渡し取引に用いられることの多い価格形成システムである．

たとえば，1960年代前半のオマハからニューヨークまで運送された食肉の価格は，出荷日前日の Yellow Sheet 価格の100ポンド当たりマイナス50セント（オマハとニューヨークのあいだの輸送費の差額）と，100ポンド当たり2ドルプラス（オマハ・ニューヨーク間の輸送費を補う）したものだった．Yellow Sheet は National provisionere 社の発行する市場情報であり，当時はシカゴの食肉市場の最終価格にもとづいていた（Tomek and Robinson, 1972 による）．第3章でのべたように，80年代には，Yellow Sheet に替わり USDA の Agriculture Market News Service（通称 Blue Sheet）の家畜生体価格やカーカス（枝肉）の卸売価格が用いられた．家畜生体価格は，公的な集合的取引の場であるターミナルマーケットの相場が用いられ，また当時のカーカス卸売価格は USDA が定めたカーカスの売り手と買い手の双方から報告を受けた価格を集計したものであった．部分肉フルセット価格は，この食肉卸売価格に加工費とマージンを加えて設定された．

豚肉については Hayenga et al. (2000) が，フォーミュラプライシングは，長期にわたって豚の価格確立のために利用されているとのべている．たとえば，プラントから出荷される豚のおよそ5割にあたるアイオワと南部ミネソタの加重平均価格を使って計算され，コミットメントの長さ，立地，豚の全品質のような要素にもとづいて価格差やプレミアムが足し引きされる．

　日本でも，食肉センターやと畜場など食肉卸売市場以外の場で取り引きされる食肉は，食肉中央卸売市場（東京，あるいは東京・大阪の加重平均）の価格を基礎に市場と産地の運賃差額をマイナスするような方式で値決めがされることが普通である．日本ではこの方式に呼び名はないが，典型的なフォーミュラプライシングだといえる．ヨーロッパでも，詳しくは聞き取れなかったが，政府の市場情報サービスによる公表価格を基礎にしたフォーミュラが用いられているようであり，フォーミュラプライシングは食肉や肉畜の取引においては普遍的な価格形成システムであるといえる．

　フォーミュラプライシングの評価に関して，Tomek and Robinson (1972) はつぎのようにのべる．「よくできたフォーミュラは，非個人的で，迅速，低コストの価格調整方法の提供という利点をもっている．一度採用されると，プライシングフォーミュラは，その公式に組み込まれている価格変動要因が何であっても，明示された基本価格の変化に応じて程度の差はあれ，自動的に価格を変化させることができる．」この利点によって広範囲に用いられてきたといえる．弱点は，産業市場システムと行政価格報告が変化したとき，頻繁な再評価や正当化が必要なことである (Hayenga et al., 2000)．

　実際，アメリカの牛肉では，第3章でのべたように，USDA の市場情報サービスのカーカス公表価格の算定方式が変わってから，USDA 報告は利用されなくなり，しかも上位パッカーの採用した新しい公式は IBP をのぞいてまだ充分な正当化がなされていない状態にある．

　また，フォーミュラは市場価格を基礎にするが，フォーミュラプライシングが普及すればするほど，需給会合価格発見につながる市場での直取引が減少し，市場価格がやせ細ることになる．このことは1980年代のアメリカで

大きな論点になったことをすでに第 3 章でふれた.
(4) 取引形態と価格形成システムの対応関係

それぞれの取引形態にはいくつかの代替可能価格形成システムがあるが，今までにふれてきたようにそこにはある程度の対応関係があるので，それを示しておきたい．まとめたものが表 6-3 である．

直取引（スポット取引）は，組織された市場である家畜市場や卸売市場において集合的に行われる場合があるがそれは減少する傾向にあり，直取引の多くは個別相対で行われている．そして，組織された市場における直取引の価格形成システムは，日本ではセリ（競売）が用いられ，かつての欧米の卸売市場やターミナルマーケットではネゴシエイション（相対交渉）によって価格形成が行われてきた．個別相対の場合は，ネゴシエイションかその変形としてのプライスリストをもとにした交渉，あるいはフォーミュラが用いられるのが典型である．

先渡し取引は個別相対で行われるが，価格形成システムにはネゴシエイション，フォーミュラ，コスト積み上げ（費用加算），固定価格が用いられる．長期固定的な販売契約と生産契約も個別相対で結ばれるが，価格形成は，販

表 6-3 農産物のフードシステムにおける垂直的調整のための取引形態と価格形成システム

取引形態		取引場所	価格形成システム					
			競売 (auctions)	相対交渉 (negoti- ations)	フォーミュラ (formula pricings)	価格リスト (price lists)	費用加算 (cost plus)	固定価格 (fixed price)
直　取　引		家畜市場 （組織化・集合）	○	○				
		卸売市場 （組織化・集合）	○	○				
		個別相対(非集合)		○	○	○		
先 渡 し 取 引		個別相対(非集合)		○	○	○	○	○
長期 固定	販売契約	個別相対(非集合)			○		○	
	生産契約	個別相対(非集合)					○	○
先 物 取 引		商品取引所 （組織化・集合）	○					

出所：新山 (1991), 黒木 (1996), 皆川 (1997) を参考に作成.

売契約ではフォーミュラかコスト積み上げが，生産契約においてはコスト積み上げか固定価格がもちいられることが多いと考えられる．先物取引は組織された商品取引所において行われ，競売買のシステムがもちいられる．

なお，家畜市場，卸売市場，商品取引所などの組織された市場では，集団売買に市場・取引所および荷受会社が介在して契約の履行を保証し，商品の規格・格付けが標準化され，決済方法の設定，保証金・証拠金などの取引の保証が行われており，売買の運営のために精密な仕組みが制度化されている．

アメリカにおいてフードシステムの垂直的整合の把握と評価方法を開発しようとしたNC 117プロジェクト（第1章参照）では，取引形態とその価格形成システムをセットでとらえて，資源配分効率，平等性，取引費用，参入機会，安定性の4点からそれぞれのシステムそれ自体を評価し，それをもってフードシステムの整合メカニズムの成果の尺度としている．つまりどのシステムが採用されるかによって成果が判定できると考えられている．

第4節　複合的価格形成システム変化の方向

最後に，今までの説明と重複する部分があるが，日本とアメリカの牛肉のフードシステムにおける取引形態と複合的価格形成システムの全体像とその変化の方向についてまとめておきたい．第3章と第4章のアメリカと日本の牛肉の価格形成システムの分析をもとにしている．

はじめに，各段階で取引される商品形態，各段階の売り手と買い手，取引の場を特定しておく．取引される商品形態は，①肉牛生体，②枝肉，③部分肉フルセット，④部分肉部位別単品の4つである．それぞれの商品市場の売り手と買い手，取引の場は，表6-4のようにまとめられる．また，肉牛・牛肉の公表価格・価格情報の一覧を表6-5に示した．前節までの記述と重なるので，その説明は省略し，日本とアメリカの大きな違いにのみふれておく．

まず，アメリカでは生鮮牛肉市場では枝肉（カーカス）取引が基本的になされなくなったこと，また，生産者が販売する商品（肉牛）の形態は，アメ

表6-4　肉牛・牛肉の商品形態別にみた売り手・買い手と取引の場

○アメリカ

	売り手	買い手	取引の場
肉牛生体	生産者（フィードロット）	パッカー	(主)個別 (副)オークション，ターミナル・マーケット
Boxed Beef	パッカー	(主)H.R.I, 小売業者 (副)パーベイヤー，ブローカー	個　別

○日　本

	売り手	買い手	取引の場
肉牛生体 枝　　肉	生産者 生産者	集荷業者，1次卸売業者 1次卸業者	家畜市場 食肉卸売市場,食肉センター,と畜場
枝　　　肉	1次卸業者	2次卸業者,小売業者,業務需要者	個　別
部　分　肉	1次卸業者,2次卸業者	2次卸業者,小売業者,業務需要者	個　別

　リカではまだ肉牛生体ベースで取引される比率が高いが，日本では枝肉ベースの比率が高い．

　取引形態は，日本では先渡し取引の比率が高いが，アメリカでも先渡し取引が増加してきている．先渡し取引において，アメリカでは肉牛生体の先物取引の相場が価格形成の基礎として利用されている（ベーシス契約）が，日本では先物相場は使われていない．長期販売契約，生産契約がわずかにあるが，いずれも多くはスポット取引である．

　取引の場所についてみれば，組織された市場は，アメリカでは肉牛生体を取り引きするターミナルマーケット，オークション（いずれも家畜市場）のみであるが，日本では肉牛生体をあつかう家畜市場と枝肉を取り引きする食肉卸売市場があり，食肉卸売市場が高いシェアを保っている．それ以外は特定の取引の場をもたない個別相対取引である．各取引形態において利用されている価格形成システムは，表6-3とほぼ同じである．

表6-5 肉牛・牛肉の公表価格・価格情報と基準価格

	公表価格	データ	価格情報提供者	
アメリカ	肉牛生体先物価格	CME取引結果		
	肉牛生体価格	オークション・ターミナルマーケット取引結果	ブルーシート（日報） イエローシート（日報）	USDA ナショナル-プロビジョナー
	Boxed Beef 単品価格	個別取引結果	ブルーシート（日報） イエローシート（日報） グリーンシート（日報）	USDA ナショナル-プロビジョナー 〃
	カーカス計算価格	生体価格，Boxed Beef価格より作成	ブルーシート（日報）	USDA
	カーカス計算価格	生体価格にコストを積み上げて作成	（日報）	パッカー
日本	肉牛生体価格	家畜市場取引結果	各家畜市場報告（日報）	家畜市場
	枝肉価格	食肉中央卸売市場取引結果	各食肉卸売市場報告（日報） 日本経済新聞（日報） 日本農業新聞（日報） 食肉流通統計（月報）	卸売市場 新聞社 新聞社 農水省
	部分肉部位別単品価格	部分肉流通センター取引結果	部分肉センター（週報） 日本経済新聞（日報） 日本農業新聞（日報）	日本食肉流通センター 新聞社 新聞社
	輸入牛肉	部分肉流通センター取引結果 食肉卸売市場取引結果 個所取引結果	同上 同上	同上 同上

注）太字が実際に基準価格として機能しているもの．

フードシステムの構造は第3章，第4章で明らかにしているように，アメリカはフードシステム中央部のパッカーの競争構造における極高位集中化と連鎖構造の短縮が相互規定的に進んでいる．日本は部分肉製造段階には大手企業が活動しているがそれでも地方企業との2重構造であり，と畜プラントの公的性格が強く零細であり，また卸売段階における卸売市場のシェアが大

きい．対極的な競争構造と連鎖構造にある．

　日本とアメリカの複合的価格形成システムの違いは，以上のような，競争構造と取引の場を含む連鎖構造，取り引きされる商品形態の違い（その背後にある商品需要の特性の違い）によって生まれている．

1. 卸売市場基準の複合システム：日本

　日本の複合的価格形成システムを示したのが，図6-1下段である．

　日本では，肉牛生体ベースで価格形成がされるのは，家畜市場におけるセリのみである．生産者が肉牛を販売する場合も枝肉で価格形成される比率が高く，そのなかでは，食肉卸売市場におけるセリが3分の1程度の大きな比率を占めている．しかし，それ以外の肉牛の売買は枝肉ベースで，産地食肉センターやと畜場などさまざまな場での個別相対（先渡し取引）で行われ，価格形成システムはネゴシエイションかフォーミュラの方法がとられる．その場合，フォーミュラはもちろん，ネゴシエイションも基準価格をもって行うタイプであり，食肉卸売市場の等級別枝肉平均価格（なかでも東京，大阪の食肉中央卸売市場価格）が基準価格としてもちいられる．

　ついで製品となった部分肉の価格形成は，フルセット取引の場合はフォーミュラによって行われ，部位別単品取引の場合はネゴシエイションによって行われる．フルセットのフォーミュラの基準も食肉卸売市場価格である．また，部位別単品取引のネゴシエイションの参考要素やプライスリストの基礎にされるのはフルセット価格を部位別係数を用いて部位別に分割したものである．したがってその基礎には枝肉の卸売市場価格がある．仲間相場や部分肉流通センターの部分肉価格情報は価格形成の参考要素としての影響力はこれよりも弱い．

　このように日本では，食肉卸売市場におけるセリによる価格形成システムが全体の起点になっており，そこで形成された枝肉価格を基準として，肉牛生産者とその買い手のあいだの取引における価格形成システム（先渡し取引・フォーミュラプライシング），部分肉製造業者（食肉加工メーカー，食

第6章 フードシステムにおける垂直的調整　227

○アメリカ

商品形態	スポット取引	先渡し取引	先物取引
肉牛生体	オークション（オークションM．ターミナルM）／ネゴシエイション（非集合）	フォーミュラ	CME
Boxed Beef フルセット		フォーミュラ	（カーカス・ベーシス・プライス）プライベート基準価格
Boxed Beef 部位別単品	ネゴシエイション（非集合）（市場情報）		

○日本

商品形態	スポット取引	先渡し取引
肉牛生体	セリ（家畜市場）	
枝体	セリ（食肉卸売市場）／相対交渉	フォーミュラ
部分肉 フルセット		フォーミュラ
部分肉 部位別単品	相対交渉（市場情報）	相対交渉（市場情報）

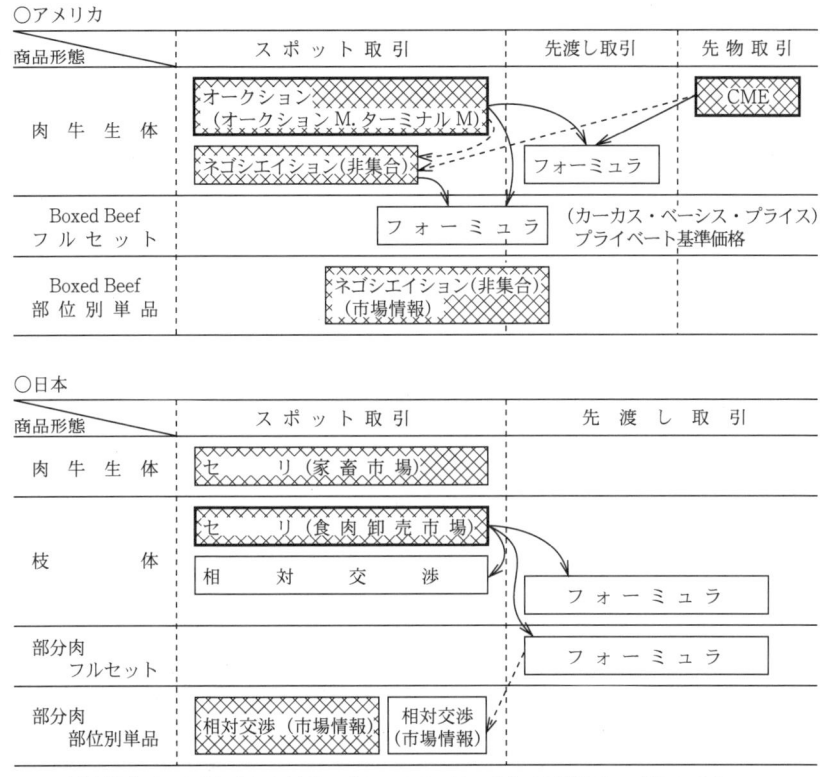

注）▨▨▨▨ 需要会合価格発見機能の所在を示す．黒い太枠は基準価格の所在を示す．
　　　→は基準価格として，---→は参考要案としての影響を示す．枠の大きさは取引の比率をあらわすものではない．

図6-1　肉牛・牛肉の複合的価格形成システムの日米比較

肉卸売業者，農協系統組織）が販売する部分肉フルセットの価格形成システム（先渡し取引・フォーミュラプライシング），部分肉単品の価格形成システム（プライスリストなどを導入したネゴシエイション）のすべてが機能している．組織された市場で発見される需給会合価格の基準機能（建値）がまだ強く機能しているといえる．複合的価格形成システムの全体は，市場基準型システムだといえる．

ただし，第4章でみたように，乳用種牛肉の複合的価格形成システムでは，

牛肉輸入制度の変化を契機として，この機能が崩壊してしまった．和牛で維持されているのは，輸入自由化への対応策として品質の高い和牛の生産が増大し，産地銘柄の確立，個体差の大きい品質の価格評価を求めて卸売市場への出荷が回復したためである．

2. 価格設定型複合システムへの移行：アメリカ

アメリカの場合は，肉牛生体とボクスドビーフフルセットの価格形成システムが連動しており，ボクスドビーフ単品の価格形成システムは独立して動いている（図6-1）．

生産者が販売する肉牛生体の価格形成システムには，組織された市場であるターミナルマーケットにおけるオークション，およびパッカーとの個別相対によるネゴシエーションの2つの方法があり，それぞれが独自に価格発見機能をはたしている．そして，取引比率は14%弱に低下しているが，パブリックマーケットであるオークションとターミナルマーケットにおいて発見された価格が市場価格として公表（USDA市場情報サービス）されている．これや，CME（シカゴ商品取引所）の肉牛生体先物価格が，肉牛生体取引における個別相対のネゴシエイションの参考要素や，近年ふたたび導入が増えている先渡し取引のフォーミュラによる価格形成の基準として利用されている．しかし，ネゴシエイションの参考要素，フォーミュラの基準には，他にも自社の肉牛仕入れ相場，プラントコスト，ボクスドビーフ見積価格など，パッカーによってさまざまなものが使われており，市場価格情報は普遍的な基準ではなくなっている．

パッカーの販売するボクスドビーフフルセットはほぼ個別相対でフォミューラによって価格設定される．その基準価格は80年代にはUSDAのカーカス価格情報であったが，それの廃止にともなってパッカーが公表するプライベートなカーカスベースの計算価格になりつつある．その算定基礎には，肉牛生体価格情報や自社の肉牛購入価格がもちいられ，加工費が加算されている．ここにはフォーミュラとコスト積み上げのシステムの結合をみることが

できるが，まだ充分な正当化はされていない．これに対して，ボクスドビーフ単品取引の場合は，個別相対でまったく基準価格や指標価格をもたないタイプのネゴシエイションによって価格形成される部分肉相場で，部分肉単品ごとの製造コストとそれぞれ異なる需給の状態にもとづいて，自己完結的に価格発見がなされているといえる．

以上からみて，肉牛の取引においては，オークションおよびターミナルマーケットにおけるオークションによる価格形成システムが，起点としての位置を低下させ，複合システムは市場基準型から離れつつある．ボクスドビーフ取引においても，USDAのカーカス価格情報の廃止によって市場基準型の複合的システムは崩れた．カーカス価格情報に替って公表されているカーカス計算価格（生体価格から算出されるカットアウトバリューと部分肉価格から算出されるインデックスバリューがある）とボクスドビーフの部位別価格情報は，基準価格や指標価格としては利用はされていない．そして，パッカー各社の独自の価格設定システムに移行している．部分肉単品取引ではこれらに先んじて，プライスリストによる独自の価格設定システムに移行している．このようななかで，牛肉製品のボクスドビーフフルセットとボクスドビーフ部位別単品の価格は相互に連動せず，ボクスドビーフフルセットは原料の肉牛生体価格に連動する傾向にある．つまり価格設定はコスト積み上げ方式に向かっている．

これが，カーカスの基準価格がなくなった後のアメリカの牛肉の複合的価格形成システムの特徴であり，総じて複合的システムは，製品市場は市場基準型から価格設定型に移行し，肉牛市場はゆらぎの状態にあるといえる．少なくとも，製品市場は自由市場システムから管理的システムへ移行しつつあるとみることができる．

3. 管理的システムへの移行による問題

日本でもアメリカでも自由市場システムのもとでは，需給会合価格発見の場（日本では家畜市場と食肉卸売市場，アメリカでは家畜市場）と発見され

た市場価格の公表システム（アメリカでは市場情報サービス）を整備し，それを基準価格として利用するフォーミュラとネゴシエイションの価格形成システムを機能させることで，誰にでもアクセスでき，市場支配を排除した，透明性がある，コストの低いシステムが成り立っていた．

しかしアメリカでは，先にみたようにその複合システムは崩壊しかけている．その直接の原因はパッカーの処理業務の総合化によるカーカス取引の減少にある．複合システムの起点となり得る需給会合価格は枝肉（カーカス）の価格であることが要件であったからである．自由市場システムの起点が喪失されたことによってシステムが崩れた．しかもパッカーの競争構造における高度の集中は，自由市場下の複合システムが崩れた後，パッカーが独自の価格設定行動をとりうる条件となった，と解することができる．製品市場の価格形成が管理的システムへ移行したメカニズムはこのように理解できる．肉牛市場が価格設定型に移行しきらずにまだゆらぎ状態にあるのは，シェアが減少したとはいえ，パブリックマーケットが肉牛の市場価格を提供し，さらに肉牛先物市場が同じく肉牛の市場価格を提供しているからとみることができる．

今後，管理的システムが競争的に働くか，協調・共謀的に働くか，また競争性が維持されるような制度をどのように整備するかが問題となろう．

寡占企業の協調関係（共謀）は，カルテル（明白な協定，暗黙の協定），暗黙の相互了解（プライスリーダーシップ，意識的平行行為）でとらえられる（植草，1982）．

製品の非差別段階では，寡占企業は，長期利潤極大化を目標にしたフルコスト原理にもとづく目標価格設定行動（target pricing）[5]をとり，プライスリーダーとして市場価格を決定し目標利潤率を実現するとされる．それには協調の形成要因（同上）が整っていることが前提となる．アメリカの牛肉パッカーにあてはめれば，市場シェアの均衡，費用条件の均衡，製品の同一性の要因が，上位3社においても欠けていると考えられる．第3章でみたように，ボクスドビーフフルセットについては，IBPが原料価格＋製造コス

ト＋マージンの積み上げ方式によって価格を設定するようになったが，上記の条件が欠けることから，それに追随するパッカーはあらわれない状態にある．特に費用条件の均衡，製品の同一性が満たされず，価格バンドが形成されているといえそうである．これは協調の形成が困難になる要因である．

そこで，差別型寡占について検討すると，そこでの協調行動として，①秩序だった価格バンドの形成，②エキストラ協定，③基準拠点制価格設定（basing point pricing）があげられている．①は，部品点数カルテルをむすび，部品ごとに点数をつけ，トータルで製品価格を算出し，価格設定を行う行動である．②は，代表製品を標準化（協定）し，標準品の価格協定をむすび，多様化した製品の一定率のエキストラ料金を設ける行動である．③は，輸送コストの差異にもとづく価格差を協定するものであり，「統一製品価格＋起点都市からの輸送コスト」によって価格設定を行う行動である（同前）．

製品である食肉に関しても，原料である肉牛に関しても，③がもっとも可能性の高い協調的な価格設定行動であると考えられる．なぜなら，フォーミュラプライシングが基準価格とすべき市場価格を失ったとき，この基準拠点制価格設定に移行しやすいからである．フォーミュラプライシングは，市場価格を基礎におくことによって，設定する価格を需給会合価格に連動させる方式である故に正当化されてきたといえる．実際，すでにみたように，カーカスの市場情報が廃止された後，ボクスドビーフについてはパッカーのプライベートな見積もり価格が基準価格としてもちいられるようになっており，見積もりの基礎に肉牛生体価格情報などをもちいるとしても需給会合価格への依拠は間接的になってきている．しかし，ここでもまた，パッカー間には費用と製品の品質に違いがあり，その状態では統一製品価格の協定を行うことは困難であると考えられる．

自由市場システム下で，価格形成の効率性と公正性，透明性を保証してきたのが市場価格情報であるが，基準価格として機能しなくなったアメリカと日本の乳用種牛肉における今後の役割をどのように考えればよいだろうか．

まず，部分肉部位別単品価格，アメリカではそれに加えてカーカス計算価

格を基準価格として機能させようとされているが，それが機能する方向にはない．アメリカでパッカーがプラーベートなカーカスベースの基準価格を導出する場合も，計算の基礎は肉牛生体価格という原料価格と製造コストの方へ求められ，製品価格である部分肉部位別単品価格は利用されないことが一般的傾向として確認された．部分肉製造業者であるパッカーが算定基礎を枝肉から生体へと原料価格の方へもとめていくのは製造原価を確保するうえで自然な行動といえるだろう．

そのようななかでの部分肉価格情報の意義は，価格形成上の基準価格提示機能よりもむしろ取引価格の事後チェックの役割が大きい．日本はもとよりアメリカでも小規模・零細業者が残っており，彼らが交渉力の異なる大規模業者と取り引きしたとき自らが取引した価格の水準を価格情報にてらして確かめることが必要であり，また，第3者が市場全体の価格水準をチェックする場合にも必要である．寡占下のアメリカでは，協調行動，市場支配をチェックするための必要情報となっていると考えられる．

またアメリカでは，パッカーの高集中による価格支配を防ぐために反トラスト法とパッカー・ストックヤード法にもとづく監視が強化され，大規模な調査分析が行なわれている．より厳しい監視制度が検討されているように，競争性を確保するための新しいシステムが求められている．

注
1) 杉山（1973）によってアメリカの研究者の垂直統合の形態把握が紹介されたのが基礎となり，宮崎（1977c）などもこれにもとづいて論じている．ここでは，垂直的統合が，農場非所有型…第1形態（資金融資型），第2形態（契約型統合；オープンアカウント，均一料金制，分益方式，飼料要求率方式，月給方式），農場所有型…第3形態（リース型統合），第4形態（完全所有型統合）の4形態でとらえられている．おもに経営上の意思決定，収益の帰属からインテグレーターと生産者とのあいだの支配関係が論じられ，市場支配の構築にもとづく利潤追求行動により，第4形態をめざして深化すると考えられていた（宮崎，1977c）．なお当時より所有型統合のみをさして概念規定する場合もあった（宮崎，1977c，Seaver，1957の例）．このほかに日本の畜産の実態にもとづくインテグレーションの形態整理を行ったのが吉田（1975，1982aなど）であるが，これは，垂直統

合と契約（取引形態）の定義の項でとりあげる．なお，新山（1997）も畜産インテグレーションの類型整理を行っているが，ここでもインテグレーションを広義にとらえている．
2) ①〜④はほぼ共通して認識されているものであり（Hayenga et al., 2000, 占部，1983，吉田，1982a），⑤，⑥は日本の研究者に強調される（占部，1983，吉田，1982a）．⑦は Hayenga et al.（2000）があげている．吉田（1982）はさらに，定時定量出荷体制確立，市場支配力の増大をあげる．

なお，ひとつの企業内における事業多角化の利点を説明する際には，シナジー（複合効果）および範囲の経済がもちいられるが，これらは企業統合にも適用できる．しかし企業統合の説明にもちいるときには，不利点の考慮がないことが大きな弱点である．シナジーは，生産，販売，経営管理，さらに情報の4つの局面が指摘されるが，垂直的多角化には生産，販売のシナジーは働きにくいとされる（詳しくは占部，1983 を参照されたい）．
3) 以上，①〜③は占部（1983）によるが，グローバー・ケスタラー（1992）でも同じ指摘がされている．後者はまた，効率の悪い特定の生産段階を切り離すことができないことをあげており，④に該当する．後者は，これらの結果，総じて下請契約の方が利点が多いとのべる．⑥は Hayenga et al., 2000 があげている．
4) アメリカの食鶏，豚の分野については斉藤（1998），また農業の全体については，シュルツ・ダフト（1996），中野（1998）を参照されたい．
5) 目標価格設定行動は，目標収益率の決定，標準操業度の決定，標準操業度における単位当たり生産総原価の推計，目標価格の計算（P＝単位当たり収益＋単位当たり標準原価＝収益率・投下資本／標準生産量＋単位当たり変動費＋単位当たり固定費），目標価格の現実の市場状態に照らした実際価格としての採用・修正，の手順で行われる（植草，1982）．

第7章　市場統合下の牛肉フードシステム(EU)

第1節　はじめに

　ヨーロッパの牛肉フードシステムは歴史的には日本との共通性が高い．家畜生産段階は小規模であり，生産および流通への公共政策の介入，公的主体によると畜場や卸売市場などの開設がなされている．また農業協同組合が，公共政策のバックアップによってはじめた共同販売事業を出発点として，肉牛の出荷，と畜・解体，卸売を中心に，川上から川中において強力な力をもつにいたっている．

　日本と異なるところは，ヨーロッパでは川下のスーパーマーケットのバーゲニングパワーの強まりのなかで，これも公共政策のバックアップによって，川中にあると畜プラントが農業協同組合を含む民間企業へ移行され，家畜集荷，と畜・解体，卸売・輸出を一体化したパッカーの形成とその企業集中が進み，フードシステムの様相を大きく変えつつあることである．

　さらにヨーロッパの特徴は，フードシステムの各段階に対して特有のEU共通施策が機能し影響を与えていることである．家畜生産段階に対して共通農業政策が機能し，と畜解体産業に対してEU統合政策が影響を与えている．狂牛病をはじめとする牛肉の品質に関わる衛生・安全性問題の深刻化により，それへの民間および公権力の政策が急速に強化されてきている．

　これら3つの政策的動きがからみあい新たな政策体系をうみだしながらフードシステムの構造に影響を与えており，そのなかからEUに特有な新しい

垂直的調整システムが生まれてきている．このような局面を第7章から第9章にかけて，さらには第10章において分析する．

本章では，まず(1)ヨーロッパの牛肉フードシステムの構成主体を明らかにする．つづいて，(2)EUの共通農業政策，市場統合，品質政策などを中心に，フードシステムの構造を規定し，また構造に変化を与える要因について検討する．変化には共通の方向性があるとともに，地域的多様性が大きいので，多様性を生む要因にも着目する．最後に，(3)流通経路構造を明らかにすることを通して，主要国のフードシステムの外形を示す．

市場統合の影響と川中のと畜産業の構造変化とパッカーの形成については次章で詳しくとりあげる．牛肉の品質問題と品質政策，新しい垂直的調整システムについては，第9章でとりあげる．文中の用語の言語表記は，英語，フランス語，ドイツ語の順に行う．第7章－第9章の分析はおもに1994-96年の調査にもとづいている[1]．

第2節　牛肉フードシステムの構成要素

現在のEU諸国の牛肉産業の構成要素は，概略的にとらえたとき，8つの部門（家畜飼養部門，産地集荷部門，共同販売部門，と畜部門，解体部門，卸売部門，小売部門，外食部門）からなるとみることができる．

そのなかでまず第1の大きな部分を占めるのは家畜生産部門である．EU諸国においては，家畜生産部門の経営規模は牛肉産業の他の部門に比べてきわめて小さい．子牛肉（veal, veaux, Kalbfleisch）にする肉用子牛は専門的な肥育が行われているが，牛肉にする肉牛（cattle, bovins, Rind）の専門的な肥育農家や業者はほとんどない．周知のようにEU諸国では，牛肉および子牛肉の生産源泉となると畜用肉牛・子牛生産部門は酪農部門との結合生産によって成り立っており，これらの大家畜セクターの中心は少なくともこれまでは酪農部門にあった．

子牛肉産業は，素牛と飼料用ミルクという原料資源のすべてを酪農部門の

第7章 市場統合下の牛肉フードシステム (EU)

副産物に依存してなりたっている特殊な産業であるが，こちらの方はむしろ，厳しい競争環境のなかで産業としてシステムとしての自立化をとげたといってよい（第8章でそれをとりあげる）．

これに対して牛肉産業は，牛肉セクターに固有の肉専用種の牛がいるもののその量的な比率は小さく，やはり乳肉両用種と乳専用種の牛肉が多くを占める．そのため畜用肉牛の生産は総じて酪農部門の副産物利用の位置にあり，経営レベルでも肉牛肥育は酪農との兼営であることが多い．兼営の場合は，経営のなかで「肉牛肥育」や「酪農」の概念すらないことが多い．1990年代半ばの時点でも，牛肉セクターはシステムとしての自立化の度合いがまだ低い段階にとどまっていたといえる．90年代に入りようやく，牛肉消費減退への対策として牛肉・肉牛の品質向上が重視されるようになり，品種や交配，肥育のシステムに関心が向けられるようになりつつある．また，多発する牛肉スキャンダルへの対応のために，サプライチェーンの全体を通してのシステムの整備に急速に取り組まれるようになり，家畜生産段階にもそのコントロールがおよぶようになってきた．

フードシステムのつぎの段階は，産地集荷部門および共同販売部門である．共同販売部門は農業協同組合系企業によるものである．畜産では酪農部門を中心に協同組合の力が強いことがEU諸国の特徴である．牛肉では，協同組合系企業はと畜部門から，解体部門，卸売部門へと参入し，これらの業務の統合を進めている．これらの部門への協同組合系企業の参入は日本と共通しているが，そのシステムはかなり異なる．それに対して，産地集荷部門は家畜商からなるが，肉牛のと畜業者への直接販売が増加しており，近年この部門は縮小する傾向にある．

フードシステムにおいて第2の大きな部分を占めるのは，と畜 (slaughtering, abattage, Schlachtungen)，解体 (processing, découpe, Verarbeitung)，卸売 (wholesale, grossiste, Grosshandel) の3つの部門である．3つの部門はもともと独立した別々の業者によってになわれていたが，現在は3つの部門がと畜業者 (abattoirs, abattoirs, Schlachter) の直営となりつつあり，機能

の統合が進んでいる．これらの機能を総合的にもつものをアメリカやオーストラリアではパッカー（packer）とよぶが，EU 諸国ではと畜業者をさす呼称で通されている．フランスとイギリスはフランス語でと畜業者をさすアバァトゥア（abattoir）が用いられ，ドイツではシュラハター（Schlachter）である．ヨーロッパではと畜場はもともと日本と同様に地方自治体などの公営であったところが多いが，このような機能統合の動きと並行してと畜場の民営化が進み，さらに民間と畜業者の集中が進んでいる．

第 3 の大きな部分を占めるのが小売部門（retailer, détaillant, Einzelhandel）である．食肉職人（butcher, boucher, Fleischer＝Metzger）の営業するブッチャーズショップ，ドイツではフライシュライ（南部ではメツケライ）とよばれる伝統的な肉屋ないし食肉専門店を相当残しながらも，スーパーマーケットさらにはハイパーマーケットの進出が著しく，小売部門の集中は著しく進んでいる．さらに，業務用需要部門（Caterer, RHF, Catering）の成長も見落とせない．

第 3 節　フードシステムの構造の多様性を生む要因

まず歴史的に構造を規定してきた基本的要因からみる．それは EU 諸国において国や地域ごとのシステムの多様性を生み出している要因でもある．

1.　食肉消費習慣の地域的特性

EU 諸国は，ひとつの国が牛肉の輸出国でもあり同時に輸入国でもあるというように，相互貿易によって強く結ばれている．このような貿易構造は，自然条件の違いによって形成されてきた立地優位にもとづく生産家畜の種類や品質の特性と，消費習慣の違いによって形成されてきた牛肉消費の比重（食肉の消費構成）や消費する牛肉の品質特性（部位，畜種・肥育方法＝肉質）との間にズレがあることによって，生まれていると考えられる．

肉質にこだわらないドイツ，イギリスでは脂肪の少ない若雄牛の肉が好ま

れ，肉質にこだわるフランスやイタリアでは去勢牛や雌牛の肉が好まれる．また，鮮度志向にも顕著な差があり，ドイツ，イタリア，パリ市内などでは鮮度志向が極度に強い．鮮度志向は，第3節でのべるように，プレパックか店頭カットかという購入形態の違いに反映し，それがさらに牛肉の小売，解体のあり方をも強く制約している．牛肉消費については増田（1999a）が詳しいので参照されたい．

2. 自然条件と家畜生産システムの地域差

EU諸国の家畜生産システムには非常に大きな地域差と多様性があり，この差や多様性は容易には解消しがたいように考えられる．その差異は，(A)気候条件と地形的条件に規定された土地利用の分化（耕地地帯，永年牧草地帯，さらに生産力の低い山岳地帯），(B)畜種の分化（乳専用種，乳肉両用種，肉専用種），(C)土地利用の分化にもとづいた飼養方式の分化（飼料作物給与による舎飼＝集約的飼養，放牧＝粗放的飼養）という3つの条件が重なり合って生まれていると考えられる．この条件が牛肉の供給力や供給牛肉の品質の違いとなってあらわれている．

ヨーロッパの肉牛を品種からみると，乳専用種および乳肉両用種の雄と，搾乳牛の廃牛を肉として利用するのが中心であり，肉専用種は，イギリス中北部，フランス中央高地，イタリア北部山岳地域などの地域に飼養されるにとどまる．生産システムの代表的なものは，雄去勢の放牧肥育，去勢しない若雄肥育（サイレージや乾草を利用した舎飼い飼養），さらに肉用肥育向け子牛生産を目的とする授乳雌飼養（主に放牧），に分けられる．

気象と土地の条件から草しか生えない永年草地地帯では，去勢放牧肥育と授乳雌飼養が行われるが，それは粗放的であり生産性は低い．そのなかでも，イギリス南部，ドイツ北部などの平坦草地酪農地帯では酪農専用種の去勢牛放牧肥育が行われ，アイルランド，イギリス北部，フランス山間部，イタリア山岳部などの山岳・丘陵地帯では肉専用種の子牛生産と放牧肥育が行われている．他方，トウモロコシやビートなどの飼料用作物の生産が可能な耕地

地帯では，他の作物のとの地代競争があるので，飼料作物をサイレージや乾草に調整して若雄を舎飼いで肥育する土地生産性の高い生産システムがとられる．この集約的なシステムはフランス，イギリス南西部，ドイツ南部，イタリアなどに広がる．余剰農地のないオランダでは，土地利用から完全に乖離した特異な子牛肉用の子牛肥育が行われている．

牛肉としての品質がよいのは，品種では肉用種であり，生産システムでは去勢放牧肥育である．従来は，品種，生産システムともに地域性がきわめて強かったが，供給過剰と消費の減少という市場条件の変化のなかで，近年では品種と生産システムの見直しが行われはじめている．それでも，このような生産システムの地域分化がすぐに解消するとは考えられない．家畜生産システムについては人見（1999）が詳しいので参照されたい．

3. 生産・消費の多様性からうまれるEU域内の牛肉貿易

このような，国や地域ごとの消費における選好と，そこで生産可能なものあるいは生産上の優位性の高いものとは必ずしも一致しない．この不一致をうめるためにEU域内に牛肉貿易の大きな流れが生まれている．多くの国が一方で輸出を行い，他方で輸入をしており，互いに強い貿易の依存関係で結ばれている．

それを示したのが表7-1である．まず絶対量からみて，フランス，ドイツ，イタリア，イギリスが牛肉の生産・消費ともに上位にある．輸出量の多い国はドイツ，フランス，オランダ，アイルランドであり，輸入量の多い国はドイツ，イタリア，フランス，イギリスである．これらの国がEUの主要牛肉国といえる．

つぎに輸出入バランスをみると，輸出入比率から「輸出入バランス国」，「輸出優位国」，「輸入優位国」に区分できる．牛肉生産・消費上位4カ国のフランス，ドイツ，イタリア，イギリスはいずれも「輸出入バランス国」である．国内生産量の2～3割を輸出しながら，同時に国内消費量の2～3割を輸入によって調達している．「輸出優位国」はデンマーク，アイルランド，

表7-1 EU諸国における牛肉・子牛肉の需給と貿易バランス（1993年）

(1,000t, %)

	国内生産量(A)	輸出量(B)	輸入量(C)	消費量(D)	1人当り消費kg/年	自給率	輸出比率B/A	輸入比率C/D	輸出入バランスの状態
ベルギー	380	179	28	212	20.3	179	47.1	13.2	輸出優位型
デンマーク	218	155	51	107	20.7	204	71.1	47.7	輸出優位型
ドイツ	1,918	672	479	1,586	19.7	121	35.0	30.2	輸出入バランス型
ギリシャ	66	0	155	234	22.7	28	0.0	66.2	輸入型
スペイン	507	50	31	507	13.0	100	9.9	6.1	自給型
フランス	2,079	563	428	1,704	29.7	122	27.1	25.1	輸出入バランス型
アイルランド	586	402	20	60	16.9	977	68.6	33.3	輸出優位型
イタリア	983	239	453	1,430	25.2	69	24.3	31.7	輸出入バランス型
オランダ	567	431	112	317	20.9	179	76.0	35.3	輸出優位型
ポルトガル	116	0	47	166	16.8	70	0.0	28.3	輸入型
イギリス	962	145	335	1,129	19.5	85	15.1	29.7	輸出入バランス型

注：貿易バランスは、輸出比率＝輸出量/国内生産量×100，輸入比率＝輸入量/消費量×100，を算出し，輸出比率が輸入比率より20％以上大きい国を輸出優位型，その逆を輸入優位型とし，両者の差が20％以内をバランス型とした．また，輸入のみ，輸出のみの国は輸入型，輸出型とし，輸出・輸入とも少ないものを自給型とした．
出所：Meat and Livestock Commission, *European Handbook*.

オランダ，ベルギー，オーストリアである．これらの国々は国内生産量に対して国内消費量が相対的に小さい国である．しかしこれら輸出優位国といえども，国内消費の3〜4割以上の量を輸入している．そしてその輸出量はといえば，国内生産量の実に7割前後におよんでいるのである．「輸入優位国」は少なく，ギリシア，ポルトガルのみである．この2カ国は牛肉の国内生産の絶対量が小さい国であり，輸出はまったく行われていない．

このほかにも生きた家畜の貿易がある．家畜輸出の比較的多い国がベルギー，フランスであり，国内生産量の1割を輸出している．家畜輸入比率の高いのはギリシア，イタリア，オランダである．これらはおもに子牛の貿易であり，家畜資源の過不足にもとづく貿易関係と考えられる．

このような貿易バランスからも類推できるが，国別の自給率をみると，EU域内では自給率が100％を下回る国は少ない．自給率が100％を切るのはおもに南の諸国である．イタリア，ポルトガルが7割前後，ギリシアが3割弱となっている．しかしスペインは100％前後を維持している．北ではイ

ギリスのみが85%と低い．それ以外の国は，ドイツ，フランスが120%，ベルギー，オランダが180%であり，デンマーク，アイルランドにいたってはそれぞれ204%，977%ときわめて高い自給率をたもっている．

第4節　牛肉フードシステムの構造変化の要因

つぎに牛肉フードシステムの構造変化に影響をあたえる要因を特定しておく．そのなかでは，現在のところEU市場統合の影響は限定された領域においてのみみられ，それ以外にもいくつかの大きな要因が牛肉フードシステムに構造変化をもたらしている．

1. EU域内の牛肉需給バランスの変化

域内の牛肉需給バランスは，図7-1に示すような大きな変化をとげている．1970年代中頃までは供給不足がつづき，生産振興のためにCAP（共通農業政策）の価格支持・市場介入制度が採用された．その結果，70年代半ば

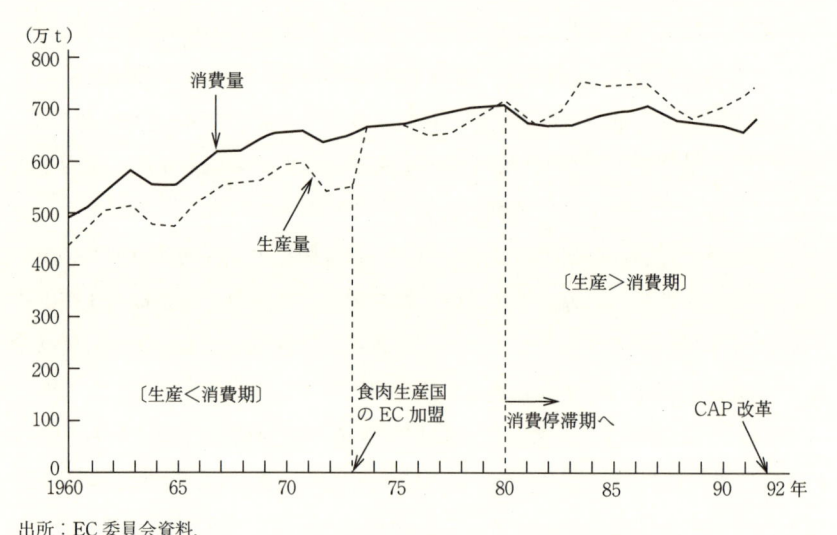

出所：EC委員会資料．

図7-1　EC域内の牛肉の生産量と消費量の変化

以降にはEC加盟国の生産量は増大し，加えて新たに牛肉生産の盛んなイギリス，デンマーク，アイルランドなどがECに加盟したことによって，域内全体の供給力が大きく伸びた．しかも，1980年代に入ると域内の牛肉消費が減少しはじめた．牛肉消費の減少には，脂肪の取りすぎによる健康問題が大きな影響をあたえた．80年代半ば以降には，飼育時の成長ホルモン使用疑惑，BSE（狂牛病）問題がそれに追いうちをかけた．このような域内需給関係の変化により，1980年代から牛肉は構造的な供給過剰に転じている．

2. 共通農業政策と家畜生産構造の固定化

(1) CAP改革と生産構造の固定化

知られているように，市場介入によって蓄積した過剰在庫の管理費の増加と，過剰緩和のために支出される輸出促進補助金の増加が財政を圧迫し，1992年に行われたCAP改革において肉牛生産振興政策の見直しが行われた．市場介入基準の段階的な引き下げとともに，生産者の所得保障の手段の重点が，市場介入（価格支持）から家畜生産奨励金による直接補償政策へと移った．家畜生産奨励金には，土地面積当たりの家畜頭数と1経営当たり受給頭数の制限をもうけることによって，生産の抑制と環境問題への配慮を重ね合わせた粗放的生産への誘導がねらわれている（四方，1999に詳しいので参照されたい）．

家畜生産奨励金政策は，生産方式や経営規模を制約することによって，既存の地域的な生産構造の変化をおしとどめる方向に強く作用していると考えられる．先にのべたように生産システムに地域性があるため，地域によって家畜生産奨励金政策の恩恵がまったく異なるからである．山岳地帯ではどの国でも零細な放牧飼養が残っており，それらは奨励金政策の対象となって維持される．他方，イタリアでは企業的な大規模肥育経営が多数展開しているが，そのような地域は耕地地帯であっても耕地面積が少ないため耕地に対する家畜頭数比率が高く，受給条件を満たすことができないので，政策の対象外となり恩恵を受けられない．このように生産条件の不利な地域には，粗放

生産を奨励する名目で手厚い保護がなされ，生産条件不利地域の放置すれば解体する零細な経営を存続させている．逆に，企業的展開がすすんでいる集約的生産地域は保護の対象にならないので，集約的生産による経営効率の高さから得られる利益を相殺する作用をもつ．また，どの地域に対しても共通に耕地面積に対する家畜頭数の増大と1経営当たりの飼養頭数の拡大が抑止されている．その結果，競争は抑止され生産構造の変化を押しとどめる．共通農業政策は，適正な競争の条件を確保し共同市場を完成させようとする他の共通政策とは異質であり，そこには農業の特殊な事業がある．

しかしこのような奨励金の受給にもかかわらず，牛肉需要の停滞，価格支持の停止，その他の経営環境の変化（地代水準の上昇），労働機会の拡大（機会費用の上昇）によって副業的（兼業的）畜産の安定性は徐々に低下しているようにみうけられる．その結果，部分的にではあるが，イギリス，フランス，ドイツなどの耕地地帯では，奨励金の適用範囲を超えて経営規模を拡大し大規模集約的な専門的経営に転換して行こうとする新しい動きがみられるようになっている．

それでもなお奨励金の受給の範囲内で経営を維持していこうとする農家が主流であるのは確かである．川下におけるこのような小中規模の生産構造の維持は，家畜集荷の効率性を制約し，川中のと畜企業が大型化するのを制約する要素として作用する．

他方，小規模な家畜生産者の取引交渉力を強化するために，1960-70年代にかけて市場構造政策の一環として，共同販売を行う生産者組織の育成政策が実施された．それはドイツやフランスのように共同販売部門を形成・強化し，協同組合系企業のと畜，解体，卸売への参入をあとおしした．今日の大型の協同組合系と畜企業の形成につながっている．

酪農のクォータ（生産割当）政策も，生乳のみならず牛肉・子牛肉の原料資源である家畜の状態に大きな影響を与えた．しかしこれは子牛肉産業を大きく変えた．原料子牛の供給が逼迫して構造再編を迫られた結果，垂直統合を完成させるにいたったのである．子牛肉用の肥育生産が耕地にまったく依

存しないシステムであることが，このような構造変化を可能にしたといえる．

(2) 農業の特殊な事情

共通農業政策がその基礎とする農業の特殊な事情は，1956年のスパーク報告にのべられている．スパーク報告は欧州経済共同体を設立する条約の根拠となったものである．そこではつぎの3つのことが特殊な事情としてあげられている．

①家族農場にもとづいた社会構造の安定化と供給の安定化が必要であること，そして農産物市場は気象条件や需要の非弾力性に由来する困難さをもつこと，②それにもかかわらず，農業および農産物市場に対する細部にわたる国家の介入，政策の調和（統一）は困難であること，③しかし，農業政策が，長年築き上げられてきた加盟各国の諸制度および介入措置とともに個々の加盟国の手に残されたならば，他の領域で追求される共通政策が部分的に損なわれるおそれがあり，農業に特別の注目をすべきことがのべられた．

このような認識にもとづいて，ローマ条約において，農業にはつぎのような特別な措置が適用された．①農業の社会構造，異なった農業地域間の不均衡に配慮すべきことが定められ（第39条2項），②（第40条2項の）共通市場組織の形成，（共通市場組織導入のための）競争規則からは免責され，③それにもとづいて，構造的，自然条件上不利な事業体の保護のための助成金供与の権利が閣僚理事会へ付与された（第42条)[2]．

このような事情から，共通農業政策は，家族労働力を中心とした家族農業経営の維持と地域間の不均衡や条件不利地域に配慮することを政策の基本としている．そのため共通農業政策は，現行の地域的な生産構造を維持する方向で機能するのである．1992年の市場統合も，農業に関しては課題を設けていない．

3. 市場統合施策のと畜・製品流通部門への影響

市場統合をめざして進められたEUの共通施策のうち，牛肉産業にかかわるものは領域が限定されている．1992年の統合をひかえて対象となったの

は，フレッシュミートの製造と流通の分野のみであった．家畜飼養部門はすでにみた共通農業政策がカバーしており，課題は設けられていない．

したがって，牛肉のフードシステムにおいて，それを構成する川上の家畜生産部門と川中から川下にかけての牛肉の処理・流通部門とは，市場統合時点では異なる政策によってカバーされ，政策は2つの世界に分かれていたといえる．後にのべるように，90年代の終わりから，消費者を起点にした品質に関わる政策を家畜生産部門にまで遡及しようとする動きが急速に確立され，2つの政策世界がつながりを強める方向に大きく変わろうとしている．それをおし進めたのは市場統合による商品流通の自由化と繰り返される牛肉スキャンダルであるが，まずここではそれに先だって市場統合時点での統合施策の性格とその牛肉産業への影響をみておきたい．

「市場統合」のめざす「共同市場」の概念は，商品，労働力，資本，サービスの自由流通が保証された経済の場ととらえられている[3]．市場統合の実現を提案した1985年の『域内市場白書』は，市場統合の方法として3種類の非関税障壁（物理的障壁，技術的障壁，税障壁）の除去を提案した．

農産物および食料品の流通にはこのいずれもがかかわる．物理的障壁は国境の税関コントロールをさす．技術的障壁は，加盟国の法令や習慣の違いから生じる非関税障壁をさす．商品の自由流通にかかわっては，健康，安全性，環境保護などに関する各国の規制（regulation），製品に関する規格（standard）および認証制度（certification）があげられる．国によって異なる規制や規格，認証制度があれば，それが実質的に商品の貿易を妨げる障壁となるからである．税障壁の除去は間接税の統一を内容とする[4]．

技術的関税障壁を除去するために導入されたのが，加盟各国の法令を統一する「調和（harmonization）」方式であった．各国の法令の調和は，「EU（EC）指令（directive）」の発行によって行われる．各国は指令に対応した国内法令を制定することを求められる．

牛肉に関しては1991年発行の「フレッシュミート指令」（64年に発行された同指令を改正しEU内のすべてのと畜解体プラントの衛生基準の統一を

求めるもの）が牛肉産業に大きな影響を与えた．92年の市場統合を前にして，物理的障壁（税関における商品の健康コントロール）と技術的障壁（商品の健康，安全性に関わる規則の国による相違）の両方を除去することを意図したものである（第8章参照）．そして指令はと畜産業に大きな構造再編をつきつけており，多くの牛肉生産国において市場統合への対応を進めるうえでの主要課題となった．これに先だってEU統一枝肉規格も設けられている．

　このように市場統合のための施策は，と畜解体産業というフレッシュミートの製品製造部門を対象とした．市場統合施策が製品製造部門に集中するのは国境を越えるのは製品であるからであり，それに対して家畜飼養部門は原料生産部門にあたるので国境障壁除去の影響は間接的になる．それに加えてもう1つの理由が先にみた農業の特殊な事情にある．

　このような状況からみて，農業への市場統合の影響は，当面，食料品の製品製造部門から波及する形をとるものと考えられる[5]．将来，農業生産部門と食料品の製品製造部門が前提とするこのような概念の違いがどのように統合されるのか（されないのか）が問題となろう．品質政策にかかわる領域での統合はすでに進みはじめている．

4. 川下と川中の競争構造の変化：集中度の上昇

　川下のスーパーマーケットの集中度の上昇と取引交渉力の増大，川中のと畜産業の集中と事業総合化が，牛肉のフードシステムの構造変化の大きな内的要因となっている．

　牛肉フードシステム内部における構造変化の第1次的要因は，小売部門におけるスーパーマーケットの発展にともなう集中度の上昇と取引交渉力の増大である．その影響を受けて，それとの取引交渉力の均衡をはかるために，1980年代から政策の支援をうけてと畜産業の民営化と合併・集中が進んだ．それはついで，産地集荷部門（家畜商，家畜市場）とともに，卸売市場，独立解体業者，独立卸売業者などの伝統的部門を縮小させる要因となっている．

　さらに90年代に入って，市場統合後に予想される競争の激化と広域化が，

フレッシュミートを製造すると畜解体産業とスーパーマーケットを中心とする大規模小売店の対応に影響をもたらしている．

と畜解体企業では将来の競争の激化と広域化をみすえて，合併や企業規模の拡大，加工をはじめとする関連事業の総合化を進めている．他国でのプラントへの投資は，子牛肉産業では進んでいるが，牛肉産業ではまだほとんど進んでいない．しかし，と畜解体企業は，製品製造者であると同時に国内流通における卸売業者であり，また貿易においては輸出業者であるので，その競争構造や市場行動が流通や貿易の状態におよぼす影響は牛肉においても大きくなりつつある．

また，国家間の競争力の強化のために進められているのが，牛肉のサプライチェーンの連携強化と自国産食肉の農場から食卓までの品質管理と品質保証システムの形成である．

5. 牛肉スキャンダルとフードシステムの垂直調整
(1) サプライサイドの垂直連携

アメリカなどと同様に脂肪のとりすぎなどによる健康問題によりレッドミートの大量消費が見直されてきていたところにあって，EU 諸国では飼育過程でのホルモン使用疑惑，BSE（狂牛病）問題の発生が 1980 年代後半頃から社会問題化した．市場統合が行われた 90 年代に入り，さらに狂牛病問題は拡大し，動物愛護運動なども加わり，牛肉市場は波乱に直面している．

連続する牛肉スキャンダルは，牛肉消費を減少させているだけでなく，牛肉の品質と牛肉の生産システムに対して消費者の強い疑惑を生み，消費者にこれらに対する強い判断姿勢をとらせるようになった．すなわち，フードシステム内における消費者が，製品の供給をうける受け身の存在から，供給サイドへ疑惑や判断を示す積極的な主体へと変化したのである．

また，消費の減少は市場の絶対的な縮小をもたらすものとなり，牛肉産業ははじまって以来の危機に直面している．消費者の信頼を回復し消費の減少をくいとめるために，宣伝をはじめとする市場への働きかけだけでなく，家

畜生産段階にさかのぼって供給システムの全体をみなおし，消費者の品質要求にそった保証された品質の牛肉を供給していこうとする消費者対応型の供給システムに転換しようとされている．牛肉産業の民間戦略として農場から小売までの一貫した品質管理・品質保証プログラムが加盟国で多数実施されるようになってきている．プログラムは，フードシステムのサプライサイドの構成主体の垂直的な提携をもたらしている（第9章参照）．

(2) 品質政策を通した農業・食品政策の統合

こうした市場の状態は食肉に対する市場政策の重点を市場介入政策から品質政策に転換することをもとめた．

EU理事会は，こうした混乱した市場に対応し，消費者に消費者の求める牛肉の品質を保証し，その識別可能性を高めることによって，市場の発展を可能にすることをめざしている．そのためにいくつかの理事会規則が発行されている．家畜の生産段階から販売段階までの品質コントロールに対する助成を行う"良質な牛肉と子牛肉の販売促進に関する規則"（牛肉プログラム），"家畜の個体識別と牛肉の表示に関する規則"，動物愛護の観点にたった"動物の輸送に関する規則"などである．これらはいずれも消費者の要求から遡及して家畜の生産段階まで対応をもとめるものである．

さらに，このような品質管理に関する生産段階から消費者までの一貫した体系の必要性は，急速に従来の共通農業政策と食品政策の境界をとりはらいつつある．高品質牛肉の販売促進を行う牛肉プログラムは，もともと共通農業政策の一隅をしめる構造政策のなかの販売促進政策の一環として実施されたものである．「農場から食卓まで」を歌い，家畜生産から小売段階までの一貫した生産と品質のコントロールを促進し，生産の振興をはかるとともに，食肉の健康と消費者の保護を進めようとしている（第10章参照）．この「農場から食卓まで」のコンセプトは，今までおもに家畜生産段階を対象としていた共通農業政策の対象領域を生産物の処理から小売にいたる製品の流通段階へ実質的に広げることを意味する．また，「農場から食卓へ」を原則とする新しい食品安全性・衛生規則が2000年7月に欧州委員会によって提案さ

れ,牛肉で生み出されたコンセプトはすべての食品に導入されることになった.そして,従来は別々の法体系をとっていた食肉などの生鮮農産物の衛生規則と加工食品のそれが統合されることになったのである.

これらの動きは,農産物の生産段階と1次加工(処理)段階を対象とする共通農業政策と,2次加工(加工食品の製造)段階を対象とする食品政策の相互浸透を進めるものとなるはずである[6].市場統合の時点では,まだ別々の世界に立っていた共通農業政策と市場統合政策(にともなう製品の処理と流通政策),共通農業政策と食品政策が,こうして統合後の商品流通の自由化と牛肉を典型とする食品の安全性・衛生対策のなかで急速に結合されつつあるとみることができる.

第5節 主要国のフードシステムの外形変化

牛肉主要国のフランス,イギリス,ドイツをとりあげ,フードシステムの外形を図7-2に示した.

1. 伝統的な流通経路からの変化[7]

フランス,イギリスでは1950年代頃までは,消費地の食肉卸売市場を核にして伝統的な流通経路が形成されていた.食肉卸売市場に家畜市場とと畜場が併設され,家畜は家畜市場に集められ,そこからと畜場へ家畜が供給されていた.そうしてと畜後の枝肉が食肉市場に上場され,卸売業者から小売商の手にわたっていたのである.

ここに1960年以降,政策の後押しによって農業協同組合の発展が助長され,家畜の共同販売,産地における食肉センターの設立によると畜業への参入と食肉流通への参入がはじまった.フランスやドイツではそれが大きく進んだ.ついで1970年代に入ると,小売段階におけるスーパーマーケットの展開と同時に部分肉流通がはじまり,家畜市場が産地へ移転しはじめる.さらに1980年代に入り,スーパーマーケットの強力なバイイングパワーに対

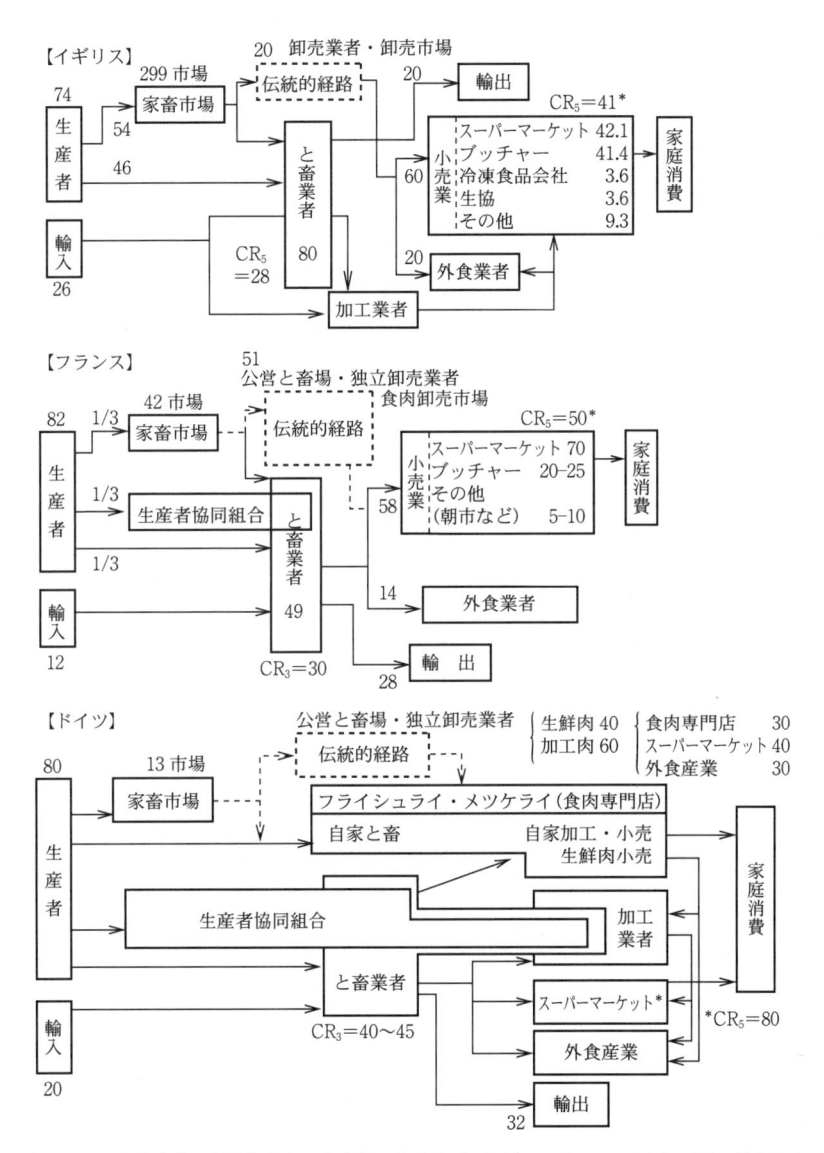

第7章　市場統合下の牛肉フードシステム（EU）　　251

【イギリス】

```
                    20  卸売業者・卸売市場
       299市場  ┌─ 伝統的経路 ─┐   20
   74  家畜市場 │              │  ──→ 輸出
生 ──→        │              │         CR₅=41*
産  54         │              ↓      ┌─スーパーマーケット 42.1 ─┐  家
者 ──→        │    と畜業者  60  小 │ ブッチャー       41.4  │  庭
   46         │              →   売 │ 冷凍食品会社      3.6  │  消
              │              80  業 │ 生協             3.6  │  費
輸 ──→ CR₅=28 │              │      └─ その他         9.3 ─┘
入            │              │      20
26            └──────────────┘  →  外食業者 ←
                    ↓
                 加工業者
```

【フランス】

```
                   51
                公営と畜場・独立卸売業者
                食肉卸売市場
        42市場 ┌─ 伝統的経路 ─┐             CR₅=50*
   82  家畜市場│              │          ┌─スーパーマーケット 70 ─┐  家
生 1/3→       │              │      小  │ ブッチャー     20-25 │  庭
産            │              ↓   58 売  │ その他                │  消
者 1/3→ 生産者協同組合 → と畜業者 →  業  └─（朝市など）    5-10 ─┘  費
   1/3        │              │
輸 ──→       │              49 → 14 外食業者
入                           │
12                    CR₃=30  → 28 輸出
```

【ドイツ】

```
                 公営と畜場・独立卸売業者     生鮮肉 40  食肉専門店  30
         13市場 ┌─ 伝統的経路 ─┐             加工肉 60  スーパーマーケット 40
   80  家畜市場 │              │                       外食産業    30
生 ──→        ↓              ↓
産       フライシュライ・メツケライ（食肉専門店）
者       自家と畜        自家加工・小売                              家
                         生鮮肉小売                                  庭
         生産者協同組合 ─────────────→ 加工業者 ─────────→      消
                           ↓                                        費
                        と畜業者 → スーパーマーケット*         *CR₅=80
輸 ──→                           → 外食産業
入                      CR₃=40〜45
20                              → 32 輸出
```

注：CRは上位企業の累積集中度．小売業の集中度（*）は，red meatであり，豚・羊をふくむ．その他の数値は各流通段階の経路別シェア．

出所：オランダはPVV，フランスはOFIVAL，イギリスはMLCの業務資料および聴き取りによる．年次は1992年．イギリスの小売業の内訳は1991年の数値．

図7-2　イギリス，フランス，ドイツの牛肉フードシステムの外形

する均衡をはかることと，と畜場過剰問題を解消する必要から，公営と畜場の民営化が政策的に進められ，民間業者によると畜場の買収がはじまった．

2. 生産者出荷段階

家畜生産者の出荷ルートのなかでは，と畜業者への直接販売の比率が徐々に高まっている．イギリスでは，フランスよりも家畜市場数，家畜市場経由率ともに高く，肉牛の半数以上が家畜市場を経由している．フランスでは，家畜市場経由率は全体の3分の1であり，直接取引が3分の1，残り3分の1は協同組合経由である．

ドイツでは60年代の初めからと畜用家畜のための家畜市場は急速に重要性を失ない，1960年に120あった家畜市場が1980年には54になり，と畜用家畜の市場についてみれば1989年には13にまで減少した．他方，ドイツの協同組合経由率はフランスよりもさらに高く40〜45%にのぼる．

そして，フランス，ドイツではこれらの協同組合系企業がと畜プラントを経営している．イギリスのと畜業者にも協同組合系企業があるので，イギリスのと畜業者との直接取引比率46%のなかにはこの部分が含まれていると考えられる．

3. と畜解体と卸売段階

ついで，と畜解体の段階であるが，民営のと畜業者においては，と畜プラントの大型化，企業の集中が進むとともに，と畜，カット肉および小売肉製造，卸売の機能の総合化がみられる（詳しくは第8章であつかう）．このような総合的な機能をもつと畜業者の取扱う量は，オランダで85%，イギリス80%と大きくなっており，フランスも含めてこのルートが流通の主流になっているといってよい．

しかしドイツでは，このようなと畜業者に拮抗して，現在でも伝統的な食肉専門店が自らと畜しているところが極めて多い．フランスでも伝統的な食肉専門店の自家と畜は完全にはなくなっていない．オランダ，イギリスでは，

第7章　市場統合下の牛肉フードシステム（EU）

2割からそれ以下が伝統的流通経路の占める位置である．

　この伝統的流通領域において，公営と畜場を利用したりカーカスを購入するなどして，自らはと畜場をもたない独立卸売業者が営業し，また食肉卸売市場が存在する．しかし，食肉卸売市場は存在しない．フランスでは，自らと畜しない卸売業者は，(A)公共と畜場にと畜を委託する，(B)カーカス（carcasse）を購入してそのまま販売する，(C)カーカスを購入して解体（découpe）して販売する，いずれかの形態をとる．

　食肉卸売市場は，フランスではパリのランジスなどの2～3市場に減少し，その取扱比率は8％にとどまる．ドイツではミュンヘン，シュツットガルト，ベルリン，ケルン，ハンブルグの5つになっている．100年以上の歴史を誇るドイツ最古の市場であるハンブルグ市営食肉卸売市場は，経営状態の改善のために1993年に民営化された（詳しくは増田，1999b参照）．ミュンヘンは自治体営であるが，シュツットガルトとベルリンは半官半民である．キールとハノーバーの市場はハンブルグ方式の民営化をねらったが実現できなかった．他の食肉卸売市場も経営状態が悪いが，民営化には反対が強いという．

4. 卸売段階のフレッシュミートの商品形態

　現在は，枝肉から脱骨（boning, de'sossage, Entbeinen）をおえた解体肉の状態での流通が多くなっている．

　ヨーロッパで枝肉に該当するのは，と体を2分の1に分割したカーカス（Cacass, carcasse, Schlachts Korper）と，4分の1に分割したクォーター/カルティエ（quarter, quartier, Schlachts Viertel）である．解体の状態は，カーカスを12～13部位に分割したプライマルカットミート（primal cut meat, piéces, Muskelfleisch）か，さらに調理に対応するようステーキ用などにスライスしたり，ミンチにした小売肉（リテイルカットミート：retail cut meat, Endverbraucher gerechte Schnitte）である．リテイルカットミートの取扱いは90年代に入り急速に増大している．

　これらの包装形態であるが，ヨーロッパでは，プライマルカットミートは，

①チルドで真空パックにしたものを段ボール箱詰めにする場合と，②フレッシュのまま包装せずにプラスチックのパレット（通い容器）に入れる 2 通りの形態での輸送が平行して行われている．パレットの利用は廃棄物を減らすためであり，環境問題への対応が進んでいるドイツでは主流になっている．

　リテイルカットミートの包装は，イギリスの複数のと畜業者への調査によれば，2 通りが主流である．ひとつは，(a)CAP: controlled atmosphere package などとよばれるガス充塡パッケージであり，鮮度を維持しシェルフライフ（商品寿命）をのばせるように工夫されたものである．もうひとつは，(b)オーバーラップパッケージとよばれるトレイにラップをかぶせただけのものである．空気の通過性がありシェルフライフは短いが，あたかもスーパーマーケットの店舗でパッケージしたかのようにみえるものであり，店頭でカットしたことを連想させイメージ的に新鮮に映ることがねらいである．

　解体肉流通の比率は，フランス 60％，オランダ 44％（他に骨入りカットが 9％）である．フランスでは，リテイルカットミート流通の比率が全体の 2 割に達している．イギリスでもと畜業者の 50％ がリテイルカットを行っているという．他方ドイツでは，複数のと畜業者への聞き取りによれば解体肉の販売比率は 30～40％ 程度にとどまる．ドイツで解体肉取扱いが低調なのは，つぎにのべる消費者の購買行動とそれに対応した小売店の販売形態にある．

5. 消費の地域性と小売の特性

　小売段階の業態は，(A)スーパーマーケットなどの大型店舗，(B)食肉専門小売店の伝統的店舗，(C)その他の朝市（フランス），農場販売（farm gate sale：イギリス）に分けられる．食肉専門店は，イギリスではブッチャー（butcher），フランスではブゥシェ（boucher），ドイツではフライシャー（Fleischer）あるいはドイツ南西部ではメツカー（Metzger）と呼ばれる専門職人によって営まれている．

　前掲図 7-2 中に示したように，大型店舗の牛肉取扱量が増大しており，そ

の比率は，フランスで70％，オランダで60％，イギリス42.1％（MLC, 1994b），ドイツでおよそ40％になっている．

スーパーマーケットの企業集中度も高まっており，フランスでは$CR_5=50$，イギリスでは5年間に9ポイント増加し，$CR_5=41$（食肉：red meat）（MLC, 1994a）になっている．ミュンヘン工科大学の資料によればドイツでは$CR_5=80$であるという．

イギリスでは，かつては大手スーパーマーケットはセントラル処理システムをとっていたが，解体肉処理業務の分離をはかるようになり，現在スーパーマーケットが枝肉カットをすることはほとんどないといわれている．イギリスの小売の商品形態は，挽肉（ミンチ）が40％，ハンバーガー用グラウンドビーフ10％（ミンチとグラウンドビーフでは脂肪の混入量が異なる），ステーキ用（リブ，サーロイン，フィレなど）20％，その他3％の比率である．これらの包装形態は前の項でみたとおりである．

これに対してフランスでは，全体の流れは以上にのべてきたとおりであるが，パリ市内ではフランス特有の消費習慣を反映してか，少し異なった動きがみられる．1980年代の半ば頃には，店内での解体をやめる方向に動いていたが，パリ市内の大型店舗では，最近逆戻りして，店内での解体が重視されているという．と畜業者から包装肉（conditionnement）とともにカーカス，クォーターも仕入れ，店内にワークショップ（精肉処理室）を設けて解体が行われている．大型店舗の仕入れ内容は，①カーカス，②カッティング肉（部位別），③脱骨解体肉フルセット，④小売パッケージであるという．

パリのこのような動きについては，新鮮さの象徴として，あるいはフランス人にとって食物のなかでも牛肉は特別な意味をもつことの象徴として，購買行動にこだわりがあらわれているのだと考えられている．チーズなどの購買と同じで，店内で解体してくれるところでないと買わない客がある．大型小売店にとっては，店内での解体はマーケティングの一貫で，客へのサービスとして行われているという．大型小売店にとっても店内での解体を一部残すことは，このような牛肉販売を象徴した表現であるといえよう．卸売業者

団体の FNICGV では，フランスでの牛肉の位置には特別なものがあり，フランス人は祭りの意味をもたせているとみている．このような動向についてはこの業者団体ばかりでなく，農務省や畜産食肉機関 OFIVAL でも認識している．

パリ市内では大型店舗への規制があり，伝統的な肉屋が多く残っているが，これらの肉屋にとっては伝統あるランジス市場に行ってカーカスを仕入れてくることがさらに象徴的な行動になっているという．ただし，パリ市内の肉屋と大型小売店との対抗関係についていえば，専門店である肉屋にとっては牛肉消費の減退の影響は厳しく，食肉加工品をおくことによって減収を補っているという．

ドイツ，イタリアではさらに普遍的に，パリ市内にみられるような小売形態が残っている．ドイツでは全土にわたっており，肉屋さんと相談しながら切ってもらうことが好まれ，肉を買うことは信頼を求めることだと考えられている．ドイツでもこの購買行動はチーズやソーセージの消費と結びついている．ドイツには 1,500 種類にのぼるソーセージがあるといわれるが，少しずついろいろなソーセージを買うことが好まれ，それにはカウンターの方がよいというのである．ドイツ北部のと畜業者への聞き取りによれば，店頭で肉を切り売りするカウンター販売の比率はおよそ 3 割にのぼるといわれ，南部ではその比率はさらに高いものと考えられる．

日米欧共通に食肉の購買はスーパーマーケットでのカットされたプリパッケージ肉が主流となる方向に進むかにみえるなかで，このような対面販売に価値を求める根強い行動は，消費のあり方には一筋縄では説明できない要因があることを気づかせる（EU 諸国の食肉の小売構造については増田，1999 b が詳しいので参照されたい）．

業務用需要に関する現状については資料が不足しており，国内消費に占める業務用需要の比率のみ示しておけば，ドイツ 30％，イギリス 25％，フランス 20％，オランダ 19.2％ となっている．

6. 取引形態と価格形成システム

　取引形態と価格形成システムはフードシステム構成者の垂直的関係の重要な指標であるが，EU 諸国に関しては調査がおよばなかったので断片的な情報を示すにとどまる．そのためフードシステムの外形をあつかう本節にまとめておく．

(1) 肉　　牛

　イギリスでは家畜市場の取引はオークション（auction）であり，農家にとっては今も伝統的な価値をもっているという．家畜食肉委員会 MLC では，これが肉牛取引の基準価格を提供している（price fixer）とみている．と畜業者への直接販売の際の取引は deadweight でカーカスを想定して行われ，オークションマーケットの価格（生体価格）を基準価格として，これにと畜経費を加味して値決めされているという．

　しかし，と畜業者への聞き取り結果によれば，オークションマーケットの価格は部分的な参考指標にすぎないという．このと畜業者は，生体価格と解体肉の部位別価格のそれぞれの市況を両端においた計算式をもっており，と畜，カッティング，パッケージの各コストを積み上げ，部位別価格設定の試算をした上で，家畜の上限購入価格をバイヤーに指示する方式をとっている．

　これに対して，フランスの家畜市場の取引では，オークションはまれであり（5％程度），1対1のネゴシエイション（negotiation）による取引が大半である．直接販売の価格形成については，未調査である．

(2) 枝肉・解体肉

　フランスでは，一般的には個別相対のネゴシエイションで値決めを行うが，交渉の基礎になるのが国の提示価格である．国の提示価格とは，生産者からと畜業者に販売する価格を国が調査し毎週公表しているものをさす．もう一方では，学校などの業務用需要 RHF を相手とする大量取引の場合は，スペック（商品種類）を決め，入札を行う．入札は，数カ月先の市場について行い，数カ月先の市場価格の何％という指数で行う．したがって，この取引は先渡し取引（forword contract）だといえる．

イギリスのと畜業者の聞き取り調査の結果では，購入生体価格にと畜，カッティング，パッケージのコストを積み上げて小売カット肉価格を算出している．ただし，部位毎に季節によって市況が変動するので，部位別の計数と価格の算定式をもっている．

第6節 む　す　び

　本章では，EU 諸国の牛肉のフードシステムの構成要素と外形を明らかにし，共通農業政策，市場統合施策，品質政策がフードシステムの構造変化に関わる基礎条件であり，それらがいかなる特質をもちフードシステムにどのような影響をおよぼしているかを明らかにした．また，国や地域によって異なる固有の生産と消費の特性が，システムの地域性をかたちづくっていることを指摘した．そこから，EU 諸国の牛肉フードシステムの基礎条件と全体の構造変化に関して以下のような俯瞰図を得られる．

　フードシステムにおいては，家畜生産段階の構造は小規模であり，小売段階のスーパーマーケットは集中度が高い．構造変化は川中のと畜解体・製品販売段階で生じており，パッカーの形成と企業集中が進みつつある．しかし，他方に食肉専門店を中心として伝統的な構造が根強く残っている国もあり，それを支える消費の特質がある．また，家畜生産には大きな地域差がある．

　このような構造に対して，共通農業政策は大きな改革を経てもその基本精神として，家族農場にもとづく農業の社会構造の維持および地域間の異質性・不均衡性への配慮から，歴史的に形成された地域構造を維持し，農業経営の競争を抑制する役割をもっており，それが家畜生産段階にも作用していることを指摘した．他方，国境コントロールの廃止，技術的障壁の削減という市場統合施策は，現在のところは主として製品製造・流通段階に作用し，と畜プラントの衛生基準の統一をとおしてと畜解体産業の構造再編成をもたらしている．それに加えて，解体企業自身の市場統合後の競争激化をにらんだ競争戦略により，合併・買収などによる企業の大型化やシェアの拡大が進

第7章　市場統合下の牛肉フードシステム（EU）

められている．そしてもう一方では，牛肉の安全性・衛生を中心とする品質問題に関するスキャンダルから市場を立て直すために品質政策が登場したが，それは消費者保護を起点にしながら同時に市場介入政策の後を受けて生産者保護をも達成しようとするねらいをもつ新しい総合的な政策の流れを生み出している．

このような複合的な動きのなかで，EU の農業・食品の政策分野では，市場統合後も各段階の競争を促進することを第一義的な目標とする方向に進んでいるわけではない．競争のみが，あるいは単一な基準のもとでの競争が，社会的福利を達成する最適な手段だとは考えられていないからである．既存の生産構造や地域の個性を維持することが消費者の福利にかなうこととしてひきつづき正当化されている．そして競争と競争の条件も，このようなより上位の社会的目標と社会的に重視される価値に従属するものであるとの考え方をとっているのである．また社会的福利の達成には複数の目標と複数の手段を組み合わせていく考え方が導入されている．このことについては第10章で検討する．

このように，これまで独自の政策世界をもっていた共通農業政策，市場統合施策，そして家畜生産段階，製品製造および流通段階，そして消費者，これらが品質政策・食品政策を頂点にして統合される動きがみいだせる．フードシステムにおいては，消費者起点の垂直的調整システムが，フードシステム各段階の構成主体の連携によって構築されてはじめている．

注
1) 本章がもとにしているのは，文部省科学研究費助成金を受けて 1994 年から 1996 年までの 3 年間にわたって行われた調査である（増井幸夫，藤谷築次代表）．牛肉に関する調査は，増田佳昭，四方康行，人見五郎とともに行った．調査研究成果の主たる部分は新山他（1999）にまとめている．オランダ，フランス，イギリスは 1994 年 11 月，ドイツは 95 年 11 月，96 年 11-12 月に行った．

　本章で使用した数値の引用元でとくに断わらないものは，以下の各国機関の業務資料である．

　　　　PVV: Produktschap Vee en Vlees: Product Bord for Livestock and Meat（オランダミートボード；現PVEオランダミート＆エッグボード）
　　　　OFIVAL: Office National Interprofessionnel des Viandes de l'Elevage et de l'Aviculture（畜産食肉機関）；フランス
　　　　FNICGV: Fédération Nationale de l'Industrie et des Commerces en Gros des Viandes（全国食肉卸売業工業連合）；フランス
　　　　FFCB: Fédération Francaise des Commercants en Bestiaux（フランス家畜商連合）
　　　　MLC: Meat and Livestock Commission（家畜食肉委員会）；イギリス
　　　　ドイツは，FAL（Bundesforschungsanstalt fur Landwirtschaft:連邦農業研究所）での聞き取りによる．
2)　スパーク報告による農業の特殊な事情とローマ条約におけるその規定については，フェネル（1989）にもとづく．
3)　共同市場の最終的な概念は，市場統合の実現を提案した1985年の『域内市場白書』，統合の直接の契機となった1986年に調印された「単一欧州議定書」による．
4)　3種類の非関税障壁の説明は，田中素香（1991）にもとづく．
　　なお，1992年のマーストリヒト条約の発行によって，原則として域内産物に関する税関コントロールは廃止されたが，狂牛病問題やダイオキシン問題が発生したときには，輸入禁止などの現実的な国境措置がとられている．
5)　このことについては，共通農業政策と食品産業，食品市場の統合について論じた津守（1990）においても同様にとらえられている．
6)　共通農業政策と食品政策の対象領域に関しては津守（1990）を参照されたい．
7)　1970年代後半から80年代初め頃までのヨーロッパの食肉流通に関しては，日本の研究者らによるかなりの数の調査報告書がある．本書ではこの時期の食肉流通について整理するだけの紙幅がないので，以下の報告書を参照されたい．社団法人日本食肉協議会（1978a；1978b；1981），高橋伊一郎他（1983；1984），社団法人全国肉用子牛価格安定基金協会（1991；1992）．

第8章　と畜産業の構造再編とパッカーの形成（EU）

第1節　はじめに

　本章では，ヨーロッパの牛肉フードシステムの変化の中心にあると畜産業をとりあげて，その構造変化の特質を明らかにする．(1)市場統合にともなうと畜プラントの衛生基準統一政策とその影響，(2)と畜産業の構造問題，(3)と畜プラントの所有構造の変化，規模と集中度について検討し，さらに，(4)イギリス，フランス，ドイツについて，民間企業の動向，と畜プラントの規模と衛生基準統一への対応可能性，と畜企業の事業総合化の動きをとりあげる．

　またここで最後に，(5)オランダの子牛肉産業とその中心となると畜企業の事業総合化についてもとりあげる．前章でものべたとおり，子牛肉産業は特殊な構造をもっており，その特殊性ゆえに，ほぼ完全な垂直統合システムを完成させているが，それは牛肉産業とは異質であることに注意が必要である．

第2節　EU市場統合にともなう食肉共通施策の波紋

1.　と畜プラントの衛生基準の統一：ECフレッシュミート指令の改正

　ヨーロッパ統一市場の実施に直接関わるECの共通政策として，と畜産業に最も大きな影響をあたえたのは，統一市場の発足に先立つ1991年7月19

日付でだされた EC 理事会指令[1] (Council Directive 91/497/EEC) による「EC フレッシュミート指令」の改正である．これによって，EC 加盟国のすべてのと畜場に対して，と畜施設・設備および処理工程に関して統一した衛生基準が課され，原則としてこの基準を満たし認可を受けたと畜場しか営業が許されなくなった．

「EC フレッシュミート指令 (EC Fresh Meat Directive)」(Council Directive 64/433/ECC) は，1964 年にだされた生鮮食肉の製造と流通に関する最初の統一原則である[2]．この指令では，EC メンバー国へ食肉を輸出するプラントについてのみ衛生基準が課された．

1962 年に，豚肉の共通市場組織の設立に関する規則 (Council Regulation 945/62) がだされ（その後，牛肉と子牛肉にも適用された），共通市場組織の設立によって，ヨーロッパ共同体内部の貿易を促進することがめざされたが，それを受けて 64 年指令は，貿易障壁の要因となる，メンバー国の食肉に関する健康上の要件の違いを取り除こうとしたものである (EU, 1964)．と畜場とカッティングルームの中，そして保管および輸送中にある食肉に関して，健康上の要件が示され，標準化が目指された．この基準を満たし，認可を受けたと畜場は「EC 認可プラント (EC approved plant)」または略して「EC プラント」と呼ばれている．

ついで 1989 年 12 月には，1992 年 9 月末を期限とする内部市場の完成をめざして，共同体内部の貿易における獣医学的検査に関する条項を定めた指令 (89/662/EEC) がだされた．原産地におけるチェック，目的地到着の際のチェック，その他の共通の規定を定めている (EU, 1989)．

共同体内部の貿易の促進を目指して制定された以上の諸規定を，さらに，目前に迫った 1993 年の統一市場発足に対応するように再整備したのが，91 年指令による「EC フレッシュミート指令」改正である．この指令により，輸出の有無を問わず，すべてのと畜場のと畜，カッティング，冷蔵のための施設にたいして統一した衛生基準をまもることが要請された．その目的は，食肉の製造地点での衛生検査と証明，荷受け地点での検査に関する統一され

たシステム (harmonized system) を確立することを成しとげ，これによってEC加盟国内では流通過程にそったチェックや輸入地点でのチェック（すなわち国境コントロール）の必要をなくして，自由な流通を可能にすることにある (EU, 1992b).

しかしこの基準は，と畜施設の壁，床の仕上げ，手の洗浄，消毒など施設・設備，と畜，カッティング，検査，貯蔵，輸送など行程の全体にわたっており，この基準を実行するためには，施設・設備更新のための巨額の投資を必要とする．投資能力のあると畜業者は，すでに投資を終えてECプラントの認可をえており，それ以外のと畜プラントは投資能力に欠けるところとみてさしつかえない．このような中小プラントにとっては投資は大きな財政問題をかかえることを意味し，相当数のと畜場の閉鎖が予想されている．

ヨーロッパのと畜産業には，1980年代の半ば頃から，大手スーパーマーケットのバイイングパワーの強まりのなかで，これに対抗できるような地方配送網をもつ大規模なと畜業者の発展が要請されてきた．これを契機に，公共と畜場の民営化と大規模化が進みはじめた．この構造再編はまだその途中にあるが，91年のフレッシュミート指令への対応はさらなる構造再編をもたらすものとなっている．

2. フレッシュミート改正指令への対応の困難さ

フレッシュミート改正指令は，約2年の準備期間をおいて，統一市場の発足と同時に1993年1月1日から発効された．しかし，と畜プラントの改善能力には国によって相当違いがある．たとえば，従来から輸出を主体としてきたオランダやデンマークではあまり大きな問題にならないが，中小と畜場を多くかかえるイギリス，フランス，ドイツ，イタリアなどでは改善には困難が予想される．このような状態を反映し，多くのと畜場の財政能力を超え，準備期間も短いことを理由に，指令には特例措置がもうけられた．

ひとつは，永久的適用除外 (permanent derogations) であり，地理的条件が悪く供給困難な地域に立地する零細と畜場は当初から除外された．しかし，

1992年のCouncil Directive 92/120により立地上の限定がはずされ，単に零細なと畜場（処理頭数が週20家畜単位以下，もしくは年間1,000家畜単位以下）が対象とされることになった．これによって膨大なと畜場が適用除外を受けることになったはずである．

もうひとつが一時的適用除外措置（temporary derogations）であり，申請して認められたものは基準の適用を3年延期し，1995年末までに改善計画の実施に着手することとされた．

しかし，一時的適用除外は当初の措置にとどまらず，95年12月のEU農相理事会でさらなる修正に合意された．適用除外条件の一部変更と適用除外期間について特別な事情がある場合はさらに2年の延長を認めるというものである．基準適合のための施設の改善がむずかしいと畜場がいかに多いかを示すものといえるが，このような条件緩和には，すでに小規模と畜場の閉鎖を進めてきたオランダ，ポルトガルなどからの反対，施設・設備改善の投資を行った大手と畜業者からの強い批判がだされた[3]．

このようなフレッシュミート指令改正への対応のためのと畜プラントの施設改善の困難さの背景には，程度の差はあるが，各国とも1980年代の半ば頃から長期にわたってと畜産業がかかえてきたと畜場の過剰をはじめとする構造問題がある．

第3節　と畜産業の構造問題とその要因

と畜産業の構造問題の基本は多くの国に共通している．そこで，イギリスのと畜産業の構造問題を分析したMLC（Meat and Livestock Commission）の報告書 *The Abattoir Industry in Great Britain*; 1994 edition をもとに，その状態をとらえておきたい．イギリスと畜産業の構造問題と，と畜産業の営業状況に大きな影響を与える要因は，ほぼ図8-1のようにまとめることができる．

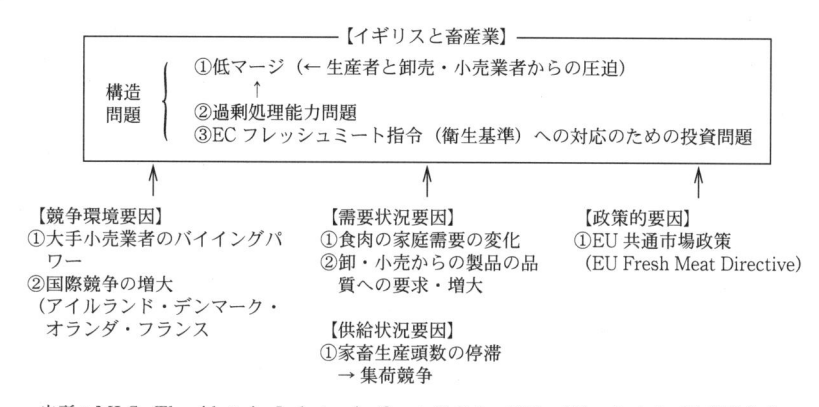

第8章　と畜産業の構造再編とパッカーの形成（EU）　　265

```
┌─────────────【イギリスと畜産業】─────────────┐
│ 構造  ┌ ①低マージ（←生産者と卸売・小売業者からの圧迫）    │
│ 問題 ┤        ↑                             │
│      │ ②過剰処理能力問題                        │
│      └ ③ECフレッシュミート指令（衛生基準）への対応のための投資問題 │
└───────────────────────────────────┘
      ↑                    ↑                    ↑
【競争環境要因】        【需要状況要因】        【政策的要因】
①大手小売業者のバイイングパ  ①食肉の家庭需要の変化    ①EU共通市場政策
　ワー                  ②卸・小売からの製品の品     （EU Fresh Meat Directive）
②国際競争の増大            質への要求・増大
　（アイルランド・デンマーク・
　オランダ・フランス）      【供給状況要因】
                        ①家畜生産頭数の停滞
                          → 集荷競争
```

出所：MLC, *The Abattoir Industry in Great Britain*, 1994 edition にもとづき筆者作成.

図8-1　イギリスと畜産業の構造問題と影響要因

1. 2つの構造問題

　と畜産業の構造問題の第1は，と畜産業の低マージン問題である．これは，食肉プロダクションチェーン（Meat production chain）のなかで，と畜産業が生産者と卸・小売業者の間にはさまれ，両者から圧迫されることによって生じているととらえられている．一般製造業はもとより，ベーコン・食肉加工業，食鳥処理・加工業と比較しても，肉畜のと畜場の付加価値率は著しく低い（表8-1）．また，MLCのモデル試算結果からみると，食肉のなかでも牛肉のマージンが他の食肉に比べて著しく低いうえ，この数年減少傾向にある．

　このことが基礎にあり，それに狂牛病の発生が追い打ちをかけることとなって，イギリスのと畜産業，とりわけ牛のと畜から大企業が撤退する背景となったと考えられる．そうして，大企業の撤退がまた施設・設備改善への投資能力の欠如をまねいているといえる．

　このような低マージン問題の原因としてあげられているのが，①過剰処理能力，②低いマーケティングパワー，③家畜供給の減少である．

　構造問題の第2は，1980年以降に発生し，低マージンの原因ともなっている過剰処理能力問題である．過剰処理能力問題は，フランスでもドイツで

表 8-1 イギリスと畜産業の収益構造

【総産出額に対する総付加価値比率】

	1989	1990	1991	増減率 91/89
と　　畜	10.1	10.2	10.9	7.9
ベーコン製造・食肉加工	25.1	25.1	27.5	9.6
食鳥処理・加工	28.4	27.9	27.0	−4.9
製　造　業	35.0	38.0	na	―

【見積粗利益】

	1991	1992	1993	増減率 93/91
肉　　牛	8.7	9.3	6.4	−26
豚	24.3	22.6	22.0	−9
羊	16.0	19.4	14.7	−8

【見積利益・費用】　(1992年)

総　販　売　高	100.0
粗　利　益	15.7
生　産　費　用	
生　産　労　働　費	3.0
その他生産費用	5.0
販　売　費　用	1.0
その他管理労働費	3.0
その他一般管理費	0.3
家畜仕入れ額	84.0
営　業　利　益	2.5

注：モデルはと畜のみで，解体，小売包装は含まない．
出所：MLC前掲書．

も1980年代半ば頃をピークとして発生し，大きな問題になった．

　イギリスでは，その直接の原因は，1970年代後半のと畜プラントの過度な拡充にあったといわれる．その発端となったのは，1975年の『国内産食料に関する白書（White Paper on 'Food from Our Own Resources'）』によって食料の国内生産の拡大がめざされ，それにもとづいて，産業近代化をはかるために，当時1,500を数えたと畜プラントの合理化が進められたこと，また，1976年の食肉と畜産業政策（Red Meat Slaughterhouse Industry Sheme：R.S.I.S）によって，と畜施設とと畜行程の衛生条件改善のための投資が促進されたことであった．このとき，企業の近代化と輸出機会拡大に高い意欲をも

表 8-2 イギリスと畜産業の過剰能力の評価（1993年）

(単位：1,000頭，%)

	年間と畜能力 ①	構造的超過能力/年 ②	年間と畜頭数 ③	稼働率 ④=③/①	総過剰能力 ⑤=100−④	構造的過剰能力 ⑥=②/①	季節的遊休能力 ⑦=⑤−⑥	⑧=②/③
肉牛	3,598	632	1,982	55.1	44.9	17.5	27.4	31.9
豚	14,600	1,509	9,387	64.3	35.7	10.3	25.4	16.1
羊	37,578	2,434	11,825	31.5	68.5	6.5	62.0	20.6

注：構造的超過能力②は，最大と畜可能頭数とピーク時期のと畜頭数との差の部分（1年をつうじて決して使われることなく恒常的に遊休している部分）．構造的超過能力の年間と畜能力に対する比率が構造的過剰能力⑥であり，総過剰能力と構造的過剰能力との差の部分がと畜の季節的繁閑による遊休能力部分⑦である．⑧は，構造的過剰能力の年間と畜頭数に対する比率．
出所：MLC前掲書の数値を組替えて再計算した．

つと畜業者が，将来の処理能力不足を回避するために，施設の衛生条件改善にあわせて処理能力の拡大をも積極的に進めたのである．政府の1980年代の家畜供給見通しが増加基調で発表されたことも，処理能力拡大に拍車をかけたと分析されている．その結果，閉鎖されると畜場が失う処理能力の総量を超えた拡大が行われ，今日にまでいたる構造的問題が発生したのである．

過剰処理能力の程度について，MLCが推計したデータを再構成して表8-2に示した．MLCの読み取り方とは多少異なるが，つぎのような状況が指摘できる．

肉牛の総過剰処理能力（（年間と畜能力−年間と畜頭数)/年間と畜能力×100）は，実に44.9％にものぼる．この総過剰処理能力は，(a)年間をつうじて恒常的に操業にまわされることのない「構造的な過剰能力」と，(b)と畜の「季節的繁閑による遊休部分」とに分解される．

「構造的過剰能力」(a)は，17.5％になる．これが，1970年代半ば以降の過剰な施設規模拡大の結果，生まれたものとみることができる．豚，羊に比べて，牛はより大きいことがわかる．さらに，「季節的遊休部分」(b)が27.4％にのぼることも大きな問題である．それは生産および消費の季節性がなくならない限り改善されないものであるからである．

ドイツにおいても，食料農業森林省によれば，連邦全体におけると畜プラ

ントの稼働率は40～50％にすぎない．また，バイエルン州食料農業森林省によれば，同州の稼働率は50～60％であるといわれ，やはり構造洗浄（structure cleaning）が必要だと考えられている．

なお，過剰能力や低マージン問題を考える場合に注意すべきは，日本のと畜システムとは基礎条件が大きく異なるということである．日本のと畜場の操業時間は，と畜作業員の労働条件の保全を理由として午前中操業に限定されているところが多いが，ヨーロッパでは交代制勤務の全日操業であり，またと畜密度も高い（レール上の処理家畜密度）．したがって，施設面積当たり，労働力1人当りの処理頭数は，ヨーロッパの方がはるかに大きいものと推測される．そのうえで，なおこのようなかたちで採算が問題となっているのである．日本の大家畜のと畜場の現行のシステムでは，民間企業の採算ベースにはとても見合わないだろうと考えられる．

2. 構造問題に影響を与える要因

このような構造問題に大きな影響を与える要因として指摘されているのが，と畜産業をとりまくつぎの諸点である．競争環境要因，需給状況要因，供給状況要因，政策要因があげられる．

競争環境に関しては，第1に国内における大手小売業者のバイイングパワーの増大があげられている．これはと畜産業側の要因としてみると，低いマーケティングパワーにつながる．

マーケティングパワーの低さの原因はつぎのように分析されている．と畜産業は，低い集中度，規模の小ささ，仕入れ・販売ともに価格に対する影響力のなさの結果，過度な競争状態にある．小売セクターをコントロールする少数の大手小売業者によってこの状態はますます悪化させられている．1992年には，5大スーパーマーケットが食肉販売の41％のシェアを占める状態にある．大手小売業者は仕入れを多数のと畜業者から行うので，容易に仕入れ先を入れ替える機会をもつが，と畜業者の側からみると，ひとつの大手小売業者の購入規模が大きいため，主要販売先を失う危険をおかして販売先を

入れ替えることは簡単にはできない．その結果，と畜業者はマージンを圧縮してでも，小売業者から発注された価格を受け入れることになる，というのがそのメカニズムである．大規模と畜業者においてもなお，その販売上の位置の弱さが指摘されている．

競争環境要因の第2として，1993年EU市場統合にともなって新たな脅威となったのが，他のEU諸国の食肉企業との競争である．イギリスの場合に主たる競争相手となるのが，輸出国であるアイルランド，デンマーク，オランダ，フランスと考えられている．

さらに，生鮮食肉製品の需要状況要因であるが，第1にあげられているのは食肉（Red Meat：牛，羊，豚）に対する家庭需要の変化であり，それは傾向的に減少している．第2は小売業者からの製品品質に対する要求の増大である（第5節でふれる）．

供給状況要因としてあげられているのは，集荷競争の度合いを規定する一因となる家畜飼養頭数の動向であり，飼養頭数は減少傾向にあり，集荷競争が激化している．以上がMLCによる分析である．

このようななかで，さらに1991年以降の新たな構造問題として顕在化してきたのが政策要因であり，前節でみたECのフレッシュミート改正指令に対応する施設・設備改善のための投資問題である．

しかも一時的適用除外措置がそこに一層の波紋をひろげている．と畜産業は，先にのべた2つの構造問題をかかえて，全般に投資余力がないなかで，指令への対応を余儀なくされている．とりわけすでにEC認可を受けているプラントは，その投資のための借入資金の償還と，固定施設・設備償却費の増大による製造コストの上昇という厳しい条件をかかえながら営業を行っている．そこに本来なら閉鎖に追い込まれるプラントが，一時的適用除外措置によって設備投資を免れたまま営業を継続しているのは，認可プラントにとっては大いに競争上の不利益を被ることになっているとの主張がなされている．

たとえ一時的適用除外措置によって，廃業に追いやられる状態にある小規

模業者が延命されたとしても，それが起死回生につながる長期的な営業基盤をあたえることにはならないはずであるが，このような議論がなされるということは，大規模業者といえども国内競争のうえで決定的に有利な位置を確保するにいたっていないことを示しているといえる．イギリスでは，大規模企業が牛肉と畜セクターから撤退した後は（第5節参照），と畜産業が全体として内的成長力を欠いているといえそうである．このような場合，一般的には外的成長戦略として企業合併・買収の手段がとられるが，その後も企業合併・買収の速度が急速に高まりそうな気配はみえない．したがって，1996年春の狂牛病騒動がイギリスと畜産業におそらく壊滅的な打撃をあたえたであろうことは想像に難くない．それ故に，と畜産業の将来方向として，産業構造再編とともに消費者の信頼を回復するための市場対応にますます焦点があてられることになるだろう．

第4節　と畜産業の所有構造変化と規模・集中度の上昇

1. と畜場の民営化の進展

所有関係からみると，と畜場はまず公共と畜場と民間と畜場とに分けられる．ヨーロッパのと畜場は日本と同じように，もともと地方公共団体によって所有・運営されるのが一般的であったが，1970-80年代にかけての法改正によって民営化の方向に大きく転換している．

民営化が進んでいるのがイギリスやオランダである．イギリスでは，19世紀後半の公衆の健康と食料の標準化の社会的要請によって，公共と畜場が設立されている．そして1972年の法改正で地方自治体がと畜場開設の義務を免除された．これによって公共と畜場は1974年の83ヵ所から1993年には7ヵ所にまで減少している．と畜頭数シェアではわずか1％にすぎなくなった．オランダにも公共と畜場は残っていない．

他方，フランス，ドイツでは，同じように公共と畜場のシェアは減少し続けているものの，依然として大きな比重をもっている．

フランスでは，生産量の2倍におよぶ総と畜規模をかかえるほどのと畜場の過剰能力問題に直面して，1985年に法改正が行われ，民間企業による市営と畜場の業者買収が進みはじめた．それでもなお，フランスでは公共と畜場のシェアが大きく，1990年現在でも総と畜量の51.3%を公共と畜場が占める[4]．そしてフランスでは，自己のと畜場をもたないで公共と畜場を利用する卸売業者がまだ多く残っており，FNICGV（全国食肉卸売業工業連盟：Fédération Nationale de l'Industrie et des Commerces en Gros des Viandes）によれば，公共と畜場がなくなることはないとみられている．

ドイツでは1868年のプロイセンのと畜場法にもとづいて，公共と畜場が設立されている．ドイツでは連邦全体についてはデータが公表されていないのでわからないが，資料が入手できたバイエルン州についてみると[5]，公共と畜場のと畜シェアは高いとはいえ，1969年の89%から1994年には33%に低下している．

民営化された民間と畜業者については，企業グループ化が進み，企業シェアの集中が進む方向にある．しかし，イギリスでは民営化は進んだが大企業が撤退しており，フランスやドイツでは公共と畜場のシェアを大きく残すものの，民間セクターでは協同組合系を中心に企業のグループ化が著しく進んでいるという構図になっている（第5節～第7節でこの3カ国について検討する）．なお，EU諸国の牛肉と畜産業には，まだほとんど多国籍企業やコングロマリット企業の参入は進んでいない．

2. と畜プラントの規模と集中度

ここでは，フランス農務省およびOFIVAL（畜産食肉機構：Office National Interprofessionnel des Viandes de L'elevage et de L'aviculture），イギリスのMLC，ドイツのZMP（中央市場価格報告所：Zentrale Markt- und Preisberichtstelle GmbH），バイエルン州食料農業森林省の資料をもとに検討する[6]．ドイツでは，連邦全体のと畜場総数やと畜産業の規模構造に関する資料が公表されていない．

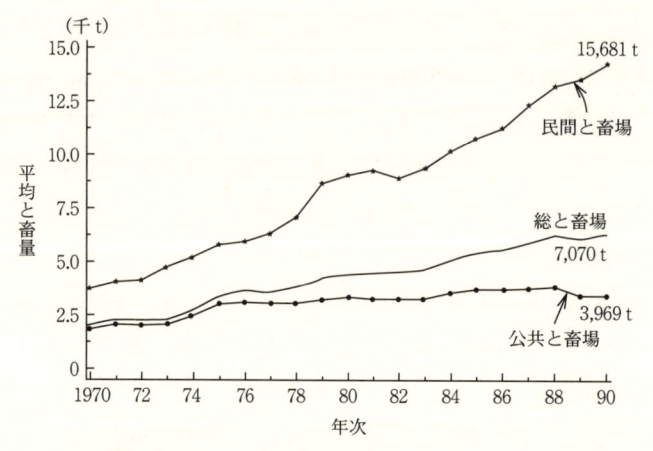

注：と畜場数は，1980年：787，1985年：624，1989年：530，1990年：491
（うち公共と畜場361，民間と畜場130）となっている．

図8-2 フランスのと畜場における平均と畜量の変化（総家畜）

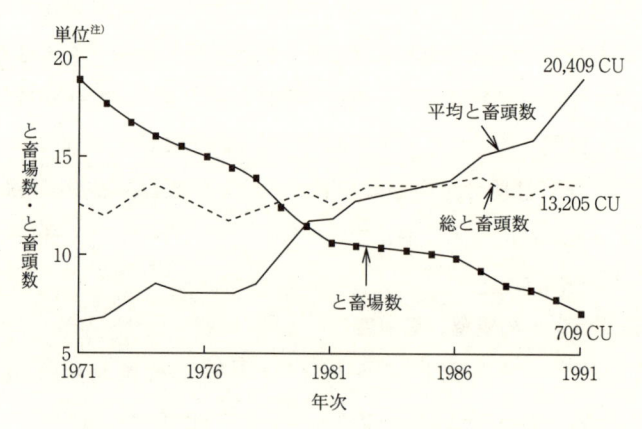

注：単位は，と畜プラント数は100，総と畜頭数は100万頭，平均と畜
　　頭数は1,000頭．
出所：MLC, *The Abattoir Industry in Great Britain*, 1994 edition にも
　　とづいて作成．

図8-3 イギリスにおけると畜場数・総と畜頭数・1と畜
　　場当たり平均と畜頭数の変化（総家畜）

(1) と畜場の平均と畜規模の上昇

いずれの国においても，と畜場数のコンスタントな減少のなかで，1と畜場当たり平均と畜頭数規模は上昇を続けている．フランスとイギリスの総家畜について，経年推移を示したものが図8-2，図8-3である．と畜場の減少は，1990年前後でも，イギリスで62（8.7％：91/92-92/93年），フランスで38（7.2％：89-90年）にのぼる．

1と畜場当たり平均と畜量を比較してみると[7]，総家畜ではフランスが7,070トン（1990年），イギリスが5,898トン（1992/92年）であり，フランスの方がかなり大きい．牛ではさらに差が大きく，フランス4,129トンに対して，イギリスは1,369トンとフランスの3分の1程度の規模である（1992年）．またフランスでは，公共と畜場に対して民間と畜場の規模が大きく増大しており，平均と畜量では民間と畜場が公共と畜場の約4倍になっている．ドイツはと畜場総数が公表されていないので不明である．

(2) 大規模と畜場の高いシェア

大規模と畜場のシェアは，いずれの国においても高くなっているが，3カ国を比較できる総家畜のデータによってとりまとめてみたい．国によって規模区分が異なるので比較しにくいが，表8-3にまとめたように，2-2.5万トン前後以上のと畜規模のと畜場が，と畜場数の5％程度，と畜量の4割から

表8-3 フランス，イギリス，ドイツ3カ国の大規模と畜場シェアの比較（1992年）

（単位：％）

		フランス	イギリス	ドイツ（バイエルン州）
総家畜	と畜規模区分	2.5万t以上	10万CU以上（約2万t以上）	2.0万t以上
	と畜場シェア	5.1	5.4	—
	と畜量シェア	41.4	45.4	50.4
牛	と畜規模区分	2.0万t以上	5万頭以上（約1.4万t以上）	
	と畜場シェア	5.0	1.2	
	と畜量シェア	35.6	18.8	

出所：表8-6, 9, 11より算出．換算方法は注7による．

表8-4 と畜産業の集中度のプラント単位・企業グループ単位にみた比較

(%)

	イギリス	フランス	ドイツ
プラント単位	$CR_1=5.5$ $CR_7=19.0$ $CR_{24}=42.2$ $CR_{41}=66.5$	$CR_3=10.5$ $CR_{19}=35.6$ $CR_{46}=60.5$	$CR_6=25.4$ (バイエルン)
企業グループ単位	$CR_5=28$	$CR_1=12$ $CR_3=30$ $CR_{56}=80$	$CR_3=40\sim45$ (推定)

出所：イギリスは表8-6，フランスは表8-9，ドイツは表8-11に同じ．

5割弱を占める構造である．シェアからみて，大規模と畜プラントがと畜産業に占める位置は，3カ国ともほぼ共通しているといえそうである．

ただし畜種別にみると，牛については大規模と畜場のシェアは低く，イギリスが特にそうである．フランスでは2万トン前後以上の規模のと畜場がと畜場総数の5％，総と畜量では35.6％を占めるが，イギリスでは1.4万トン以上のと畜場がと畜場数の1.2％，と畜量の18.8％を占めるにすぎない．

(3) 高まる企業集中度

と畜産業の集中度は，企業単位にみるとさらに大きくなる．企業グループ化の進んでいるフランスではとくにそうである．表8-4に示したように，プラント単位ではCR_3（上位3プラントの累積集中度）＝10.5％であるのにたいして，企業グループ単位ではCR_3（上位3企業の累積集中度）＝30％となっている．イギリスについては，詳しくは公表されていないが，プラント単位では$CR_7=19$％に対して，企業グループ単位でみると$CR_5=28$％である．ドイツでは，集中度の資料は公表されていないが，次節でみるように協同組合系グループ上位3社で40〜45％とみられている．ちなみに，バイエルン州についてみると，プラント単位では$CR_6=25.4$％である．

3. 各国のと畜プラントの認可状況

フレッシュミート指令改正直前のEC諸国のと畜プラントの認可状況

(1989年) をみておこう．認可プラントの比率を求めることは実は簡単ではないといわれる．食肉専門店の自家と畜を多く残す国では，そもそもと畜場の定義そのものにあいまいな部分があり，と畜場数を特定することが難しいからである．そのことを念頭において，独自の調査を行ったイギリスのMLCの資料 (Palmer, 1990) をもとに検討しておこう．

1989年のEC諸国のと畜産業の構造ととう畜プラントの認可状況は，表8-5のようにまとめられる．これよりみると，と畜産業の構造の特徴として，まず，イタリア，アイルランド，西ドイツなどでは，総と畜量に対してと畜場数が極めて多く，平均と畜量が小さい．これらの国では零細な古いと畜場を多く残していると推測される．

と畜プラントの認可状況は，4つほどにグルーピングできる．①まず認可

表8-5　EC諸国におけると畜プラントの認可状況 (1989年)

	と畜場数	総と畜量[1] (1,000CU)	平均と畜量 (1,000CU)	EC認可プラント[2]	と畜場シェア (%)	と畜シェア (%)	平均と畜量 (1,000CU)
西ドイツ	3,000	23,393	8	279	9.3	90	76
フランス[3]	480	17,410	36	358	74.6	96	37
デンマーク	271	8,812	33	47	17.3	97	182
オランダ	153	11,367	74	94	61.4	99	120
イギリス	822	13,112	16	80	9.7	45	74
スペイン	1,420	16,995	12	53	3.7	50	160
イタリア	4,120	11,632	3	118	2.9	35	34
アイルランド	750	3,005	4	40	5.3	84	63
ベルギー	463	5,475	12	88	19.0	NA	NA
ギリシア	355	3,909	10	6	1.7	NA	NA
ポルトガル	325	2,364	7	2	0.6	NA	NA
ルクセンブルク	6	84	14	6	100.0	100	14

注：1)　と畜量の「CU」は，EUの家畜単位．
　　2)　EC認可プラントの，と畜場シェアはと畜場数に，と畜シェアは総と畜量に占める比率．
　　3)　フランスの数値は，1990年のフランスのOFIVALの資料 (表8-10) ではと畜場数491, EC認可プラント264となっている．したがって，上記表のフランスの数値はと畜場数がやや少なく，EC認可プラント数が相当多くなっている．認可プラント数は登録プラント数との取り違いであると考えられる．OFIVAL資料にもとづけば，認可プラントのと畜場シェアは53.8%, と畜シェアは93.8%となる．
出所：Palmer OM., "Perspectives on the Slaughtering Industry". *The Changing Structure of the Abattoir Sector*, MLC, 10 Oct. 1990.

プラントの位置が非常に大きいのが，オランダ，デンマークである．両国では認可プラントのと畜シェアがほぼ100%に近く，平均と畜規模も大きい．②ついでその位置が大きいのが，フランス，西ドイツであり，認可プラントのと畜シェアが9割以上を占める．しかし，平均と畜規模はオランダ，デンマークをかなり下回る．またアイルランドがシェア8割台と続く．なお旧東ドイツについていえば，約80プラントがあるが，基準にかなっているのは2～3にすぎない．③そして，食肉主要国ながら認可プラントの位置がかなり低いのがイギリスである．認可プラントのと畜シェアは，45%にすぎない．

④南の諸国のイタリアは，ECプラントの数は多いが規模が小さい．また全体の構造再編が遅れているので，と畜場の総数がきわめて多いため，認可プラントのと畜シェアは低い．4,000を越えると畜場の多くは極めて小さな職人的ブッチャーであるが，93年にはこれらのうち2,500が閉鎖されると予想されている．これに対して，スペインは構造再編が精力的に進められ大規模な認可プラントが設立された結果，認可プラントのと畜シェアは50%になり，イギリスを上回っている．と畜産業の再編・合理化計画は1984年のPlan General Indicativo De Matederosにもとづいてすすめられ，公的資金の利用により多数の公的プラント建設が目指され，と畜プラント数も徐々に減少している．

92年のフレッシュミート指令改正に対する今後の対応可能性は，つぎからの節の国別の分析で，イギリス，フランス，ドイツについて検討する．

第5節　構造再編の必要なイギリスのと畜産業

1. 大企業の肉畜と畜からの撤退

イギリスの民間と畜企業は，2つの大きな協同組合系企業グループ（スコットランドのBuchan MeatsとANM Group）を除いて，すべて私的所有，私的営業のと畜企業である．

イギリスの私企業は，持ち分資本による有限責任の「パブリックカンパニー（public companies）」（'public limited company' もしくは 'plc' を名乗る）と，ファミリービジネスなどの小規模事業に対応する規制のゆるやかな「プライベート・カンパニー（private companies）」に区分される[8]．

MLC（1994a）によれば，私企業の動きとして4つの特徴が指摘されている．と畜産業における plc の数は確実に減少しており，①企業の規模の大きい plc は近年と畜産業から撤退する傾向にある．②食肉セクターに積極的に参入しているのは小規模な plc である．③外国籍企業の参入がみられる．④家族経営で営まれている（プライベートカンパニーまたは独立商人）多くの小規模プラントが存在する．

第1の大企業の撤退について，MLC（1994a）にはその理由はふれられていない．推測すれば，本章第3節でのべたと畜産業の過剰能力，低マージン問題，それに追い討ちをかけた1986年にイギリスで発生した狂牛病問題などが大きな要因となったのではないだろうか．すでに，Brooke Bond Leibig, Swifts, Dalgety, Borthwicks, Fitch Lovell がと畜から撤退したと報告されている．また，1980年代半ばに25以上のと畜プラントをもって展開していた Hillsdown Holdings は，1990年以降，複数種類家畜のプラントをすべて処分し（一部は閉鎖，多くは売却），豚と畜にのみ専門化した．あるいは，4つのと畜プラントを所有する British Beef Company Ltd. は，売上高が増加しているにもかかわらず，その3つを閉鎖した．その親会社である Union International は，と畜より食肉処理・包装（processing and packaging），食肉・肉製品取引，小売業に興味を示している．

このような動きとは逆に，第2の特徴として報告されているのは，小規模企業が家畜と畜に参入し，食肉産業において積極的な展開をはかっていることである．たとえば，Sims Food Group は3つの EC プラントをもつ小企業グループであるが，他にいくつかの食肉処理・包装の子会社をもち，卸売業者への依存をたちこの領域での成長をめざしている．Unigate は，大規模豚専門企業である Malton Bacon Factory を傘下にもち，1992年から処理

頭数の拡大と食肉調理への参入にとりくんでいるとのべられている．

　第3の外国籍企業の参入もみのがせない．その例としてあげられているのが，アイルランドに本拠をもつ Goodman International であり，イギリス内に7つのプラントをもっている．これらのプラントはいずれも規模が大きく，また牛，羊，豚のと畜を行っている．いずれも脱骨およびそれ以降の処理を行う総合的なプラントであり，良好な利益をあげているという．

　第4の特徴として指摘されているのは，数として多くを占めるのがプライベートカンパニーと独立商人（sole traders）であり，これらは家族の所有と経営によるものが多いということである．通常はただひとつのプラントで操業し，このプラントの営業は他の事業（農業など）の補完物である場合が多い．製品の販売先には2つのルートがあり，地方営業の肉屋へ供給するか，独立営業のスーパーマーケットや食事提供業者にも供給するかであるという．

　われわれの複数のと畜業者への聴き取りによれば，現在の plc 傘下のプラントの少なくないものが，かつてはこのような小規模な家族経営プラントであり，それが成長し，成長の過程で plc の傘下に組み入れられていったものと考えられる．

2. と畜プラントの規模とフレッシュミート指令への対応可能性

　イギリスでは，表8-6に示したように，総家畜でと畜場の5.4%を占めるにすぎないと畜頭数10万CU（イギリスの家畜単位による）以上のと畜場が，と畜量の45.4%を占め，と畜場の66.5%を占める1万CU以下のと畜場はと畜量の6.7%を占めるにすぎなくなっている．畜種別にみると，中小家畜において大規模と畜場のシェアが特に高く，牛ではかなり低い．豚，羊では10万頭以上のと畜場のシェアが7割前後であるが，牛では3万頭以上が42%である．

　イギリスにおけるフレッシュミート指令改正への対応見通しについては，MLC（1994a）によって1993年時点で分析され，結果が公表されている．

　結果は表8-7のように整理できる．1994年に，総と畜プラント数647の

表 8-6 イギリスにおけると畜規模別にみたと畜場数・と畜頭数シェア (1992/93)

(単位:%)

と畜頭数規模(頭)	総家畜		牛		羊		豚	
	と畜場数	と畜頭数	と畜場数	と畜頭数	と畜場数	と畜頭数	と畜場数	と畜頭数
1～1,000	37.4	0.6	54.7	2.6	34.0	0.5	38.3	0.4
1,001～5,000	18.9	2.4	23.3	21.3	21.3	1.6	21.7	1.9
5,001～10,000	10.2	3.7	9.8	14.2	10.7	2.5	10.9	2.8
10,001～20,000	11.0	7.8	5.1	14.8	9.8	4.5	9.8	4.8
20,001～30,000	4.8	5.9	2.9	14.3	5.3	4.1	3.9	3.3
30,001～50,000	6.2	12.2	2.9	23.2	5.7	7.1	4.6	6.2
50,001～100,000	6.3	22.0	1.0	13.3	5.2	11.3	2.8	6.8
100,000 以上	5.4	45.4	0.2	5.5	8.0	68.4	7.9	73.9
合　計	100.0	100.0	100.0	100.0	100.0	100.0	100.0	100.0
総　数(箇所, 千頭)	647	13,205	583	2,801	600	18,795	457	1,275

注:牛のカーカス・ウエイトは,去勢牛,若雌牛,若雄牛の単純平均で285.1kg である(MLC資料).
出所:MLC, The Abattoir Industry in Great Britain, 1994.

うち，EC 認可プラントは 12.8%（牛のと畜シェア 58%）にすぎず，プラントの 64.1% にものぼる大きな部分が一時的適用除外をうけている．この一時的適用除外をうけているプラントの将来見通しが大きな問題であるが，MLC の判断では，95 年末に EU 認可をえられそうなのは 21.8% にすぎな

表 8-7 イギリスにおける EC 認可の現状と将来の見通し (1992 年)

	と畜場数		処理頭数シェア			
	実数	シェア	牛	羊	豚	家畜単位
1992/93 に閉鎖	95	14.7	5	5	6	5
EC 認可	83	12.8	58	55	56	56
一時的適用除外	415	64.1	38	40	38	39
（閉鎖の見通し）	158	24.4	12	10	9	10
（EC 認可獲得の見通し）	141	21.8	23	29	27	27
（将来の見通し不明）	116	17.9	3	1	2	2
永久的適用除外	54	8.3	除	除	除	除
合　計	647	100.0	100	100	100	100

出所:MLC, The Abattoir Industry in Great Britain, 1994 edition.

い．

　したがって，95年以降に営業を続けていけそうなのは，永久的適用除外をふくめて42.9％にすぎない．92-93年にすでに閉鎖されたのが14.7％であり，今後閉鎖されそうなのが24.4％から最大限57％にのぼりそうな見通しになる．営業をつづけていける見通しのあると畜場は，牛のと畜シェア（永久的適用除外のと畜場をのぞく）では，81％をカバーする．見通し通りに構造変化が進めば，約2割のシェアを営業を継続すると畜場で再配分することになり，全体としてかなり大きなシェアの変化が生じるものと考えられる．

3. と畜企業の事業の総合化

　強力なバイイングパワーをもつスーパーマーケットへの対応から，と畜企業において解体までの行程を一貫して行い，部分肉をスーパーマーケットへ直接供給することが増えている．すなわちと畜，解体，卸の3機能の総合化である．また，ハム，ソーセージなどの製品加工分野への進出もみられる．3機能の総合化が最も進んでいるのがイギリスであり，部分肉にとどまらず小売カット肉（retail cut meats）を供給することが主流になっている．

　以下では，聴き取りをした企業の事例に則して，機能の総合化と取引および価格形成について整理しておきたい．

　先の第1項でみた，中規模と畜企業グループのひとつであるシムズ・フード傘下（Sims Food Group）の2つのと畜企業のケースをみよう．

(1) ケンビンインターナショナル

　ケンビンインターナショナル（Canvin International）はブッチャー（butcher）から転身した家族経営の企業である．1967年にブッチャーズショップ7つを統合して設立され，設立当時は1つのと畜場と7つのブッチャー工場，7つの小売店をもっていた．1975年に設備を改築してと畜企業（abattoir）に転換した．現在はミルトン・ケインズとヨークシャーにと畜プラントをもち，と畜処理能力は牛875頭/週，羊2,000頭/週であり，357人

第8章　と畜産業の構造再編とパッカーの形成（EU）　　　　281

の従業員を雇用している．

　販売先は，卸売会社50％，スーパーマーケット40〜50％の比率であり，輸出も多い．

　スーパーマーケットは，20年近く前から契約を続けいているセイフウエイ（Safe-way）への一元販売である．スーパーマーケットにブッチャーをおかなくなり，1990年に販売形態がブロック肉から小売カット肉に切り替わった．現在は，12部位のプライマルカット（primal cut）から脱骨した後，小売カットを行い，小売カット肉，ミンチ肉，ハンバーガー用肉の形態で販売される．ただしロース肉のみは店頭でカットされる．これらが段ボール箱詰めまたは通い容器（プラスチックコンテナ）で発送される．

　現在の戦略は，牛肉の品質の向上におかれている．MLC の開発した H-bone hanging（尻の骨にフックをかける新しい枝肉の懸垂方法で筋肉への負荷が少ないとされる）と熟成期間の確保とともに，テストキッチンをスーパーマーケットとともに行い，味，やわらかさ，シェルフライフ，シールの記載ミス，パッケージガスなどのチェックを行うことに力を入れている．

（2）ランドールパーカー

　ランドールパーカー（Randall Parker）は，加工やケイタリング向けの卸売会社を営んでいたランドールと，と畜・加工プラントを所有していたパーカーにもう1人を加えた3人の共同出資で設立された．そのきっかけは，ランドールの牛肉部門進出の意向と EC 認可を受けていなかったパーカーのと畜場の閉鎖にあり，新会社を設立して新たにと畜場を整備し，1993年に営業を開始した．豚，牛，羊のと畜・解体ラインをもっていたが，93年秋に小売カットエリアとパッキングルームを拡張し，94年春には豚ラインを廃止して羊ラインを拡張している．

　現在の年間と畜実績は，牛4万頭，羊30万頭であり，従業員295人（うち45人は事務係やバイヤーである）を雇用している．

　作業場の配置は，家畜繋留場，と畜エリア，解体エリア，カーカスチルドルーム，ボーニングルーム，部位別パレット仕訳室，トラック搬入口，冷蔵

庫（可動式ラックに 1000 のパレットを積載），小売カットエリア，小売パッキングルーム，トラック搬入口の順であり，ダーティエリアとクリーンエリアの仕訳，両エリアが交錯しないように，作業の流れにそった作業室配置がなされ，衛生と効率の確保がなされている．

販売先は，スーパーマーケットが 65%，卸売業者 25%，輸出 10%，専門小売業者に販売する加工業者に若干という比率である．スーパーマーケットは，セインズベリー，サマーフィールド（Somerfield），アスダ（ASDA），冷凍食品スーパーのアイスランド（Ice Land）などである．

商品形態は，プライマルカットが重要な位置にあるものの，スーパーマーケットの要求により小売カットが増加し，カーカスの販売量は減少している．また，ミンチ，ハンバーガー用肉の販売も多い．小売カットは，ガスを充填した CAP かまたはオーバーラップパッケージによりパッケイジングされ，さらに，スーパーマーケットのブランドマーク，値段，重量，シェルフライフなどを表示したシールを貼付したうえ，段ボール箱詰めかコンテナ容器に入れて出荷される．

しかし，小売カットの比率については，全くさせないところから，100% 要求するところまで，スーパーマーケットによって要求はさまざまである．カットの仕様，シェルフライフの表示もスーパーマーケットによって異なり，パッケイジング，容器を含めすべてスーパーマーケットの側が指定してくる．このように製品，荷姿仕様がスーパーマーケット毎に異なり，パッカーの側がそれを受け入れなければならない状態には，スーパーマーケットの側のバイイングパワーの強さがあらわれているといえる．

第 6 節　企業グループ化の進むフランスと畜産業

1. 民間と畜企業のグループ化の進展

フランスでは現在でも公共と畜場のシェアが大きく，過半を占めていることを先にのべた．公共と畜場のシェアの変化を示したのが図 8-4 である．

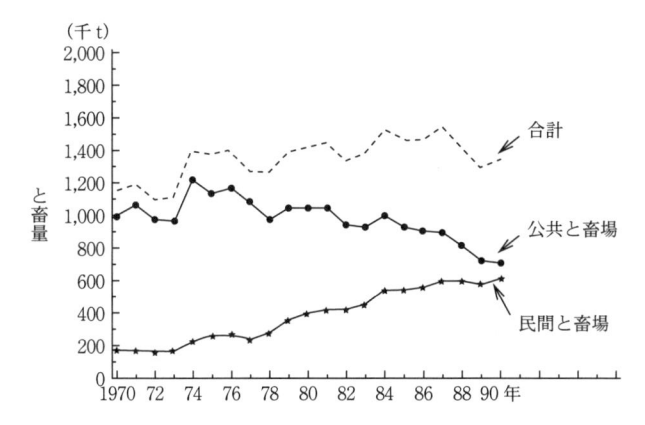

第8章 と畜産業の構造再編とパッカーの形成（EU） 283

出所：OFIVAL, *Abattages et abattoirs d'animaux de boucheire en 1990* より転載.

図 8-4 フランスにおける公共・民間と畜場別にみた牛と畜量の推移

　フランスでは民間の領域における企業グループ化はイギリスよりはるかに顕著であり，牛肉と畜では上位3社が30%のシェアをもつ．なかでも協同組合系が上位グループに位置し，牛肉については上位2企業が協同組合系である．

　協同組合のと畜への進出は1960年代初めにはじまる．当時の生産者共同販売の促進政策が背景になっている[9]．この事情は，同じく協同組合系企業のシェアの高いドイツでも同じである．フランスにおける協同組合企業の市場シェアを表8-8に示した．

　民間と畜企業の第1位はSCOPAであり，牛肉と畜で12%のシェアをもつ[10]．食肉を主たる事業とし，販売圏はフランス全土および，フランスの農業・食品協同組合グループ全体のなかでも第2位の位置にある．10の輸出会社を系列にもち（肉牛と畜専門3，豚と畜専門1，複数畜種と畜，それらはフランス中央部から北西，北東地域に立地する．

　第2位のARCADIEは，牛肉と畜シェア10%である．やはり食肉を主たる事業とし，シャンパーニュ，南東フランスを販売圏としており，農業・食品協同組合グループ全体のなかで第5位に位置する．系列に7つの輸出会社

表 8-8　フランスにおける協同組合企業の市場シェア

品　目	シェア	品　目	シェア
牛乳・乳製品		羊集荷	50
集　荷	49	羊と畜・販売	30
飲用乳	61	牛肉輸出	32
バター	54	果実・野菜（一部）	
ミルクパウダー	53	生鮮果実	30
チーズ	33	生鮮野菜	20
ヨーグルト	29	じゃがいも	25
輸　出	32	果実罐詰	60
家畜・食肉		冷凍果実	60
若　牛	65	冷凍野菜	40
肉牛集荷	25	果実輸出	55
肉牛と畜・販売	36	家　禽	
豚集荷	78	卵	40
豚と畜・販売	35	食　鳥	35

注：牛肉には子牛は除く．
出所：CFCA, *French Agricultural Cooperatives : An Economic and S, ocial Force* 1994.

をもち（家畜取引1，複数家畜と畜6），フランス南部，北東の諸県に立地している．

第3位のBITALは，牛肉と畜シェア8%である．私企業であり，伝統のある業者であるが，最近，多国籍企業に買収されたという．

2.　と畜プラントの規模とフレッシュミート指令改正への対応可能性

と畜プラントの規模別状況は表8-9のように示される．また，1980年からの総家畜のと畜規模別分布の変化を図8-5に示した．と畜量6万トン以上のと畜場が80年代後半から急速にと畜量シェアを増し，逆に5千トン以下のと畜場がシェアを減らしている．1992年にはと畜場のわずか2.2%を占めるにすぎない6万トン以上のと畜場がと畜量の25.6%を集中し，と畜場の66.8%を占める5千トン以下のと畜場のと畜シェアは14.4%に減少している．しかし，畜種別にみると牛では4万トン以上のと畜場のと畜シェアが10.5%にとどまる．またこの規模のと畜場はすべて民間と畜場である．

と畜プラントの認可状況については，OFIVAL（1990）が統計を公表し

第 8 章　と畜産業の構造再編とパッカーの形成（EU）

表 8-9　フランスにおけると畜場種類別にみた規模別シェア（1992/93）

枝肉重量規模区分	牛と畜場数シェア			牛と畜量シェア		
	全体	公共と畜場	産業的と畜場	全体	公共と畜場	産業的と畜場
250 以下	23.6	22.3	1.3	0.6	0.6	0.0
250～500	10.3	8.2	2.1	0.9	0.7	0.2
500～1,000	13.0	11.4	1.6	2.3	2.0	0.3
1,000～5,000	30.0	21.5	8.5	17.1	12.6	4.5
5,000～10,000	10.6	7.4	3.2	18.5	13.0	5.6
10,000～20,000	7.4	3.4	4.0	24.9	11.6	13.3
20,000～40,000	4.2	1.9	2.4	25.1	10.8	14.3
40,000 以上	0.8	0.0	0.8	10.5	0.0	10.5
合　計	100.0	76.1	23.9	100.0	51.3	48.7
総　数	377	287	90	1,556.7	798.1	785.6

注：重量単位は，枝肉重量は t，総重量は 1,000 t.
出所：ministère de l'agriculture et de la pêche, *Activité des abattoirs d'animaux de boucherie en 1929*.

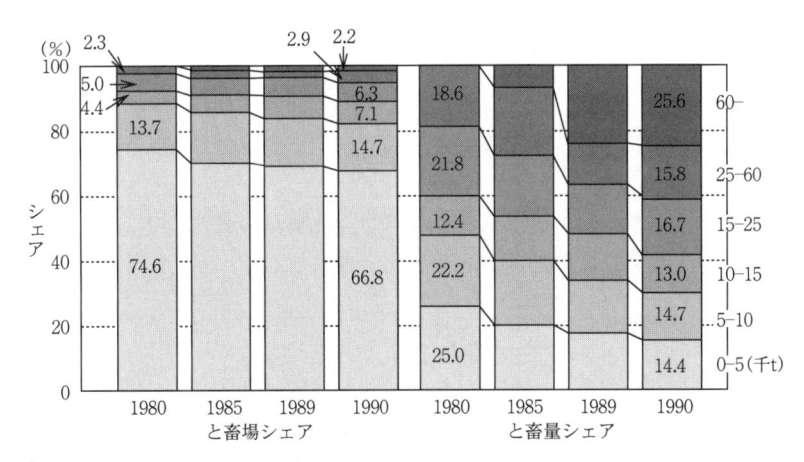

図 8-5　フランスにおけると畜場規模別シェアの変化

出所：OFIVAL, *Abattages et abattoirs d'animaux de boucheries en 1990*.

ている．表 8-10 に示したように，1990 年現在すでに牛のと畜場総数 430 のうち 51.6％ が EC 認可を受けており，これはと畜量の 91.3％ のシェアになる．もし，認可を受けていないと畜場がそのまま閉鎖されたとしてみても，数のうえではやはり構造変化はダイナミックなものとなるが，と畜量からみ

表 8-10　フランスにおける EC 認可と畜場の比率（1990 年）

	総家畜		牛	
	と畜場数	と畜量	と畜場数	と畜量
公共と畜場　　　　　　（％）	73.5	41.3	80.1	53.9
EC 認可と畜場	44.9	84.9	45.8	85.2
認可されていないと畜場	55.1	15.1	54.2	14.8
民間と畜場	26.5	58.7	19.3	46.1
EC 認可と畜場	80.0	97.9	75.9	98.5
認可されていないと畜場	20.0	2.1	24.1	1.5
EC 認可と畜場合計　　（％）	53.8	93.8	51.6	91.3
総数/（単位：箇所，トン）	491	3,471,700	430	1,422,241

出所：OFIVAL, *Abattages et abattoirs d'animaux de boucherie en 1990*.

ると 90 年現在の 9 割は動かないので，と畜量シェアのうえでは変化の度合は小さいといえるのではないだろうか．

　フランスでも伝統的な食肉専門店や卸売業者が残っているが，ドイツとは状況が異なり，全体としてプラントの認可が進んだ背景には，食肉専門店や卸売業者が利用する公共と畜場の大型化と施設設備の近代化を早い時期に進められたことにあると考えられる．認可比率は民間と畜場の方が高いものの（表 8-10），認可と畜場全体からみると公共と畜場の比率が高い．264 の認可と畜場のうち 61.4％ にあたる 162 が公共と畜場である．

第 7 節　企業グループ化の進むドイツと畜産業

1.　と畜プラントの 2 重構造

　ドイツではと畜場の 2 重構造は依然として存在している．食肉専門店は 1994 年に 22,960 を数えるが，そのうち自らと畜を行っているところを，FAL（連邦農業研究所）では 2,000～3,000 とみており，ドイツ食肉職人連盟では 7,000 とみている．見解が分かれているが，いずれにしても膨大な数にのぼることは確かである．これらに対して，連邦政府が掌握しているのは，従業員 20 人以上のと畜場であり，1993 年には 590 カ所（うち 113 が旧東

独）を数える．その内訳は，と畜場が221（旧東独58），食肉店が483（同55）となっている．ただし地方自治体のと畜場は除かれている．

2. 協同組合系企業グループのシェアの拡大

ドイツでは，全体として零細と畜場が多いにもかかわらず，企業グループによるシェアの集中がすすんでいる．そのうち上位3社がライファイゼン農業協同組合系企業であり，3社でおよそ40-45％のシェアをもつとみられている[11]．集荷，販売ともに地域規制はないが，現在のところ旧西ドイツ地域をおよそ北，西，南にわけて活動している．また，私企業でも東ヨーロッパや中近東など第三国への進出に力をいれている大手企業がある．

協同組合系企業は，第1位がCGノルドフライシュグループ（協同組合中央会・北食肉グループ：NFZ），第2位がズートフライシュグループ（南食肉グループ），第3位がベストフライシュ（西食肉有限会社）である．そのうち，ノルドフライシュグループではと畜プラントを13，ズートフライシュでは9つもつ[12]．それぞれ，近年，旧東独地域にもプラントの立地を進めている．また，それぞれ傘下に多数の系列企業をかかえ，家畜取引から，と畜解体，食肉加工，食肉・食肉製品輸出，輸入などの一連の事業を統合して，年間30億DM近くの売り上げをもっている．ドイツ南部に位置するズートフライシュグループは，イタリア，フランス，ギリシア，オーストリアなどへの輸出に力を入れている．この両社については詳しくは次節でとりあげる．

私企業では，かつてはモクセル（A. Moksel AG）が上位にあった（1991年の売上高ではNFZを抜いて第1位）が，旧ソ連邦や東ヨーロッパとの取引が多く，これら東側諸国の崩壊にともなって営業成績が悪化したといわれる．1995年現在の私企業第1位はアナス（ANNUS）[13]である．同族の合資会社であり，1960年に北ドイツのニーブルで設立された．買収や新工場の設立により，北ドイツを中心に6カ所のと畜プラントをもつ（処理能力は豚11,500，牛6,700頭/週）．同社の場合は，農家から直接集荷するものの，ス

ポット取引であり契約方式ではない．第3国への進出に力をいれており，南アメリカ，南アフリカからの輸入と，中近東やロシアなどへの輸出を行っている．最近，中国で牛・豚の農場ととちく処理の合弁会社を設立し，旧東ドイツにも合弁会社を設立している．しかし，同社も1996年春の狂牛病騒動以来の消費低迷のもとで営業成績が悪化し，近年の旧東ドイツなどへの設備投資資金が回収できず同年秋に倒産したと聞く．

3. 国内法制化の遅れるフレッシュミート指令への対応

ドイツでは現実的には，第4節3項でみたように，認可プラントのとちくシェアは9割に達しており，食肉供給において認可プラントが主要な位置を占めていることにはまちがいない．それは，つぎの節でみる大規模な協同組合系企業や私企業の活動に支えられている．

しかしその一方で，フレッシュミート改正指令への対応に対しては国内の業界勢力の見解が分かれ，とちくプラントの衛生基準統一の国内法制化が難しいのも事実である．

EU理事会指令は，加盟国の国内法や政令として法制化された後に，各国内での実施の過程にはいるが，1996年11月末にはまだドイツでは連邦レベルでとちくプラントの衛生基準統一の法制化がなされていない．調査を通じてえた状況を総合すると，この背景にはいくつかの要因があると考えられるが，その最大のものに中小零細とちく場を利用している食肉専門店勢力の反対の動きがあると推測される．このような動きもまた，先にみたEUレベルでのフレッシュミート指令実施時期のあいつぐ延長に影響を与えているものとみられる．

最も大きな反対勢力は，食肉専門店を中心とする食肉同業者組合を代表するドイツ食肉職人連盟 (Deutscher Fleischer Verband) であろう．ドイツでは食肉の小売シェアで食肉専門店がおよそ25%を占めており，市場に占めるシェア，店舗数，従業員数[14]などからみて，ギルドの歴史の上にたち現実的にも強い勢力をもっている．約23,000の食肉店のうち数千店が自らと

畜を行っている．その規模はごく小さく，それらの多くがEUの衛生基準統一の永久的適用除外の対象になったのであろうが，除外基準を上回るところも少なくないようである．

連盟では，ヨーロッパの発展の経緯からみるとハーモナイゼイションの方向をとめることはできないとしながらも，衛生基準の統一は構造政策を進めることを目的としていると批判的にみる．工業的大量生産を進め，食肉専門店の存在を忘れているし，ロジスティクス上は分散が保たれている方が効率的であるとの主張をもっている．そしてドイツではすでに食品法によって販売製品の衛生管理措置がなされ，と畜場の獣医検査も厳しいことをあげ，EUの衛生基準統一には全く意味を認めない姿勢をとっている．しかしと畜場の衛生状態については問題が多いとする見解が他方にある．にもかかわらず連盟のこの強気の主張には，食肉専門店の利用する小さなと畜場が，地元の家畜しかと畜していないため狂牛病騒ぎに際して疑惑からのがれることができ，基盤がゆらがなかったことも作用していると考えられる．

こうした連盟の動きに対して，協同組合系大手と畜企業3社をかかえるライファイゼン協同組合では，フレッシュミート指令の実行を会社に対して勧めている．そのため基準を守らない小さいと畜場が営業を続けられる状況は困るので，法制化されるように働きかけているという．

食肉産地のバイエルン州では，1992年には表8-11に示したように，年間と畜量1,000トン以上のと畜場が75あり，総と畜量の79.6％を占めている．残りの20％弱を占めるのは，相当数に上る小規模と畜場であろうがその数は公表されていない．20％のうち，16％が小企業と畜であり，4％が自家と畜であると説明されている．より規模の大きいと畜量2万トン以上のと畜場のと畜シェアは50.4％となっている．なおドイツ全土では，大規模なと畜プラントの多くは連邦の北部に立地し，小規模と畜の多くは南部や中部に立地しているといわれる[15]．

バイエルン州の75の年間と畜量1,000トン以上のと畜場うち40が認可を受けている．州食料農業森林省の衛生基準統一への対応は，未認可の地方自

表 8-11　バイエルン州におけると畜場の規模構造

と畜規模 (t)	と畜場数	1 と畜場当たり 平均と畜規模 (t)	総と畜量に 占めるシェア (%)
1,000 以上	19	607	1.1
1,000～5,000	17	2,468	3.9
5,000～10,000	12	6,954	7.8
10,000～20,000	12	14,773	16.5
20,000～40,000	9	29,801	25.0
40,000 以上	6	45,515	25.4
総　　量	75	11,407	79.6

出所：*Ein Beitrag zur Ausrichtung der Schlachthofstruktur in Bayern auf gemeinsamen Binnemarkt*. バイエルン州食料農業森林省.

治体と畜場は民営化し，それができない場合は早期に閉鎖する方向で考えられている．しかし，州内で2大と畜企業（ズートフライシュとモクセル）の集中度が上昇しており，これに対する牽制として州省は，動物の移動が少なくて済むよう，地域的な家族企業が経営するような中規模のと畜場をつくるという見解をもっている．

　ドイツにおいては，と畜場の衛生基準の統一を優先課題から遠ざけるような，他にも対応を迫られる問題があったことも見落とせない．そのひとつは，食肉加工品への原料混入問題である．ソーセージ・ハムの消費の多いドイツでは，純粋法の下で食肉加工品への原料混入が制限されてきたが，EUの発足にともない国外企業からのドイツへの製品輸出にはこの規制がかからないこと，そのためドイツ企業が国外に工場を造り逆輸入をする例も生じ，法制の統一化が要請されている．第2は，東西ドイツ統一問題であり，旧東ドイツの肉牛の生産構造の改革（経営構造の転換，品種転換），と畜場の近代化とそのための投資が，国政レベルの大きな問題となっている．第3には，フレッシュミートにおいては，ドイツの消費者の狂牛病への極度の過敏さから，と畜場の衛生問題の改善より家畜の原産地証明の方に対応の重点がおかれたことがあげられる．

4. と畜企業の事業総合化：2大協同組合系企業グループ[16]

　先にのべたように，と畜企業の事業の総合化の典型をイギリスとすれば，そのような流れのなかにあってもドイツは対極にある．フランスではパリ市内の傾向とされるが，ドイツでは全土で，スーパーマーケットにおいても牛・豚肉は店頭で切り分けて売るカウンター販売の比率が高い．したがって，と畜企業からスーパーマーケットへ販売される食肉もクオター（4分の1体）の比率が高いのである．

　以下では，聴き取りをした企業の事例に則して，機能の総合化と取引および価格形成について整理しておきたい．

(1) CGノルドフライシュグループ

　CGノルドフライシュグループの本社，CGNFAG（Zentrale Gemeinschaft Nordfleisch AG Holding：協同組合中央会・北ドイツ食肉株式会社）は持ち株会社であり，1990年にシュレスビッヒ・ホルシュタインZ.G.とノルドフライシュ社が合併して発足したものである．この合併によりEU最大企業となった．新たにカットミートや加工食品製造に参入し，直接に製品市場進出をねらう戦略をとるとともに，家畜売買，と畜解体，加工，輸出にわたる企業グループを形成することによって，EU域内の競争を視野に入れた活動体制を敷いている．

　資本金は3,950万DMで，ニーダーザクセン州とシュレスビッヒ・ホルシュタイン州の生産者団体と生産農家が最大株主であり，あわせて8割強の株式を所有している．そのうち，ニーダザクセン州は生産農家の家畜共同出荷組織（EG：Erzeugergemeinschaft）[17]である家畜加工生産者ゲマインシャフトが41%を所有する．シュレスビッヒ・ホルシュタイン州はライファイゼン系の協同組合中央会が26%，生産農家の直接株主が17%を所有している．その他は協同組合系の銀行3行である．

　総売上はおよそ30億DMであり1993年から95年にかけてやや減少している．輸出額が4億DMにのぼる．

　企業グループは表8-12のように51社で構成され，うち38社が統合企業

表 8-12　CG ノルドフライシュとズートフライシュの企業グループ・事業概要

	CG ノルドフライシュグループ	ズートフライシュグループ
設　立 資本金 株　主	1990 年合併（本社は株式会社） 3,950 万 DM ニーダーザクセン州家畜加工協同 　組合　　　　　　　　　　　41% シュレスビッヒ・ホルシュタイン 　州協同組合団体　　　　　　26% 同州生産農家　　　　　　　　17% フォルクス銀行，ライファイゼン 　銀行　　　　　　　　　　　11% ドイツ協同組合銀行　　　　　　5%	1989 年合併（有限会社） 473.5 万 DM 家畜販売協同組合（VVG）　73.96% バイエルン・ライファイゼン共 　同経営株式会社　　　　　12.33% 家畜利用中央会　　　　　　5.29% 家畜生産者協同組合・飼育連合 4.27% バイエルン農民連盟　　　　2.90% 南ドイツ食肉取引有限会社フラ 　イシュラント　　　　　　1.25%
総売上 輸出額 従業員数	29.6 億 DM/95 年（32.4 億/93 年） 4 億 DM/95 年（4.1 億/93 年） 2,855 人/95 年（3,346 人/93 年）	31.69 億 DM/93 年（34.9 億/92 年） 7.4 億 DM/93 年 4,361 人/93 年（ズートフライシュ 2,207 人/93 年）
総と畜量 　牛と畜 　豚と畜 と畜プラント数 立地	（製品総販売量 68.3 万 t/93 年） 24.6 万頭/95 年，34.3 万頭/93 年 501 万頭/95 年，513 万頭/93 年 　　　　　　13 シュレスビッヒ・ホルシュタイン州， ニーダーザクセン州中心（詳細は別 図）	73.8 万 t/93 年，72.1 万 t/92 年 63.4 万頭/93 年，69.9 万頭/92 年 214.6 万頭/93 年，188.0 万頭/92 年 　　　　　　9 バイエルン州 近年，ザクセン・アンハルト州，チュ ーリンゲン州に進出
集荷形態 販売商品形態	シュレスビッヒ・ホルシュタイン州： 農家直接販売 ニーダーザクセン州：家畜加工協同組 合経由 1/2, 1/4 枝肉　　　　　　　33.8% 部分肉　　　　　　　　　　44.2% 副生物　　　　　　　　　　14.7% ソーセージ・ハンバーガー等　7.4%	販売協同組合（VVG）経由 解体品比率　豚　70% 　　　　　　牛　30%
企業グループ	統合企業　100%出資　　　　22 社 　　　　　50%以上出資　　15 社 　　　　　50%以下出資　　 1 社 非統合会社（出資）　　　　　2 社 統合提携（50%出資）　　　　6 社 その他非統合（出資）　　　　5 社	充分な統合 　ズートフライシュ子会社　　18 社 　組合に関連する子会社　　　 5 社 同等の統合・提携 　ズートフライシュ子会社　　 4 社 　組合に関連する子会社　　 46 社
企業グループの 事業領域	家畜売買 と畜解体・食肉市場開発 調理済み食品（ハム・ソーセージ含む） 製造 副生物処理部門 食肉輸入部門（資本参加） 情報処理部門	家畜取引 羊処理 食肉製品製造 食肉・食肉製品輸入 食肉輸出 家畜・家畜精液輸出

出所：CG Nordfleisch Aktiengesllschaft Geschäftsbericht 1995, Südfleisch GmbH Geschäfts-
bericht 1993，および両者への聴き取りにもとづき作成．

第8章　と畜産業の構造再編とパッカーの形成（EU）

である．主な事業領域とその中心会社は，家畜売買（NFZ Zucht-und Nutzvieh GmbH），と畜解体・食肉市場開発（NFZ Norddeutsche Fleischzentrale GmbH, Premium-Fleisch AG），ハム・ソーセージをふくむ調理済み食品製造（NFZ "Quisit" GmbH），副生物処理（NFZ Pronat GmbH），食肉輸入（Beteiligungsgesellscahaft Bonn Fleisch mbH），情報処理（M.I.S‐Data GmbH），その他からなる．

基幹のと畜解体部門の中心となっているのが NFZ 社（北ドイツ中央食肉

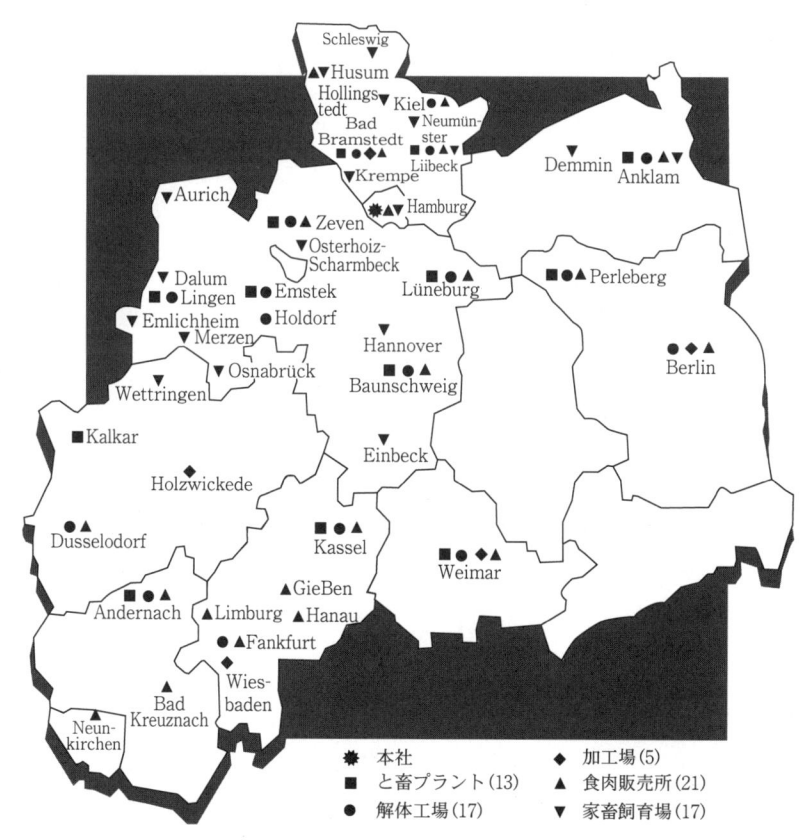

出所：*CG Nordfleisch Aktiengesellschaft Geschäftsbericht 1995* より転載．
図8-6　CG ノルドフライシュグループのプラント・事業所の配置

有限会社）である．グループ全体で1995年に牛と畜24.6万頭，豚と畜501万頭を処理しているが，やや減少傾向にある．保有すると畜プラントは13, 解体工場は17にのぼる．と畜プラントと解体工場はほぼ併設され，図8-6に示したように，シュレスビッヒ・ホルシュタイン州とニーダーザクセン州を中心に立地しているが，他の北ドイツ3州，さらに近年は旧東独3州にも進出している．

NFZ社の仕入れは州によって異なる．生産農家が直接株主になっているシュレスビッヒ・ホルシュタイン州では生産農家が直接にNFZ社へ販売する．ニーダーザクセン州では，生産農家から家畜加工生産者ゲマインシャフトを介してNFZ社へ販売する2段階システムをとっている．だたし前者の場合，NFZ社と契約を結んだVM（Vertrauensmänner System）という仲買人が仲介することになっている．VMの手数料はNFZ社が負担する．

購入価格は，購入者と販売者が参加する購入会議で決定される仕組みになっている．

グループの食肉販売総量は68万3,000トンにのぼる．販売先は，テンゲルマン，レベなどのスーパーマーケットと国内外の加工場である．販売商品形態は，部分肉が44.2%と多いが，枝肉（1/2, 1/4）が33.8%を占めており，先にみたイギリスのパッカーより枝肉比率が高い．他に副生物が1.7%, ソーセージ・ハンバーガー等の比率は7.4%である．部分肉の荷姿は牛の場合は，真空パックの箱詰めより，フレッシュのままコンテナで出荷されることが多い．コンテナ出荷の背景には，ドイツでは法律により包装材の回収義務が課されていることがある（外国企業のドイツへの輸出には規制がかからない）．

現在の課題は狂牛病問題への対策が火急とされている．そのためにNFZ社では，と畜はCMAのコントロール（次章でのべる）を受けるようになり，1996年11月に検査印を取得した．あわせて，工場毎にISO 9001へ登録を申請中である．また，NFZ社の3段階の食肉等級をもうけ，規定の基準にそって生産しその日の最初にと畜した牛・豚の肉を「プレミアム」として差

別化し販売している．現在，若雄牛6万頭のうち約1万頭が該当するという．「プレミアム」の牛・豚はCMAのコントロールを受けたものでもあり，CMA検査印マークも添付される．

(2) ズートフライシュグループ

ズートフライシュ社（Südfleisch GmbH：南食肉有限会社）の前身は，19世紀末に農民組織連合によって設立された南家畜有限会社と，その子会社で枝肉流通への対応のために設立された南食肉有限会社であり，1989年に合併により現在の会社となった．ズートフライシュグループは，先にみたCGノルドフライシュグループと同様に，近年，食肉製品製造に進出するとともに，家畜取引からと畜解体，食肉加工，輸出，輸入までの事業を統合し競争力を高めようとしている．

資本金は473.5万DMであり，バイエルン州7地区の生産農家の家畜販売生産者ゲマインシャフト（EG）であるVVG（Vieh Vermarktungsgenossenschaften）[18]が合計で株式の73.96%を保有する最大の出資者である．VVGの会員農家は約4万3千戸であり，7地区のなかでもニーダー・バイエルンとオーバー・バイエルン地区の出資比率が，それぞれ24.11%，13.71%と高い．ついで，バイエルンライファイゼン共同経営株式会社（Bayerische Raiffeisen‐Beteiligungs AG）12.3%，家畜利用中央会（Viehverwertungszentralen）5.29%，家畜生産者ゲマインシャフト・飼育連合（Nutzvieh EG's und Zuchtverbände）4地区4.27%，バイエルン農民連盟（Bayerischer Bauernverband）2.9%，南ドイツ食肉取引有限会社フライシュラント（Süddeutsche Fleischhandelsgesellschaft Freischland mbH）1.25%の構成になっている．

グループ企業は，統合会社が23社（うち18社がズートフライシュの子会社，残りがVVGに関連する会社）であり，同等の統合・提携関係にある会社が50社（ズートフライシュの子会社4社，VVG関連会社46社）におよぶ．グループの活動領域（カッコ内は中心会社）は，家畜取引（Atlas Handelsgesellschaft mbH），羊処理（Bayern‐Lamm GmbH），高品質食肉製

造 (Südtiroler Fleischweke GmbH, Südost-Fleisch GmbH), 食肉製品製造 (Lutz Fleischwaren AG, L+O Fleischwaren GmbH & Co.), 食肉・食肉製品輸入 (Hollandia Fleischwarenimport GmbH, SOT Süd Ost Trading GmbH), 食肉輸出 (Südfleisch-Kontor Kempten GmbH), 家畜・家畜精液輸出 (ZVK Zuchtvieh-Kontor GmbH) などに広がっている.

特に力が入れられているのは食肉加工分野であり, 100％出資のLutzは, 6つの加工場をもち (図8-7), ソーセージ, ハム, 缶詰類の製造を行っている. 1994年の生産量は4.9万トン, 総売上高4.4億DM, 従業員1,750人をかかえる. Lutzからも35％の出資を行っているL+Oは, マクドナルドの下請け業者であり, 総売上高4.1億DMをあげるようになっている.

グループ全体の総売上高は31.69億DM (1993年) であり, 前年より減少している. 南の立地を活かしてイタリア (54％), フランス (31％), ギリシ

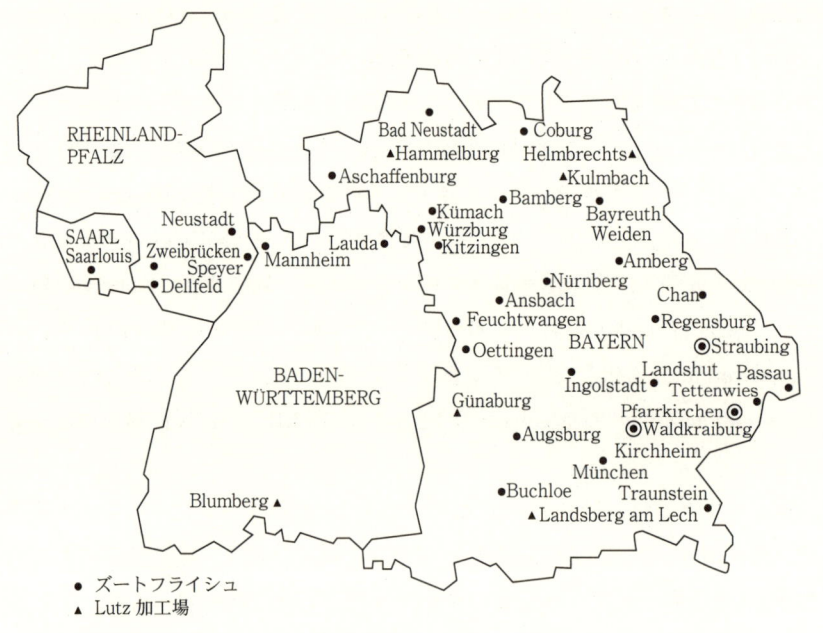

出所: *Südfleisch GmbH Geschäftsbericht 1993* より転載.

図8-7 ズートフライシュグループのプラント・事業所の配置

ア（7.3%），トルコ（2.6%）などへ輸出しており，輸出額は CG ノルドフライシュグループより多い 7.4 億 DM にのぼる．

基幹部門のと畜解体は 1993 年には総量 73.8 万トン，牛 63.4 万頭，豚 214.6 万頭にのぼっている．92 年実績と比べると総量および牛が減少し豚はやや増えている．CG ノルドフライシュグループと比較すると，ズートフライシュグループの場合は牛のと畜が事業の中心となっている．

と畜プラントは 9 つのうち 1 つを除いてバイエルン州に集中している．しかし近年，ザクセン・アンハルト州，チューリンゲン州に進出を始めている．

家畜の集荷は農家との直接取引である．と畜の 5 割が契約出荷であり，農家とズートフライシュ社が直接契約を交わす．半年契約で納入品の量と質を協定し，契約を達成した場合には農家にボーナスが支払われる．契約の集荷業務は VVG が行う仕組みになっている．

南東バイエルンを管轄する VVG オーバーバイエルン支社の場合についてみると，1 万戸の加盟農家をもち，集荷ルート別にフールキルヘン，シュトルビング，バルトフライブルグの 3 つのと畜プラントに集荷家畜を配送する．その集荷シェアは 50% である．家畜の購入価格は毎週 1 回，3 つのと畜プラントの代表と VVG の業務管理者の会議で決定される．

1993 年現在のこれら 3 つのと畜プラントの稼働率は 120% であり，構造的過剰問題に苦しむと畜産業界のなかではきわめて良好な営業状態にあるといえるが，それでも初期投資額や固定費が大きいためコストをカバーできていないという．処理頭数（頭/週）は，フールキルヘン（牛 2,300，豚 5,000），シュトルビング（牛 600，豚 5,000~6,000），バルトフライブルグ（牛 2,200，豚 3,400）にのぼる．年間総頭数にして，10 万頭の牛と 18 万頭の豚をと畜処理している．

販売先についてみると，同支社管内では，牛 350%，豚は 70% という地域自給率を背景に，食肉の 55% がイタリア，フランス，ギリシア，オーストリアなどへの輸出にまわされている．また，グループ内部の企業への販売が 20% を占め，さらに，EDEKA，Rewe，Krone，Lidl などのスーパーマ

ーケットなどへの販売が15％，食肉専門店（Metzgereien）5％，卸売業者および他のと畜解体業者5％の構成となっている．

販売商品形態は，解体品が豚で70％，牛で30％であり，CGノルドフライシュグループよりもさらにその比率が低い．しかし近年は，伝統的な小さな解体企業が減少し，小売店への直接販売が増えていることや，消費者のスーパーでの購入が増え，スーパーに専門職員がいないことから解体品が増える傾向にあるという．

販売価格は市場の需要予測と処理コストの見積もりにより積算され，プライスリストが作成される．大手スーパーマーケットとはこれにもとづいて毎週交渉されるが，小さな肉屋にはこのリストが提示される．

ズートフライシュグループの現在の戦略は，①優良牛肉販売に力を入れることにより国内シェアを高めること，②と畜場建設を進め，家畜の輸送距離を短くするとともに，肉製品の閉じた冷蔵ネットワークを確立すること，③合併・出資による会社の大型化，におかれている．ズートフライシュの優良肉には，若雄牛はオクセンゴールド，雄牛はゴールドビーフ，雌牛はフェルゼンゴールドの銘柄がもうけられているが，とくに，オクセンゴールドはCMAのコントロールを受けており，CMA検査印マークをつけて販売されている．

第8節　垂直的統合が完成したオランダの子牛肉

垂直的統合がみられない牛肉に対して，子牛肉では，酪農副産物利用産業という特質から，連鎖構造の全体がほぼ完全な垂直的統合システムによって成り立っていることが特徴である．

1. 酪農副産物の利用産業としての子牛肉セクター

子牛肉（ヴィール）は乳白色をしたやわらかい淡泊な肉であり，フランス料理やイタリア料理に好んでもちいられる．乳用種の生まれたばかりの子牛

を22-27週間ミルクだけで飼養した，ホワイトカーフとよばれる食肉用子牛が原料となる．

子牛肉セクターはまったくの酪農副産物利用産業ということができる．酪農の副産物の子牛と，乳製品製造時に副産物として生じる脱脂粉乳（ミルクパウダー，ホエイパウダー）をエサ用ミルクに利用して生産をおこなうからである．このように酪農業から排出される資源に完全に依存していることが，子牛肉セクターに2つの特質をもたらしている．

第1は，子牛肉セクターの状態が酪農業と牛乳・乳製品市場の状況，およびそれらにたいする政策動向に大きく規定されることである．あとでのべるように，乳製品市場の過剰と酪農にたいするCAPの生産制限政策が，子牛肉セクターの構造変化の直接的契機となった．第2の特質は，規模の比較的均質な酪農経営から原料子牛を調達することができ，また，飼料を耕地に依存しないため，技術的・経済的に集約的で大規模な生産を可能とした．これが子牛肉セクターの構造変化の前提条件となったと考えられる．

この2つの特質のために，畜産分野のなかで，企業の集中と垂直的統合というフードシステムの構造変化がもっとも展開している．

2. 垂直的統合の展開

子牛肉セクターの垂直的な連鎖構造は図8-8のようにあらわせる．

ミルクリプレイス企業は，乳製品製造企業から副産物である脱脂粉乳を購入し，ミネラル，脂肪などの栄養素を添加して，子牛肥育に適したミルクパウダーに調整し，子牛肥育農家に供給する．子牛と畜処理企業は，農家の肥育した子牛を集荷して，と畜解体し，部位別にカットしたうえで，真空チルドの箱詰め包装肉を製造し，国内のスーパーマーケット，食肉専門店やケイタリング業者に販売するとともに，外国に輸出する．

今日では，このミルクリプレイス企業と子牛と畜処理企業は，合併・買収によって1つの企業グループに属することが多くなっている．これらの企業と子牛肥育農家との間も委託生産契約（後述）によって固定的な結合関係に

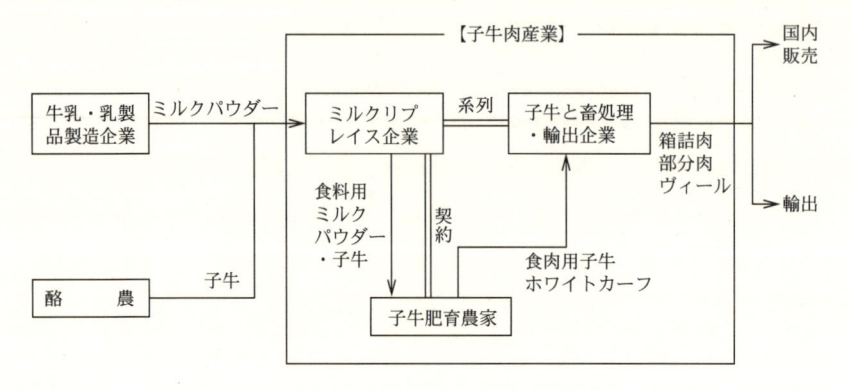

図8-8 子牛肉セクターの構造

あることが多く，コントラクトファーミングとよばれている．

このように，子牛肉製造にかかわる一連の企業や農家は所有と契約によって垂直的に結合されている．これは市場取引を介さない閉じた関係であり，1つの企業グループ内で完結した生産・供給体制がつくられているのである．子牛肉セクターではいくつかのこのような企業グループが活動し，競争関係は垂直的結合組織（企業グループ）どうしの間にある．

合併・買収によるグループ企業の集中度は著しく高くなっている．最近の大きなものは1994年のオランダのバン・ドリ社によるナーボビ・エクロ社の買収である．これによって同社のと畜シェアは，国内総と畜頭数（約70万頭）のおよそ6割をしめるようになった．

さらに，これらの企業グループの活動は国外へ拡大している．オランダ，デンマークの企業は，EU域内や東ヨーロッパ諸国の企業を買収するなどして，国外でも製造・販売をおこなう多国籍企業グループへと展開している．このような傾向は，EU市場統合によって経済的国境が低くなるにしたがって一層進むものと考えられる．

3. 垂直的統合の背景：乳製品需給と共通農業政策の転換

オランダを例にとると，1960年代にミルクリプレイス工程の機械化がな

されたといわれる．70年代中頃には酪農の生産拡大を背景として，ミルクリプレイス企業によるミルクパウダーの生産が増大し，その販売先を安定的に確保するために子牛肥育農家にたいするコントラクトファーミングがはじまった．

そののち1980年代前半までは，CAP（共通農業政策）により酪農の生産拡大がすすめられ生産過剰時代がつづいたので，増大する余剰子牛とミルクパウダーを利用するために，子牛肉セクター全体の生産規模が大きく拡大された．

しかし，増大する一方の乳製品在庫が財政を圧迫しつづけたので，酪農のCAPは転換されることとなった．1984年から酪農の生産調整政策がはじまり，子牛とミルクパウダーの供給量は減少に転じた．施設設備を拡充していた子牛肉セクターは，こんどは一転して原料不足，はげしい原料集荷競争に追い込まれることになった．

それに対応するため，ミルクリプレイス産業と子牛と畜処理産業との間で垂直的方向の企業統合が進められたのである．川上企業と川下企業の統合によって企業活動の安定化と競争力の強化をはかり，全体として原料集荷力を高めることに目的があったと考えられる．

4. 企業結合構造

子牛肉セクターのEU最大の企業が，オランダのナーボビエクロ（NAVOBI EKURO）である．同社の年間と畜能力は30万頭，国内と畜シェアは2割強である．

ナーボビエクロは，図8-9からもわかるように，ミルクリプレイス，コントラクトファーミング，と畜，皮なめしの各分野にわたる会社をもっており，子牛肉に関連する総合的な企業グループである．また，フランス，ベルギー，ドイツにも，肥育農場，コントラクトファーミング，と畜の会社をもつ多国籍企業グループである．

ナーボビはミルクリプレイス企業であり，1958年に家族経営の有限会社

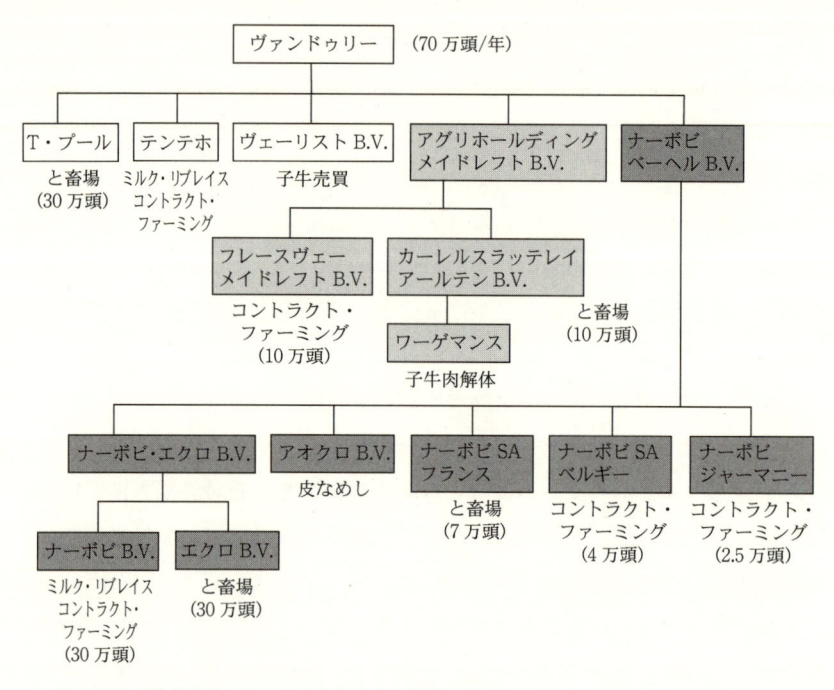

```
                    ┌─────────────┐
                    │ ヴァンドゥリー │ (70万頭/年)
                    └──────┬──────┘
   ┌────────┬─────────┬────┴────────┬──────────────┬───────────┐
┌──┴──┐ ┌──┴──┐ ┌────┴────┐ ┌──────┴──────┐ ┌────┴──────┐
│T・プール│ │テンテホ│ │ヴェーリスト │ │アグリホールディング│ │ナーボビ    │
│     │ │     │ │  B.V.   │ │メイドレフト B.V.│ │ベーヘル B.V.│
└─────┘ └─────┘ └─────────┘ └──────┬──────┘ └───────────┘
と畜場   ミルク・リプレイス  子牛売買         │
(30万頭) コントラクト・                ┌──────┴──────┐
         ファーミング                  │             │
                              ┌───────┴─────┐ ┌─────┴──────┐
                              │フレースヴェー│ │カーレルスラッテレイ│
                              │メイドレフト B.V.│ │アールテン B.V.│
                              └─────────────┘ └─────┬──────┘
                              コントラクト・    ┌──────┴──┐
                              ファーミング      │ワーゲマンス│  と畜場
                              (10万頭)         └─────────┘ (10万頭)
                                              子牛肉解体
```

(図の下段)

ナーボビ・エクロ B.V. / アオクロ B.V. (皮なめし) / ナーボビ SA フランス (と畜場 7万頭) / ナーボビ SA ベルギー (コントラクト・ファーミング 4万頭) / ナーボビ ジャーマニー (コントラクト・ファーミング 2.5万頭)

ナーボビ B.V. (ミルク・リプレイス コントラクト・ファーミング 30万頭) / エクロ B.V. (と畜場 30万頭)

注：B.V.は株式会社．なお，企業名の枠の網目の濃淡は同一グループであることを表す．
出所：同社資料と聞取り調査結果にもとづいて作成．

図 8-9 オランダ・ナーボビ・エクロ社の企業グループ

として創設され，1975年にオウクロ（皮なめし）とコントラクトファーミング部門を吸収，1982年にエクロ（子牛と畜）を買収した．これらがグループの骨格となっている．

親会社のヴァンドゥリーの傘下の他の企業グループもおなじ事業分野で活動しているものであることがわかる．同社は，ナーボビ・エクロとおなじような企業グループを他に2つ傘下においている．

ナーボビの契約農家は，オランダ国内に400戸あり，1戸当たり200-1,200頭を飼養する集約的な家族経営である．契約期間は6カ月（市況の低迷時は2年）であり，子牛とミルクが会社から支給される．農家に支払われる飼育料は労賃部分のみであり，1頭当たり6カ月分の計算で支払われる．

子牛飼育施設は農家の投資であるが，契約農家であることにより銀行から資金を借入することができる．ミルクを他から購入して子牛だけを売る独立農家もある．

またナボビは，生乳処理と乳製品製造をおこなうコベコ，CCV，カンピーナなどの協同組合系企業から，ミルクパウダーなどの原料を購入している．

エクロは子牛肉の95％を輸出している．おもな輸出先は，イタリア（41％），フランス（25％），ドイツ（17.4％）である．以上の数値は1993年実績であり，ナーボビエクロ社の資料と聴き取りにもとづく．

第9節 む す び

本章では，EU諸国の牛肉フードシステムのサプライサイド（プロダクションチェーン）の中心にあると畜産業が，EU市場統合のなかでどのような構造的な変化をこうむりつつあるかを検討した．食肉供給の流れにそって，家畜生産者，と畜業者，小売業者・業務需要者が相互に連鎖した関係をつくっているが，と畜産業はチェーンの中心に位置し，川上の家畜生産者と川下の小売業者にはさまれている．家畜生産者は規模が零細であるのに対して，小売段階では大手スーパーマーケットの集中化がすすんでおり，と畜業者に対して強いバイイングパワーを発揮している．さらに，EU市場統合にあたって，EUフレッシュミート指令がと畜場の衛生基準の統一，したがってそのための施設・設備改善を要請した．

このようななかでのと畜産業の構造問題，規模と競争構造，所有構造の変化，企業構造と行動の特徴，とりわけ企業結合の進展について，イギリス，フランス，ドイツを中心に検討した．その結果，1980年代半ば以降，集中化した大手スーパーマーケットのバイイングパワーの強まりのなかで，と畜産業はと畜規模と販売圏を拡大することによってこれに対抗してきたが，1980年代以来かかえてきた過剰能力，低マージンなどの構造的問題によって，厳しい経営状態におかれていること．そのような状態のなかで，EU内

の食肉の製造・流通のハーモナイゼーションのために出された,と畜場の衛生基準統一指令にもとづく施設・設備の改善とEU認可の要請によって,投資能力の低い小規模なと畜場の多くが閉鎖に追い込まれる状態にあること.これによって現在進みつつあると畜プラントの大規模化,企業の集中化にあらわされると畜産業の再編成がますます促進される見通しが明らかになった.

しかし,その進み方は国によって相当異なり,最も対応が進んでいるのはやはり輸出を中心とするオランダ,デンマークであり,EU指令に先だって再編成をほぼすませつつある.フランスでは認可プラントおよび規模の大きいと畜プラントのシェアが高く,企業の集中も進んでいるので再編成の目処があるが,小規模なと畜プラントの多いイギリスでは統一衛生基準をクリアできる可能性のあるところが少なく,構造再編がスムーズに進みにくいことがうかがわれる.ドイツでも認可プラントのシェアは大きくかつ企業の集中も進んでいるが,その一方でまだと畜プラントの衛生基準統一は連邦レベルで法制化されておらず,背後には中小と畜場を利用している食肉専門店勢力の強い反対の動きがある.

所有形態からみると,公共と畜場はどの国でも縮小される方向にあるが,フランス,スペインは近代化が比較的すすみ認可と畜場に占める比率も高い.民間と畜場では,ドイツ,フランスを中心に協同組合系大手企業が高いシェアを確保している.イギリスでは私企業の成長性にはやや迫力を欠く.

厳しい経営状態のなかで競争力を確保していかねばならないと畜企業の市場戦略としては,①解体・卸の統合,食肉加工品製造への進出など,事業統合と直接市場進出,②狂牛病問題への対応のための品質管理・品質保証システムの導入に特に重点がおかれている.

以上のようにEUの市場統合に直面して,牛肉流通および牛肉貿易の中核に位置すると畜産業の構造再編は容易ではなさそうである.しかも,構造再編の困難な国においてほど1996年春の狂牛病問題による打撃は大きく,大手と畜企業の倒産がみられるなど,構造再編の先行きを一層厳しいものにしている.

注

1) EC（EU）の共通施策は，EC（EU）の理事会（Council）や委員会（Commission）の規則（Regulation），指令（Directive）などによってメンバー国へ示される．規則はそのまま実施され，指令の場合は，メンバー国において，それぞれに対応する国内法や政令を制定した上で，各国での実施に移る仕組みがとられている．指令は各国法制の統一（ハーモナイゼーション）のための手法である．また，指令や規則は，改正指令・規則によって，元のものに積み重ねる形で修正を加えながら運用される．

2) 指令では，つぎの項目について規定されている．(1)と畜場認可のための条件，(2)カッティングプラント認可の条件，(3)と畜場，カッティングプラントにおけるスタッフ，建物，設備の衛生，(4)と畜前の健康状態検査，(5)と畜とカッティングの衛生，(6)と畜後の健康状態検査，(7)検印，(8)健康状態証明書，(9)保管，(10)輸送．EU（1964）による．

さらに，1992年改正後のフレッシュミート指令の衛生条件の項目は以下のように改変された．(1)認可のための一般的条件，(2)と畜場の認可のための固有の条件，(3)カッティングプラントのための固有の条件，(4)冷蔵店舗のための固有の条件，(5)施設における作業員，建物，設備の衛生，(6)と畜前健康検査，(7)と畜，カッティング，食肉取扱いの衛生，(8)と畜後健康検査，(9)カッティングされる食肉の条件，(10)カットミートと保管食肉の健康管理，(11)健康表示，(12)フレッシュミートの被覆と包装，(13)健康証明書，(14)貯蔵，(15)輸送．

3) 『畜産の情報』1995年12月トピックス欄による．

また，ドイツの連邦農業研究所（FAL：Bundesforschungsanstalt fur Landwirtschaft），バイエルン州食料農業森林省での聴き取りによれば，オランダでは政府の政策により合併・閉鎖が促進され，その基礎としてPVV（オランダミートボード：Produktschap vee en vlees）が立法権に近い権利をもってと畜場過剰問題解消プログラムを策定したが，このことがドイツでも強く意識されていることが感じられた．バイエルンではと畜業者大手2社がオランダ型プログラムの導入の要望をしたが，省はそれに反対し，それぞれのと畜業者が自主的に自らの進退を考えるべきだという見解をとっている．

4) Ministère de L'agriculture et de la Pêche (1992), OFIVAL (1990) による．

5) バイエルン州食料農業森林省文書 ELF (1995) による．

6) この項の基礎データは，イギリスはMLC (1990)，フランスはOFIVAL (1990)，および農水省の Ministère de L'agriculture et de la Pêche (1992)，ドイツはZMP (1995)，バイエルン州食料農業森林省のELF (1995) による．

7) イギリスの家畜単位（CU）は，1CUは牛1頭，または子牛3頭，または羊5頭，または豚2頭であり，EUの家畜単位の基準（1CU＝牛1頭，または豚

3頭，または羊7頭）とは異なる．総家畜頭数をEUの家畜単位で計算しなおし，表8-6注に示した牛のカーカスウェイト単純平均（285.1 kg）をもちいて総と畜量を算出した．

8) Wareham et. al (1994) にもとづく．パブリックカンパニーはすべて有限責任の会社であり，'public limited company' もしくは 'plc' を名乗る．最低資本額 50,000£ を必要とし，事業，会計業務などに厳しい要件が求められる．プライベートカンパニーは，ファミリービジネスを会社としての取引の有利性をもって続けることができるようにしたり，企業グループ内の子会社として活動する際にplcに適用される厳しい要件が回避できるものとされている．このなかには，定款に記載された持ち分によって制限された（plcとしては登記されていない）会社，無限責任会社（unlimited companies），保証人会社（guarantee companies）がふくまれる．

9) OFIVALによる．経営者・技術者の配置，交渉担当者の配置を通した営業活動への援助などにかかわる運営費の一部が援助された．これは，1960年代に進められた零細な生産者の出荷の組織化を促進するECの市場構造政策を背景としたものと考えられる．

10) 以下，シェアはOFIVAL（1990）による．SOCOPA, ARCADIEの概要は，CFCA (Confédération Francaise de la Coopération Agricole) (1993)，FNCBV (Fédération Nationale de la Coopération Betail et Viande) (1994) にもとづく．なお，食品企業のランキング第1位は，牛乳を主たる事業とするSODIAAL，第3位はUNCAA（生活用品・食肉），第4位はSIGMA（穀物）となっている．

11) 食料農業森林省での聴き取りによる．

12) CG Nordfleisch (1995), Südfleisch (1993) による．

13) アナス社での聴き取りにもとづく．なお，1996年10-11月のドイツ調査の際にアナス社の倒産の報を聞いた．倒産の原因は，と畜プラントの衛生基準統一への対応のための施設設備投資，旧東独地域への進出のための投資，中国などへの海外進出投資がこの数年の間に進められたが，折悪しく狂牛病問題の発生により消費が急減し，営業成績が悪化，資金回収が困難になったためといわれている．狂牛病問題の影響の大きさを示す例である．

14) ドイツの精肉店は約23,000店，支店11,000店，従業員23万人，総売上732億DMにのぼる．ドイツ食肉職人連盟はFleischerである職人のための連盟であり，会員は16,000〜17,000人である．Fleischerはドイツの172種を数えるHandwerkのひとつであり，専門学校の卒業によって特定される．

15) たとえば，シュレスビッヒ・ホルシュタイン州，ニーダーザクセン州，ノルトライン・ヴェストファーレン州の年平均1企業当たりと畜量は1.4〜1.6万トンであるのに対して，バーデン・ベルデンベルグ州，ヘッセン州，ラインラント・ファルツ州では3,800〜4,800トンであるとのべられている．Sanchez

(1994) による．1企業当たりとあるのは，1プラント当たりを指すものと考えられるが，ここでも小規模と畜場は集計から除かれている可能性が高い．
16) CG ノルドフライシュグループについては，CG Nordfleisch (1995) および本社での聞き取りによる．ズートフライシュグループについては，Südfleisch GmbH (1993)，および，Luts *Geschaftsberict 1994*，ズートフライシュ有限会社食肉センター資料，および同食肉センター，VVG オーバーバイエルン支社での聴き取りによる．
17) 生産者ゲマインシャフト (EG) は，市場構造法にもとづいて設立される生産者の共同販売組織であり，農業協同組合の企業化により手薄になったところをうめて，生産者の市場交渉力を高めることが目的とされている．事例については四方 (1998) を参照されたい．
18) VVG は 1962 年にバイエルンの7つの行政区にそれぞれ設立された．当初は，ズートフライシュへの信託資本の供給を行っていたが，1969 年の市場構造法の制定により，EG に補助金がでるようになり，と畜用家畜の集荷や構成員に対するコンサルティングサービスを行うようになった．設立目的として，①市場の要求にあわせた農産物の質的な方向付け，②分散した供給の集中と市場での交渉におけるポジションの改善，③供給調整がかかげられている．
19) 子牛肉産業については，あわせて人見 (1999) も参照されたい．また，中嶋・斉藤 (1997) にも詳しい．

第9章　農場から食卓までの安全性・品質保証システム
　　　　―フードシステムの垂直的連携による市場戦略―

第1節　はじめに

　健康志向による牛肉の消費減退，家禽肉などの白身肉への消費の転換は，1980年代から欧米諸国においては大きな流れとなってきた．そのうえにEU諸国においては，家畜肥育過程へのホルモン使用疑惑や狂牛病など食肉の安全性に関わる問題の発生，さらには動物愛護運動の高まりによって，牛肉消費の減少と牛肉市場の混乱にははなはだしいものがあった．とりわけ，狂牛病騒ぎは牛肉消費の壊滅的な減少をもたらし，それを通して，畜産（家畜生産）のみならず，と畜産業から小売業まで，牛肉産業全体に壊滅的な打撃を与えた．
　このような食肉の安全性や衛生・健康問題への対応は，畜産（家畜生産）面だけでなく，牛肉産業の全体にわたってきわめて体系的に講じられている．対策には2種類のものがある．ひとつは，主に政府公共機関の責任においてなされる，直接的，緊急的な原因物質の排除のための防疫措置である．もうひとつは，牛肉産業が市場対応措置として行っている，消費者の不安を取り除き信頼を回復するための品質管理と品質保証のシステムづくりである．前者ももちろんであるが，後者には牛肉産業界をあげて強力に取り組まれている．
　また，そのシステムは，農場から食卓までの一貫したクオリティコントロール（品質管理）と商品のトレーサビリティ（追跡可能性）を確保しようと

するものであり，このシステムをつくるために，家畜生産段階からと畜，解体，小売段階までのサプライチェーンを構成する経済主体の垂直的な連携が築かれるようになっている．公共機関などの関係機関がそれを支援する体制もとられている．とりわけ1996年春の狂牛病騒ぎにより，品質管理水準の引き上げなど，プログラムの内容が強化されている．

このような家畜生産段階から小売までのフードシステムの多段階にわたる過程において，肉質と衛生・安全性とを総合的に，かつ一貫して管理し，品質を保証しようとして，関係機関，生産者，企業をあげての取り組みに踏み出していることは，食肉産業の社会的責任の発揮の仕方として，食肉供給システムの構造が似ている日本にとってもきわめて示唆に富むものといえる．

本章では，まず(1)プログラムの背景となった食肉スキャンダルとそれへの対応措置を取り上げる．ついで，(2)このようなプログラムが提起される背後にある食肉の品質に対する考え方，品質管理・品質保証の手法の変化や意義について整理し，(3)その後に，EU理事会のプログラムの促進策と，(4)ドイツの代表的なプログラムであるCMA (Centrale Marketing-Gesellschaft der Deutschen Agrarwirtschaft mbH，日本における呼称はドイツ農産物貿易振興会)「検査印」とバイエルン州政府の「QHB」をとりあげてその内容と動きを明らかにする．オランダ，イタリア，イギリスのプログラムについては，新山（1999）を参照されたい．

第2節 狂牛病の影響と多様なプログラムの展開

1. 連続する食肉スキャンダルと牛肉消費の減少

ヨーロッパの牛肉消費はすでに1980年代後半から減少傾向に入っている．その背景にはもともと脂肪の取りすぎによる健康問題への懸念が基礎にあるが，加えていくつかのスキャンダル（表9-1）による牛肉の安全性や食肉生産に対する疑惑の高まりが決定的な要因となった．

スキャンダルの最大のものが周知のように狂牛病問題である．狂牛病[1]は，

第9章　農場から食卓までの安全性・品質保証システム　　　　　311

表9-1　1980年代後半からの食肉スキャンダル

1986年		イギリスで狂牛病（BSE）発見
		成長ホルモン使用疑惑
1993年		豚コレラ発生（消費は増加）
1994-96年		動物愛護運動の高まり（子牛輸送，牛の飼養条件問題）
1996年		イギリス厚生大臣，狂牛病が人に感染する可能性を公表し大事件に
		EU委員会，イギリス産の生体牛，牛乳製品禁輸
		イギリス政府，400万頭の牛の殺処理決定
		大幅な消費低下
1999年	4月	EU，アメリカ産牛肉の禁輸決定（EUで発ガン性ありと禁止されている成長促進ホルモンの残留がみつかる）(4/28)
		・アメリカ，EU産品への制裁関税導入により解禁を迫る
		・EU，アメリカへの賠償金支払いを提示 (5/12)
		WTOは有害証拠が提出できなければ禁輸を解除するよう求める
		禁輸を解除すれば消費者団体からの強い反発
		貿易摩擦の拡大に対して配慮
	5月	ベルギーで鶏肉，卵から発ガン性ダイオキシンがみつかる
		・廃油を利用した鶏の餌用油脂製造工程で機械オイルが混入
		・ベルギー政府，鶏肉，卵，関連製品の販売禁止，製品廃棄処分 (5/28)
		・ドイツ，フランス，オランダ，スペインのメーカーが購入：豚，牛にも汚染拡大
		・EU委員会，汚染可能性のある各地の鶏肉，卵，関連製品の廃棄処分決定 (6/2)．各国市場調査に乗り出す．
		（6月末，千数百億円の損害を残して収拾）
	8月	EU，遺伝子組換えトウモロコシの輸入凍結 (8/20)
		・英科学誌「ネイチャー」掲載論文（周囲の昆虫に被害を与えた）
		・イギリス，大手スーパーで組換え食品の販売中止，作物事業にも影響 (8/24付け)（99年に入り市民団体，環境保護団体の反対活動が活発化）
2000年	10月	フランスで，狂牛病の疑いのある牛肉が出荷されたことが判明
	11月	フランス130万頭の出荷停止．周辺諸国が輸入禁止措置
		ドイツで，ドイツ産肉牛に狂牛病が発見される
	12月	スペインで，スペイン産肉牛に狂牛病が発見される

出所：新聞記事をもとに作成．

1986年にイギリスで発見されたが，同じ年に成長促進ホルモンの使用疑惑事件も生じた．

　イギリス政府やEU委員会による狂牛病に対する緊急の防疫措置[2]に加えて，こうした牛肉の安全性に対する消費者の信頼を回復するために，1980年代の終わり頃からEU主要国では後にのべるような，牛肉の品質管理・品質保証プログラムが開発され実施に移されていた．1996年春の狂牛病騒ぎ

の再来はこのようななかで起こったものである.

すでに1986年の狂牛病発見以来,ヨーロッパの消費者は人間への感染におびえていたが,周知のように,96年3月のイギリス下院における保健相の発言はヨーロッパを大混乱に陥れた.発言は,新しいタイプの人間のクロイツフェルト・ヤコブ病が発見され,それと狂牛病との関連の可能性が否定できないというものであったが,現在にいたっても,人間はもとより異種動物間の感染は科学的に証明されていない.

直ちにまたイギリス政府とEU理事会によって緊急の防疫措置[3]がとられたが,この発表直後からEU諸国の牛肉消費は一斉に激減した.最初の一カ月の減少がきわめて大きく,特にかねてから安全性に敏感なドイツでの減少は7割におよび,発生国のイギリス(37%)はもとより,フランス,オランダなどを大きく凌駕するものであった(表9-2).回復は遅く,半年後にいたっても3月以前の水準より10〜15%ほど下回ったままであった.このような結果,EU諸国での牛肉消費の対前年比は,表9-2のように1割以上減少した国が多い.狂牛病の影響についてはあわせて増田佳昭(1999)を参照されたい.

その後さらに回復の兆しがあったといわれるが,1998年1月に今度はドイツでイギリス産母牛から子牛への感染が発見され,再び消費減少が生じていると伝えられた.

表9-2 狂牛病による牛肉消費の減少

	3月第5週	4月第3週	96/95増減率
イギリス	△37	△36	△16.2
フランス	△40	△40	△8.5
ドイツ	△70	△55	△10.5
オランダ	△50	△10	2.0
イタリア	△50	△30	△17.7
スペイン	△30	△30	△17.7
デンマーク	△20	△10	2.5

出所:「畜産の情報」97.5,原資料は,アイルランド食肉ボード,同96.12,原資料はUSDA, World Market and Trade.

このように消費の動向は，第1に大きな量的減少としてあらわれているが，もう1つの特徴は，自国産牛肉に対する選好が強まったことである．自国産牛肉への選好とはすなわち出自の明らかな牛肉への選考と理解することができる．このような選好はとりわけ安全性に敏感なドイツで強くあらわれており，これは品質管理・品質保証プログラムにおいて，原産地証明に力点をおく傾向を生んでいる．

動物愛護運動は，1994年頃から高まりをみせ現在にいたっている．イギリスから大陸諸国への子牛の輸出時の船積みの状態や輸送時間の長さが動物虐待であるとするイギリスの動物愛護団体の訴えにはじまり，畜舎の飼養環境の劣悪さなどが，頻繁に新聞をはじめマスコミで報道される事態になった．このような風潮のなかで若者の菜食主義が増大しているといわれている．

さらにその後も，1999年春には，EUに輸入されたアメリカ産牛肉からEUでは発ガン性があるとして禁止されている成長促進ホルモンの残留がみつかり，禁輸措置がとられたが，アメリカとの間で大きな貿易摩擦となった．つづいて，ベルギーの鶏肉，卵から発ガン性ダイオキシンがみつかり，廃油を利用した飼料の製造過程で機械オイルが混入したことが原因と特定されたが，汚染は豚や牛にも拡大した．

そして，厳しい防疫措置などにより，いったん終息するかにみえた狂牛病が現在また発生をみてきている．2000年10月にフランスで狂牛病の疑いのある牛肉が出荷されたことに端を発し，11月にはこれまで発生のなかったドイツで生まれた肉牛，スペインで生まれた肉牛から相次いで発見されている．この新たな事態は，原産地証明によって，自国の牛肉を狂牛病発生国の牛肉と区別することに傾斜していた品質管理・品質保証プログラムのあり方をも見直すことになるものと予想される．

以上のように，不安をよぶ新たな情報がだされるたびに牛肉消費は大きく減少し，市場が激動するが，長期的に牛肉市場の縮小が避けられそうにない見通しである．

1996年狂牛病問題の直後には，EUはCAP改革後の93年後半以降実施

していなかった牛肉の介入買い上げを再開した．介入在庫は97年6月には48万トンに達し，ドイツ15.8万トン，フランス10万トンと，イギリスを上回る状態にある．この介入買い上げにより，肉牛の飼養頭数は96年末の対前年比0.8%減にとどまった．

むしろ，96年春の騒ぎで最も打撃をうけたのはと畜産業であろう．ドイツを例にとれば，パッカーの私企業最大手のANNUS社が同年秋に倒産し，バイエルンを中心に営業している大手Moksel社も収益が悪化している．ヨーロッパ食品企業の上位にはいりドイツ最大のパッカーである協同組合系のノルドフライシュ社も収益が悪化している様子である．

2. 安全性，衛生，動物愛護に関する規制

1980年代末からの，EUレベルの主たる食肉の安全性，衛生，動物愛護への対策を，表9-3にまとめて表示した．89年，91年の衛生と健康問題に関する指令は，第8章でとりあげたように，主としてEU市場統合に対応することを目的とするものであるが，95年に行われたフレッシュミート指令の条件の追加には，食品へのHACCPの導入を意識した衛生条件の強化や，動物愛護項目の導入などがふくまれる．

1992年の動物の出自証明の指令は，96年の狂牛病騒ぎを経て，牛肉の産地表示と統合され，97年3月の「牛の個体識別および牛肉の産地などの表示に関する規定」となった．これによって，98年以降生まれた牛は国，出生農場，牛個体のコード番号を表示した耳標を装着し，あわせて，各国の獣医局が発行するパスポートを移動の際に更新し，出自が特定できるようにしなければならなくなった．さらに牛肉には，牛の出生場所，育成期間，と畜国と施設名，登録コード番号（性別，肥育方法，飼料，と畜年月日の登録）を表示することとなった（2000年までに実施）．

他方，こうした規制措置とは別に，加盟各国での高水準の品質管理システムの構築を促進するための措置として，1992年に「良質肉と子牛の販売促進に関する規則」が定められている．これについては，品質管理・品質保証

表9-3　食肉の安全性，衛生，動物愛護に関するEUの対策

■EUの食肉の安全性，衛生，動物愛護に関する対応：規制■
* 1988. 1　　肥育促進剤として天然・人工ホルモンの禁止　　　　　　　　〈安全性対応〉
* 1989.12　　「内部市場完成のための共同体内部貿易における衛生検査に関する指令」(91年
　　　　　　 12/31までに実施)　　　　　　　　　　　　　　　　　　　〈市場統合対応〉
　　　　　　 ・共同体内部の国境検査の廃止
　　　　　　 ・原産地と到着地における検査
* 1991　　　 「輸送中の動物保護に関する指令」(91/628/EEC)　　　　　〈動物福祉対応〉
* 1991. 7　　「共同体内貿易に影響をおよぼすフレッシュミートの製造と販売における健康問
　　　　　　 題に関する指令」(64年指令の改定)(91/497/EEC)　　　　〈市場統合対応〉
　　　　　　 ・肉畜のと畜・解体プラントの衛生基準の統一
　　　　　　 ・EUの認可を受けないプラントの営業禁止
　　　　　* 95.6に条件追加
* 1992.11　　「動物の出自証明と登録に関する指令」(92/102/EEC)　　　〈安全性対応〉
　　　　　　 ・病気の根絶とコントロールのため
* 1995　　　 と畜用家畜の輸送規定(EU農相会議の決議)　　　　　　　　〈動物福祉対応〉
　　　　　　 ・動物福祉のために．輸送は8時間に制限など．
* 1997　　　 「輸送中の動物保護に関する規則」(EECNo./1255/97)　　　〈動物福祉対応〉
　　　　　　 「食品衛生に関する規則」　　　　　　　　　　　　　　　　〈衛生対応〉
　　　　　　 ・加工食品へのHACCPの導入
* 1997. 3　　「牛の個体識別および牛肉の産地などの表示に関する規定」(ECNo.820/97)
　　　　　　　　　　　　　　　　　　　　　　　　　　　　　　　〈狂牛病問題への対応〉
　　　　　　 ・牛に，国，出生農場，牛個体のコード番号を表示した耳標装着
　　　　　　 ・牛の移動に，パスポートを更新，出自が特定できるように
　　　　　　 ・牛肉に，牛の出生場所，育成期間，と畜国・施設名，登録コード番号(性別，
　　　　　　 　肥育方法，飼料，と畜年月日の登録)の表示(2000年までに実施)
* 1999. 8　　EU食品安全庁の創設を決定　〈安全性への対応，消費者保護，域外への防波堤〉
　　　　　　 ・域内の食品問題を一元的に扱う独立機関
　　　　　　 ・農業，加工，輸入品の販売までを総合的に監視できる体制づくり
　　　　　　 ・EU委員会：安全性問題を最優先の課題に(成長ホルモン使用アメリカ産牛
　　　　　　 　肉の輸入禁止，遺伝子組換え食品の製造・販売認可の凍結，ベルギー産牛肉
　　　　　　 　のダイオキシン汚染問題の調査)

■品質対策を促進する対応■
* 1992. 6　　EU「良質肉と子牛肉の販売促進に関する規則」(EEC/1318/93)
　　　　　　 ・販売促進における，生産者から消費者までプロダクションチェーンを貫く生
　　　　　　 　産コントロールの優先(補助金支出)

プログラムと直接に関わるので，第4節でとりあげる．

3．多様なプログラムの展開

　品質管理・品質保証プログラムの開発は，80年代の狂牛病発生，ホルモ

ン使用疑惑などに対する消費者の信頼の確保，消費の回復，EU統合後のと畜場の衛生基準統一への対応をめざしたものであり，1980年代末からすすんだ（表9-4）．

ドイツではCMAの提唱する「検査印」プログラムが1991年に豚と牛に導入され，96年には子牛にも導入された．オランダではPVV（オランダミートボード，現PVEオランダエッグ＆ミートボード）の提唱する「IKB」（統括連鎖コントロール）が，92年に豚に，94年に牛に導入された．子牛についてはさらにはやく，90年にSKV（高品質子牛肉保証財団）が「Controlled Quality Veal」のプログラムをもうけている．イタリアでは，CCBG（保証牛肉連合会）が「優良肉の保護と促進」プログラムを導入している．CCBGは4つの生産者団体の連合会であり，システムは各生産者団体毎につくられている．

また，ドイツではバイエルン州政府の提唱する「QHB」が著名であり，パッカーやスーパーマーケットも個別に商標プログラムをもうけている．イ

表9-4　牛肉の品質管理・品質保証プログラムの事例

統轄機関とプログラムの名称	範囲	創設年
〔ドイツ〕		
・CMA（ドイツ農産物マーケティング協会）「検査印プログラム」：「ドイツ管理飼育優良肉」	国　内	1992年
・バイエルン州政府「QHB（バイエルンの優良肉）プログラム」，他3州	地　域	1994年
・多数の企業の商標プログラム（生産者組織，と畜企業，スーパーマーケット）：CMA検査印プログラムへの加入による客観化	プライベート	
・EHI（ヨーロッパ商業研究所）プログラム：国際レベルのラベル化	国　際	1995年
〔オランダ〕		
・PVE（オランダ・ミート＆エッグ・ボード）「IKB（統括連鎖）プログラム」	国　内	1992年
〔イタリア〕		
・CCBG（保証牛肉連合会）「優良肉の保護と販売促進プログラム」	国内，地域	
・企業プログラム（フィレンツェ生協など）	プライベート	

出所：調査事例．詳しくは新山（1999）を参照のこと．

タリアではフィレンツエ生協のように生活協同組合がつくったプログラムもある．また，スーパーマーケットを会員に要するヨーロッパ商業研究所（EHI）による，全ヨーロッパの食肉企業を対象にしたプログラムもあり，国際的な認証制度をめざしている（新山，1999を参照）．

　これらのプログラムは，政府の支援は得ているが，牛肉産業の市場対応戦略として民間サイドで実施されているのが特徴である．

　参加・普及状況についてみると，ドイツでは，CMAマークの普及率は10～15％で伸びる傾向にあるという．オランダでは，豚のコントロールシェアは95年にと畜頭数の50％であり，96年末には75％に達すると予測されている．イタリアでは，生産段階のコントロールシェアは総飼養頭数の25％と推計されている．販売段階には大きなスーパーマーケットを中心に1,500店が加わっているといわれる．

第3節　品質概念と品質管理の変化

1. 消費者の要求と製品の品質概念の変化

　牛肉スキャンダルといわれる一連の社会問題は，牛肉消費減少の背景となっただけではなく，牛肉の品質に対する疑惑の高まりをとおして，牛肉の品質に関する消費者の要求を大きく変化させる原因となった．消費者の信頼を取り戻すための市場対応方策として開発されたプログラムは，こうした消費者の要求の変化をくみとって企画されたものである．

　ホーヘンハイム大学の品質政策と消費者行動に関するプロジェクト報告（Quality Policy, 1998）によれば，農産物や食品の品質には3つの領域が区別されるようになってきているといわれる．

　第1は，製品に意識を向けた品質，第2は，生産プロセスに意識を向けた品質，第3は消費者に意識を向けた品質である．第1の品質概念は，実験的な方法で測定できるものとされるので，製品に体現された自然科学的な属性に注目したときの品質把握をさすものと考えられる．工業的な標準化された

生産や現代マーケティングのなかで採用されてきた最も一般的な品質概念である．第2の品質概念は，有機農業や伝統的な生産方法，ISO 9000 シリーズ（あるは HACCP）のような品質管理システムにしたがった生産，あるいは生産物が生産される地理的な場所などに注目した品質把握をさす．伝統技術にもとづいて生産された商品や特定の地域でしか生産されない生産物は特別の品質をもつものとして古くから注目されてきたが，ここでは，それらが現代の大量生産・大量流通の流れのなかに埋没してしまった時期を経て，改めて，製品の品質標準化，グローバリゼーションへ対抗あるいは抵抗する形でその価値が再評価されてきていることをさす．たとえば EU の原産地呼称につながるような新たな動きをさしていると考えられる．また，健康被害を防ぐための微生物コントロールの新しい考え方は，製品へ意識を向けることから生産プロセスへ意識を向けることを要請し，ISO 9000 シリーズや HACCP の品質管理システムにしたがった生産が奨励されるようになった．このような動きはいずれも 90 年代に入って目にみえるようになったものである．第3の品質概念は，消費者によって期待される品質として定義され，未来の議論を支配するものとして重視されている．

　第1と第2の品質にも消費者の期待が含まれるにはちがいない．第1の品質も，製品の機能・属性の何が重視されるかには当然ながら消費者ニーズを反映する．第2の品質の登場も消費者によって促されたものだといえる．しかし，第3にいう「消費者によって期待される品質」は，品質の定義への消費者の関与がより決定的なものとしてカテゴライズされているように考えられる．生産者や製造業者が消費者の顕示的なあるいは潜在的なニーズを把握して，それをふまえた製品づくりを行うことは従来のマーケティングの手法である．第1の品質も第2の品質もそれによって導かれることができるが，この場合に品質を定義するのは供給サイドである．第3の品質概念の意味は，消費者が社会的行動や発言をとおして，自ら品質を定義するような段階をさすといえそうである．たとえば，EU においてみられる家畜飼養過程における動物愛護の要求や，日本では遺伝子組換え食品の表示要求が政府を動かし

て表示に踏み切らせたこと，その後の法令の規定を上まわるほどの関連企業による遺伝子組換え原料や食品の分別の動きをひきだしたことがその例としてあげられる．

このような第3の品質概念の登場は，定義される製品の品質要素に関してもこれまでにない新たなものをもたらしている．とりわけ，製品の属性には何ら反映しない要素まで品質に含まれるようになったことがある．後のCMA検査印においてみられるように，生産プロセスにおいてコントロールされる要素が，肉質から，衛生・健康・安全性，出自（原産地），さらには動物愛護に関する項目へと広がってきているが，動物愛護にかなった条件が生産プロセスにおいて確保されるかどうかは，できあがる食肉の製品属性には基本的に影響しない．近い将来要請されるようになるであろう環境に配慮した生産についても同じことがいえそうである．3つの品質概念の相互関係については工藤（2000）が詳しいのであわせて参照されたい．

2. 品質管理手法の変化

品質の第1領域から第2領域への移行は，品質へのアプローチを変化させている．

その第1は，品質のコントロールの方法が，製品規格や完成品の抜き取り検査から，生産のプロセスにおけるコントロールへと変化したことである．ISO 9000シリーズ[4]が提示しているように，工業製品においても，完成した製品の品質確認を行うより，製品を生み出すプロセス（製造工程や品質管理体制）の監査を行うほうが確実で効率的であると考えられるようになった．それに加えて食品に関しては，HACCP[5]が基礎認識としているように，健康に大きな被害を与える細菌性食中毒は，従来の食品衛生規準にもとづく食品衛生監視員による規制的な管理では減少せず，食品の微生物学的安全確保には無力であり，生産プロセスの全行程を通じて微生物の増殖の抑制をすることが必要であるということが共通認識になっている．

第2には，検査に対応した規制による管理への依存から，プロセスの管理

結果を示す情報開示が重視されるようになった．

そして第3に，情報開示のために，生産プロセスの透明化をはかり生産プロセスを再追跡できるように「traceability（追跡可能性）」の概念が導入されたことである．トレーサビリティは，プロセス各段階のコントロール項目とコントロール箇所の特定，結果の文書化によって担保される．

情報提示のためのもうひとつの手法は，ラベル（表示）である．ラベルの機能は，先のプロジェクトチームによれば，購買における判断の素材を提供するとともに，公共の監視を保証するもの（ラベルの第三者としての役割），また，価値に関する社会一般の定義を示し，コンセンサスの法廷として機能するものと整理される．しかし，EU諸国の牛肉に関しては，プロセスのコントロールを行っているということを第3者機関が示す認証マークが提示されている段階である．このような認証マークは保証の証明ではあるが，プロセスがいかにコントロールされているかという保証の内容を記述してはいない．また単なる商標としてのラベルは，プロセスコントロールと第三者機関の検査や認証をともなわないので，消費者に広く信頼をえることはできない．消費者の信頼は，コントロールとラベルの2つがそろったときにみたされる．

3. 商標と認証

狂牛病や成長ホルモン使用疑惑を払拭するために，1980年代末にドイツでは企業が商標肉（Markenfleisch）プログラムを導入した．それにもとづいて，スーパーマーケットなど小売店がラベルをつけてドイツ産牛肉であることを強調した．しかしその試みは失敗している．原因は，原産地の特定をふくめてプロセスのコントロールが完全にはできなかったこと，したがってまたフリーライダーを防げなかったことにある．

商標は，経験的，心情的に生まれる企業への信頼に依拠した識別標識であり，客観化された保証制度と客観的な情報提示によるものではない．第3者による検査と管理に裏付けられた客観性のある保証にもとづくのが認証である．しかし認証にも，完成品の抜き取り検査にもとづくものと，生産のプロ

セス管理にもとづくものとがある．たとえばドイツのCMAはその両方を実施している．前者に該当するのが「良品マーク」であり鶏肉に採用されており，後者に該当するのが「検査印」であり牛肉，豚肉，子牛肉に採用されている．

　牛肉スキャンダルへの対応には，後者の生産プロセス管理にもとづく認証の導入が必要であった．商標マークの市場における失敗の回復は，ドイツにおいては，次節以降でのべるように，CMA検査印プログラムが導入され，CMAと企業との共同作業による品質対策の改善によって実現されつつある．

4. 垂直的連携による品質管理：組織と管理システム

　第1に，食肉において一貫した生産プロセス管理，追跡可能性を実現するには，食肉のプロダクションチェーンを構成する農場から小売までの多段階の企業の垂直的連携関係をつくることが必要不可欠である．連携は契約によって確保されることが多い．連携した生産者・企業は「閉じた鎖」「統括連鎖」などと表現される．

　第2に，管理は，法律や基準にもとづく規制から，企業の自己責任を原則とするように転換している．

　第3に，ただし食肉ではどのプログラムにもみられるように，衛生，健康上（安全性）の重要な管理項目に関しては，第三者機関による検査を並行せざるをえない．法令によって規制される基準がシステムに組み込まれなければならない．

　第4に，食肉の生産プロセス管理の促進は，管理システムの標準の提示と管理システムへの監視によってなされる．これを行うのが管理システムの認証であり，システムの提示と認証を行う第三者機関が必要である．CMA，PVVなどの畜産・食肉機関がその機能をよく果たしている．

　プロセス管理の優れたシステムであるISO 9000シリーズやHACCPでは，ともに，品質要求ないし危害因子の特定と重要管理点は，企業が自ら定めることに意味がある．一律の基準は設けられない．それは，それぞれの企業が，

自らの製品と施設や機械，人，技術などの個別性に即して危害因子や重要管理点を検討し決定することによってこそ，より細やかな管理を行うことができるとの考えにたつからである．これに対して牛肉プログラムの異なるところは，管理項目とその水準がプログラム提示機関によって示されることである．その意味はつぎの2つの点から共同作業が必要であることにあろう．ひとつは，ISOやHACCPの認証をうけるには，システムをつくるための多大な時間と経費がかかる．中小零細経営の多い牛肉のサプライサイドでは単独では投資が難しいからである．ふたつは，ISOが導入される一般企業は工場単独で認可を受けるが，食肉においては上記の第1にのべたように，サプライチェーンを構成する生産者，企業が連続して一貫したコントロールを行える体制をつくらなくてはきわめて非効率であるからである．

　第5に，プロセス管理の標準化を企画するISO 9000との接合も課題になろう．と畜・解体企業は，プログラムへの参加と並行してISO 9000を取得しはじめている．またたとえばCMA検査印はISOの考え方を基礎にして開発されたが，98年新版ではよりその考え方を取り入れるように改訂されている．

　第6に，「良質牛肉と子牛肉に関するEU理事会規則」の位置づけがこれからどのように変わるのかも興味深い．提示された最低基準は補助金をともなう奨励措置であり，それを規制として統一化する意図はみられない．EUの非関税障壁除去へのアプローチの変化，すなわち「調和（ハーモナイゼイション）」から「相互承認」に重点を移していることも反映しているものと考えられる．

5. 市場におけるプログラムの意義：差別化と非関税障壁

　高品質製品に対するプレミアムが得られるのは，製品の互換性が減少するときだけである（Quality Policy, 1999）．牛肉プログラムによる特定の生産プロセスや出自の保証は，互換性を減らす差別化の意義が大きい．そして，EU諸国の市場政策が介入政策から品質政策へ転換していることがそれを支

えている．しかし，それは同時に共通市場での非関税障壁につながるかもしれない側面をもつ．特に，原産地証明へ傾斜して自国産の代替不可能な優位性を強調することは，非関税障壁を生み出す可能性が強い．ドイツのプログラムは，子牛のドイツ原産証明を義務づけた CMA 検査印，さらには州内産を義務づけたバイエルン州の「QHB」ともにこの両面性が強い．「QHB」はさらに，後にものべるように郷土の農業を保護するものとして位置づけられている．

　オランダの「IKB」をはじめ CMA「検査印」も，もとは原産地証明よりも生産プロセス管理に重点をおいたシステムであったが，96 年の狂牛病騒ぎの後 CMA はドイツ原産基準を肥育段階から子牛生産段階にまで拡張した．またかつて，フランスの鶏肉企業は原産国を自国に限定するドイツのプログラムは EU のハーモナイゼーションの精神に反するとして訴訟を起こしたことがあるが，97 年 2 月にフランスもついに「FV」（フランス産牛肉）マークの使用を義務づけたことが伝えられている（*Agro Europe*, Nov. 1997）．原産地証明を求めるが原産地を特定しないのは，交易のグローバル化をめざす「EHI」プログラムと，オランダの「IKB」である．

　品質政策と非関税障壁の除去の接合点がどこに求められるのかが問題となろう．

第 4 節　EU 理事会による良質牛肉の販売促進政策

　すでにのべたような事情により，牛肉と子牛肉の市場において，需要を刺激することによって市場バランスを回復する緊急の措置が必要になったとの認識にもとづき，EU 理事会は，1992 年 6 月に良質牛肉と子牛肉の販売促進に関する規則（Council Regulation (EEC) 2067/92）を出した[6]．

　高品質牛肉と子牛肉の販売促進のために有効な手法を実施することを奨励し，そのために信用供与措置をとることが示されたのである．販売促進の手段として，生産者から消費者にいたるプロダクションチェーンを貫く食肉の

品質コントロールを優先することが示された．通常の信用供与は実施された手法の実費の40％が上限とされたが，品質コントロールをともなう手法に対しては実費の60％に割り増しされる．

さらに，上記規則の実施細則を定めた1993年5月の委員会規則（Commission Regulation (EEC) No. 1318/93）において，生産および品質コントロールの最低要件（Minimum Production, Quality and Control Requirements）が示された．

この措置は，すでに採用されはじめていた各国の品質管理・品質保証プログラムの実施を大いに促進するものとなった．

1993年規則前文において，消費者の注意は，差別化されコントロールされた牛肉と子牛肉に引きつけられるとのべられている．そして牛肉および子牛肉の品質は，製品化のすべての段階において最小限の状態が守られることによって保証されること，品質証明のマークやシンボルを受けるところでは，消費者が情報を確認することのできる可能性が与えられることが必要であるとしている．そのような考えから，販売促進手法のポイントは，消費者からプロダクションチェーンの各部分までの食肉の追跡可能性を保証し確保することにおかれている．

最低要件は表9-5のようになっている．①家畜繁殖段階においては品種を特定し，健康監視，家畜，枝肉，飼料に関する残留物検査，動物福祉に関する国内・国際基準の適用と，家畜個体毎の身分証明システムの採用がなされること．②輸送ととど畜前の取り扱いにはヨーロッパ標準およびストレス除去手段が適用されること．③と畜段階では，フレッシュミートのカーカスが対象とされ，若雄牛，去勢牛および48カ月齢以下の雌牛で，EU統一カーカス規格[7]の形状等級（Conformation）「S, E, U, R」，脂肪付着（Fat cover）「2, 3」であるもの．共同体の衛生基準が適用され，Phは0.6以下であること．④販売においては，熟成期間を7日以上とし，品質劣化の監視と検査がなされること．⑤トレイサビリティのために，家畜個体毎の身分証明システムによって家畜から小売段階までカバーすること，である．

第9章　農場から食卓までの安全性・品質保証システム　　325

表9-5　生産，品質，コントロールの最低基準
（良質牛肉・子牛肉の販売促進手法に関する EU 委員会規則 No. 1318/93）

【家畜繁殖（Stockbreeding）】
・素性（Origin）：Commission Regulation（EEC）No. 3886/92 に対する補題2にあげられている以外の品種，およびそれらの品種のいずれかによるF1
・健康監視（Health monitoring）：
　―健康指標に対する登録手続き
　―認可されていない物質が投与されていない家畜繁殖農場に関する追加的なチェック：応じられない場合には販売促進手段をその生産者から最終的にはく奪する
・残留物：家畜，枝肉，さらに飼料について不法な物質に関する追加的なチェック
・福祉：国内および国際的な標準の適用
・身分証明（identification）：個々の家畜の身分証明システム

【輸送とと畜前】
・製品：フレッシュミート
・カーカスの種類：―雄牛（Council Regulation（EEC）No. 1208/81 の意味におけるカテゴリーA）
　　　　　　　　　―去勢牛（同上の意味におけるカテゴリーC）
　　　　　　　　　―48カ月未満の雌家畜
・カテゴリー：形状：SEUR
　　　　　　　脂肪厚：―雄牛：2と3
　　　　　　　　　　　雌牛および去勢された動物：2，3
・衛生：共同体の標準を適用
・PH：6以下

【販売】
・熟成：と畜後，消費者への販売にのせられるまでに，少なくとも7日間
・卸売および小売：不適切な扱いと貯蔵の結果として当該食肉の品質が劣化していないかどうかを確かめるための監視とチェック：当該組織はそれに応じられるような詳細なルールを定める

【トレイサビリティ】
・個々の動物の身分証明システムという手法によって，家畜にさかのぼった販売段階から小売段階に至るまでカーカスをカバーすること

　肉質に影響を与える要素として重視されるものは，①と畜時のストレス，②熟成期間，③年齢，④肉の色とされる．したがって，EU の品質コントロールでは，月齢と熟成期間を基準にふくめることにより，肉質の向上をすすめることが組み込まれているのを見落とせない．その背景には，CAP による市場介入期に，介入対象がおもに肉質の悪い乳用種牛肉であったことや冷凍保管などによって，牛肉の肉質が低下し，消費者の牛肉ばなれの一因とな

ったため，その改善を必要としていることがある．

なお，最低要件のうちのいくつかに共同体基準やヨーロッパ基準の適用を行うことが規定されている．これは第2節にのべたフレッシュミート指令，輸送中の動物保護に関する指令，動物の身分証明と登録に関する指令などの，EU指令にもとづく諸規制をさす．

第5節　ドイツのCMA「検査印プログラム」

ドイツはEUのなかでも食品の安全性や環境問題に最も敏感な国だといえる．第2節でみたように，ドイツの消費者は，イギリスのBSE（狂牛病）に対して最も厳しい反応を示した．ドイツは品質管理・品質保証プログラムを他に先駆けていち早く設立した国の1つであるが，それは，敏感な消費者をもつドイツの食肉業界が，国産食肉の安全性を消費者に対して厳密に示さねばならなかったことに最大の背景をみいだせるのではないかと考えられる．

1. 狂牛病・薬物残留問題を背景とするプログラムの発祥

ドイツでも最も早くにプログラムを展開したのはCMA[8]である．CMAには「良品マーク（Gutzeichen）」と「検査印（Prüfsiegel）」の2種類の認証がある．

「良品マーク」は，完成品の製品検査を最初に1回行うのみで（CMAが連邦食肉研究所に委託して実施し味覚検査が行われる），衛生・薬物検査をはじめとする生産・供給過程のコントロールは行われていない（CMA, 1998a）．「良品マーク」は完成品検査という旧来の品質管理方式に立脚した品質保証であり，1980年代後半にはすでに導入されていた．

生産・供給過程のコントロールにもとづく品質保証を行うものが，「検査印」である．その開発に協力してきたドイツ食肉連邦研究所のDr. W. Branscheid教授によれば，ISO 9000シリーズの考え方にもとづいてつくられたものである．1990年の豚肉への導入をかわきりに，1992年牛肉，1996

第9章 農場から食卓までの安全性・品質保証システム

年羊肉，子牛肉へと広げられてきた．

鶏肉には，現在のところ「良品マーク」だけしか実施されていないが，その普及度は高い．他方，「検査印」は食料農業森林省によれば伸びる傾向にあるというが，95年にはまだ普及率は豚肉で10.3%，牛肉では4.2%にとどまっている．

CMAの牛肉の「検査印プログラム」(Prüfsiegel Programme) は1992年に導入されたが，1996年春の狂牛病騒ぎを契機に強化策が検討され，1998年3月に改訂版が出された．ここでは，新版の「牛肉の仕様書（品質と検査の規程）」(CMA, 1998b) およびパンフレット (CMA, 1998c) をもとに，検査印プログラムの仕組み，管理と監視の内容を検討するとともに，改訂の意図を検討する．

92年旧版と98年新版を比べてみると，大きく変わったのは，①適用範囲，②認証と管理の考え方およびその仕組み，③コントロール内容であると考えられる．適用範囲は拡大され，最終販売者（小売店）にも基準の遵守が義務化され，またと畜用家畜ととの体・食肉の輸送業者にも基準が設けられた．

これによってプロダクションチェーンが完全に覆われるよう，出自保証と品質保証の両面にわたって隙間のない「閉じた鎖」がつくられることになった．

認証と管理の考え方については，もともと検査印プログラムはISO 9000シリーズに立脚して創設されたものであるが，よりその思想に忠実に再編成されたように考えられる．たとえば，管理基準のすべてがCMAによって準備されるのではなく，後でのべるように，重点項目のより詳細な管理は企業がコンセプトを作成し，提出することにされたことなどがそれである．コントロール内容は，狂牛病，動物愛護運動などの社会的要因に対応すべく大きく拡張され，また極めて精密化された．特に出自証明が各段階にわたって強化され，子牛のドイツ原産証明を行うことが明記された．

2. プログラムの仕組み

検査印の名称を「ドイツ管理飼育優良肉」(Deutsches Qualitätsfleisch aus Kontrollierter Aufzucht) という．マークを図9-1に示した．

認証の目的は，①検査印発行により，消費者，流通関係者，加工業者それぞれが優良牛肉の判別をできるようにすること，②契約により各生産段階・

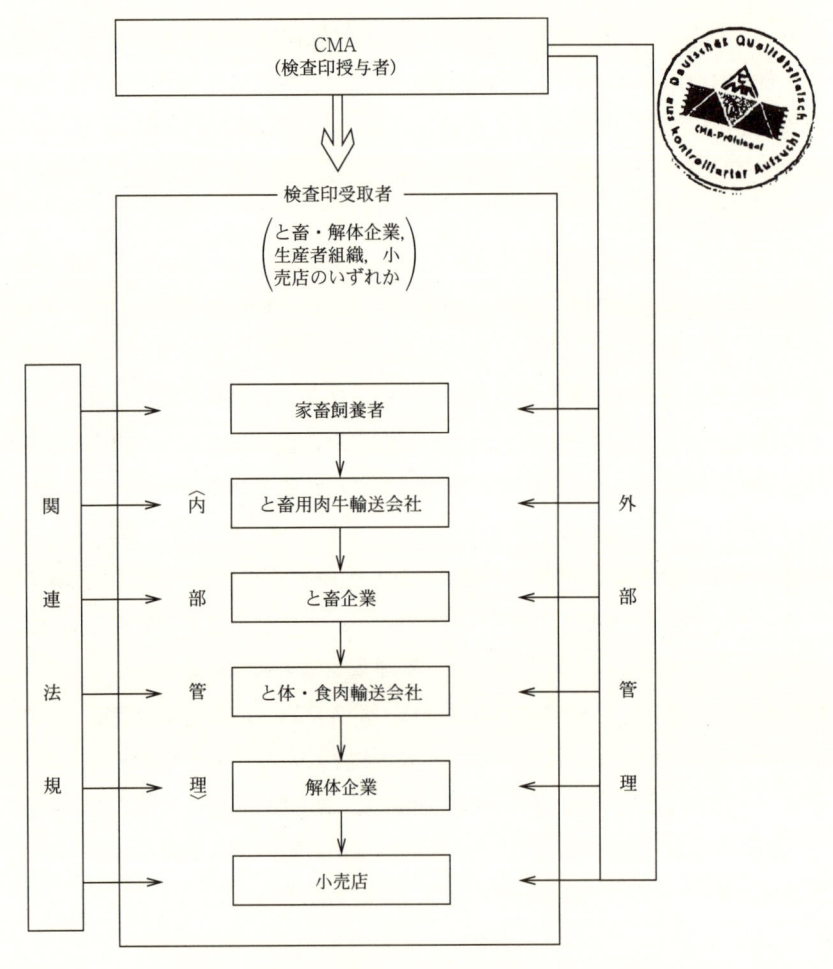

図9-1 CMA検査印プログラムのマークと仕組み

商品化段階を一貫して調整し結合することによって，品質の向上をはかる，ということにおかれている（旧版より）．

プログラムの対象となる肉牛のカテゴリーは，若雄牛（Jungbullen），若雌牛（Färsen），去勢牛（Ochsen）であり，肉専用種と乳肉両用種が許可される．検査印の使用範囲は，と体および部分肉（Teilstuck），解体肉（zerlegt），ポーションカット肉（portioniert）である．

プログラムへの加入には契約と認可が必要である．

契約の締結は，CMA＝検査印授与者（Siegelgeber）と検査印受取者（Siegelnehmer），さらに検査印受取者と取引企業の間で行われる．肥育経営から最終販売者までのどの段階の企業・団体でも検査印受取者になることができる．契約期間は新版では2年間に短縮され，契約の基礎要因がすべて満たされたときに自動的に延長されることになっている．

認可手続きは，契約前に行われ，CMAの委託によって，DLG（ドイツ農業ゲゼルシャフト）が検査印プログラムの条件が満たされているかについて企業の検査を行う．と畜・解体企業については，現地学術委員会が検査を行う（検査コストは自己負担）．

つぎに，品質保証と管理の考え方をみよう．

92年旧版では，品質規定は，「重要基準（Eckwerte）」（いかなる場合にも常に遵守すべき基準）と，「指導原則（Leitsatze）」（品質保証の追加基準）の2つのレベルからなっていた[9]．

品質規定を満たしているかどうかは，検査印受取者およびその契約相手の自己責任原則にもとづく継続的監視によってチェックされる．しかし「重要基準」のうちの重要な項目は，中立的検査者・検査組織（家畜生産段階では獣医，と畜段階以降では監視委員会）によって検査が行われる．検査方法はCMAが規定し，検査結果は報告書にされ，いつでもCMAがチェックできるようにすることになっていた．

98年新版では，管理の仕組みはつぎのように再整理された．

管理は，内部管理と外部管理に仕分けられた．管理の基準と方法は「仕様

書」(Lastenhefte) と「検査計画」(Prüfplänen) によって定められている.

　日常的な継続的管理は内部管理によって行われ,「仕様書」がその基準を定めている. 内部管理は企業の自己責任による管理であり, 重要な項目については企業が管理のコンセプトを作成し, 文書化することになっている. 管理結果は保存され, 検査印授与者の要請に応じて提出しなければならない.

　また, 中立的な資格をもった機関によりすべての段階に対して定期的な立入検査が行われる. これを外部管理とよんでいる. 検査の方法, 抜き取り検査の程度, 頻度が「検査計画」によって定められている. 内部管理による通常の継続的管理項目についても, 重要な特定項目については「検査計画」が定められ外部管理が行われる. 検査の結果は文書にして2年間保存され, CMA やその委託者がそれを検査することが認められねばならない. 小売店の外部管理は, CMA の委託により DLG が調整し, 中立的機関が抜き取り検査を行う.

　以上からみて, 98年新版では, 管理を内部管理と外部管理に仕分けただけでなく, 内部管理のなかに企業が自ら管理のコンセプトを作成するという手法が導入されたことが特徴であろう. 企業が自らコンセプトを作成するようにされたのは, 92年旧版のようにすべて CMA の定めた基準にしたがうだけであれば管理のシステムは企業にとっては与えられたものになるが, 企業が管理の考え方を自らのものとして内実化するように図られたものであるとみられる. また, 外部管理と内部管理の重点項目に関する検査を行う中立的機関が DLG に統一されたこと, その検査内容が別途「検査計画」に定められるようになったことも改変点である.

3. プログラムにおける基準

(1) 仕様書の構成と改変内容

　仕様書は, 1. 肥育企業に関する仕様書, 2. と畜用家畜の輸送に関する仕様書, 3. と畜企業に関する仕様書, 4. と体・食肉輸送に関する仕様書, 5. 解体企業に関する仕様書, 6. 最終販売者に関する仕様書, からなる. 仕様項目の

総覧を章末表9-12に示した．

全体に，義務および最低基準が詳細を究めている．また，先にものべたように「と畜用家畜の輸送」，「と体・食肉輸送」の仕様書が新たに設けられ，「最終販売者」にも管理が義務づけられた．

92年旧版と比べて改変された項目，またそれがどのような観点あるいは背景から改変されたかは，両者を比較検討した結果，表9-6のようにまとめることができる．

まず第1に，全段階を通して改変されたのが追跡可能性である．そのために各段階で「出自証明」の項目が独立して設けられ，強化されている．これについては後述する．

第2は，衛生面の強化のための項目が新設，強化されたことである．その対象は，肥育経営，と体・食肉輸送者，最終販売者である．

肥育経営，と畜用家畜輸送においては，基準内容は畜舎，輸送車から従業員衣服に対するものまで含まれ，洗浄，消毒方法などの衛生条件が加えられた．と畜企業，解体企業では，92年旧版からすでにEUの衛生要求（EUフレッシュミート指令による衛生基準の統一を指す）とEU番号（同基準にもとづくと畜プラントの認可番号を指す）が必要とされれていたので衛生面での大きな変化はない．と体・食肉輸送においては，輸送手段の洗浄衛生，従業員衛生が規定された．最終販売者においては，食品衛生条例にもとづくことが有効とされ，製品衛生，消毒と洗浄，職員衛生，衛生チェックが必要とされるようになった．

第3は，動物保護項目の導入である．肥育企業からと畜企業までの各段階で新設された．

肥育経営では，畜舎の追い込み路，床の状態，畜舎の温度管理，飼養密度や給餌・給水，照明，空調設備，従業員などにわたって細密な規定が設けられた．と畜用家畜の輸送においても，追い込み路や積み込みの設備，引き渡しまでのロジスティクス，家畜のあつかい，専門知識をもった従業員，輸送車の構造と設計，輸送時間，荷下ろしなど，詳細を究める．と畜企業では，

表 9-6　CMA 検査印プログラムの仕様の改変とその観点

項　目	改変	改変の観点と関連法規
1.　肥育企業に関する仕様書		
①出自（原産地）証明	独立	追跡可能性・安全性（EU 理事会規則*）
		・連邦家畜輸送条例（VVO）95.2
③肥育牛の飼養，④飼養	新設	動物保護・衛生
⑤衛生と動物の健康	更新	衛生
⑥許可されていない物質の使用に関するチェック	独立	安全性
2.　と畜用家畜の輸送に関する仕様書	新設	動物保護（EU 理事会規則*）
		・連邦家畜輸送条例（VVO）95.2
②出自証明	新設	追跡可能性（EU 理事会規則*）
		・連邦家畜輸送条例（VVO）95.2
3.　と畜企業に関する仕様書		
①出自証明	更新	追跡可能性（EU 理事会規則*）
②引き渡しと待機に対する建築設備	新設	動物保護
③引き渡しと待機の方法	新設	動物保護
④麻痺と血抜き	独立	動物保護
⑤と畜技術	独立	衛生
⑧毒物学的状態	新設	安全性
		・飼料条例（FMV）：肥育時の肥育促進剤禁止
4.　と体・食肉輸送に関する仕様書	新設	衛生
		・食肉衛生条例 98.3
		継続的コールドチェーンの保証
①出自証明	新設	追跡可能性（EU 理事会規則*）
5.　解体企業に関する仕様書		
①出自証明	更新	追跡可能性（EU 理事会規則*）
②技術的設備，部屋	新設	主として衛生
⑦衛生	更新	衛生
6.　最終販売者に関する仕様書		
①出自証明	更新	追跡可能性（EU 理事会規則*）
②技術的設備，部屋	新設	衛生，継続的コールドチェーン
③サービス	新設	消費者サービス
④冷却貯蔵	更新	継続的コールドチェーン
⑤衛生	更新	衛生
		・食品衛生条例 97.3

注：1）ISO 9000 対応の改変内容は，煩雑なため省いた．その内容は，企業による重要項目のコンセプトの作成とコントロール．外部管理および検査計画である．これらは，表 7-2 に太字で示している．
　　2）*は，EU 理事会「牛の身分証明と登録のシステムの確立および牛肉・牛肉製品の表示に関する規則」．

引き渡しと準備に対する建築設備と家畜のあつかいなどが規定された．

第4には，と体・食肉輸送から最終販売者までの各段階で，継続的コールドチェーンを確保するための項目が新設，強化された．

第5に，肥育企業において，畜舎の設備，飼料の配合を内容とする飼養に関する詳細な条件が設けられたことも特徴である．

これらのうち，追跡可能性，衛生，動物保護，安全性に関しては，表9-6に示したように，EU理事会規則にそった連邦条例の規制に法的根拠がある．

以上から，98年改定が，92年旧版制定以来，最近数年の急激な社会状況の変化を受けてのことであり，また，第3節でのべた第2，第3の新しい品質概念が導入されていることがわかる．

また前項でものべたように，各段階のコントロールの重点となる項目にコンセプトの作成が義務づけられている（章末表9-12）．その項目をあげておくと，肥育企業：「経営内における衛生」，と畜企業：「冷却」，「と畜衛生」，と体・食肉輸送：「衛生」，解体企業：「と畜後の食肉のあつかい」，「冷却」，「衛生」，最終販売者：「冷蔵・貯蔵」，「衛生」の各コンセプトである．これらは企業自身によるより注意深い管理が求められる項目であるが，結局のところそれは衛生局面に属するものである．

検査計画が義務づけられているのは，肥育企業における非許可物質の使用チェック，と畜企業における肥育促進剤検査，最終販売者における枝肉・部分肉の衛生チェック，食肉の品質の感覚的特性および物理的特性の4項目である．

(2) 各段階における出自証明

仕様書の内容を詳しく検討するだけの紙幅がないので，強化された出自証明のみをとりあげておきたい．

出自証明の能力は再追跡可能なコンセプトを作成することによって示されるとされ，まず出自証明のコンセプトの作成とそのコントロールが，全段階を通して共通の必要項目にあげられている．

コンセプトの作成にあたっては，把握すべきデータのリストアップを行い，

表9-7 CMA検査印プログラム仕様書の各段階における出自証明コンセプト作成のための必要項目

○把握すべき項目, ●文書化項目, ◎両者共通項目

	肥育経営	家畜輸送会社	と畜企業	食肉輸送会社	解体企業	最終販売者
耳票番号（VVOに対応）	◎	◎	○			
遺伝的出自	○					
出生日	○					
性別	○					
舎飼時体重	○					
引継場所と日時	○	○				
出発・到着時間		○				
と畜日			◎	◎	◎	○
と畜番号（と体に印す）			◎		◎	◎
品質に重要なデータ			◎			
部分肉番号				◎		
解体日					◎	
（解体品の）日付け・番号					◎	◎
販売開始日						◎
子牛生産者の住所氏名	◎					
肥育経営の住所氏名		◎	○			
輸送業者の住所氏名		●	○	○	○	
と畜企業の住所氏名	◎	◎		◎	○	
解体企業の住所氏名					●	◎
顧客の住所氏名			◎		◎	
頭数	◎	○	○			
と体重量			○			
納入された品の重量			●		◎	○
引渡品（納入品）の重量				●	◎	
納入された日			○	◎		
引渡日（納入日）	●	●	◎	◎		
入荷データ	○					○
発送データ	○					
在庫記録	●					
輸送記録		●		●		
データの記録					●	○
供給書類	●	●	●	●	●	
添付書類（*）	●	●				
添付書類のファイル			●			

注：添付書類はVVOに応じた家畜パスなどであり，掲載項目はVVOによりつぎのように規定されている．発行者，家畜所有者住所，氏名，企業番号，および，①耳標番号，②家畜データ（出生日，性，血統），③家畜出自，④家畜の引取者住所・氏名，引取場所と日付（主務官庁，受取書の印・署名）

データの収集とコード化の方法を示し，文書化システムづくりを行うことが規定されている．各段階で把握すべき，また文書化すべきとされているデータを一覧にすると表9-7のようになる．作成されたコンセプトは，コントロールのために要請に応じて検査印授与者（CMA）に提出しなくてはならない．と畜企業，解体企業ではと畜解体委員会にも提出しなければならず，また，その提出は義務とされている．

その他の出自証明の要件は各段階で異なる．

肥育企業では，ドイツの子牛生産経営で生まれたことが証明できる子牛のみが肥育を許可されている．子牛には生後30日または生産経営から離れる際に印付けを行わねばならない．

また，EUの動物の身分証明と登録に関するEU指令およびドイツの家畜輸送条例（VVO）にもとづき，耳標番号の入った耳標の装着と，耳標番号，家畜データ（出生日，性，血統），家畜の出自と引取者を記載した家畜パスポートが必要とされるようになった．これを骨格に出自証明のシステムが組み立てられている．

と畜企業，解体企業，最終販売者では，作業の各段階で「検査印」肉に対する出自証明を行う必要があるとされる．特にと畜企業では，すべての処理段階で異論の余地のない出自証明を行う必要がある．そのためこれら3段階の各企業では，コンセプトの作成において，企業内データ収集場所の位置と方法を定め，牛肉の切断箇所のすべてにデータを結びつける方法を規定しなければならないとされている．また，印付では，特殊な印付けによって，排除された肉を特定すること，さらに，と畜企業ではプログラムに属すると体を明瞭な印付けにより他の製品から区別すること，解体企業では農家段階まで各部分肉の再追跡を可能にする電子的に解読できる印付け手段での印付けが目指されるべきとされる．また，最終販売者に対して，検査印は特に販売部門ではっきり印付けされねばならないとされている．

第6節 品質保証のための垂直的連携の姿

1. 出自証明とCMA検査印の普及状態

CMA検査印プログラムの実施状況は，表9-8に示したとおりである．牛肉に関しては，狂牛病騒ぎの後の1996年11月から，プログラム数（企業の商標プログラムを意味する），各段階の参加企業数ともに大幅に増加している．98年には検査印プログラムの導入において先行していた豚を抜いている．特に農企業（肥育経営），最終販売者（小売業者）の参加数の多さが際だっている．

その意味ではやや古い資料となってしまったが，検査印受取者と商標プログラムの一覧を表9-9に示した．

牛肉の検査印受取者は，9団体のうち，3団体がEGO（オスナブリュクと畜用家畜生産者組合）などの生産者ゲマインシャフト（生産者組織）であり，5団体がと畜企業，1団体が大規模食肉小売店の構成になっている．と畜企業は5社のうち2つは同一企業であり実質4社である．そのうち3社はと畜企業の上位3社にはいる協同組合系企業のNFZ（ノルドフライシュ），ベストフライシュ，ズートフライシュであり，私企業はモクセル1社のみである（いずれも第8章を参照）．検査印受取者は大手と畜企業を中心としているが，

表9-8 CMA検査印プログラム実施状況の推移

	豚 肉			牛 肉			子牛肉		羊 肉	
	1995.9	1996.11	1998.6	1995.9	1996.11	1998.6	1996.11	1998.6	1996.11	1998.6
プログラムの開始	1990			1992			1996		1996	
プログラム数	11	12	18	9	13	19	2	3	1	1
統合された農企業	1,800	1,465	2,043	1,000	1,435	2,333	42	50	30	30
同　と畜企業	—	11	19	—	10	16	3	1	1	
同　解体企業	—	21	30	—	20	25	3	4	1	1
同　最終販売者	1,600	1,454	1,612	1,600	2,595	2,184	285	1,150	199	299

出所：CMA資料により作成．

第9章　農場から食卓までの安全性・品質保証システム

表9-9　CMA検査印プログラムの検査印受取者と商標プログラム一覧

		牛　肉		豚　肉
検査印受取者 1995 7.15		＊ニーダーラウジッツ生産者組合 ＊ZNVG（家畜出荷組合） ・NFZ（ノルドフライシュ） ・ヴェストフライシュ家畜食肉中央会 ・EGO（オスナブリックと畜用家畜生産者組合） ・ズートフライシュ有限会社「オクセンゴールド」 ・ズートフライシュ有限会社「ゴールドビーフ」 ・アレキサンダーモクセル株式会社 ・エディディウス・トーネス大規模食肉小売店		＊ゲムニッツ食肉供給有限会社 ＊ZNVG（家畜出荷組合） ＊バッドゼゲベルク生産者組合 ・リチャードバッシュ有限・合資会社 ・ホルシュタイン食肉供給有限会社 ・プレミアムフライシュ株式会社 ・エディディウス・トーネス大規模食肉小売店 ＊EGO（オスナブリックと畜用家畜生産者組合） ・ヘルタ有限会社 ＊シュバービッシュホール農民生産者組合 ・ビンゼンツ・ミュラー
		商　標　名	食肉種類	取　扱　店　舗
商標プログラム 1995	CMA検査印の	・トネース・トップ	豚肉	食肉専門店
		・バウァルンフライシュNo1	豚肉	ヘルコ総合食肉の店舗
		・ウンザレ・ベステッツ	豚肉	マルクトカウフ・ディスカウント，ディクシィディスカウント，ヘルコ総合食肉小売店
		・アイヘン・ホフ	牛肉・豚肉	食品専門店
		・グートフライシュ	牛肉・豚肉	エデカ・ノルド，エデカ，ミンデン・ハノーバー，エデカ・ベルリン/ブランデンブルグの店舗
		・メルキッシュ・リンド	牛肉	エデカ・ベルリン/ブランデンブルグ
		・ランドクラッセ	豚肉	シュレスビッヒホルシュタイン生協
		・オクセンゴールド	牛肉	レベ・エヒング，ルッツ，オスターマイヤー・アウグスブルグ
		・バルダー・ホフ	牛肉	グロス・ウントマグネット・メルクテ
		・ビリケン・ホフ	牛肉	テンゲルマンの店舗，カイゼルズコーヒーの店
		・ランド・プリマス	豚肉	テグート・ヘッセン/チューリンゲンの店舗
		・ギュールデン・レンダー	牛肉・豚肉	6スパー・シュレンマーメルクテ・ハンブルグ
		・バウァルン・ロープ	牛肉・豚肉	カールスタット，ヘルティ

注：＊の生産者組合は，Erzeugergemainschaft．
出所：CMA資料により作成．

生産者ゲマインシャフト，大規模食肉小売店などへの広がりをみせているということができる．

プログラムへの取り組みに積極的なのは，このようにと畜解体企業，ついで，家畜生産者組合であるが，小売店については食肉専門店は全体としてみるとスーパーマーケットほど積極的ではない．食肉専門店の戦略はむしろ，自家製のソーセージの販売や惣菜など，提供商品の多様化によって消費者のニーズに応えることにおかれているからであろう．ドイツ食肉職人連盟は，食肉市場戦略としての品質保証・品質管理プログラムにも冷淡である．しかし，傘下にはオスナブリュク食肉職人連盟のように，生産者組合と提携して独自のプログラムをつくっているところもある．食肉専門店においても，地域レベルではCMA検査印が徐々に浸透してきているとみることができる．

そして，ヒアリングによれば，どのプログラムであれ，プログラムに参加した農家は狂牛病騒ぎの影響を余りうけずにすみ，利益は大きかったようである．

さらに，食肉専門店に限ってではあるが，仕入た生産物の出自証明に関す

表9-10 食肉専門店の購入食肉に関する出自確認

食肉の主な仕入先	
その土地の農家	48%
地域のと畜場	37%
大規模と畜場	25%
食肉（大規模）流通業者	24%
協同組合，私的な食肉業者	19%
家畜商	6%
購入の相手は食肉の出自をどのように証明しているか	
証明書	59%
文書の証明なし，個人的な信頼にもとづく	31%
商標プログラム	28%
CMA検査印	22%
全くない	1%

出所：http://www.dfv.de/PRESSE/230596 5 S.html.
　　　1997.5.23．原資料はafzアルゲマイネ・フライシャー紙のafz-Marketing．

る調査資料 (http://www.dfv.de/PRESSE/2305965 s. html, 1996.5.23) にもとづき，96年5月の状態をみておきたい（表9-10）．

仕入先が生産物の出自をどのように証明しているかについては，証明書（文書による出自証明，家畜パスポート，出自・品質マーク，一致証明書など）によるとするものが59%でかなり高い比率を占める．それに加えてあるいは単独に商標プログラム，CMA検査印に依拠しているものがそれぞれ28%，22%となっている．ただし商標プログラムと，CMA検査印も重複があると考えられる．

証明書なしに個人的な信頼にもとづくとしているものが3割もあるが，回答者である食肉専門店は伝統的にその土地の農家と密接に結びついているためであると分析されている．それは食肉の主な仕入先にその土地の農家が48%と高い比率を占めていることにうかがわれる．

2. 検査印と商標の結合による垂直的連携

CMA検査印プログラムは先に示したようにその表示マークをもっているにもかかわらず，牛肉の販売段階では企業の商標（ブランド）マークの表示が併用されており，また商標マークの根拠となるそれぞれの商標プログラムが存在する．

商標プログラムをもつ企業や団体がCMA検査印プログラムに参加するのは，その企業や団体が定評のある検査印プログラムの基準にもとづいて自社プログラムを組み立てていることを消費者や取引相手に公表し，それによって自社プログラムとそれにもとづいて製造されている自社製品への信用を得ることを目的にしている．企業や団体の商標プログラムと全国レベルのCMA検査印プログラムとの2重構造のシステムがつくられているのが現状である．

これによって，各商標プログラムはそのベースにおいてCMA検査印プログラムの基準に統一される．そうして企業の自主性もそこなわない．しかし，現在のところCMA検査印プログラムの基準は仕様書によって明確であるが，

それにプラスされる各商標プログラムの独自性が何であるのかはプログラムの説明書をみてもわかりにくい．ましてや，消費者がそれを識別できるような措置がなされているとは考えられない．商標マークそれ自体には，依然として充分な品質の識別のための情報提供機能がもたされていない．

また，二重構造のシステムの内側をみると，商標プログラムおよびマークには，生産者組織，と畜企業，小売店などそれぞれの段階のものがあり，検査印プログラムと商標プログラムとの関係，検査印受取者，商標プログラムの主体，製品販売者との相互関係は，やや錯綜している．しかし，検査印プログラムに加入することによって，農場から小売店までの各団体・企業の一貫した品質保証の連携システムが構築されるようになったことは確かである．

以上のことをCMA検査印プログラムの利用実態をとおして概観してみたい．

牛肉の商標プログラムは，1995年には表9-9に示した8つであった．そのうち3つの代表的な例をとりあげる．図9-2はそれぞれの商標マークである．また，連携の模式図を図9-3に示した．

(1) 生産者組織と食肉専門店組織の提携

「アイヘンホフ（Eichenhof）」（ホフは農場の意味）は，オスナブリュク地区の生産者組合（EGO：オスナブリュクと畜用家畜生産者ゲマインシャフト）がオスナブリュク食肉職人連盟と共同でつくっている商標プログラムである．このプログラムは，1983年に豚に，90年に牛に導入され，CMA検査印のモデルになったと自負されている．検査印受取者はEGOである．家畜はEGOが所有・運営すると畜場でと畜され，食肉はオスナブリュク地域の食肉専門店で販売されている．

(2) 協同組合系と畜企業とスーパーマーケットの提携

「オクセンゴールド（OCHSENGOLD）」は，第8章でみた協同組合系と畜企業ズートフライシュ社の商標プログラムである．1992年からCMA検査印が導入されている．検査印受取者は同社であり，傘下組合員の肥育農家，同社の子会社である食肉加工を行うラッツ社，スーパーマーケットのレベ社

第9章　農場から食卓までの安全性・品質保証システム　　　341

図9-2　CMA検査印の商標マーク

と提携を行っている．製品はレベ社のエヒング支店などで販売されている．
　中立的機関としてTGD（Tiergesundheitsdienst：動物の健康に関する機関）バイエルンがコントロールを実施している．
　なお，同じ協同組合系のNFZ社の商標プログラムが，資料には含まれていない．しかし，NFZ社の子会社プレミアムフライシュ社が（豚肉の検査印受取者），牛でも「プレミアムリンドフライシュ（Premium -RINDFLEIS-

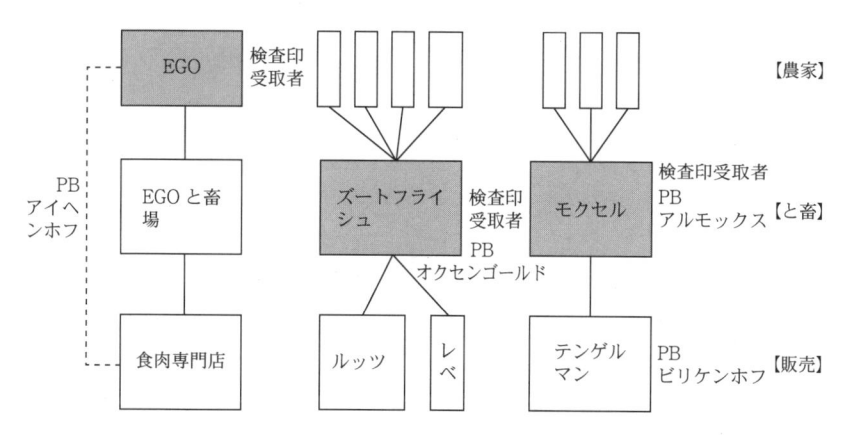

図9-3　CMA検査印受取者と商標プログラム，農家・と畜企業・販売店の関係

CH)」の商標プログラムを実施しているので，その後登録されているものと思われる。

(3) 民間と畜企業とスーパーマーケットの提携

「ビリケンホフ（BIRKENHOF）」は，スーパーマーケットのテンゲルマン社の商標プログラムであり，同社の店舗を中心に販売されている。しかし，テンゲルマン社は検査印受取者ではない。CMA検査印プログラムには，と畜企業モクセル社が検査印受取者となって加入している。

「ビリケンホフ」は，モクセル社との共同で開発されたものであり，モクセル社の「アルモックス-プログラム（Almox-Programm）」[10]にもとづいて生産されたものが「ビリケンホフ」の商標で供給されている。

モクセル社の「アルモックス-プログラム」は1990年に開始され，ミュンヘンのテンゲルマンの店舗において試行された後，1994年に「ビリケンホフ」のマークですべてのテンゲルマンの店舗に導入された。その間の1993年にモクセル社がCMA検査印受取者となっている。したがって，「ビリケンホフ」と「アルモックス」とは，1つの基準にしたがって生産された製品の2つの顔とでもいえるものである。1994年には，週に500～600頭の雄牛がこのプログラムによって供給されている。

「アルモックス」プログラムでは，プログラムに参加する経営に対して，モクセル社の条件であるとともに，CMA検査印授与のために必要な条件として，6つの重要基準が提示されている。①生産者リング[11]の構成員であること，②バイエルン農民連盟（Bayerischer Bauernverband）の「開かれた畜舎（Offene Stalltür）」プログラムに参加し，TGDを通した抜き打ち検査に応じなければならない，③3年間隔での飼料検査，とくに可能な限りの環境毒物検査の実施，④農場獣医の指名，⑤⑥品質低下を防ぐために，ブラウンフィー（Braunvieh）とブロンデ（Blonde）の交雑種であるフレクフィー（Fleclvieh）を交雑に利用しないこと，⑦成長促進物質の使用禁止であるが，これらはすべて家畜生産者に対するものである。

「アルモックス」プログラムに参加する家畜生産者団体に，シュヴァーベ

ン家畜生産組合がある．同組合は，肥育牛生産者2,200戸，子牛生産者800戸によって構成され，肉牛の8割がプログラムに加入している（増田，1999b）．

このように商標プログラムには，生産者組織，と畜企業，および食肉専門店，スーパーマーケットなどさまざまな段階の団体・企業のものがあることがわかる．そして，テンゲルマン社のように，商標プログラムの主体は必ずしも検査印受取者ではないように，検査印受取者の契約企業が独自の商標プログラムを設けることもできるようなシステムとなっており，商標プログラムの導入にはかなり自由度がある．

やや錯綜状態にありながらも，CMA検査印プログラムを基礎にして，商標プログラムとの共生のなかから徐々にプログラム全体の基準の統一をはかる方向が模索されている．

第7節　バイエルン州政府によるQHBプログラム

1. プログラムの目的と仕組み[12]

バイエルン州はドイツ最大の肉牛産地であり，ホルモンスキャンダルと狂牛病によって失った牛肉の肯定的イメージを回復しなければならないという強い要請から，1994年にQHBプログラムが創設された．プログラムの名称は，「バイエルン産の品質―保証された出自」（QHB；'Qualität aus Bayern -Garantierte Herkunft'）である．図9-4のマークがもちいられる．

州政府の市場調査によって，消費者は食料品がどこからきてどうやって生産されたかを知りたがっているし，品質価値の高い肉にはいくらか余分に払う覚悟があるという結果がえられ，そのために，食料品にマークを付け出自を透明

図9-4　「QHB」のマーク

にすることが極めて重要になるという判断がなされた．そして，消費者の需要に対して保証すべき内容は，安全性，健康状態，家畜保護であると判断された．

出自印の目的はつぎの5点におかれている．①牛肉の出自保証，家畜保護に適した飼育，生産，流通，加工により，消費者に対するより高い安全性と品質の提供，②バイエルン出自の肯定的イメージの利益を得ること，③革新的な差別化とシェアの確保により，バイエルン牛の商品化条件を改良すること，④販売の増加と価格改善によって農業経済に対するより高い価値を実現すること，⑤販売促進とそれによるバイエルン農民の保護，である．地域農業の保護を強調しているところが特徴である．

QHBプログラムは，1995年にバイエルン農民連盟の「開かれた畜舎」プログラムと州農務省のプログラムを統合し，さらに，バイエルン食肉検査協会（Fleischprufring Bayern e. V）の食肉検査プログラムを取り入れて創設された．「開かれた畜舎」プログラムは，1989年に動物愛護運動や残留農薬問題への対応のために創設されたものであり，もっぱら農家段階を対象とし，動物保護条例，飼料条例に則った生産を行うことを内容とするものであった．州農務省のプログラムは青果物のみを対象としていた．バイエルン食肉検査協会は，QHBプログラムの創設により，独立した機関としてQHB印の利用許可証を取得し，許可証受取人として品質・検査規定が順守されるように団体に対する管轄を行うこととなった．農民連盟のプログラムは存続し，後述するようにQHBと連動して機能している．

プログラムでは，すべての関与者，とりわけ消費者に，農場から小売店の売り台にいたるまで一貫した安全性を提供するために，家畜に出生から肥育，と畜企業，さらにと畜後の肉にも文書証明が添付される．品質保証は，この文書証明によって各段階におけるプログラムの成果を確認することができること，あわせてすべての段階で抜き取り検査による管理が行われることをもってなされる．違反は契約による罰金をもって処罰される．取り締まりは，独立した機関であるバイエルン食肉検査協会およびその代理人によって行わ

れる．さらに，安全性に対する追加的な保証として，バイエルン食肉検査協会およびその代理人によってと体への品質・出自印付きの打印がなされる．

QHB の導入のために，1994年末までは証明と管理コンセプトの促進のための費用をバイエルン共和国が負担する．その後は，予算に応じて農業促進法にもとづいて州が負担することとされた．

2. 品質・検査規定

QHB の対象とする牛肉のカテゴリーは，子牛肉（96年版では削除），若齢牛肉，若雄牛肉，雄牛肉，去勢牛肉，若雌牛，雌牛であり，CMA 検査印より広い範囲にわたる．

品質・検査規定は，①出自証明，②品質明細書，③子牛生産者，④家畜商，生産者ゲマインシャフト，飼育連合およびその他，⑤と畜用肉牛生産者，⑥と畜企業，⑦解体企業，⑧固有のと畜処理施設をもった食肉専門店，⑨最終販売企業，⑩検査・管理機関（PK），⑪違反の際の処置，⑫検査費用，⑬発行，からなる．品質規定は96年版においてもほとんど変化はないが，新たな項として契約締結と広告が付け加えられた．

出自証明は，家畜輸送令にもとづいた LKV（バイエルン畜産生産者リング協会：Landeskuratorium der Veredelung in Bayern e. V）の耳標が有効とされる．

と畜用肉牛生産者は，バイエルン農民連盟の「開かれた畜舎」プログラムに参加することが規定されている．そして同プログラムの品質・検査規定の変更には州食料農業森林省の同意が必要とされる．

と畜企業，解体企業には，現行の衛生規定の遵守が歌われているが，CMA 検査印とは異なり EU の統一された衛生基準と EU 認可番号の取得の規定はない．

と畜企業，解体企業には，QHB 牛肉と他の出自の牛肉とを分離し再追跡できるようにすることとされているが，食肉専門店は，QHB の肉牛だけをと畜し，QHB 牛肉だけを買い足していることを保証しなくてはならない．

同じく，最終販売企業（スーパーマーケット）もQHB牛肉のみを用いることとされている．ただし食肉専門店，最終販売企業の取扱いにおいて，CMA検査印プログラムと外国出自の肉は例外とされる．CMA検査印プログラムは，QHBより高い品質基準であると理解されているのである．

監視と管理は，すべての段階において，検査・管理機関（PK）＝バイエルン食肉検査協会によって行われる．管理は，プログラムの規定と現行の関連法規定にもとづいて行われ，検査頻度，検査範囲，検査法は別に検査計画に定められる．検査費用は企業の自発的な出資とされる．

3. 利用状況

バイエルン州食料農業森林省の資料によれば，加入農家は1994年の4,000戸から，1996年には44,000戸へ拡大し，契約しているとちくプラントは84カ所（90％），小売業者1,640，肉屋613，病院2，社員食堂10，卸売業者57にのぼっている．と畜シェアは，95-96年には38％であったものが，99年には50％に上昇している．

バイエルン州農業大臣によれば[13]，プログラムにもとづいて格付けされた牛は95年には50万頭にのぼっている．また，消費者の85％以上がQHBの品質保証マークを知っている．各種の牛肉プログラムのうち認知度はおそらく最も高い．と畜・解体企業がと体重1kgあたり3〜40ペニヒの価格割り増しを認めている．狂牛病による牛肉市場の落ち込みが明らかに和らげられたと評価されている．そのような成果が上がったのは，第3者機関による検査体制が確立していることによるといわれている．

州政府のプログラムは，バイエルン州の他にもバーデン・ビュルテンブルク州，ラインラント・ファルツ州，シュレスビッヒ・ホルシュタイン州が実施しているが，バイエルン州のものは普及率において群を抜いている．第2位のバーデン・ビュルテンベルク州では契約農家数は1,800，証明牛は5万頭，参加企業は900であるという[14]．

このような成果にもとづき，農業大臣により，QHBには本来の目的に加

え，それぞれの地方の特殊性を認識し，その強みを有利に生かすこと，地域製品の品質に対する意識を高め，郷土の農業を保護するという点での評価もなされている．

第8節 む す び

　本章では，狂牛病をはじめとする牛肉の安全性・衛生などの品質問題への対応のために実施された，EUおよびEU諸国政府による規制措置の導入と，政府の支援をうけながら自主的に民間サイドで構築された品質管理・品質保証プログラムの開発と普及について検討した．
　この農場から食卓までの生産行程の管理とそれにもとづく品質の保証をめざすプログラムは，サプライチェーンの垂直的調整システムの新たなあり方を提示している．これまでの垂直的調整は，第6章でとりあげた生産物の取引をめぐる関係を調整するもののみであった．それに対して品質プログラムは，取引をめぐる調整システムとは別の次元で運用される品質にかんする調整のシステムである．調整は生産物の品質の仕様についてのみ行われ，コストや価格などの取引要素は調整の対象にふくまれない．
　このような食肉で開発された農場から食卓まで垂直的調整を行う管理システムの考え方は，食品全体の政策に取り入れられることになった．EUの健康・消費者保護総局によって，2000年6月に提案された「農場から食卓へ」の原則を導入した新しい食品衛生規則（EU, 2000）はそのひとつである．
　提案がとおれば，農産物に対するこれまでの16の指令と食品の衛生指令（指令93/43/EEC）による衛生要求条件が統合されることになる．新しい原則は，フードシステムのすべての構成者に食品安全に対する一義的な責任をもつことを要求し，今までとりわけ農場段階にギャップがあったことを指摘し，農場から食卓までの包括的な衛生制度を築くことを提起している．そのために，HACCPシステムの義務化（ただし農場ではグッドプラクティス）や食品産業の登録によるトレーサビリティの実現がもられている．

これをとおして，これまで別々の政策領域また産業世界を形成していた農産物と加工食品，農産物の生産段階とその処理，加工，流通の段階が緊密にむすばれるようになることは確実であろう．トータルな調整システムが形成されることによって，フードシステムが実体をもつようになるはずである．

注

1)2)3) 狂牛病は脳が海綿状になって死亡する病気であり，プリオンと呼ばれるタンパク質が脳の神経を変化させることによって発病する神経変性疾患であることがわかっている．このようなプリオン病は他にもみられ，羊ではスクレイピー，人ではクロイツフェルトヤコブ病と呼ばれている．これまで専門家の間では，種が違えばタンパク質のアミノ酸配置が異なるため，プリオン病は種を越えて感染しにくいといわれてきた．そこで種の壁に関する実験が続けられ，異種動物間の感染例が複数得られたが，結論が出されるには至っていない（以上，菊地，1996)．

狂牛病は1986年にイギリスで初めて発見され，その後もイギリスで多く発症している．発見の翌年には，イギリス農水食料省によって疫学調査が行われ，飼料に利用された反芻動物（スクレイピーに感染した羊）の肉，骨粉が感染源だと推定された．それをうけて88年にイギリス政府は，反芻動物由来のタンパク質を反芻動物の飼料として使用することを禁止し，ECは，それ以前に誕生した牛の輸出を禁止する措置をとった（89年)．また，病原物質は内蔵や骨に存在する可能性が大きいことから，イギリス政府は牛の内蔵を食用に使用することを禁止した（89年)．

96年3月の保健相の発表後は，直ちにEU各国がイギリス産牛肉製品の輸入を禁止した．イギリス政府は10カ月齢以上の牛の肉の食用への使用禁止，狂牛病発病のおそれのある30カ月齢以上の牛（全土の牛110万頭の3分の1に当たる）の処分を発表するなどしたが，一時は禁輸をめぐる対立からEU統合にも響きかねない状態になった．

同年6月にEU委員会が，BSE対策としてイギリスが講じるべき措置，またその措置を前提としたイギリス産牛製品の禁輸解除対象品目に関する意見書を提示し，EU首脳による合意が得られるに至って，一応の落ち着きをみた（以上詳しくは表9-11)．

対応措置には，イギリスにおける関連法規の制定などが盛られており，イギリスでは，①BSE罹患牛と同時期に同一農場で生まれた牛の処分計画，②牛の移動を把握できる個体登録の改善（「牛パスポート規則」の施行)，③肉骨粉の使用を防止するための規則の強化，④牛肉品質保証計画（清浄肉用牛群の認定）などが進められている．

以上の対応措置は，日経メディカル（1996），池田・東郷（1996）をもとにまとめた．
4) ISO 9000 シリーズはヨーロッパで生まれた品質管理および品質保証に関する国際規格であり，ISO は国際標準化機関（International Organization for Standardization）の略称である．顧客が供給者からよい品質の製品を調達しようとするときに，完成した製品の品質確認を行うより，よりすすんだ方法として製品を生み出すプロセス（製造工程や品質管理体制）の監査を行うほうが確実で効率的であるとの考えに立つ．

したがって，これによって規格化され保証されるのは，製品の品質そのものではなく，品質を管理するシステムであることが特徴である．ISO 9001-9003 によって外部に，品質保証を行うための品質（コントロール）システムの規準が示される．そして，品質システム審査登録制度により，民間の第3者機関によって，申請者の「品質システム」が ISO 9001-9003 に示される規準に適合していることが審査され，登録される．これによって申請者の品質保証能力が社会的に示されることになる．品質保証は，顧客の要求する品質要求事項を満たすことと，実証（妥当な品質システムをもち，それを適切に運用していることを，証拠をもって示すことであり，検査，監査，文書化，記録がその中心におかれる）とがその要件となる．品質システムは，品質管理を実施するために必要となる組織構造，手順，プロセス，経営資源からなる．

品質システム審査登録制度の整備の背景には，EC 市場統合のためのハーモナイゼーション措置として EU 域内での統一的な製品認証制度を整えることを必要としたことがあるといわれる．

以上は，飯塚（1995），久米（1994）にもとづいてまとめた．
5) HACCP（危害分析・重要管理点監視）方式は，HA（hazard analysis, 食品の危害分析）と CCP 管理（critical control point inspection, 重要管理点監視）とを組み合わせたものである．アメリカで 1960 年代に宇宙食の開発を契機に開発された．関心が高まったのは，従来の食品衛生規準にもとづいた食品衛生監視員による管理・指導では細菌性食中毒は減少せず，食品の微生物学的安全確保には無力であることが共通認識になってきたためだという．食品の危害分析（HA）では，加工食品の原材料として用いる食肉や鮮魚介類などの生鮮原材料にははじめから病原菌，腐敗菌が付着・汚染されているという考え方にたつ．そして，それらをいかに殺菌し，確実に増殖を抑制するかの対策をたて，さらに調理・加工工程，容器・機具，装置および従業員の手指などをつうじて起こる最終製品への二次汚染の防止対策を実施することにより，安全で良質の製品をえることを目標とするものである．

第1段階は，HA による危害因子とその危険度の確認である．第2段階の CCP は，確認された危害因子のすべてについて，それぞれの管理箇所において防御や制御のための監視（管理）を行うことをさす．

第2段階は，①食品の飼育・栽培から製造・加工をへて最終消費にいたる各段階で，危害因子を制御することが必要な箇所にCCPを設定すること（CCPとは，その管理からはずれれば許容できない健康被害や品質低下をまねく恐れのある場所または管理方法とされる），②各CCPにおける「管理規準」=危険度の限界の設定，③おなじく「監視方法」の設定，④管理規準から逸脱したときの修正措置の規定，⑤管理記録の保存，⑥検証=確認検査の実施，が要件となっている．

　　以上は，河端・春田（1992）にもとづいてまとめた．
6) この節は，EU委員会本部における聴き取りと，EU（1992a），EU（1993）にもとづいてまとめている．
7) EU統一カーカス規格は，形状（枝肉の外形すなわち肉付きで，S: Superior, E: Excellent, U: Very good, R: Good, O: Fair, P: Poorに区分），脂肪付着（外脂肪の厚さ，肋骨間脂肪量で1: Low, 2: Slight, 3: Average, 4: High, 5: Very highに区分）の2つの基準からなる．日本やアメリカのように脂肪交雑は含まれない．EU統一カーカス規格については，塚田・土肥（1992）に詳しいので参照されたい．
8) CMAは1969年に「ドイツ農業，林業，食品産業の販売促進のための中央基金設立に関する法律」にもとづいて，ドイツの農業，林業，食品産業に関する販売促進のために設立された．91年の法改正により林業が分離されたが，およそ50団体の出資により運営される有限会社である．宮崎・早川・小林（1993）にもとづく．CMAの組織と機能については，同文献が詳しいので参照されたい．
9) CMA検査印プログラム1992年版の内容については，新山（1996c）を参照されたい．
10) 以下「アルモックス-プログラム」については，モクセル社資料"Almox-Programm"にもとづく．
11) 生産者リングは，生産領域の自助共同組織であり，生産方法の統一によって生産コストの節減や生産物の品質の向上をめざすことを目的としている．1969年のバイエルン農業促進法（Gesetz zur Foerderung der bayerischen Landwirtschaft）にもとづいてつくられている．以上は，四方（1999）による．詳しくは同文献を参照されたい．
12) この項とつぎの項は，バイエルン食料農業森林省のELF（1994）による．また改訂版は同情報13/96に出されている．
13) http://www.stmelf.bayern.de/pressemitteilungen/1996/pm 36-96.html（1996.12.26）．
14) 同上1996.12.26による．評価は，ミュンヘン工科大学の比較調査にもとづく．

表 9-11　狂牛病に対して講じられた公衆衛生上の措置

イギリス		EU	
■公衆衛生上の措置			
1986 11	・農水食料省中央獣医研究所，病理学的に BSE 発見	1989	・88 年 11 月以前に誕生した牛の禁輸
1987	・農水食料省が最初の疫学調査を行い，飼料中に含まれる反芻動物由来の肉，骨が感染源との仮説を提示	1990	・イギリスからの生体牛（6 カ月齢未満）の域内禁輸 ・イギリスからの 6 ヶ月齢以上の牛の SBO の域内禁輸
1989	・SBO（特定牛内蔵）の食品への使用禁止 ・頭蓋からの脳および眼球の分離禁止，頭蓋全体を BSO とする ・食肉処理場以外での脊柱からの脊髄の分離禁止，牛脊柱の食品への使用禁止		・イギリスからの牛肉輸出にあたって清浄性の証明 ・イギリスからの牛肉輸出の条件強化
		1996 3/27	・イギリスからの生体牛および牛関連製品の域内および第 3 国への禁輸
1996 3/28	・30 カ月齢以上の牛の肉の食用へ使用禁止 ・6 カ月齢以上の牛の頭部を SBO として扱うことを決定 （名称を SBM＝特定牛畜産物に変更）	4/19	・食用が禁じられた 30 カ月齢以上の牛の処理に関する規則を制定
		6/11	・イギリス産牛製品の禁輸一部解除
4/29 5/1	・EU 規則に沿った 30 カ月齢以上の牛の処理規則を制定 対象頭数は，400 万頭	6/21	・BSE 対策としてイギリスが講じるべき措置，当該措置を前提としたイギリス産牛製品の禁輸解除対象品目に関するポジションペーパーを提示，EU 首脳による合意
		7/18	・BSE，スクレイピーの病原体不活性化のための非食用畜産物の処理条件決定（97.4.1 より適用）
■家畜衛生上の防疫措置			
1988	・反芻動物由来の蛋白質（肉骨粉等）を反芻動物飼料に使用することを禁止		
1990	・SBO をすべての動物飼料に使用禁止	1992	・BSE 牛，88 年 7 月 18 日以降に誕生した牛の受精卵の流通禁止
1995	・SBO を特殊色素で着色し，識別強化	1994	・ほ乳類由来の蛋白を反芻動物の飼料として使用することを禁止
1996 3/28	・ほ乳類由来の肉骨粉，これを含む飼料をすべての家畜（魚類を含む）の飼料として販売・供給・給餌することを禁止		
4/20	・農用地での肥料への利用禁止		

出所：『狂牛病のすべて』日経 BP 社，池田一樹，東郷行雄：駐在員レポート「BSE をめぐる情勢」『畜産の情報』1996 年 9 月をもとに作成．

表 9-12 CMA 検査印プログラム（1998 年版）の仕様項目

1. 肥育企業に関する仕様書
    (1) 出自証明（項目略：以下同じ）
    (2) 子牛の出自と家畜の入手
        遺伝的出自と性別，舎飼時の年齢および体重，舎飼時の予防
    (3) 肥育牛の飼養
        肥育牛用畜舎に対する一般的要求，特殊な要求，照明，畜舎の空調設備，飼育と世話，施設の監視，運転障害の際の準備
    (4) 飼養
        飼料の配合，肥育の仕上げ月齢・体重，<u>肥育促進剤の禁止（飼料条例＝FMV）</u>
    (5) 衛生と動物の健康
        ・経営内の衛生コンセプトの作成
        ・要件：契約獣医による検査，薬剤の購入，実行された予防・治療措置の文書化，病畜の分離
    (6) 非許可物質の使用チェック（検査計画で規定）
    (7) 外部管理（経営点検検査，検査計画で規定）
2. と畜用家畜の輸送に関する仕様書
    (1) 出自証明
    (2) 輸送の準備
        追い込み路，従業員（専門知識証明の保持），ロジスティック計画の作成，一群の規模，輸送従業員の衣服と輸送車の洗浄・消毒
    (3) 積み込み（設備，照明，家畜の扱い）
    (4) 輸送
        輸送車の構造と設計，安全装置，換気・温度，照明，最小床面積と積載密度，輸送時間は 6 時間以下，その他
    (5) 荷下ろし
        輸送に生産者ゲマインシャフトの参加を奨励，その他
3. と畜企業に関する仕様書
    (1) 出自証明
    (2) 引き渡しと待機のための建築設備
    (3) 引き渡しと待機の方法
    (4) 麻痺と血抜き
        <u>動物保護（動物保護・と畜条例（1997.3.3）の遵守）</u>，<u>血抜き（食肉衛生条例）</u>，<u>従業員（動物保護・と畜条例にもとづく知識と能力に関する証明）</u>，道具・装置，設備の点検．基準の遵守にはと畜場経営者が責任をもつ．
    (5) と畜技術
        乾燥と畜，汚れたと体部分（特に皮膚の外側）と肉の接触をさける，内臓を傷つけず食道を開き確実に閉じる．
    (6) と体の品質
        と体の外面的状態，と体重量と年齢，取引等級，食肉の品質
    (7) 冷却
        ・冷却コンセプトの作成

第9章 農場から食卓までの安全性・品質保証システム　　353

表 9-12 つづき

・要件：冷却方法，温度制御，冷却類でのチェック
(8) 毒物学的状態
と体の標本検査（薬理学的作用をもつ物質，とくに肥育促進剤の検査：飼料条例にもとづく：検査計画で規定，環境汚染物質調査）検査物質の決定．
(9) と畜衛生
・<u>EU 企業に対する衛生要求が有効（1997.3.21 の食肉衛生条例），EU 番号が必要</u>
・衛生コンセプトの作成．
・報告要件：① 従業員通路と材料の流れを含む操業計画，② 水の配分計画，③ 図式化した流れ作業の経過，④ 衛生規定（企業内の従業員通路，企業内の全般的通路，作業着，作業の終了に対する行動規定），⑤ 衛生訓練プログラム，⑥ 洗浄と消毒のプログラム（洗浄職員，洗浄・消毒剤，洗浄・消毒の間隔の規定，各領域に対して部屋・器具・機械・設備の洗浄に関する作業指示のための厳密な洗浄計画の作成），⑦ 作業指示（各作業場に対する作業経過と処理法の厳密な説明書），⑧ 監査措置（微生物学的検査），⑨ 管轄（衛生受託者の任命と責任領域の確認），⑩ 文書化（検査印授与者・と畜解体検査委員会に提出）
(10) 外部管理（企業点検検査，検査計画で規定）

4. と体・食肉輸送に関する仕様書
    (1) 出自証明
    (2) 技術設備
        冷却設備，温度指示設備，肉の懸垂設備，積載部屋の材質（簡単に洗浄・消毒が可能），輸送車の密閉
    (3) 冷却
        ・冷却コンセプトの作成
        ・要件：冷却方法（継続的なコールドチェーンの保証），温度
    (4) 衛生
        ・<u>食肉衛生条例（1997.3.21）の衛生要求が有効</u>
        ・衛生コンセプトの作成
        ・要件：企業衛生（輸送手段の洗浄・消毒），消毒および洗浄，従業員衛生（衛生訓練，衣服規定，健康検査），文書化，衛生管理の結果（検査印授与者・と畜解体検査委員会に提出）

5. 解体企業に関する仕様書
    (1) 出自証明
    (2) 技術的設備，部屋
        冷却室・解体室・熟成室・貯蔵室の分離，冷却・解体室での継続的な温度記録，洗浄・消毒の簡単な解体台・ベルト・部屋・輸送，貯蔵コンテナ
    (3) 実行方法
        ・一般的規定
            と畜後の食肉の扱いに対するコンセプトの作成（冷却，解体，包装，貯蔵を考慮），文書化
        ・解体（と畜後 36 時間以上，部分肉温度）

表 9-12 つづき

- (4) 食肉の品質
  pH, 光沢, 筋肉内の脂肪組織, 調整後の脂肪除去
- (5) 冷却
  - ・冷却コンセプトの作成
  - ・要件：冷却一般（荷下ろし運搬中の凝結形成を防ぐ），冷蔵貯蔵条件，温度，貯蔵温度，チェック（温度の測定記録，抜き取り検査），文書化
- (6) 熟成
  - ・一般規定（包装から熟成期間は最低 14 日，熟成温度）
  - ・熟成袋での包装
- (7) 衛生
  - ・EU 企業に対する衛生要求が有効，EU 番号が必要
  - ・衛生コンセプトの作成（項目は，監視措置をのぞきと畜企業に同じ）
- (8) 外部管理（企業点検検査，検査計画に規定）

6. 最終販売者に関する仕様書
- (1) 出自証明
- (2) 技術的設備，部屋
- (3) サービス
- (4) 冷却貯蔵
  - ・コンセプトの作成
  - ・要件：一般的冷却（継続したコールドチェーンの保証），冷却貯蔵（湿度，温度，期間），温度制御（荷下ろし，解体・カットの室内温度，貯蔵温度，と体内温度，陳列の冷却温度），チェック（納入・冷却車の温度記録，抜き取り検査による枝肉・部分肉温度チェック，貯蔵間隔，文書化（温度記録，有機塩化化合物を使わない包装，熟成袋での真空包装肉のチェック，販売期間）
- (5) 衛生
  - ・食品衛生条例が有効（1997.8.5），措置の文書化
  - ・衛生コンセプトの作成
  - ・報告要件：製品衛生，消毒と洗浄，職員衛生，衛生チェック（枝肉・熟成袋で熟成後の部分肉：検査計画で規定），文書化
- (6) 食肉の品質と製品特性
  脂肪除去, 感覚（フレッシュ製品の臭いの異常，グリル製品の臭いと味の異常，柔らかさ，ジューシーさ，臭い，味に関する感覚検査：検査計画で規定），食肉の品質の物理的基準（調理後のせん断力，pH，グリル時の損失：検査計画で規定）
- (7) 外部管理（企業点検検査，検査計画で規定）

第10章　食料システムの転換と品質政策の確立
　　　　　－コンヴァンシオン理論のアプローチを借りて－

第1節　はじめに

　本章では，市場介入政策から転換を図っている EU の品質政策のねらいと体系をとらえることを通して，新しい食料システムの姿の模索の方向を探りたい．また，その政策転換を図るに際してどのような理論が構築されているか，いちはやく意識的な展開をはかっているフランスのコンヴァンシオン理論を取り上げる．そこではとくに，品質に関する社会的合意の形成と消費者に対する信頼の確保の道筋，さらに地域的な生産者や伝統の保護と生産の振興，そこにおける国家と民間の役割が中心的論点になり，またそれを通して市場というものが再定義されることになる．

　EU をとりあげるのは，この問題に対してきびしい緊張をかかえており，そのようななかでの模索を知ることは，日本の今後の食料システムおよび食料・農業・農村に関する政策を考える上での視点の転換につながると判断するからである．本章で行なう EU の品質政策の検討は，日本農業の存続可能性を拡大する方策を探ることを念頭におく．そのために，はじめに日本農業のおかれている状態をどのようにみるかについて問題提起し，また，最後に EU の戦略の検討から汲み取るべき日本への示唆をまとめたい．

第2節　日本農業のおかれている状態について：前提的認識

　現在,農業においても,国家による保護や支持が否定され,それらを極力廃止した状態での競争が望ましいとする,いわゆる市場原理の強化の考え方が大勢を占めており,これからの日本農業と食料供給のあり方を方向付ける「食料・農業・農村基本法」もそれを基本原理として組み立てられている.

　こうした市場原理の強化の下で,競争力をもちうる大型経営の育成によって食料供給を確保することがめざされているが,日本の農業経営がどこまで生き残れるのか.大型経営への再編が充分に進んだ中小家畜を中心とする畜産が,80年代半ば以降,国内総生産量の急激な低下という形で,もはやその一角を崩しはじめており,そこにすでにこの新しいシナリオの破状を予測できそうである.その原因は,海外農産物を標準品とするまでに,生産物市場の競争の状態が国際的な環境のなかに深く組み込まれたのに対して,労働力と土地を中心とする生産要素市場の状態は当然ながらきわめて国内的であり,両者が整合のとれない構造にあるからである.このようななかで,農業経営が存続しうる最小必要規模のボーダーラインが急激に上昇し,これまでに築いてきた供給力を維持できなくなっているのである[1].

　したがって,この構造のもとでは,それを補正する何らかの措置なしには,これから育成されようとしている水稲を含めて,かなりの大型経営でさえ農業生産部門だけでは存続することが困難な事態になると考えられる.

　他方,日本の農産物がコスト競争力において制約があるとしても,飢餓をかかえる多くの国があり,先進工業国が先進農業国であること(農業技術と自然条件の優位性)から,将来の世界の食料事情を考えたときの先進資本主義国の役割として,また日本の国土のバランスある保全を考えたとき,農業経営の存続をはかり,国内で食料の確保に努力することは重要な課題であると考える.日本の高い賃金水準は高い購買力を基礎づけてもいる.

　このような立場で農業経営の存続可能性をいかにして拡大しうるかを考え

たとき，基本となるべき手段は，農業経営をとりまく上述の構造的な環境条件に介入する政策以外ではありえないと考える．農産物市場に直接介入する価格支持政策が否定され，市場から切り離した直接支払い政策が採用される方向にあるが[2]，それは輸出超過国において有効な政策であって，低自給率国の日本においては，依然として不足払いなどの価格に連動した所得補塡策が不可欠であると考える．

しかも，本章の課題はそれを議論することにはないのでそのことはさておくとしても，輸出超過国の多いEUにおいても，価格支持政策の転換方向は直接支払い政策だけに求められているのではないことに注意が必要である（しかも，直接支払いの所得に占める比率は2分の1を超える（村田，1998）ので，日本におけるそれとは比べものにならないほど高いということを加えてのことであるが）．もう1つの方向として，消費者を保護するとともに，それと裏腹に生産者の所得を確保し，場合によっては域外との間に防護措置を講ずる機能を果たす，「品質政策」というカテゴリーがクローズアップされてきている．本章では，食料システムの転換の方向をこの「品質政策」を通してさぐりたい．

可能な限り多様な形の政策を集中させて農業経営存続のための支持がなされなければ，経営の存続ははたされないとみなければならない．

こうした政策選択においては，それに正当性を付与するいかなる論理が組み立てられるかが重要であり，鍵になるのは消費者であり主権者であるところの国民の集合的意思である．生産者どうしのまた消費者どうしの合意の形成とその接合がはかられねばならず，新しい社会システムはその合意にもとづいてのみ形成されうる．

その合意はいかにして形成されるか．その解明には，個別選好をもつ消費者という個人主義的主体把握とは異なる，社会的合意把握の理論が必要である．こうした，合意の把握とそれにもとづく政策選択を明示的に進めているのがEUおよびEU諸国である．

第3節　市場危機への対応にみるEUの戦略：品質政策の登場

　EUにおいては，世界的レベルではWTO協定によるグローバリゼーションが，EUレベルでは市場統合という形で，2つの次元の経済広域化に直面し，そこには，グローバリゼーションに対してEUという地域共同体が，EU次元の統合化に対しては加盟各国が対置されるという複層的な関係がある．そのようななかにおいてさらに，市場を揺るがす食品スキャンダルが相次いで発生し，消費者の保護と裏腹に市場の保全への対応に迫られ，緊迫した状態が続いてきた．この消費者の保護という立脚点が，頻繁に，EU外の第3国に対して，またEU内部の加盟国どうしの間で，貿易障壁を設ける根拠になっており，貿易障壁の取り扱いは依然として現在進行形の問題となっている．製品市場におけるこの問題の調整と整理が，「品質政策」という領域においてなされているとみることができる．

　そこでは，制度はヨーロッパ的なものに，さらに国際的なものにならざるを得ないと認識されながらも，そのなかで地域，部門，国が果たす役割が探求されている．また，EU市場の拡大を進める一方で，各国の国内市場の確保と，自国産品の競争力の確保の方策が探求されている．そしてそれは，コーディネーション形式の多様性を認め，市場はあくまでそのひとつとして相対化し，また，あらゆる要素の集約点として製品の品質の規定とそのコンヴァンシオン（合意・協約）に注目するという方向をとっている．

1.　戦略の背景となる貿易ルールの調整と食品市場の劇的変化[3]
(1) 貿易をめぐり矛盾する2つの要素

　EUの戦略的対応の背景の1つは，貿易と流通のルールの世界に求められる．

　そこには，世界貿易もそうであるが，EUにおいても周知のように市場統合をめざす貿易と流通の自由化の大きな流れがあり，その一方で自国の市場

を確保し，自国産品の競争力を高めようとする国家の利害が存続する．この矛盾する要素の折り合いをつける形でEUの貿易と流通のルールが形成されてきた．

自由流通の流れは，貿易障壁（非関税障壁）の解消に向けられ，その焦点となってきたのが技術的障壁である．技術的障壁とは，加盟国の法令や習慣の違いから生じる非関税障壁であり，商品の自由流通に関わる障壁とされるのが，健康，安全性，環境保護などに関する各国の規制，製品に関する規格および認証制度である（田中，1991）．農産物および食品はこれにもっともかかわりの深い製品分野である．

障壁解消のため，規則・規制の「統一（調和）」(harmonization) がEU理事会「指令」の発行を通して進められたが，膨大な数の規則・法令の整合を必要とすることから技術的に困難であること，政治的な摩擦が大きいことなどが理由となり，85年に「相互承認」の原則が導入された．「統一」の手法は健康，安全性，環境の領域に限定して用いられることとなり，それ以外の分野は「相互承認」（加盟国が関係法令を相互に承認し，ある国で合法的に生産され流通されている製品は自国でも自由な流通を保証する）の手法が適用されるようになった．

(2) 様相を変えた食品市場

1980年代を通しての製品差別化と大量生産の結合をすすめるマーケティング，そしてコンシューマリズムの浸透は，消費者を非決定の状態におき，市場における品質の識別可能性の欠如が問題となっていたが，それを決定的に破局的問題にしたのは，80年代半ば頃からの，食肉分野に集中した食品スキャンダルの連続であった．

食肉分野では，80年代半ばから市場介入政策のもとでの品質低下が消費者の不興をかっていたところに，成長促進ホルモン使用疑惑，連続する狂牛病問題，動物愛護運動，ごく最近のダイオキシン汚染問題にいたるまで相次いで社会的事件が発生している．とくに96年の狂牛病騒ぎのときには，もはや牛肉消費は今世紀はじめの水準にも回復しないだろうといわれる事態に

なり，度重なる不安による消費者の拒絶から市場が崩壊しかねないという危機感さえ生まれた．現在も，動物愛護運動の高揚からもはや肉を食べることは罪悪であるという意識が生まれかねない状態になっている．

　こうした経験を通して消費者の農産物と食品に対する社会的意識はますます強固になり，市場の存続が消費者の態度にかかる時代になった．99年の成長促進ホルモン使用のアメリカ産牛肉の禁輸措置は両国の間に大きな摩擦を生んだが，遺伝子組み換え食品表示とならんで，EUにおいては消費者の納得を得るために避けられない措置であったといえる．もはや消費者に納得される対応をとらなければ市場を存続させられないともいえ，とくに安全性・衛生をふくむ品質問題への対応が市場を混乱から救うに不可欠となった．

　この過程で品質概念は大きく変化し，製品の品質から（製造）プロセスの品質へ，そして品質は消費者によって形成されるものと認識されるようになった．しかし，同時に，ヨーロッパの消費者というものは存在しないとも明言される状態がある．消費者の嗜好は，国や地域によって著しく異なる．品質に関する規制や政策が国によって異なるのは，消費者の嗜好や要求が異なるからであると理解され，正当化されようになった（Quality Policy and Consumer Behavior, 1999）．規則を無理に統一させることは政治的な摩擦を大きくするという判断も，ここに根拠がある．

　こうした状態のもとで，品質概念の転換をうけとめ，市場の状態を回復させるには，食料供給システムの管理手法と消費者への保証手法の開発，その制度化，その制度と貿易に関する規制の枠組みとの接合など，複雑な局面の対応を必要としている．諸局面を体系づけて組み立てたものが「品質政策」という形をとりつつあるといえ，市場において市場介入政策に替わる位置づけをもって登場している．食品問題を一元的に扱うEUレベルの食品安全庁設立の決定はこの延長上にあるとともに，域外に対する貿易上の防波堤としても位置づけられているものとみてよい．

第10章　食料システムの転換と品質政策の確立

```
                          「品質政策」
              ┌──────────────┴──────────────┐
         「義務的な品質政策」              「自発的な品質政策」
```

	「義務的な品質政策」	「自発的な品質政策」
課題	競争の平等な条件を確立	国内およびヨーロッパの農業・食品産業を支持 農村発展を考慮
アプローチ	規制の統一	農産物販売促進アプローチ
品質内部 （例）	安全性，衛生，健康 （動物福祉，トレーサビリティ， 　ホルモン使用）	それ以外の食品の品質 （牛肉プログラム，原産地呼称，有機生産）
手法	重要事項に関しては法的な要求事項 その他の事項を自己責任と自己管理 （HACCPの導入）	自発的な手段と表示の使用 基準と認証は自発的なイニシアティブ （ISO 9000への準拠）
役割全体	EU・国家の役割が基本	民間の機能に期待 国家は，調整者として，定義された標準を支持することで市場を支える

政策の目的：①単一市場の円滑な進行（規制の統一）
　　　　　　②所得確保（販売保進）
　　　　　　③品質認識の誤解から消費者と保護すること

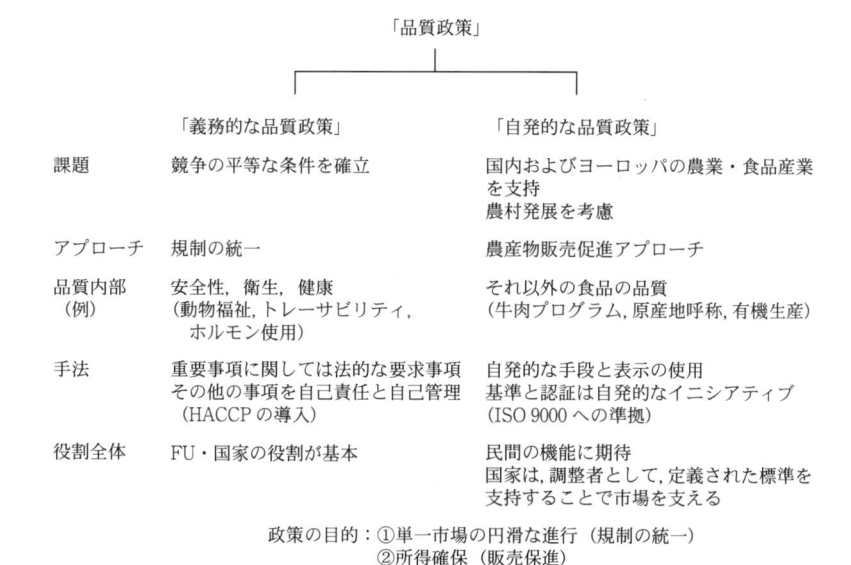

図10-1　EUにおける「品質政策」の目的と2つの領域

2. ポスト市場介入政策として登場した品質政策とその体系

　品質政策においては，規制と自発性，競争の平等条件づくりと販売促進，地域と国およびEU，国際ルールという，通常は相対立すると考えられているベクトルを，二者択一するのではなく，政策対象となる品質要素を区分し，それに対応してそれぞれの領域と役割を整理し組み合わせていくという方向が選択されている．

　品質政策は，「義務的な品質政策」と「自発的な品質政策」との2つの領域でとらえられている（図10-1）[4]．

　「義務的政策」は，国によって異なる規制の枠組みによって引き起こされる市場のゆがみをさける（先にのべたように国毎の異なる規制は技術的な非関税障壁を形成する）ために，競争の平等な条件を確立することが優先される領域であると説明される（動物福祉，トレーサビリティー＝追跡可能性，ホルモン使用など）．ここでは規制の統一が必要とされる．

「自発的政策」は，アンバランスな市場状況に対して，国内およびヨーロッパの産業を支持することを目的とする領域とされる[5]．ここでは，質を重視した生産は，農産物販売促進アプローチとみなされる（EU 牛肉プログラム，原産地呼称，有機生産など）．そして，生産者をフリーライダーから守り，消費者に対して信頼を高めるために，ここでも法的な保護が求められる．農村発展を考慮した原産地呼称などの特別な措置もこの領域に属する．

「義務的政策」の対象となるのは，食品の安全性，衛生，健康という品質要素に関する分野であり，「自発的政策」は，その他の品質に関する分野が対象となる．

管理の手法については，「義務的政策」では，安全性に関しては量的基準が用いられ，衛生に関しては量的基準からプロセスの管理を標準化（衛生を管理し保証する方法を定義）する方向へ進んでいる．後者は，重要事項に関しては法的な要求事項を定め，その他の事項では自己責任と自己管理にもとづく HACCP アプローチを用いる方向に整理されている．

「自発的政策」の領域では，定義による基準が用いられる．ここではインフォーマルなノルムやコンヴァンシオンは重要な基準であり，基準は市場ではなく政治的な場でみいだされるコンヴァンシオンにもとづく，とされる．この領域では，結局，法的な規制は避けられ，管理は自発的な手段と表示の使用に依拠される．品質基準と認証は，自発的なイニシアチブにまかされている．ただし，信頼性を確保するために，国際レベル，ヨーロッパレベルで承認された基準（ISO 9000，EN 29000 シリーズ）にしたがうことが奨励される．

機関の役割については，「義務的政策」では EU や国家の役割が基本となるが，「自発的政策」では民間の機能に期待される．後者では，民間が，経済的・職能的部門（民間部門）の技術的潜在力，消費者との近接性，自己組織力において，公的介入よりも優れていると考えられているからである[6]（ヴァルセシーニ，1997）．そこでは，国家は，調整者として，定義された標準を支持する（法的保護を与える）ことで市場を支える役割を与えられる．

国家が標準を支持することは，消費者をごまかしから保護するために正当性をもつ[7]．このように公権力と民間のそれぞれの役割が重層的に布置され，それぞれに正当性が与えられているのである．

以上の品質政策は，需要と供給の間の情報仲介者として機能しており，政策の目的は，①単一市場の円滑な進行（規制の統一），②所得確保（販売促進），③品質認識の誤解から消費者を保護すること，と整理されている．ここで注意すべきことは，品質政策の目的が消費者対策のみにおかれるのではなく，所得確保のための販売促進という生産者対策のウエイトが大きく，両者を結合するところに目的があることである．

第4節 市場の状態を変える品質の規定

つぎに，今日の品質政策の内容をみることにしよう．先の品質政策の体系にそって，①安全性・衛生に関する規制（規則の統一）の領域，②共通農業政策による販売促進アプローチ（各国制度の相互承認と立法による保護）の領域をとりあげ，後者はその例としてあげられているもののうち，「牛肉プログラム」と「原産地呼称」をとりあげる．そして，そこにおいていかなる品質が支持され，いかなるコンヴァンシオンのもとに自発的なイニシアチブで制度が形成されているかをみる．

1. 安全性・衛生に関する規制による品質の標準化

先の品質政策の体系にまとめたように，この領域では統一した規則の制定が先立つ．規則を制定するEUの役割，それを各加盟国レベルにおいて具体化する国家の役割が重要である．

衛生基準についてみれば，動物起源の食品に関しては11の垂直的指令が特別な衛生基準を規定しており，その他の食品については「食品衛生に関する一般指令」(93/43/EEC) が適用される．一般指令は，HACCPの適用により危害管理アプローチの導入を支持している (*The general principles of food law in the European Union*). 垂直的指令では，たとえば食肉についてみると，肉畜のと畜・解体プラントの衛生基準が統一され，EU の認可を受けないプラントの営業が禁止された（通称「フレッシュミート指令」91/497/EEC）．92 年の市場統合にむけて，製造地点において衛生基準を統一し国境コントロール（検疫）の必要をなくそうとしたものである．

　牛肉ではさらに，狂牛病への対応強化のための，耳標装着，パスポート保持による個体ごとの出自特定，牛肉の出自表示の義務づけ，また，動物福祉対策として，と畜用家畜の輸送規定に関する規則が定められた．88 年制定の肥育促進剤の使用を禁止する規則は，1999 年の成長促進ホルモン残留によるアメリカ産牛肉の禁輸措置の根拠となっている．

　EU の規制のうち「規則」はただちに各国で実施することが求められるが，「指令」は各国で法制化された上で実施に移される．これらをすべて遵守するには，大きな労力と資金を要し，国内の生産・流通システムの大幅な改変，産業構造再編をもともなうので，困難が大きい．実施状況をめぐる非難の応酬や，加盟国の国内事情による困難から発行の延期をともなうことが少なくない．

2. 多様な品質の立法による保護

　販売促進アプローチにおいて，「牛肉プログラム」と「原産地呼称」では支持され保護される品質においてかなり性格が異なる．前者は，高品質牛肉の販売促進を目的とするものであるが，それはどこの農場やと畜企業でも製造できる一般製品であるのに対して，後者は，特定の原産地や伝統に根拠づけることのできる特別ないわれのある製品に限定される．

　すなわち，ヨーロッパ風にいえば，その措置の合理性の根拠が異なるということになる．前者は食品の衛生・安全性の世界に，後者は美食および快楽の世界にそれが求められるのである．立法によって支持され保護されるのは 1 つの品質ではなく，多様なものであり得るのである．どのような品質が保護されるかはコンヴァンシオンにもとづく．その一方，支持され保護される

品質を客観化し，検証可能にする社会的システムについては，認証の導入によって共通の形態に整理されてきている（これについては次項で述べる）．

(1) 商標プログラムの失敗と品質保証プログラムによる信頼の確保

「牛肉プログラム」は，EU 理事会の「良質牛肉と子牛肉の販売促進に関するEU理事会規則」（規則（ECC）No.2067/92）（1992.6.30）により提示された．高品質肉の販売を促進するために，品種，月齢，家畜繁殖，輸送ととも畜前，と畜，販売，トレーサビリティ（追跡可能性）について最低基準が提示され，この基準にそった品質コントロールをともなう牛肉生産を振興する取り組みには，販売促進措置費への助成金が割り増しされる．

この規則は，いくつかの国において民間レベルで始められつつあった「品質管理・品質保証プログラム」をEUとして支持する措置である．

このような措置の背景には，先にのべた食肉市場における食肉の品質低下問題，あいつぐ健康・衛生・安全性スキャンダルによる市場の混乱のなかで，品質に対する管理手法の変化が求められるようになったことがある．従来の，衛生規則によって定められた家畜，と畜後の枝肉，と畜設備などに対する検査では品質のコントロールが不足し，農場から食卓までの全段階をカバーするプロセスの一貫した管理が必要であると認識されるようになったのである．すなわち，製品検査による事後的な品質管理から，プロセスに対する持続的で全般的な制御をともなう予防的な管理への管理手法の変化である[8]．それは「製品の品質」から「プロセスの品質」の確保への社会的要請の変化を意味する．EUが提示する管理基準はゆるやかであるが，実際に各国で実施されているものは概して厳格である．

品質保証は，こうして厳格に定式化された管理手続きとその実施にもとづいて，生産（供給）者とその手法に対する信頼をうち立て，それによって製品に対する信頼を生み出そうとするものである．主要国では，こうした連鎖したコントロールシステムをつくりあげた生産者-企業の組織を認証するシステムをつくっており，そのシステムを提示しているのが民間の公益的な第三者機関の牛肉の「品質管理・品質保証プログラム」である．

主要国では，ドイツのCMA（ドイツ農産物マーケティング協会）やオランダのPVE（オランダ・ミート＆エッグ・ボード）のプログラムのように，半官半民の機関によって国内全域を対象とするものが提示されているが，このような取り組みの盛んなドイツでは，それ以外にもバイエルン州に代表される州政府の提示する地域的プログラム，民間研究所の提示する国際的プログラムなど多様なレベルのものが生まれている．

　もともと，こうしたプログラムの発端は，ドイツを例にすれば，安全性問題に対応するために80年代後半に始まった，と畜企業やスーパーマーケットなどの企業の提示する私的なプログラム（商標プログラム）にあったが，管理手法が確立できず品質保証ができなかったこと，フリーライダーを防げなかったことによって信頼を獲得することができず失敗に終わっている．CMA「検査印」の場合，検査印取得組織の中心になるものには，と畜企業もあれば，スーパーマーケットもあり，生産者組織（Erzeugergemeinschaft: EG）もある．そして，この取得組織に加わる構成者は独自のプライベートブランド（商標）をもっているが，CMAプログラムに加入することによって，その商標に対する信頼を獲得している．結局，商標プログラムは市場の混乱に対応できず，第三者である公益的機関が提案者となり管理を保証するシステムをつくりあげたことによって信頼が獲得できたのである．

　このような公益的機関のプログラムと企業の商標プログラムとの共同作業の組織に加えて，流通業者のイニシアチブによる食肉表示改善のための「フランクフルトの合意」，CMA，省庁，関係団体の合意によるAGF（食肉共同行動）の設立など，産業界の合意形成がすすめられており，プログラムは牛肉産業をあげての民間ベースの戦略的提携によって生まれ，また強化されているとみることができる．

　プログラムの成果の一端は，96年の狂牛病パニックの時に現れ，プログラム加入者には影響が少なくてすんだ．ただし，マイスターをかかえる食肉専門店も影響をかなり回避している．結局，信用を獲得したのは，公益機関の提示する認証システム（垂直的連携にもとづく「品質管理・品質保証プロ

グラム」)と、独自の生き残りをはかってきた伝統的な熟練のシステム(食肉専門店)とであったことになる。コンヴァンシオン理論にならえば、前者を公民的コーディネーション、後者を家内生産的コーディネーションと位置づけられる。そして、枝肉規格(EUROP)にもとづく格づけによってしか品質を定義できなかった一般製品(工業的コーディネーション)が最も大きな影響を被ったのである。

こうしたプログラムは、標準品とは異なった安全で高品質な製品であるという品質の種別化の構築を意味し、加入者が一部にとどまるうちは、競争において差別化の効果をもつ。しかし、その差別化は、外形や印象を変えるだけの、あるいは機能を変えても顧客のセグメント化にのみ帰する意味での差別化とは異なるといえる。プログラムのねらいであるプロセス管理システムを基礎にした表示による消費者への情報提供、品質の絶対的な不確実性の縮減と安全性の創出は社会的な要請となっているからである。

(2) 伝統的地域産品の保護と地域多様性の主張:「原産地呼称」

「原産地呼称」は、EUレベルではEU理事会規則によって、公的に支持されることになった。「原産地呼称の保護(PDO)」、「地理的表示(PGI)」の種別が設けられている他、「特殊な性質の認証」が認められている[9]。

この規則の制定には、周知の通りフランスの強い主張が預かっている。その背景となるフランスの原産地呼称の根拠は1919年法にまで遡る。では、フランスの主張の目的は何であり、それは如何に正当化されたか、コンヴァンシオン論者であるヴァルセシーニ(1997)や、デルフォス・ルタブリエ(1997)の理解をとおしてみてみよう。

フランスの製品呼称政策は、60年代に、まず農産加工政策として、輸出市場の征服および輸入される製品との競争に対する闘争の道具に、また、農業開発政策としても位置づけられた(ヴァルセシーニ、1997;原典Berger、1987)。すなわち、いわゆる高級品、種別的な品質の製品を規制によって保護することを通じて、条件不利地域における特定の農業者カテゴリーの経済的不利益を軽減することが重要視されたのである(同上)。

農産物市場の飽和と共通農業政策の危機とともに，この品質政策は，80年代に全国的に強力に再活性化された（同上；原典 Jolivet, 1989；Creyssel, 1989；Mainguy, 1989）．同時に，この政策はすさまじい論争の的になり，共同体レベルでは，フランスと北側諸国との間で，特別な品質特性をもった製品をめぐる論争があった（同上）．

フランスを筆頭とする，強い美食的伝統をもち，品質表示を高度に制度化させている国は，「品質の種別化の調和」（種別化を共通原則とするの意）という考え方を擁護する．特定の組成条件ないし製造条件を共通の規制のなかに定め，それを満たしている製品には，特定の販売表示が維持されるべきであるとした．しかし，共同体機関やヨーロッパ北部の諸国は，ヨーロッパ司法裁判所に依拠して，この領域で規制を設定することは不当であると判断した．彼らは，交易を阻害しない手段による解決を求め，表示に関する規制を強化するものの，消費習慣を固着させ，国内生産者の獲得する利益を固定させるような指令の発布は拒否する．ところが，最終的に，1993年にあらゆるものの予想に反して，フランスの立場が優位を占めた（以上，ヴァルセシーニ，1997）．

その逆転は，衛生上の品質と家内生産的（伝統的）品質の間で戦わされた「生チーズの係争」（デルフォス・ルタブリエ，1997）にみいだせそうである．要約すればつぎのようである．

係争の背景には，市場統合を前に，交易の障害を除去できるように牛乳の衛生基準の統一が行われたことがある．しかし，指令に生チーズが組み込まれなかった．それに対して係争を起こしたのは理事会であり，「美食家に対する衛生学者の戦い」「細菌の戦争」と表現された．

戦争は，（統一基準による）「無菌の食品ヨーロッパ」と「産地」とを2大陣営として対立させ，生チーズはフランスにとって国家の問題となり集合的な利害の的となった．生チーズは，多様性にもとづいた国民的アイデンティティの象徴となり，地域の多様性，ノウハウの多様性，味覚と美食家の多様性（それを体現するフランスの全国呼称機関）が，共同体の均一的試み（規

格化と衛生によってしか品質保証をしない北部ヨーロッパ）に対置させられた．

　消費者が経験豊富な食べ手として登場し，ヨーロッパ共同体の職権乱用に対する品質秩序の防衛者としてスポークスマンになった．製品の2つの格付け様式の緊張のなかで，消費者が格付けの共同生産者となり自らの品質的配慮を課す能力をもった．

　国民的アイデンティティというテーマの導入は，もはや不正や偽ものに対して製品を保護したり市民の健康を保護するためでなく，国民的遺産，共有財を保護し，農村開発を支援するために，国家の介入を登場させた．

　1990年には，全国原産地呼称機関（INAO）が，すべての農産加工品の呼称を一貫してあつかうことになった．この機関は，国家の公的機関であるが，権限の主要部分は職能団体に付与され，農業政策，地域農業の発展において職能団体のローカルイニシアチブを促進しようとされている（以上，デルフォス・ルタブリエ，1997）．

　このように，フランスでは今世紀はじめからの取り組みがあり，つぎにみるように，定義内容は多様だが，認可のシステムを厳密に枠づける現在の統制原産地呼称制度にいたって保護の仕組みが確立された．このような生半可ではない歴史過程，コンヴァンシオンの形成，正当化の論理が用意され，EUの制度に帰結したとみることができる．

3．販売促進アプローチの管理手法

(1) プロセスの品質の定義と検証の客観化，認可による信頼の確保：「牛肉プログラム」

　EU主要国のプログラムのなかでも，最も厳格だとされているのがCMAの提示する「検査印プログラム」であり，これをモデルとして取り上げる．

　プロセスの品質を定義するのは，管理のシステムと基準を示す仕様書である．家畜飼養者，と畜用肉牛輸送業会社，と畜企業，と体・食肉輸送会社，解体企業，小売店というプロダクションチェーンを構成するすべての構成者

について仕様書が定められている．管理基準は，衛生，残留物などの安全性，その他の品質，動物福祉，コールドチェーンなどに関わる多様な要素にわたり，それを細かくコントロールすることを指示している．

　認可は CMA が行う．プロダクションチェーン構成者のいずれかが，他の構成者を契約によって組織し，仕様書に定められたシステムを構築したうえで認可を申請する．検査をへて認可されたとき，「ドイツ管理飼育優良肉」を表示する CMA 検査印を使用することができる．

　管理は自己責任（内部検査）を基本とするが，EU の規則に定められた衛生基準や家畜輸送基準などは公的機関による外部検査が行われる．管理結果は文書で残し，主要な項目は，家畜個体ごとに書類に記載してつぎの段階に送付する仕組みになっている．

　プロセスの品質の検証は，仕様書の定義と管理文書の保管によって可能となる．問題が生じたときには，消費者に対して，家畜飼養者まで遡って原因を探れるように保証されている（トレーサビリティ）．

　このような国レベルのプログラムは，先にのべたように第 3 者である公益的機関が提案者となり監督者となることによって，信頼を高めている．認可検査を他の独立機関に委託したり，外部検査を導入するのも信頼を獲得するためである．また，プログラムは民間戦略にもとづくものであるが，公的な研究機関がプログラムの開発を支援し，また，獣医師や公的検査機関が検査を担当するなど，公益的・公的機関との共同が組織されている．

(2) 原産地をめぐる合意，認可による検証と名声の正当化：「原産地呼称」

　原産地呼称のシステムはどのように成り立っているか，デルフォス・ルタブリエ（1997）の説明をまとめる[10]．

　認可には利益擁護組合の存在が必要条件となる．組合は，共同構想を組織しようとする地域的意志を体現するものであり，自らが原産地呼称の保護者としてその管理を引き受けるものである．組合は協調の枠組みであり，契約書に記載される共通の指標の設定を通じて，品質基準に関する合意がつくりあげられる．名声を基礎づけている遺産は名称のなかに登録されるので，ま

ず，名称の保護をめぐって定義される．生産地域の制限が合意の中心となる．地域的なコンセンサスが定義され，生産する権利を決定的に排他的にしているかどうかによってグループのまとまりが試される．ロックフォールチーズは最もまとまりの強い例である．しかし，チーズの原産地呼称の多くでは，地域的制限は科学的な定義（地理学，地質学的な）よりも，企業のプレゼンスに結びついた経済論理に規定されるようになっているといわれている．モー地方のブリーチーズのように，早い段階で保護できなかった場合は，生産量の確保のために生産地域が移動し，現在では呼称の地域では生産されていない．地域の特徴づけは係争の機会でもある．結局，原産地呼称を要求する取り組みは，地域的アイデンティティを確立させるという態度において，地域を「再格づけする」という意志によって動機づけることができる．

契約書は合意の具体化であり，交渉によって確定される．利益擁護組合のメンバーと生産者，職能団体，農業，原産地呼称機関などの地域レベルの制度の代表者の合意の具体化であり，協調関係の表現である．企業の協調関係の表現でもある．契約書には，種別性にもとづいた製品の定義が記載されるが，それはラベルにみられるような明示的な品質基準ではなく，名声を得るための取り組みによって定義される（後述の評価基準を参照）．

地域レベルでまとめられた原産地呼称の要求は，全国原産地呼称機関によって検証され，認可によって一般的妥当性が付与され正当化される．そこでは，地域レベルで確立された指標を，一般的指標に照らし合わせる，往復過程をともなう手続きがとられる．生産条件と生産領域の制限に関して，調査委員会により調査と評価が行われ[11]，排除された生産者からの計画の修正を求める苦情や要望の受け入れと調整が行われ，呼称が一般的利害と対立しないことが証明される．最終的に，公的認可が官報に告示され，合法性が付与される．

品質のレントの配分において，家畜飼養者，加工業者という地域的な職能の新たな同盟や連合が形成されることになる．呼称の管理においても，ロックフォールチーズのように，フィリエール（関連産業）全体を通じて規則の

遵守を保証する「地域的生産システム」を確立している例がある．職能間組織は，レントの配分や生産規則の設定をめぐって生じるコンフリクトの調停機構でもある．対立の解決は最終的には公正取引委員会に持ち込まれる．

また，原産地呼称は集合的な総称的名称であり，使用時には，それに製造業者の商標が加わる．しかし，2つの表示について職能ファミリー間のコンセンサスはできておらず，大企業の投資戦略により，商標におしやられた呼称もある（ワインに顕著）という（以上，デルフォス・ルタブリエ，1997）．

第5節 品質のコンヴァンシオンとコーディネーション様式の多様性：品質政策を支える理論的枠組み

2つのプログラムを素材にしていえることは，品質の規定は市場の状態を変えるものであり，また，品質の規定が適切になされないと市場が機能しないということである．したがって，重要なのは，品質の規定である．そこで，争いは，まず，どのような品質の規定が正当化されるか，ついで，合意された品質が識別および検証可能なように形態（フォルム）をいかに定義するか（同等性を認知可能な情報としてとらえうる指標の創出（テヴノ，1997））をめぐって行われることになる．合意は社会的・政治的な過程であり，形態の定義は技術的・経済的な側面の強い過程であるととらえられている．形態が定式化されたら，経済的な争点はコストと品質管理における競争条件へと立ち返る（シルヴァンテール，1997）．

このことから，現在，EUにおいて認知されている，市場問題に対応し市場の状態を調整する際の共通の枠組みは，つぎのようなものであると考えられる．大切なのは「合意（コンヴァンシオン）」，「行為の正当化」，「正当性を検証し品質を識別する形態の定義」，そしてそのプロセスである．正当性と品質の同定の定義は，規則において表現され，契約・協定に示される．定義に管理手法が対応させられる．そして，行為の正当化における今日の基本原則は「信頼の獲得」であり，それが定義様式に反映する（共通の手法とな

っている認証の形をとって）．また，行為者（とくに公権力と民間）の適合的な配置がもう1つ重要な課題と認識されている．コンヴァンシオンの枠組みを与える組織（職能組合）の存在も大切であり，関心はさらに，組織の提携（ネットワークの形成）に広がっている．このようにとりまとめることができる．

またこの共通の枠組みのなかには，多様なコンヴァンシオンとそれに対応した多様なコーディネーション様式が入りうる．国どうし，一国内でも，行為者間の，またそれぞれのコンヴァンシオン間の対立が生じるが，「正当性の検証」のプロセスによって，対立が調整され，あらたなコーディネーション様式が採用される．こうして，異なるコンヴァンシオンの対立と接合によって社会・経済システムにダイナミズムが生まれると認識される．

このような認識を理論的に提示しているのが「コンバンシオン理論」である．フランスの品質政策の理論的背景となり，EUの品質政策にも大きな影響を与えていると考えられる．

1. 品質の社会的確立の重要性

農業分野における品質の社会的確立の重要性を提起したまとまった文献として，フランス国立農学研究所に集まるレギュラシオン・コンヴァンシオン理論の研究者たちがとりまとめた『市場原理を超える農業の大転換』（アレール・ボワイエ；津守他訳，1997）があげられる[12]．本章においてもすでに引用しながら記述してきたが，同文献の研究者たちの品質の社会的確立の重要性の共通認識は序章（アレール・ボワイエ，1997）においてつぎのようにまとめられている．市場は，生産物の品質が事前に規定されなければ，有効に機能できない．品質規定は，異なる論理が対決する社会的プロセスの帰結であり，このプロセスのなかから調整装置としての品質の諸制度（商標，原産地呼称，認証）が生まれる．そして，生産物の品質の状態は，技術，労働力の格づけだけでなく，生産組織や企業組織の状態とも密接な関係をもっており，部門の仕組みそのものに関わる．しかも，自然的要素をあつかう農業

-食品においては,組織とコーディネーションの様式は特定のタイプに収斂せず多様である.品質は競争力の鍵を握る決定要因であり,工業製品とは異なり,農産物と食品における品質経済のメカニズムはネットワークと信用であるが,それはよりとらえがたい領域をなす.

2. コンヴァンシオンと正当化秩序

こうして,財の品質,基準や規格に関するコンヴァンシオン(合意・協約)の研究が重要になる.シルヴァンテール(1997)は,コンヴァンシオンの経済学の主張は,品質とは,価格による調整とは異なった手続きに従って経済活動が調整されるような領域の1つであるとみることであるという.そして,コンヴァンシオン理論の本質的貢献は,もはや品質がモデルにとって外生的なものとしてとらえられずに,経済的行為者間の相互行為のゲームによって,内生的に構築されていることを明らかにしたことであるという[13].デュピュイ(Dupuy, 1989)は,コモンセンスの哲学,コンバンシオン的なるものの哲学を論理的に構築しようとする理論に対して批判を投げかけ,互いに社会的制約から自由な自律的な経済人のモデルにおいてコモンノレッジへ論理的に到達することは不可能だとみる[14].したがって,コンヴァンシオンは,論理的にではなく,実際のプロセスのもつ現実の時間=歴史プロセスによって形成されるとみる.

ボルタンスキーとテヴノ(Boltanski, Thevnot, 1991)は,アクターが自らの関係を維持するために利用しうる合意協定の存在とその形式の多様性を指摘し,市場とはそのような協定形成のうちの1つにすぎないことを示した[15].この考え方にもとづいたとき,さまざまなコーディネーション様式の間に開かれたゲームによって,(還元不可能なモデル同士の対立をえがく)単一モデルの機能主義的な決定論を避けることができるという(Duvernay, 1989)[16].

さらに合意を基礎づける「行為の正当化の秩序世界」が,ボルタンスキーとテヴノ(Boltanski, Thevnot, 1991)によって提示されている.社会的な

表 10-1 さまざまな正当化秩序の種別化

	市場	工業	世論	家内的	公民的	インスピレーション
尺度	価格	成果・効率	名声	名声・伝統	集合的利益	独自性
対応する情報形態	貨幣	計測可能，統計	意味	口頭での例示逸話	形式	情動
対象	市場の財・サービス	技術的対象，手法，標準	記号，メディア	伝統に固有な資産	ルール	情熱的に打ち込んだ対象
基本的関係	交換	機能的結合	コミュニケーション	信頼	連帯	情熱
構成員の資格	欲望・購買力	職業的能力	認識能力の同定	権威	平等	創造性

出所：G.アレール，R.ボワイエ：津守他訳『市場原理を超える農業の大転換』1997年，農山漁村文化協会，第1章須田文明による訳注の表1-1および2を転載．ただし，表現の部分的な修正を行った．

　秩序原則は，合意を基礎づけ，係争を管理するために行為者が依拠し，それによって社会的結合がなされるものである．フランスにおいてと限定されたうえで，表10-1にまとめられたような，6つの秩序世界が示されている．これらは，「市場による競争」，「工業的有効性」，「家内生産的秩序」，「集合的連帯」，「鼓舞されたイノベーション」，「世論の支持」という異なった要請から生まれるものとされる（テヴノ，1997における須田訳注）[17]．それぞれの世界は，表のように，序列の尺度，情報形態，対象，基本的関係，構成員の資格によって識別される．

　コンヴァンシオン経済学者の間では，この秩序世界概念がコンヴァンシオンの性格を特定する際の共通概念として用いられている．品質の規定（格づけ）を行う多様な操作もこの諸世界に帰属させられる．言い換えれば，品質政策の課題もこの秩序世界をもとに整理される．それぞれの秩序世界に属する品質政策があるが，その多くは限界に直面しており，多様なコーディネーション様式の接合による新たな「信頼の秩序」の形成が求められているということになろう．その経路はつぎのように示すことができる．

3. 多様なコーディネーションの接合による「信頼の秩序」形成
(1) 製品差別化，マーケティングとその「世論の世界」への還元の限界

　飽和した成熟部門にみられる製品の差別化の進展のなかで，消費者はますます選択の余地が広がり，他方でますます品質に対する信頼を失っている．差別化と大量生産を結合させる戦略において，マーケティングが優先的地位をもち，市場の主権的行為者たる個人（消費者）を確立するためのコンシュウマリズムが浸透した．しかし，製品差別化は消費者を非決定の状態におき，製品の多様性は同定問題を提起する．生産者や販売者と消費者との近接性の喪失がそれを促進する．そこでは，まず，商標による解決が求められる（以上ヴァルセシーニ，1997）．このとき，商標が「家内生産的世界」から「市場の世界」へ持ち出されるが，本来の世界とは別の世界に持ちだされた商標には限界があることが指摘される．

　テヴノは，それを，商標を中心にしたマーケティングアプローチにおいて対象とされる調整様式は，実はその概念理解とは反対に，市場による競争様式ではなく，世論による調整に持ち込まれているからであるとみる．「世論の世界」では名声こそ価値をもつが，そこで名声を支えるのは，伝統に裏打ちされた財ではなく，識別可能な記号である．実際には，名声を獲得するために，伝統があるようにみせかけたり，証明のための規則や技術の基礎づけのないまま有機のラベルを案出するなど，他の世界の尺度を戦略的に利用することがあるが，結局はそれを記号に還元された形で狭くとらえる危険を冒すことになる（テヴノ，1997）．したがって，記号による識別可能性には限界があり，信頼の確保にはいたらないというわけである．「世論の秩序」と「信頼の秩序」との相違を認識することが必要であり，市場の失敗が情報の非対称性の観点からのみ理解されているが，「価格」，「世論」，「信頼」による格づけの相違の分析がなければ市場の失敗を正確に理解できないと指摘する（同上，1997）．

(2) 生産者の名声に頼る信頼から「信頼の秩序」形成へ：家内生産的コーディネーションの再構成

「家内生産的秩序」は，名声を評価様式とし伝統と地域的近接性を基礎にしており[18]，ここでは，信頼がその基本的関係として存在する．商標は，元来はこのコーディネーションにおける指標として用いられるが，集約的な食品産業において商標の利用が拡張され，商標における時間的・空間的近接性が失なわれてしまった．名声を体現する商標の存在だけでは，家内生産的な（伝統と地域近接性にもとづく）信頼の格づけは得られないと，テヴノは指摘する．

原産地呼称は，地域と伝統への関連づけを通じた（家内生産的）秩序の正当化に依拠する．したがって，地域的つながりが崩れる場合には困難がもたらされる．すでにみたとおりであるが，今日，原産地呼称が信頼を得るのは，そこに生産者の名声に従属する商標を超えたものをみるからであり，呼称を認証する規制的管理が信頼に結びついているからである（テヴノ，1997）．

また，信頼によるコーディネーションは，パーソナルな関係とは区別されなばならないことが指摘される．信頼の判断指標は，共通の歴史を共有した経験を超えた関係づけ，また，単なる相互的な合意から生じる指標が有していないような正当性，を得ることができなければならない（商標のように，最初にお互いに了解しあっている職業集団によって発行されたとしても，それを拡張させることができなければならない）（テヴノ，1997）．

すなわち，地域的接合性の強い職人集団の共同体において指標が形成される（家内生産的秩序のもとでの伝統的なチーズやワイン生産などの商標）が，それは状況依存的であり，偶有性が強い．そこからの離脱には，「解釈共同体」の形成が必要である．また，指標の形式性と明示的な性格（＝指標のコンバンシオン化），独立した認証機関と第三者機関の評価による「制度的客観化」が求められる．これはすなわち，経路依存性による指標の理解からの脱却である（以上，テヴノ，1997）．

テヴノはそのようにのべないが，解釈共同体の形成と制度的客観化は，公

民的秩序による正当化への依拠による「信頼の秩序」の獲得であり，そこに，家内生産的コーディネーションの再構成の道が示されているものと理解できる．

(3) 公民的秩序の民間機能への依拠およびコーディネーション間の接合

消費者の安全と健康のための品質管理は，市民保護によって正当化され，公民的尺度の秩序に属する（テヴノ，1997）．先に牛肉プログラムの発祥においてみたのは，現在の混乱した市場の機能を回復するには，消費者への安全と衛生の保証が不可欠になったが，枝肉規格による格づけを中心とした工業的コーディネーションや，あるいはその商標を中心にしたマーケティングアプローチによる世論の秩序への依拠では，それは実現できないということである．それぞれの格づけの手法と依拠する秩序の世界が異なるからである．

公民的秩序は，かつては国家がよりどころを提供したが，今は国家領域には還元されなくなってきており，格づけ操作と規格化を付置する経済的・政治的争点が拡大するとともに，行為者間の結合にも変化が生じている．健康と安全性においては，有機農産物のラベルにみられるように，ヨーロッパ的制度と民間団体が動員されている（以上，テヴノ，1997）．安全と衛生においては，国家による規制が支配的であるが，それにとどまらず，牛肉プログラムにおいてみたように，生産のプロセスの管理とプロセスの品質の保証が要請されるようになり，制度的に客観化された格づけが求められている．第3者機関による認証が制度的格づけの手法として普及し，そこでは多くを民間に依拠するようになっている．そして，そこには，CMAプログラムにみたように，これに加入する生産者組織や企業の商標プログラムとの共同が組織されており，家内生産的また工業的コーディネーションとの接合がすすめられていることもみおとせない．

デヴノは，公民的格づけは，規制，認証，ラベル添付によって，市場の整備を促す（市場的尺度との妥協をもたらす）が，より大きく緊張関係を生むと指摘する．純粋な市場理論では，危険な製品の自由な販売に対して，リスクの市場化（保険市場と買い手による危険負担）の考え方をとるのに対して，

公民的格づけはその自由な販売の危険を告発し，市場の利点の実現を疑問視させる批判的よりどころを提供するからである（テヴノ，1997）．有機食品の公民的格づけにおいてこの側面が強いといえよう．牛肉生産のプロセスの品質管理・品質保証の公民的格づけは，危機に陥った工業的コーディネーションの再生の道であるとともに，市場的コーディネーションを支えるものとしての役割が強い．

(4) 多様なコーディネーションの接合と集合的コンヴァンシオンによる部門の再生

以上，とりわけ第3者機関による認証という公民的格づけの導入が，家内生産的および工業的コーディネーションの再構成の基礎となっているように，再構成は民間の機能に依拠した「公民的秩序」の導入やそれにもとづくコーディネーションとの接合によっているということができる．ここには，市場的競争の増大のなかで，困難に陥った部門の再生の論理をみることができる．それにはまた，消費者という構成者の集合的意識の変化も預かっており，これら相互の折り合いのなかから再生が生まれているのである．

なお，テヴノは，格づけに関する係争を枠づけるために，ヨーロッパという審級がしばしば共通の上位機関になっていることを指摘する．独立した認証機関の要請や，ヨーロッパレベルのEN規格にしたがった認証の要請にそれがみられる．

テヴノによれば，こうして，商標の管理は，もはや，経済行為者（企業）の手にのみゆだねられておらず，製品の規制は国家にのみ結合されてはいないのである．このように製品をめぐるコンヴァンシオンは行為者間の関係をも再定義し，今日では，製品の格づけをめぐる「集合的コンバンシオン」が重要な役割を演じていると，指摘する（テヴノ，1997）．

さらに，ヴァルセシーニは，ここにおいて重要なのは，企業間のコーディネーションであるという．企業の信頼性を増大させるように，ヨーロッパ共同体は企業の管理原則・組織原則の普及を促しており，そこでは職能団体および企業の自己組織化が決定的な要素となる．国家は，企業の自己管理を促

すために，まったく新しい立場と行動をとるように促される．検査と抑制という伝統的な機能に対して，今後は，助言や評価，さらには職能団体自身によって精緻化されたさまざまな基準の認証が加わることになる（ヴァルセシーニ，1997）．

第6節　むすび：まとめと日本への示唆

　以上のように，コンヴァンシオンのアプローチを借りることによって，市場の状態とその変化の方向（それは生産組織，企業組織のあり方を方向づけるものであることに関する若干の示唆を含めて）を新しい視点からとらえることができた．しかし，それをこれからの日本における可能性を考えるために援用しようとすると，現在の日本においていかなる正当化の秩序世界が存在するのかという基本問題に直面する．さらに品質の規定に関するどのようなコンヴァンシオンが成立しているのかあるいはしうるのかも論じなければならない．しかしそれを本格的に行うには材料や準備が不足している．

　本章では，EUの戦略的対応とそれを支える新しい経済理論を通して，農業経営や関連食品産業を支えるためには，依然として市場の状態や競争の状態に対するコントロールが重要であることをみた．提示された点は，以下のようにまとめられる．

　第1に，価格支持手法の排除が国際的合意であると前提するとして，それに替わって，衛生，安全性，健康などの品質に関する規制とともに，高品質，多様な品質に対する支持により生産者の所得確保をめざす販売促進の手法が有効性をもつものとして今後の焦点となりうるということである．競争の平等な条件を基準の単一性と同義とする理解に対して，異なる基準を多元的に対置しうるという考え方が採用される．異なる基準の対置が正当化されるのは，それがその国や地域を構成する消費者の社会的合意によるときである．

　第2には，それは市場の状態が多様でありうるという認識にもとづくことである．市場は制度によって機能し，そのコーディネーションの様式はむし

ろ混合的であることが有効性をもつ．したがって異なった秩序の折り合いがダイナミズムを生む．ルールや基準は単一ではなく複合的であり得る．それは市場の内在的な法則性によって自動機械のように決まるのではなく，合意（コンヴァンシオン）の政治的プロセスによって決まる．つまり，市場の外側で決まる．したがって，市場の制度とともに合意形成のプロセスを経済分析の対象に明示的に取り込むことを必要としている．

第3に，今日の市場におけるルールや制度の合意を基礎づけるのが，製品の品質に関する社会的合意である．労働の格づけ，生産組織，企業のあり方もそれに規定される．財，サービスの格づけの尺度は多様でありうる．逆にいえば，多様な生産組織の存続は，それに対応する品質のコンヴァンシオンの存在によってこそ担保されることになる．たとえば，工業的生産に対する，職人集団や自家労働力による家内的生産の存続可能性は，標準製品に対する，高品質および多様な品質の製品に対する要請如何による．

第4に，コンヴァンシオンが市場の状態を変えるということについて．ヨーロッパの食料庫を自認するフランスは強力な輸出国ではあるが，一方で広い条件不利地域をかかえる国でもある．衛生基準による食品の標準化と伝統的な地域固有食品の呼称の保護に関する北ヨーロッパとフランスとの対決にみられたように，条件不利地域における生産の存続（定住）を確保する論理が，標準製品という一元的な尺度による競争の論理に対抗して提示されている．コストと効率を競争原理としない，伝統的技術と風土にもとづく固有の味覚，という別次元の基準を成立させた．単一の基準の普遍化というグローバリゼーションへの対抗措置である．

やや短絡的であるが，日本に引きつけると，WTO貿易ルールをめぐっても同様に考えることができるのではないだろうか．国内における生産保護措置を例外なく貿易障壁とみなす考え方に対して，低自給率国は別の論理を立てうるだろう．また，多様な生産組織，食品企業組織の存続を可能にするためには，日本の国内市場における高品質，固有，多様な国内産品に対する品質のコンヴァンシオン，そうした多元的な品質の規定の正当化をいかに確立

するかが，課題となるのではないだろうか．

　第5に，いずれのコーディネーションにおいても，信頼の秩序の確保が要請されている．信頼の確保は，消費者を製品の同定不能性から救う，品質の不確実性の縮減によってなされるので，世論の秩序におけるイメージやそれを体現する記号によるアピール（商標を中心としたマーケティングアプローチの限界），あるいは単なる家内生産的秩序への回帰や準拠ではなく，公民的秩序に依拠した制度の客観化によらなくてはならない．この要請は，日本においてはまだ，食品市場が危機に直面しているヨーロッパほどの切実性をもたないが，同じ方向には向いているとみることができる．したがって，要請される品質に対する格づけの規格化，検証を可能とするフォルムの定式化，第3者による判断が必要であり，それを体現する認証制度の導入は日本においてもこれからの焦点となろう．

　しかし，より根本的には，先にものべたように，コンヴァンシオンの枠組みとなる正当化の秩序世界が日本においてはどのように存在するのかが明らかにされなければならないという問題がある．

　そして，第6に，日本ではどのレベルにおいても明確なコンヴァンシオンが存在しないといえそうである．あいまいさのなかでグローバリゼーションの動きに巻き込まれてきた．そのなかでわずかに明示的な新たな集合をなしつつあるのが，有機農業の生産者と消費者グループのネットワーク，衛生・安全性に関する消費者の認識の強まりであろうか．高品質，多様な品質に関してはまだごく少数であるが，伝統的な神戸肉，京野菜などの認証とその生産者および関連産業との提携が例としてあげられる．しかし，明確なコンヴァンシオンが元来存在しなかったわけではない．日本も豊かな食生活の歴史をもち，味覚を中心に品質へのこだわりが強く，それにかかわる製品，労働，生産組織・企業組織の格づけの合意が存在していた．弱体化したのは，経済高度成長期からの利益団体としての生産者の組合や団体，関連する食品産業の職能組織の結束と機能の低下が原因であると考えられる．消費者の側でも，都市と農村の両方においてそれぞれの暮らしぶりの喪失が進んだことによる

といえそうである．

　第7にそれでも，味覚と安全・衛生，生産者との近接性にもとづく品質と信頼の要請からは，いくつかの新しいコーディネーションの方向が描けそうである．①農場から食卓までの農業-関連産業の垂直的連携による一貫した品質管理・品質保証システム，②地域近接的な伝統農産物の振興システム，③有機農産物などに典型的な産地直結・産消提携（関係近接的）ネットワークのシステム，④やや広がりのある地域近接性をもつローカルな品目別フードシステム，などである．

　今後は暮らしぶりの方からより早く取り戻せそうにみえる．消費者が生活者として自らの品質への配慮を課す力をもって品質の格づけの共同生産者となること，また，集合的なコンヴァンシオンを形成する枠組みとなるフードシステムのアクターたちの垂直的連携とネットワークの重要性が考慮されるべきであり，アンバランスなそして時として混乱する市場の状態を，規制と支持によってバランスさせる政府や地方自治体などの公権力の役割が明確にされるべきであろう．

　　　注
1)　詳しくは，新山（1997）を参照されたい．
2)　価格支持についても，国際市場においてそれが否定された直接の背景は，輸出国間で価格支持の下での農産物過剰が輸出圧力を高めていたことにあると考えるべきであり，自給率の低い国が低い自給率を維持するための手段として用いるときとは区別されるべきだと筆者は考える．食料については5割～6割前後の自給率を維持する手段を講じることは，貿易障壁除去のルールの例外とする論理が構築されるべきであろう．それにともなう財政問題は，国内問題として論じられるべきものである．

　　　村田（1998）は，EUにおいて介入基準は引き下げられたものの，介入価格制度が廃されたわけではない（価格支持を廃止して市場メカニズムを機能させれば過剰問題が解決する，価格支持が農業構造改革や生産者の企業マインドを阻害するという認識はそもそも存在しない）こと，中小経営の多い南欧地域への地域特別対策が維持されていることなどをあげ，「価格支持から直接支払いへの農政転換」を単純に理解し，その流れに乗って日本が価格支持制度を放棄するなど論外だとすべきだとのべている．

3) 新山・四方・増田・人見（1999）をあわせて参考にしていただければ幸いである．
4) 以下は，Quality Policy and Consumer Behavior（1999）を中心に，グリーンペーパー：European Commission（1997）を考慮してまとめたものである．EU委員会の第6総局では，現在のところ原産地呼称に関してquality policyという用語をもちいているが，同上報告書は，EUの品質政策は以下にみるような豊富な内容を含むものととらえている．筆者もこの立場に立つ．後にとりあげるフランスの文献（アレール・ボワイエ，1997）においても同様にとらえられていると考えられる．
5) たとえば，フランスは製品呼称政策を打ち立て，EUにおいて呼称の保護を主張するときに，市場のバランスについてつぎのような考えを示す．ヨーロッパ製品の規則を定めることは，この標準の生産条件に市場価格を準拠させることをも意味している．標準のそれに最も近い生産条件を備えた国や企業が，生産コストと製品のパフォーマンス水準との関係を最適化させることによって，他のものに対する競争優位を獲得する．規制的な技術的種別化を規定すること（技術的種別化を規制する規定を設けるの意）は，こうして，国の間でのまた企業間での競争力の差異化をもたらし，したがって，交換への障壁を生み出すのである．こうした理由のために，非関税障壁の除去は，フランスにとって非常に際だった困難を示しているのである（ヴァルセシーニ，1997）．
6) 公的権力によって厳密に引き受けられていた問題解決を，私的行為者の活動と交渉にゆだねる方向をとっている．この領域で用いられる「規格」は，規制のように強制的手続きではなく，自由意志から同意された集合的行為であり，協調的な手続きによって信頼を創出する．（ヴァルセシーニ，1997）
7) EU委員会は，委員会が食品を保護するシステムをもつのは，① 多様な農産物生産を促進する，② 製品名を誤用と模倣から守る，③ 製品の特性に関して消費者に情報を与える（消費者をごまかしから保護する）ためであるとしている（Quality Policy and Consumer Behavior, 1999）．
8) このような品質管理手法の変化については，第8章およびToeger（1994），ヴァルセシーニ（1997）などを参照されたい．なお，プロセス管理としては，アメリカや日本で衛生対策のために導入されているHACCPもそのひとつであるが，それらは，と畜場や食肉加工場など特定施設内における製造プロセスの管理を要求するにとどまる．もちろんそれも容易くないが，EUのプログラムは，プロダクションチェーンの各段階を連続的につなごうとするものであり，さらに難しい．
9) 「原産地呼称」は「地理的表示保護と原産地呼称に関する規則」（2081/92/EEC）（1992.7.14）によって認められている．「原産地呼称の保護」は「製品の品質と原産地の間に客観的な関係が存在すること」を要件とし，①製品に表示される地域で，原料の生産，最終製品の加工・調理が行われる，②製品の品

第 10 章　食料システムの転換と品質政策の確立

質・特性が，原産地の地理的環境により形成される（気候，土壌，地域的なノウハウ），ことと定義されている．「地理的表示」は製品の特性は地域によるものでなくとも，製品の評判が地域に由来するものであればよく，その要件は，①生産，加工，調理のうち少なくとも1つが，製品に表示される地域で行われている，②製品とその地域の間に緩やかな関係があることを示すこと，と定義される．

さらに，「特殊な性質の認証」は「農産物と食品の特殊な性質に関する規則」(2082/91 EEC)（1992.7.14）によって認められ，農産物や食品が類似品と著しく異なる特性をもっている場合に保護，登録される（伝統的な原材料，伝統的レシピ，伝統的生産プロセスを用いることが必要とされる）．

10)　是永(1998)のボーフォールチーズのケーススタディをあわせて参照いただきたい．

11)　評価の基準は，①「公正で永続的な伝統」に準拠した慣習，②製品の経済的価値を保証する名声の存在，③地域との結合，④地域の組合活動と結合した，集合的なダイナミズムの存在，である．③は，生産過程を転移移転しえないものにする（商標，ラベルとの違い）．この関連づけは，製品のアイデンティティをその原産地に永続的に結合させ，名称保護を正当化する．しかし，この評価の指標は流動的なものである（デルフォス・ルタブリエ 1997）．

12)　同書の意義を論じた津守(1977)を参照されたい．なお，新たに須田(2000)が同様の認識によって出されているので合わせて参照されたい．

13)　既存の経済理論は，このような品質が定義される場について曖昧さをもたせている．もともとの新古典派理論においては，品質はモデルにとって外生的であることが知られているが，また，品質は市場の機能によって評価されることが想定されている（シルヴァンテール 1997）．「品質のコンヴァンシオン」という概念を最初に提示したデュヴェルネイはつぎのようにのべる．つまるところ，従前の経済学では，品質の定義の問題はほとんど取り扱っていない．最近では，逆選択，モラルハザードにより品質が価格に依存する状況があつかわれており（スティグリッツ，1987），標準的なパラダイムの重要な更新を行うが，そこでは品質の定義の問題は取り扱っていない．混乱の根元となる不確実性は，情報の欠如に求められており，品質の問題にはふれられない．財の品質は財に書き込まれるかのごとく外在的な方法で定義され，市場に外在する評価手続きの存在が暗黙のうちに仮定されている．そこに品質の定義の態様を特別に取り扱わなければならない理由がある（Duvernay, 1989）．

14)　デュピュイによれば，コンヴァンシオンの概念は，デヴィッド・K. ルイスの『コンヴァンシオン』(1969)や J.M. ケインズ『一般理論』(1936, 1971)に遡る．ルイスは，コンヴァンシオンの本質はコモンノレッジを前提としていることだとみており，この場合には，コモンノレッジは互いに話し合うことのない経済主体の意識を統合するものであり，集団秩序がつねに既成の事実とし

て扱われる．対して，ケインズは，コモンノレッジのような基準点を共有しない状態を考える．この場合には，模倣（自分の判断よりはよく物事に通じているであろうと考えられる人々の判断に従おうとする）によって，コンヴァンシオンに達するとみている．ついでデュピュイ自身が，コモンノレッジの概念を数学的に公式化したゲームの理論の検討を通して，コモンノレッジへの論理的な到達は不可能なことを検証している（Dupuy, 1989）．

15) ボルタンスキーとテヴノは合意の問題についてつぎのようにのべている．合意の問題は，政治哲学から引き継いだ根本的問題であるが，社会科学では，根本的な対立図式に置換することで，構造における多様性を減殺しようとする試みが一般的である（たとえばとして，デュルケーム学派の下にある社会学が，集団の概念に訴えることで秩序を導入しようとするのに対して，他方で経済学から合理的選択という用語を借りることによって，秩序・均衡を個人の選択の意図せざる結果として説明しようとする伝統があることをあげている）．コンヴァンシオン理論では，このような対立図式から得られるものとは違う視野を提示する．より一般的なモデルのなかに異なる構造を位置づけ，それぞれがいかにして合意の契機と批判的再提起との契機を自らの方法のうちに取り込んでいくかを明らかにするのだという（Boltanski, Thevnot, 1991）．

16) コンヴァンシオン理論は新しい制度派経済学に属する．近いものとして，ホジソン；八木他訳（1997）がある．ホジソンは，市場それ自体がさまざまな構造と制度から成り立っており，システムが全体として機能して行くには多元的な入り組んだ構造が欠かせないという「混成原理」を提示している．

17) それぞれの秩序世界の意味について，詳しくはBoltanski, Thevenot, 1991を，さしあたっては，テヴノ（1997）および須田文明によるその訳注を参照されたい．ボルタンスキーとテヴノ（同上1991）は，この書物の課題を，いくつかの政治哲学がいかにして異なる秩序原則を提起し，それぞれの尺度（grandeur）によって何が大きくされる（上位に位置づけられるというような意）かを特定し，それによっていかに人間どうしの正当化の秩序（ordre justifiable）を基礎づけることができるかを明らかにすること，だとしたうえで，正当化の秩序についてつぎのようにのべる．「人間はかくのごとく秩序をよりどころとし，自らの行為を正当化し，自らの批判（批判的行為の意）を維持する」．「これら政治哲学において公式化される秩序は，日常生活のさまざまな状況を構成する客体体制に登録されている」．ここで，政治哲学の提起する異なる秩序原則として，サン・オーギュスタンの「神の国」におけるインスピレーション，ボスュエの「政治」における家内生産的原則，ホッブスの「レバイアサン」における名声の指標およびオピニオンの信憑性，ルソーの「社会契約説」における一般意志，アダム・スミスの「国富論」における冨の概念，サン・シモンの「工業的システム」における工業的効率の概念があげられており，これらから6つの正当化秩序の着想を得ていると推測できる．

18) デヴノは,「家内生産的な尺度は,時間的秩序(慣習と先祖への忠誠によって)と親密性の空間的秩序(近隣から外国にまで広がる),権威のヒエラルキー的秩序を同時に含み,こうした3つのすべてが緊密に錯綜しているのである」とする(ルタブリエ・デルフォス 1997:原典 Thevenot, 1989)

引用文献

AM. I (American meat institute) (1990) : *Meat Fact.* 1990.
Becker T. ed. (2000) : *Quality Policy and Consumer Behavior in the European Union.* Wissenscaftsverlag Vauk Kiel KG.
Berger A. (1987) : A qui profite la rente A.O.C.? Chroniques de la SEDEIS, n° 8, 293-300.
Boltanski L., Thevnot L. (1991) : *De la justification—les economies de la grandeur.* Gallimard. Paris. 1991.
Brown C., J. Hamilton, J. M. Edoff (1990) : *Employers Large and Small.* Cambridge, MA : Havard University Press, 1990.
Carlton D. W. and J. M. Perloff (1990) : *Modern Industrial Organization.* Scott, Foresman and Company, 1990.
CFCA (Confédération Francaise de la Coopératon Agricole) (1993) : *The 15 Top French Agricultural and Food Cooperative Groups.* June 1993.
CG Nordfleisch(1995) : *CG Nordfleisch Aktiengesellschaft Geschaftsbericht 1995.*
CMA (Centrle Marketinggesellschaft der Deutschen Agrarwirtschaft mbH) (1998 a) : *Prüfsiegel 'Deutsches Qualitats-fleisch aus Kontrollierter Aufzucht.* 1998.
———(1998b) : "Rindfreisch Lastenhefte ; Qualitats- und Prufbestimmungen."
———(1998c) : "Qualitats- und Prufbestimmungen -eine Chance für Handel und Handwerk."
Creyssel P. (1989) : *La centification des systèmes qualitè dans le sectuer des IAA.* Paris, ministère de l'Agriculture.
Duglas R. (2000) : "Antitrust Enforcement and Agriculture", *Agricultural Outlook Forum 2000,* For Release : February 24, 2000. (三石誠司訳 (2000)：「反トラスト法の執行と農業」『のびゆく農業』901)
Dupuy J. P. (1989) : "Convention et Common knowledge". *Revue économique.* Volume 40, Numéro 2, Mars 1989.
Duvernay F. E. (1989) : "Conventions de qualité et formes de coodination". *Revue économique.* Volume 40, Numéro 2, Mars 1989.
EHI (Euro Handelsinstitut e. V) (1995) : *Lebensmittel Praxis,* 5/1995.
ELF (Bayerishes Staatsministerium fur Ernahrung, Landwirtschaft und Forsten) (1994) : "Qualität aus Bayern -Garantierte Herkunft' Qualitäts- und Herkun-

ftszeichen für Rindfleisch in Bayern eingeführt" *Agrarpolitische Informationen,* 8/94.

―――(1995)："Ein Beitrag zur Ausrichtung der Schlachthofstruktur in Bayern auf den Gemeinsamen Binnenmarkt1―Zusammenfassung―"

EU (European Commission) (1964)："Council Directive of 26 June 1964 on health problems affecting intra-Community trade in fresh meat. (64/433/EEC)" *Official Journal of the European Communities.* 2012/64, 29.7.64.

―――(1989)："Council Directive of 11 December 1989 concerning veterinary checks in intra-Community trade with a view to the completion of the internal market. (89/662/EEC)" *Official Journal of the European Communities.* No. L 395/13,30.12.89.

―――(1992a)："Counsil Regulation (EEC) No.2067/92 of 30 June 1992 on measures to promote and market quality beef and veal". *Official Journal of the European Communities* No L 215/57.

―――(1992b)："Council Directive of 29 July 1991 amending and consolidating Directive 64/433/EEC on healh problems affecting intra-community trade in fresh meat to extend it to the production and marketing of fresh meat. (91/497/EEC)" *Official Journal of the European Communities.* Nol 268/69, 24.9.91.

―――(1993)："Commission Regulation (EEC) No 1318/93 of 28 May 1993 on detailed rules for the application of Cousil Regulation (EEC) No 2067/92 on measures to promote and market quality beef and veal". *Official Journal of the European Communities.* No L 132/83~86.

―――(1997)：*Green paper on The general principles of food law in the European Union, Com (97) 176final.* http://europa. eu. int/comm/dg 06/index en. htm.

―――(2000)："Press 64-Commission Proposes New Food Saftey Hygiene Rules". 17 July 2000.

FNCBV (Fédération Nationale de la Cooperation Betail et Viande) (1994)：*Les cooperatives francaises exportatrices.*

GIPSA (the Grain Inspection, Pakers and Stockyads Administration U. S. Department of Agriculture) (1996)：*Concentration in the Red Meat Packing Industry.* February 1996. http://www. usda. gov/gipsa/newsinfo/pubs/stat 97.pdf

―――(1997a)："Packers and Stockyards Programs-Responding to the Challenge of Change." http://www. usda. gov/gipsa/newsinfo/pubs/stat 97.pdf

GIPSA (1997b) (1999)：*Packers and Stockyards Statistical Report, 1995 Reporting Year, 1997 Reportig Year.* GIPSA SR-97-1, SR-99-1. http://www. usda. gov/gipsa/newsinfo/pubs/stat 97.pdf

Glover T. and L. Southard (1995)："Cattle Industry Continues Restructuring".

Agricultural Outlook. 238, Dec. 1995.

Hayenga M., V. J. Rhdes, G. Grimes and J. Lowrence (1996) : *Vertical Coodination in Hog Production,* GIPSA-RP 96-5, May 1996. http://www. usda. gov/gipsa/newsinfo/pubs/packers/report 5.htm

Hayenga M., T. Schroeder, J. Lawrence, D. Hayes, T. Vukina, C. Ward, and W. Purcell (2000) : *Meat Packer Vertical Integration And Contract Linkages in the Beef and Pork Industries : An Economic Perspective.* May 22, 2000. http://www. meatami. org/indupg 02.htm

Helming B. (1991) : *Economic analysis of Low-fat Graund Beef Production.* Low-fat Ground Beef Conferance, Pennington Biomedical Reseach center.

Johnson D. (1998) : "Complying with the Law". *Meat & Poultry,* January 1998.

Jolivet G. (1989) : *Rapport sur les appellations d'origine des produits autres que vinicoles.* Paris ministère de l'Agriculture ed de la Forêt.

Kay S. (1996) : "IBP leader dictates his vision of the future—$20 Billion by 2001", *Meat & Poultry,* July 1996.

───── (1998) : "Beef woes bedevil ConAgra", *Meat & Poultry,* June 1998.

Lawrence J., G. Grimes, and M. Hayenga (1998) : *Production and Marketing Caracterristics of U. S. Hog Productions,* 1997-8, Iowa State University Depertment of Economics Staff Parper 311, December, 1998. http://agecon. lib. umn. edu/isu/isu 311.pdf.

Lin B. H. and H. Mori (1992) : "Evaluations of the New beef Carcass Grade : A Hedonic Price Approch". 『農業経済研究』 63-4, April 1992.

MacDonald J. M., M. E. Ollinger, K. E. Nelson, and C. R. Handy (2000) : *Consolidation in U. S. Meatpaking.* USDA, ERS, Agricultural Economic Report No. 785, USDA Economic Research Service, February 2000. http://www. usda. gov/gipsa/newsinfo/pubs/stat 97.pdf

Mainguy P. (1989) : *La qualitè dans le domaine agro-alimentaire.* Rappot de misson, ministère de l'Agriculture et de la Forêt/Sectètariat d'Etat chrgè de la Cosommation.

Marion B. W. and NC 117 Committee (1986) : *The Organaization and Performance of the U. S. Food System..* D. C. Heath and Company, 1986.

McCoy J. H. and M.. E. Sarhan (1988) : *Livestock and Meat Marketing, Third edition.* Van Nostrand Reinhold Company Inc. 1988.

Ministère de L'agriculture et de la Pêche (1992) : *Activitè des abattoirs d'animaux de boucherie en 1992.*

MLC (Meat and Livestock Commission) (1990) : *The Changing Structure of the Abattoir Sector.*

───── (1994a) : *The Abattoir Industry in Great Gritain ; 1994 edition..*

―――― (1994b) : *Developments in the Retail Marketing of Meat.*
Nunes K. (2000) : "Ranking the World's lagest Meat and Poultry Companies" *Meat & Poultry*. October 2000.
OFIVAL (Office National Interprofessionnel des Viandes de l'Elevage et de l' Aviculture) (1990) : *Abattages et abattoirs d'animaux de boucherie en 1990.*
Palmaer M. (1990) : "Perspectives on the Slaughtering Industry" MLC (1990).
Quality Policy and Consumer Behaviar (1998) : *Quality Policy and Consumer Behaviar, Project description.* http:/www/uni-hohenheim. de/~apo 420/projdesc. html.
―――― (1999) : *Quality Policy and Consumer Behavior, Final Report for Wubmission to the Commission.* http:/www/uni-hohenheim. de/~apo 420/projdesc. html : Becker ed. (2000).
Rogers, G. B. (1971) : "Pricing System and Agricultural Marketing Research", *Readings on Egg Pricing,* edited by Rogers and Voss. Unv. of Missouri-Columbia.
Sanchez R. C. (1994) : "Schlachthofstruktur in Bayern". *Spezielle Aspekte des bayerischen Marketes für Fleisch.* Hrsg. von Prof. Dr. M. Besch, Bearbeiter : Thomas Ottowitz. Technische Universität München Institut für Wirtschafts und Sozialwissnschaften.
Schroeder T. and Blair J. (1989) : "A Survey of Custom Cattle-Feeding Practices in Kansas". *Repore of Progress* No. 573, Agricultural Experiment Station , Kansas State University.
Seaver S. K. (1957) : "An Appraisal of Vertical Integration in the Broiler Industry" *Journal of Farm Economics.* Dec. 1957 Vol. 39, No.4.
Südfleisch GmbH (1993) : *Sudfleisch GmbH Geschäftsbericht 1993.*
Toeger K (1994) : "Zertifierung von Schlahat- und Zerlegebetrieben". *Schlachten von Schwein und Rind,* Kulmbacher Reihe Band 13.
Tomek W. G. and K. L. Robinson (1972) : *Agricultural Product Prices.* Conell University Press.
USDA AMS (USDA Agricultural Marketing Service) (1987) : *Official United States Standards for Grades of Carcass Beef, Meats, Prepared Meats and Meats products (Grading, Certification and Standars).*
Wareham R., D. Smailes, and N. B. Barrister (1994) : *Tolley's Companies Handbook 1994.*
ZMP (Zentrale Markt- und Preisberichtstelle GmbH) (1995) : Bilanz 95. *Vie und Fleisch.*

青木昌彦 (1992) :『日本経済の制度分析』筑摩書房

青木昌彦・伊丹敬之（1985）：『企業の経済学』岩波書店
アグリエッタ M.（1989）：『資本主義のレギュラシオン理論』大村書店（原著1976年）
新井肇（1989）：『畜産経営と農協』筑波書房
アレール G. R.・R. ボワイエ；津守英夫・清水卓・須田文明・山崎亮一・石井圭一訳（1997）：『市場原理を超える農業の大転換—レギュラシオン・コンヴァンシオン理論による分析と提起』農山漁村文化協会
アレール G.・R. ボワイエ（1997）：「農業と食品工業におけるレギュラシオンとコンヴァンシオン」アレール・ボワイエ（1997）
石田正昭（1994）：「部分肉卸売価格決定の特質と方法」『農業市場研究』第2巻第2号，1994年3月
一瀬智司（1964）『現代公企業論』東洋経済新報社
飯塚悦功（1995）：『ISO 9000とTQC再構築』日科技連
池田一樹・東郷行雄（1996）：「駐在員レポート・BSEをめぐる情勢」『畜産の情報』1996年9月
今井賢一・伊丹敬之・小池和男（1982）：『内部組織の経済学』東洋経済新報社
ヴァルセシーニ E.（1997）：「品質に直面した企業と公権力」アレール・ボワイエ（1997）
植草益（1982）：『産業組織論』筑摩書房
宇佐美洋（2000）：『入門先物市場』東洋経済新報社
占部都美（1983）：『改訂企業形態論』第4版，白桃書房
荏開津典生・樋口貞三編著（1995）：『アグリビジネスの産業組織』東京大学出版会
奥村宏（1990）：『企業買収』岩波新書
奥村宏（1994）：『日本の六大企業集団』朝日文庫
加藤譲編著（1990）：『食品産業経済論』農林統計協会
加茂義一（1976）：『日本畜産史』食肉・乳酪編，法政大学出版会
河端俊治・春田三佐夫（1992）：『HACCP—これからの食品工場の自主衛生管理』中央法規
菊地邦子（1996）：「狂牛病は人に感染するか」『日経サイエンス』第26巻第5号
木南章（1995）：「パン製造業の産業組織」荏開津・樋口（1995）
清原昭子（1997）：「フードシステムに関する主体間関係の分析方法」『フードシステム研究』第4巻第1号，1997年6月
金成学（1998）：「食肉の主要卸売市場の現状と取引の実態—東京都中央卸売市場食肉市場の事例から—」藤谷築次代表『農産物卸売市場の機能と制度に関する理論的実証的研究』文部省科学研究費補助金研究成果報告書
工藤春代（2000）：「ヨーロッパにおける品質概念の変化」『農業と経済』第66巻第14号，2000年10月
久米均（1994）：『品質保証の国際規格IS 9000第2版』日本規格協会

クラーク R.（1990）：福宮賢一訳『現代産業組織論』多賀出版
黒木英二（1996）：「アメリカにおけるフードシステム研究の方向と課題―アメリカ議会の動向及び NC 117 を機軸にして―」『広島県立大学紀要』第 7 巻第 2 号
現代農業研究会（1993）：『食肉生産・流通の変化と中央卸売市場（I）―大阪市中央卸売市場南港市場を中心として―』
―――（1994）：『食肉生産・流通の変化と中央卸売市場（II）―大阪市中央卸売市場南港市場を中心として―』
―――（1995）：『食肉生産・流通の変化と中央卸売市場（III）―大阪市中央卸売市場南港市場を中心として―』
是永東彦（1998）：『フランス山間地農業の新展開』農山漁村文化協会
ゴールドナー A.（1963）：岡本秀昭・塩原勉訳『産業における官僚制-組織過程と緊張の研究』ダイヤモンド社
小山良，済籐友明，江尻行男（1994）：『日本の商品先物市場』東洋経済新報社
斉藤修（1999）：『フードシステムの革新と企業行動』農林統計協会
桜井倬治（1981）：「卵価形成の理論と実際」
佐藤和憲（1998）：『青果物流通チャネルの多様化と産地マーケティング戦略』養賢堂
佐藤正（1986）：「日本経済の高度成長と畜産物流通の変化」吉田寛一編著『畜産物の消費と流通機構』農山漁村文化協会
塩原勉（1963）：「組織分析における発想の様式」ゴールドナー（1963）
四方康行（1999）：「EU の共通農業政策と肉牛生産」新山陽子他（1999）
篠原三代平（1966）：『産業構造論』筑摩書房
社団法人全国肉用子牛価格安定基金協会（1991）（1992）：『諸外国における肉用牛の生産及び流通について』第 1 編，第 2 編
社団法人日本食肉協議会（1978a）：『英国の牛肉流通の変化』
―――（1978b）：『フランスの牛肉流通』
―――（1981）：『西ドイツの食肉流通』
シュルツ L. P.・L. M. ダフト（1996）：小西孝蔵・中嶋康博監訳『アメリカのフードシステム』日本経済評論社
食肉通信社（1982）：『食肉流通基地の現状』
食肉通信社（2000）：『2000 数字でみる食肉産業』
食品産業センター（1992）（1998）：『食品産業統計年報』
食品需給研究センター（1981）『全国と畜場施設備調査結果概要』
シルヴァンテール B.（1997）：「品質のコンヴァンシオン」アレール・ボワイエ（1997）
杉山道雄（1973）：「インテグレーションの構造的特質―養鶏業における一考察―」岩片磯雄教授定年退官記念出版編集委員会編『農業経営発展の理論』
鈴木忠敏（1992）：「流通市場に何が起きているのか」『農業と経済』臨時増刊第 58 巻第 14 号

須田文明（2000）：「品質の社会経済学の宣揚コンヴァンシオン理論の展望から―」『村落社会研究』第36集，農山漁村文化協会

総務庁行政監察局編（1990）『牛肉の生産・流通・消費の現状と問題点』

高橋伊一郎（1963）：「畜産物流通の閉鎖的体系と卸売市場の仕組み」『畜産の研究』第17巻第6号

高橋伊一郎他（1983）：『海外畜産物市場動向等調査―ECにおける畜産物の生産，流通及び関連諸制度の動向』農政調査委員会

――――(1984)：『海外畜産物市場動向等調査―フランスにおける牛肉の生産及び流通について』農政調査委員会

高橋正郎（1973）：『日本農業の組織論的研究』東京大学出版会，1973年

――――(1991)：『食料経済』理工学社

――――(1994)：「フードチェーン研究の課題と方法」『わが国食品産業の諸問題』第4号，日本大学食品産業研究会

――――編著（1997）：『フードシステム学の世界―食と食料供給のパラダイム―』農林統計協会

田中素香（1991）：『EC市場統合の新展開と欧州再編成』東洋経済新報社

田村馨（1998）：『日本型流通革新の経済分析―日本型流通システムの持続的・選択的変革に向けて―』九州大学出版会

茅野甚治郎（1993）：「国産牛肉と輸入牛肉の競合関係」『畜産の情報』，1993年4月号

塚田幸雄・土肥俊彦（1992）：「駐在員レポート ヨーロッパにおける食肉の格付けと近年盛んになってきた品質保証プログラムについて」『畜産の情報』1992年6月号

津守英夫（1990）：「EU食品産業政策」加藤譲『食品産業経済論』農林統計協会

津守英夫（1997）：「フランス農業の最近の研究動向―アレール，ボワイエ共著編『農業の大転換』を中心に―」（津守英夫講話）『協同農業研究会会報』第41号，1997年10月

テヴノ L.（1997）：「市場から規格へ」アレール・ボワイエ（1997）

寺尾晃洋（1980）：『自治体の企業経営』ミネルヴァ書房

デルフォス C.・M. T. ルタブリエ（1997）：「品質のコンヴァンシオンの起源」アレール・ボワイエ（1997）

時子山ひろみ（1999）：『フードシステムの経済分析』日本評論社

時子山ひろみ・荏開津典生（1995）：「食品工業の産業組織」荏開津・樋口（1995）

戸曽美乃（1992）：『牛肉規格・格付の価格評定に関する計量的分析』1991年度京都大学農学部農林経済学科卒業論文

中川聡（2000）：『インスタントコーヒーのフードシステムに関する実証的研究』京都大学農学部農林経済学科卒業論文

中島正道（1995）：「即席めん製造業の産業構造」荏開津・樋口（1995）

引用文献

中嶋康博 (1995):「食品加工業の産業組織」荏開津・樋口 (1995)
中嶋康博・斉藤勝宏 (1997):『EU 肉牛産業における子牛肉生産に関する調査報告書』農畜産振興事業団
中野一新編著 (1998):『アグリビジネス論』有斐閣
新山陽子 (1980)「肥育牛預託制度の成立要因と存在形態」『農林業問題研究』第 59 号
―――― (1985):『肉用牛産地形成と組織化』日本の農業第 154 集, 農政調査委員会
―――― (1991):「牛肉の流通構造と価格形成メカニズムに関する日米比較分析」新農政研究所『商品先物取引研究』
―――― (1992):「牛肉輸入自由化と外食産業」『農業と経済』第 58 巻第 14 号, 1992 年 12 月
―――― (1994):「フードシステム研究の対象と方法―構造論的視点からの接近―」『フードシステム研究』第 1 巻第 1 号
―――― (1996a):「NAFTA のもとにおける畜産セクターの構造変化―肉牛・牛肉を中心に―」『市場統合の農産物貿易および地域農業におよぼす影響に関する国際比較調査研究―NAFTA 諸国を対象として―』社団法人農業開発研修センター
―――― (1996b):「農産物の市場と流通 I」荏開津典生・中安定子編著『農業経済研究の課題と展望』富民協会
―――― (1996c):「欧米の食品の品質管理にみる新しい食品供給システムのあり方」『農業と経済』第 62 巻第 13 号
―――― (1997):『畜産の企業形態と経営管理』日本経済評論社
―――― (1999)「食品の安全性・品質確保対策と地域振興―歩みだした品質政策―」『農業と経済』臨時増刊第 65 巻第 16 号
新山陽子・四方康行・増田佳昭・人見五郎 (1999):『変貌する EU 牛肉産業』日本経済評論社
日経メディカル・日経バイオテク・バイオテクノロジージャパン編 (1996):『狂牛病のすべて』日経 BP 社
ニーン B. (1997):中野一新監訳『カーギル アグリビジネスの世界戦略』大月書店
樋口貞三・本間哲志 (1990):「食品産業における多角化の論理」加藤譲編著『食品産業経済論』農林統計協会
人見五郎 (1999):「肉牛生産システムの多様性と変化」新山他 (1999)
平塚貴彦 (1970):菊地泰次編『畜産物流通の経済分析』家の光協会
フェネル R. (1989):荏開津典生・拓殖徳雄訳『EC の共通農業政策』第 2 版, 大明堂
藤谷築次 (1989):「農産物市場構造変化のメカニズム」『農林業問題研究』第 97 号
ベイン J. S. (1981):『産業組織論上・下』第 2 版, 丸善株式会社
ホジソン G. M. (1997):八木紀一郎他訳『現代制度派経済学宣言』名古屋大学出版

会
堀口明・藤野哲也 (1996):「米国における食肉検査制度改革」『畜産の情報』(海外編) 1996年8月
堀田和彦 (1999):『WTO体制下の牛肉経済の周期変動と将来動向』農林統計協会
堀田学 (2000):『青果物仲卸業者の機能と制度の経済分析』農林統計協会
増田佳昭 (1991):「米国産牛肉の流通と牛肉先物取引の可能性」新農政研究所『商品先物取引研究』
――――(1999a):「食肉消費の動向と狂牛病の影響」新山他 (1999)
――――(1999b):「食肉小売構造の変化」新山他 (1999)
松木洋一 (1990):「食肉の輸入自由化と畜産保護政策」中野一新・太田原高昭・後藤光蔵編著『国際農業調整と農業保護』農山漁村文化協会
松本英明 (1997):『消費者の食品選好に関する意識調査―米と牛肉を事例として―』1996年度京都大学農学部農林経済学科卒業論文
丸山雅祥 (1992):『日本市場の競争構造』創文社
御園喜博 (1976):『農産物市場論』東京大学出版会
皆川志保 (1997):『コーヒーのフードシステムに関する実証的研究』京都大学農学部農林経済学科卒業論文
南九州畜産興業株式会社 (1994):『ナンチク30年の歩み』
宮崎義一 (1972):『寡占』岩波新書
――――(1976):『戦後日本の企業集団』日本経済新聞社
――――(1985):『現代企業論入門』有斐閣
宮崎宏 (1972):「畜産インテグレーションと市場再編」吉田寛一編著『畜産物市場と流通機構』農山漁村文化協会
――――(1977a)「食肉センターと市場外流通」,『食の科学』1977年10月号
――――(1977b)「生体入荷体制からの脱皮と処理施設の拡充を」,『農林統計調査』1977年12月号
――――宮崎宏 (1977c):「農業インテグレーションの展開と農産物市場の再編成」川村琢・湯沢誠・美土路達雄編著『農産物市場の再編過程』農産物市場体系2, 農山漁村文化協会
宮崎宏・早川治・小林信一 (1993):「ドイツにおける販売基金の機能と畜産物市場開発」『平成4年度 畜産振興事業団畜産物需要開発調査事業報告書』
宮沢健一 (1971):『産業構造分析入門』有斐閣双書
宮田育郎 (1972):「肉牛の流通機構」吉田寛一編『畜産物市場と流通機構』農山漁村文化協会
――――(1975)『肉牛生産の存立条件』日本の農業99, 農政調査委員会
――――(1977)「肉牛の生産状況と産地流通事情」,『農林統計調査』1977年12月号
――――(1978)「肉牛の産地流通構造」, 高橋伊一郎編『牛肉の経済学』御茶ノ水書房

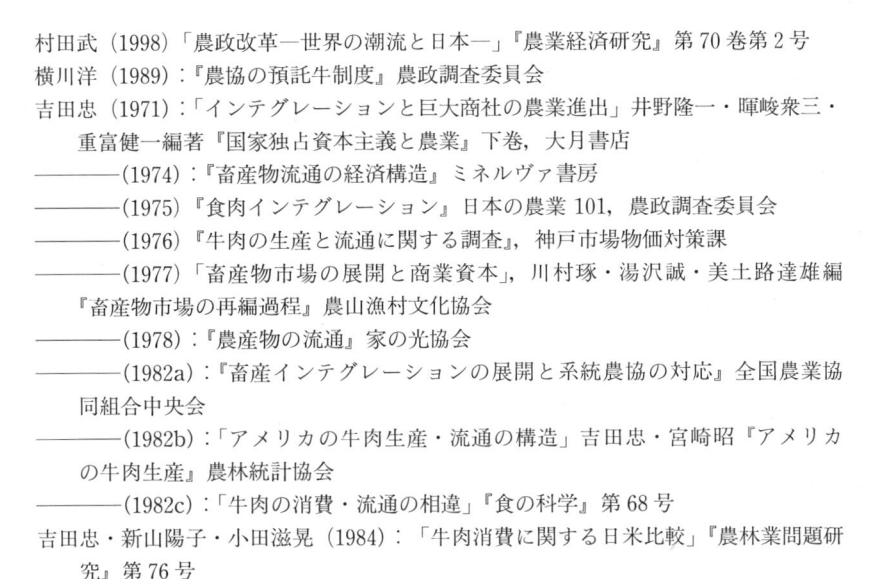

村田武（1998）「農政改革—世界の潮流と日本—」『農業経済研究』第70巻第2号
横川洋（1989）:『農協の預託牛制度』農政調査委員会
吉田忠（1971）:「インテグレーションと巨大商社の農業進出」井野隆一・暉峻衆三・重富健一編著『国家独占資本主義と農業』下巻，大月書店
――――(1974):『畜産物流通の経済構造』ミネルヴァ書房
――――(1975)『食肉インテグレーション』日本の農業101，農政調査委員会
――――(1976)『牛肉の生産と流通に関する調査』，神戸市場物価対策課
――――(1977)「畜産物市場の展開と商業資本」，川村琢・湯沢誠・美土路達雄編『畜産物市場の再編過程』農山漁村文化協会
――――(1978):『農産物の流通』家の光協会
――――(1982a):『畜産インテグレーションの展開と系統農協の対応』全国農業協同組合中央会
――――(1982b):「アメリカの牛肉生産・流通の構造」吉田忠・宮崎昭『アメリカの牛肉生産』農林統計協会
――――(1982c):「牛肉の消費・流通の相違」『食の科学』第68号
吉田忠・新山陽子・小田滋晃（1984）:「牛肉消費に関する日米比較」『農林業問題研究』第76号

あ と が き

　牛肉のフードシステムはいま大きな問題をかかえ,変化の渦中にある.ヨーロッパでは狂牛病がおさまるどころか今までに発生をみなかった国に広がっており,疫学的な対策が何よりも緊要であるが,フードシステムをどのように整備すればそのような危害要因を排除し,消費者の健康を守ることができるのかが差し迫った課題となっている.また,動物愛護運動の高まりが,食肉生産における動物のあつかいにもおよんでいる.近い将来には環境問題への配慮も求められるようになるであろう.アメリカや日本でもO157の発生にともなう衛生問題への対策からHACCPの導入が進められている.生活者の視点からみて望ましいシステムに改善し,消費者の信頼を得ることが市場の存続に不可欠になっている.アメリカではさらに,牛肉パッカー極高位集中が,家畜生産者との取引において弊害を生んでいないか危惧され,その効果的な監視の仕組みの構築が大きな課題になっている.いずれにせよ問題は,フードシステム構成者の垂直的な関係の調整に帰するのである.

　以下,本書のまとめをもってあとがきに代えたい.

　本書ではまず,牛肉に限らず,農産物および食品のフードシステムの全体像を把握するための方法を提示した.フードシステムを構成する5つの副構造と基礎条件を抽出し,その分析から全体に迫る方法である(第1章).それにもとづいて,アメリカと日本,そしてEU主要国の牛肉のフードシステムの構造,そこにおける問題と変化の方向を検討した.

　食品のフードシステムの形と構成主体は必ずしも明らかなものではない.同じ食品でも国によって共通するところもあれば異なるところもある.本書のアメリカ,日本,EU主要国の分析は,牛肉についてそれを確定するところからはじめている.しかし細部にわたって解明できたわけではなく,主要

な部分を示したにすぎない（第3章，第4章，第7章）．

　そして，家畜生産段階から小売段階を経て消費者にいたるフードシステムのうち，本書はとくに中央部のと畜解体産業に重点をおき，その変化を分析することをつうじて全体をとらえる方法をとった．牛肉においては家畜生産とともにと畜解体の機能がフードシステムの最大の機能であるが，家畜生産段階の構造が土地生産に規定されて相対的に固定的なのに対して，と畜解体の段階には制度的にも企業構造においてもドラスチックな変化が起こり，それがフードシステム全体の変化を主導するからである．

　アメリカにおいてみられたのは，と畜・解体・卸売という中央部の機能を総合した牛肉パッカーの巨大コングロマリットへの編入と極度の集中度の増大という，企業構造，企業結合構造，競争構造が重なり合うところに生じた劇的な変化である．生鮮食品部門で反トラスト法にもとづく監視の強化が必要とされる状態は，牛肉は歴史的に2度目であるが異例の事態といってよいであろう（第3章）．それは取引と価格形成の垂直的調整システムのありようの点検を必要とする．

　ヨーロッパでもパッカー形成の方向へ進んでおり，EU最大規模の食品企業が食肉セクターから生まれている．しかもEU統合という大きな制度変化の影響を被ったのは，牛肉のフードシステムのなかでもこのと畜解体段階である．国境コントロール廃止のためにプラントの衛生条件統一指令が下ったが，零細なと畜プラントや伝統的な食肉専門店が固有の位置を残しており，主要国でも構造再編に困難が大きいことをみた（第7章，第8章）．それにさらに追い討ちをかけているのが狂牛病である．そしてパッカー形成が進んでいるとはいえ，その展開がアメリカ型をたどるとみるのは早計であろう．アメリカとは消費の特質も異なり，CAP（共通農業政策）のもとにおいて農業生産構造に対する考え方もまったく異質であり，家畜生産―と畜解体―小売―消費を結ぶネットワークのありようが異なり，したがってと畜プラントの適正規模も異なると考えられるからである．また，公権力と民間をあげての品質政策がネットワークのシステムにさらに深い質を添加しつつある．

このようなアメリカやヨーロッパの状態に対して，日本のと畜段階の構造はさらに異質性をもっている．と畜施設を運営する食肉卸売市場や地方自治体営と畜場など公的な資本による制度が重みをもって機能している．本書はそのなかでももっとも企業的な展開をとげているもののやはり資本の公的性格の強い産地食肉センターに分析の重点をおいた．日本ではそうした複数の機構を利用する形で，生産者団体の系統組織，食肉加工メーカー，食肉卸売業者が錯綜しており，少なくともと畜プラントを直営し中央部の機能を総合するパッカーがただちに形成される状態にはないことをみた．そこには品質を重視する日本の牛肉消費の特質とそれに対応する和牛という固有の肉牛の存在があずかっているところが大きい（第4章，第5章）．アメリカ型への転換がなされるのか，公，私，協同組合という3つのセクターが協働する洗練されたシステムをつくりあげる方向に進むのかが，今後の問題となろう．

フードシステム研究においてもっとも関心をもたれるのが，垂直的な連鎖構造とそこにおける主体間の関係である．これに対して，牛肉のフードシステムからみる限り，垂直的な構造および主体間の関係は各段階の水平的な競争構造の状態と緊密な相互関係をもっており，この両者を関係づけて分析する必要があることを本書では強調した．垂直的調整システムの評価や選択は，競争構造をふまえてなされる必要がある．

垂直的な調整システムを，2つの視点からみた．

ひとつは，資材や生産物の取引をめぐる関係の調整システムであり，企業統合，契約を含む取引形態，価格形成システムの3つの次元で調整システムが形成されていることを一般的な形において明らかにした（第6章）．第6章の一部とともに第3章，第4章において，アメリカと日本に関しての検討を行った．アメリカのパッカーのコングロマリット化と集中度の上昇が垂直的な関係にもたらす影響を取引形態と価格形成システムをとおしてみた．企業のコングロマリット化は，製品のフードシステムにおける川上と川下の垂直統合，固定的な契約による結合に直結するものではない．牛肉ではこうした結合は異例に低率である．また，高集中のもとで契約が生産者に対して不

利な価格（水準）をもたらすということは各種調査から確認されなかった．高集中は競争の状態を排除しないことが確認できるケースである．しかし潜在的な市場支配の可能性は高く，より強い監視の仕組みが模索されている．

他方，集中度の上昇は，垂直的調整システムのうちとくに価格形成システムには大きな影響をあたえ，原子的競争状態に固有の自由市場システムから，寡占状態に固有の管理的システムに変質しつつあることを確認した．合理的な価格形成システムは競争構造によって異なるので，競争構造の変化にともなってシステムそれ自体が変化するのはさけられないが，いくつかの代替的なシステムのうち寡占企業どうしの共謀・協調的なシステムが採用されることにはやはり監視が必要であり，それを防ぐ制度の整備も求められる．なお価格形成システムの転換には，枝肉から部分肉取引への荷姿の変化という商品特性に関わる要因が作用していることも見落とせない．

垂直的調整システムのもうひとつは，生産物の品質管理と品質保証のシステムである．狂牛病，成長促進ホルモンの排除，動物愛護など生産プロセスのコントロールが喫緊の課題となったEU諸国で開発されている「農場から食卓まで」の一貫した管理システムがそれである．品質仕様におけるボランタリーな連携システムとして形成されている，新しい契約と認証制度の形態である（第9章）．

牛肉プログラムとして，EUと各国の関係機関によって開発された「農場から食卓まで」のシステムは，EU食品法の改正によってすべての農産物と食品に適用することが提案されている．EUにとっては，CAP（共通農業政策）のカバーする農産物および1次加工品とこれまでの食品政策がカバーする2次加工品（加工食品）に対する政策と制度を，部分的にせよ統合する方向に確実に足をふみだすことになる．消費者起点で，フードシステムの各段階の生産物と産業が一貫した政策と制度の下におかれることになるのである（第8章，第9章）．

ただし，EUのこのような政策における視座は，消費者保護だけではない．CAPが目標としてきた農村地域と農村地域社会の保全，それを実現するた

めの地域産業としての農業の振興は，このような新しい食品に対する政策にも反映している．消費者の要請する多様で高品質の農産物および食品の供給は，牛肉プログラムにみる高品質牛肉の供給や，伝統的な技術や地域固着的な生産，有機などの固有の生産方法を法的に支持し保護することにつながる．品質政策とよばれるカテゴリーにおいて，衛生や安全性管理とともに，このような多様な品質の販売を促進することにより，生産者の所得を確保し，地域農業を保護することがめざされている．

このような政策立案にあたって，支持すべき品質を規定するのは国民の合意であり，合意は市場においてなされるのではなく政治的なプロセスであることが認識されている．本書の第10章はコンヴァンシオン理論のアプローチを借りて，こうしたEUの品質政策の意味を明らかにした．そして，市場をとらえなおし，品質の規定と合意のプロセス，市場をもそのひとつとする多様なコーディネーションの様式を明示的に経済学にとりいれようとしているコンヴァンシオン理論の考え方を紹介した．

EUの品質政策やコンヴァンシオン理論の提起する社会経済システムのとらえ方は，合意の秩序の差異をふまえることが必要であるが，日本のこれからの食料・農業・農村政策のあり方にも示唆が大きいものと考える．公権力と民間の役割，さらには企業を運営し，フードシステムを構築する人間の役割に対する洞察が求められる．

最後に，本書のもととなる調査にあたってお世話になった各国の関係機関や団体，畜産農家の方々にお礼を申し上げます．牛肉の世界が少しでも広く知られるように，本書がその一助になれば幸いです．また，本書は2000年度の日本学術振興会科学研究費補助金「研究成果公開促進費」の交付を受けたものです．出版の労をとっていただいた日本経済評論社と担当いただいた清達二さんにお礼申し上げます．また，本書の作成にあたってもちいた文献や資料の翻訳に，京都大学大学院生の工藤春代さん，藪根浩司さん，学部学生の奥村英司さん，角田望さん，真鍋めぐみさん，水野貴文さん，長谷川正

あとがき

さんの協力を得たことを記して感謝いたします．

なお，本書の初出は以下の通りである．
第1章：「フードシステム研究の対象と方法—構造論的視点からの接近—」『フードシステム研究』第1巻第1号，1994年12月に，加筆・修正し収録．
第2章：「食肉のフードシステムの構造とその変化—日・欧・米比較」高橋正郎編著『フードシステム学の世界—食と食料供給のパラダイム—』農林統計協会，1997年を収録．
第3章，第4章，第6章の一部：「牛肉の流通構造と価格形成メカニズムに関する日米比較分析」新農政研究所『商品先物取引研究』1991年の一部をもとにしている．
第5章の一部：『肉用牛産地形成と組織化』（日本の農業第154，集農政調査委員会，1985年）のIVの一部をもとにしている．
第7章，第8章，第9章：新山陽子・四方康行・増田佳昭・人見五郎『変貌するEU牛肉産業』（日本経済評論社，1999年）序章，第4章，第5章，第7章の一部をもとに，大幅に加筆・修正の上，作成している．
第9章第7節：「EUのフードシステムとアグリビジネス—垂直統合と垂直的調整—」中野一新編著『アグリビジネス論』有斐閣，1998年の一部を収録．
第10章：「食料システムの転換と品質政策の確立—コンヴァンシオン理論のアプローチを借りて」『農業経済研究』第72巻第2号，2000年9月を収録．

著者略歴

新山 陽子
1952年生まれ．1980年京都大学大学院農学研究科博士課程修了．現在，京都大学大学院農学研究科教授．
主要著書：『肉用牛産地形成と組織化』農政調査委員会，1985年，『畜産の企業形態と法人畜産経営』農政調査委員会，1996年，『畜産の企業形態と経営管理』日本経済評論社，1997年，『変貌するEU牛肉産業』（共著）日本経済評論社，1999年．

牛肉のフードシステム
欧米と日本の比較分析

| 2001年2月28日　第1刷発行 |
| 2003年4月25日　第2刷発行 |

定価（本体5500円＋税）

著　者	新　山　陽　子
発行者	栗　原　哲　也
発行所	株式会社 日本経済評論社

〒101-0051　東京都千代田区神田神保町3-2
電話 03-3230-1661　FAX 03-3265-2993
振替 00130-3-157198

装丁・渡辺美知子　　　中央印刷・美行製本

落丁本・乱丁本はお取替えいたします　Printed in Japan
Ⓒ NIIYAMA Yoko
ISBN4-8188-1335-4

Ⓡ〈日本複写権センター委託出版物〉
本書の全部または一部を無断で複写複製（コピー）することは，著作権法上での例外を除き，禁じられています．本書からの複写を希望される場合は，日本複写権センター(03-3401-2382)にご連絡ください．